WERKSTATTWISSEN FÜR **HOLZWERKER**

Guido Henn

Stationärmaschinen

Formatkreissäge

HolzWerken

Inhalt

detaillierte Inhaltsverzeichnisse jeweils am Kapitelanfang

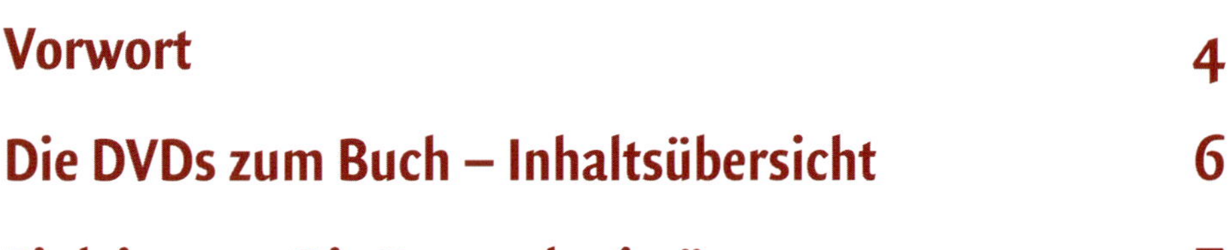

Die Königin aller Stationärmaschinen!

Als ich im Sommer 1984 meine Ausbildung zum Tischler/ Schreiner im großväterlichen Betrieb begann, war mir schon in der ersten Woche klar, welche Bedeutung eine Formatsäge in der Tischlerei hat. Diese Maschine schien fast ununterbrochen zu laufen, weil jeder der fünf Mitarbeiter ständig irgend etwas zu sägen hatte. Und obwohl wir ein extrem gutes Betriebsklima hatten, wenn es um die Nutzung der Formatsäge ging, dann vergaß selbst der sonst so ruhige und souverän wirkende Altgeselle seine gute Kinderstube. Wenn es also mal so richtig Zoff in der Werkstatt gab, dann ging es in den meisten Fällen um die Formatsäge. Jeder wollte als Erster dran. Und wenn derjenige vorher furnierte Platten zugeschnitten hatte und der Nächste aber eine rohe Bohle besäumen wollte, dann war auch noch ein lästiger Sägeblattwechsel fällig. Ich durfte damals als Lehring ja noch nicht an die Formatsäge und konnte mir das ganze „Schauspiel" (oder besser Drama) aus sicherer Entfernung anschauen und für mich stand schnell fest: Diese Maschine ist die Königin in der Werkstatt, um die sich alle streiten!

Wer schon einmal Schach gespielt hat, kann hier einige interessante Parallelen entdecken. Die Dame (Königin) ist die stärkste Figur im Schach, ihre Zugmöglichkeiten und Flexibilität stellt jede andere Figur in den Schatten. Es ist deshalb wichtig, die Dame ständig im Blick zu behalten, sie quasi zu hegen und zu pflegen. Der König ist zwar die wichtigste und letztlich auch spielentscheidende Figur, aber seine auf nur ein Feld beschränkte Gangart macht ihn in gewisser Weise abhängig von der Dame bzw. Königin: So wie im richtigen Leben und genau so wie in der Holzwerkstatt. Denn wenn die Formatsäge die Königin unter den Stationärmaschinen ist, dann kann man den Abricht-/ Dickenhobel getrost als den König in der Werkstatt bezeichnen. Beide Maschinen (Abricht-/Dickenhobel und Formatsäge) gehören nämlich, wie ein Königspaar, untrennbar zusammen. Fällt auch nur eine aus, ist kein vernünftiges Arbeiten mehr möglich. Beide zusammen schaffen erst die Grundlage für jedes noch so kleine oder große Massivholzprojekt auf dem alle folgenden Arbeiten (z. B. Holzverbindungen, Fräsen etc.) aufbauen. Deshalb entscheiden Qualität und Präzision von Hobelmaschine und Formatsäge maßgeblich über Erfolg und Misserfolg eines Projekts. Machen Sie sich das immer bewusst, denn wenn Sie hier sparen, werden Sie das später ganz sicher bitter bereuen. Und über eines sollten Sie sich auch im Klaren sein: Eine gute Formatsäge wird mit Sicherheit die teuerste Maschine in Ihrer Werkstatt sein. Eigentlich logisch, denn eine Königin hat nun mal ihren Preis!

Damit Sie nun diese Investition auch gewinnbringend und sicher einsetzen können, habe ich dieses und die drei vorangegangenen Bücher zu den wichtigsten Stationärmaschinen in der Holzwerkstatt geschrieben. Denn ähnlich wie beim Schach ist die Königin der Stationärmaschinen nicht nur eine der wichtigsten, sondern auch eine extrem vielseitige Maschine, deren Qualitäten weit über den einfachen Zuschnitt von Holz hinausgehen. Mit dem vorliegenden Buch halten Sie jedenfalls alles in den Händen, was man über die Formatsäge wissen muss. Und genau das machen alle meine Bücher mit den beigefügten DVDs aus: Sie benötigen keine weiteren und möglichweise sogar zweifelhaften Infos mehr aus dem Internet, aus YouTube-Videos oder Online-Kursen, um das ganze Potenzial einer Maschine nutzen zu können. Aber das Schönste: Sie alleine entscheiden, welche Lernform für Ihre Zwecke gerade die Beste ist: Das Lesen im Buch oder die begleitenden Videos auf den DVDs. Und ich versichere Ihnen, beides miteinander kombiniert garantiert Ihnen den bestmöglichen Lernerfolg.

In diesem Sinne wünsche Ich Ihnen
viel Erfolg und Freude mit Ihrer Formatsäge.

Herzlichst Ihr,
Guido Henn

Die stationären Maschinen im Buch

In diesem Buch werden zwei unterschiedliche Formatkreissägen eingesetzt: Eine kleine Altendorf WA6 (s. Bild unten links), sowie eine große Format4 Kappa 550 (s. Bild unten rechts). Die kleine Formatkreissäge steht in meinen Kursräumen und wurde von mir 2007 extra für die Kurse angeschafft. Die große Format4 steht in meiner Tischlerei und wurde 2010 von mir gekauft. Beide Maschinen sind also schon seit 10 Jahren im täglichen praktischen Einsatz und bisher gab es noch keinen einzigen Reparaturfall. Insofern kann ich aus eigener Erfahrung sagen, dass beide Formatsägen eine hohe Fertigungsqualität besitzen und sich auch im harten Profialltag bestens bewährt haben.

Neben der Größe und Motorstärke unterschieden sich die beiden Maschinen vor allem im Bedienkomfort. Im Gegensatz zur kleinen Formatsäge besitzt die große Format4 eine digitale und elektromotorische Verstellung der Sägeblatthöhe und -neigung, auf die ich als Profi keinesfalls mehr verzichten möchte. Und wenn ich in meiner Werkstatt noch weitere Angestellte hätte, dann wäre auch der Parallelanschlag und der Ablänganschlag mit einer solchen elektromotrischen und digitalen Verstellung ausgestattet. Denn wie ich schon im Vorwort schrieb, gibt es keine andere Stationärmaschine in der Profiwerkstatt, um die sich mehr gestritten wird als um die Formatsäge. Das bedeutet aber auch, dass die lieben Kollegen die Anschläge ständig verstellen. Soll ein Anschlag dann mal wieder zurück auf einen bestimmten früheren Wert eingestellt werden, gelingt das mit einem digitalen Anschlag blitzschnell und absolut wiederholgenau auf Knopfdruck. Das ist eine enorme Zeit und Kostenersparnis für den Profi. Der Hobby-Holzwerker hingegen kann bei einer vernünftigen Arbeits- und Zuschnittplanung auch durchaus ohne diesen aufpreispflichtigen Komfort auskommen. Was die Arbeitsweise angeht, spielt es jedoch keine Rolle, wie viele Komfortfunktionen Ihre Formatsäge letztlich hat. Alle im Buch vorgestellten Techniken und Anwendungen können Sie auf nahezu jeder Formatsäge durchführen. Auch die vielen Vorrichtungen im Buch lassen sich mit leichten Veränderungen auf fast jeder Formatsäge sicher und erfolgreich einsetzen.

Auch für dieses Buch wurde mir wieder von der Fa. Georg Aigner aus Reisbach sinnvolles Sicherheitszubehör für die Formatsäge zur Verfügung gestellt. Außerdem unterstützte mich die Fa. AKE Knebel GmbH & Co. KG aus Balingen mit einigen Sägeblättern (SuperSilent-Diamantsägeblätter, Steilzahnsägeblatt und Dach-Hohlzahnsägeblatt). Bei den beiden Firmen möchte ich mich auf diesem Weg noch einmal ganz herzlich für die wirklich angenehme und völlig unkomplizierte Zusammenarbeit bedanken. **Ich möchte Ihnen, liebe Leser, aber auch hier noch einmal ausdrücklich versichern, dass kein einziger Hersteller auch nur den geringsten Einfluss auf den Buchinhalt oder die Videos genommen hat.** Sie können sich also auch bei diesem Buch sicher sein, dass Sie eine ehrliche und völlig unabhängige Beratung bekommen und ich nur Produkte und Vorgehensweisen zeige, die ich auch selbst täglich in meiner Tischlerei einsetze.

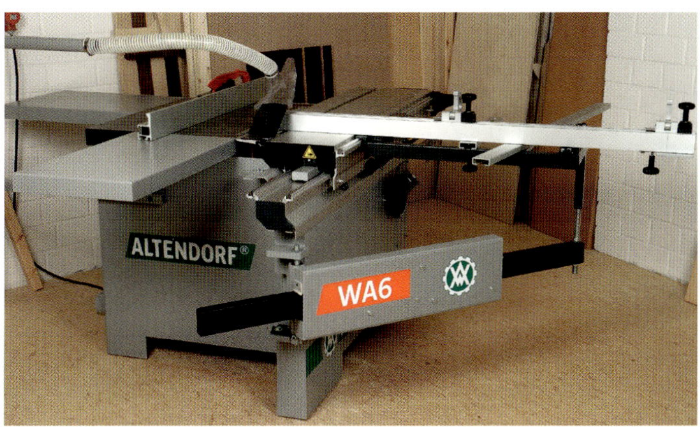

Die Altendorf WA 6 ist eine solide Formatkreissäge, die mit manuellen Handrädern bedient wird. Mit ihren kompakten Maßen, dem 4KW-Motor und Rollwagenlängen bis zu 2,6 Metern wird eine solche Formatsäge aber eher im ambitionierten Hobbybereich oder beim Profi als Zweitmaschine eingesetzt.

Die Format4 Kappa 550 ist ganz klar auf die professionellen Bedürfnisse ausgerichtet. Digitale und elektromotorische Schnitthöhen- und Neigungsverstellung, starker 7,5KW-Motor und ein 3,2 Meter langer Schiebetisch sind hier quasi Pflicht und gehören lediglich zu den Minimalanforderungen.

Die zwei DVDs zum Buch – Inhaltsübersicht (Gesamtspieldauer 150 Min.)

1. Die Grundlagen (ca. 57 Min. auf DVD 1)
In diesem Video zeige ich Ihnen, wie man die Sägeblätter wechselt und den Spaltkeil richtig einstellt. Danach geht es erst mal um den Zuschnitt von sägerauen Bohlen und Brettern. Richtig spannend wird es, wenn ich Ihnen zeige, wie Sie mit dieser riesigen Maschine sogar kleinste Leistchen sicher und wiederholgenau ablängen können. Natürlich darf auch die Paradedisziplin der Formatsäge, der maß- und wiederholgenaue Zuschnitt von Plattenwerkstoffen (mit und ohne Vorritzer) nicht fehlen. Alle wichtigen Grundlagen von den Buchseiten 94 bis 133 können Sie Schritt für Schritt in diesem Video mitverfolgen.

2. Schrägschnitte und Vorrichtungen (ca. 50 Min. auf DVD 2)
Im ersten Teil des Videos geht es um Gehrungs- und Schrägschnitte von Werkstückflächen und Werkstückkanten. In der zweiten Hälfte des Videos dreht sich dann alles um den Einsatz wichtiger Vorrichtungen. Damit können Sie das Anwendungsspektrum einer Formatsäge nochmals deutlich erweitern. Dass alle meine Vorrichtungen auch perfekt funktionieren, davon können Sie sich im Video leicht selbst überzeugen. Daher kann ich ihnen den Nachbau nur wärmstens ans Herz legen. Sie werden es garantiert nicht bereuen! Im Buch finden Sie dazu alle weiteren Infos und die nötigen Baupläne auf den Seiten 136 bis 183.

3. Arbeiten mit Fräswerkzeugen (ca. 43 Min. auf DVD 2)
Auf vielen Formatsägen können auch Fräswerkzeuge eingesetzt werden. Das eröffnet nicht nur völlig neue Möglichkeiten, sondern beschleunigt viele Standardanwendungen, wie z. B. das Nuten und Falzen um ein Vielfaches. Ganz besonders interessant ist in diesem Zusammenhang das Herstellen von präzisen Kreuzüberblattungen, mit einer Präzision und Schnelligkeit, die so auf keiner anderen Maschine möglich ist. Aber auch die Herstellung von tiefen und absolut ausrissfreien Fingerzinken, sowie das sichere Arbeiten mit einer Kehlfrässcheibe sind Teil des Videos. Ergänzend zum Video finden Sie alle hier gezeigten Anwendungen auch zum Nachlesen im Buch auf den Seiten 186 bis 223.

Die Formatkreissäge

Die Königin unter den Standardmaschinen ist zweifelsohne die Formatkreissäge (auch kurz Formatsäge genannt). Keine andere Maschine wird in der Holzwerkstatt häufiger eingesetzt. Sie erledigt nicht nur den kompletten Holzzuschnitt, sondern kann so ganz nebenbei auch sehr gut zum Nuten, Falzen oder zum Herstellen von Schlitz- und Zapfenverbindungen eingesetzt werden, ja sogar nach Schablonen kann man mit der Formatsäge seine Werkstücke zuschneiden (s. Bildfolge rechts). Aufgrund dieser Vielseitigkeit führt sie unangefochten die Rangliste der am häufigsten benutzten Maschinen an. Das hat natürlich seinen Preis. Denn laut der Statistik der Holz-Berufsgenossenschaft, nimmt sie auch bei den Maschinenunfällen den ersten Platz ein. Deshalb werde ich Ihnen in diesem Buch nicht nur die Anwendungsmöglichkeiten ausführlich vorstellen, sondern auch immer wieder auf wichtige Sicherheitsvorrichtungen und Arbeitsregeln hinweisen. Beginnen werden wir damit bereits im folgenden Kapitel. Dort mache ich Sie mit den allgemeinen Sicherheitsregeln vertraut, die für alle Stationärmaschinen und Elektrowerkzeuge gleichermaßen gelten.

Damit eine Formatsäge später aber auch maß- und winkelgenaue Holzzuschnitte abliefert, müssen zunächst einmal alle wichtigen Komponenten exakt justiert und eingestellt sein. Und auch dazu finden Sie im Buch immer wieder umfangreiche Schritt-für-Schritt-Anleitungen, mit denen Sie die Schnittpräzision Ihrer Formatsäge nochmals deutlich verbessern können. Denn ein präziser und wiederholgenauer Zuschnitt ist einer der wichtigsten Schritte bei der Holzbearbeitung.

Die Formatkreissäge ist ein universelles Arbeitstier. Grobe Zuschnitte wie beispielsweise das Besäumen von sägerauen Brettern und Bohlen ...

... gelingen genau so gut wie feinste Gehrungsschnitte oder maß- und winkelgenaue Zuschnitte komplexer Bauteile.

Müssen tiefe und breite Falze hergestellt werden, ist die Formatsäge genau das Richtige. Der Abschnitt kann sogar noch weiter genutzt werden.

Wenn es beim Nuten um extrem saubere Nutflanken ohne Ausrisse geht, dann sollten Sie auch dazu am besten die Formatsäge einsetzen.

Mit einfachen selbst gebauten Vorrichtungen und Hilfsmitteln können Sie das Einsatzspektrum deutlich erweitern. Schlitz- und Zapfenverbindungen, ...

... aber auch das wiederholgenaue Kopieren zahlreicher Bauteile mithilfe einer Schablone, sind nur einige der vielen Anwendungsmöglichkeiten.

Kapitel 1

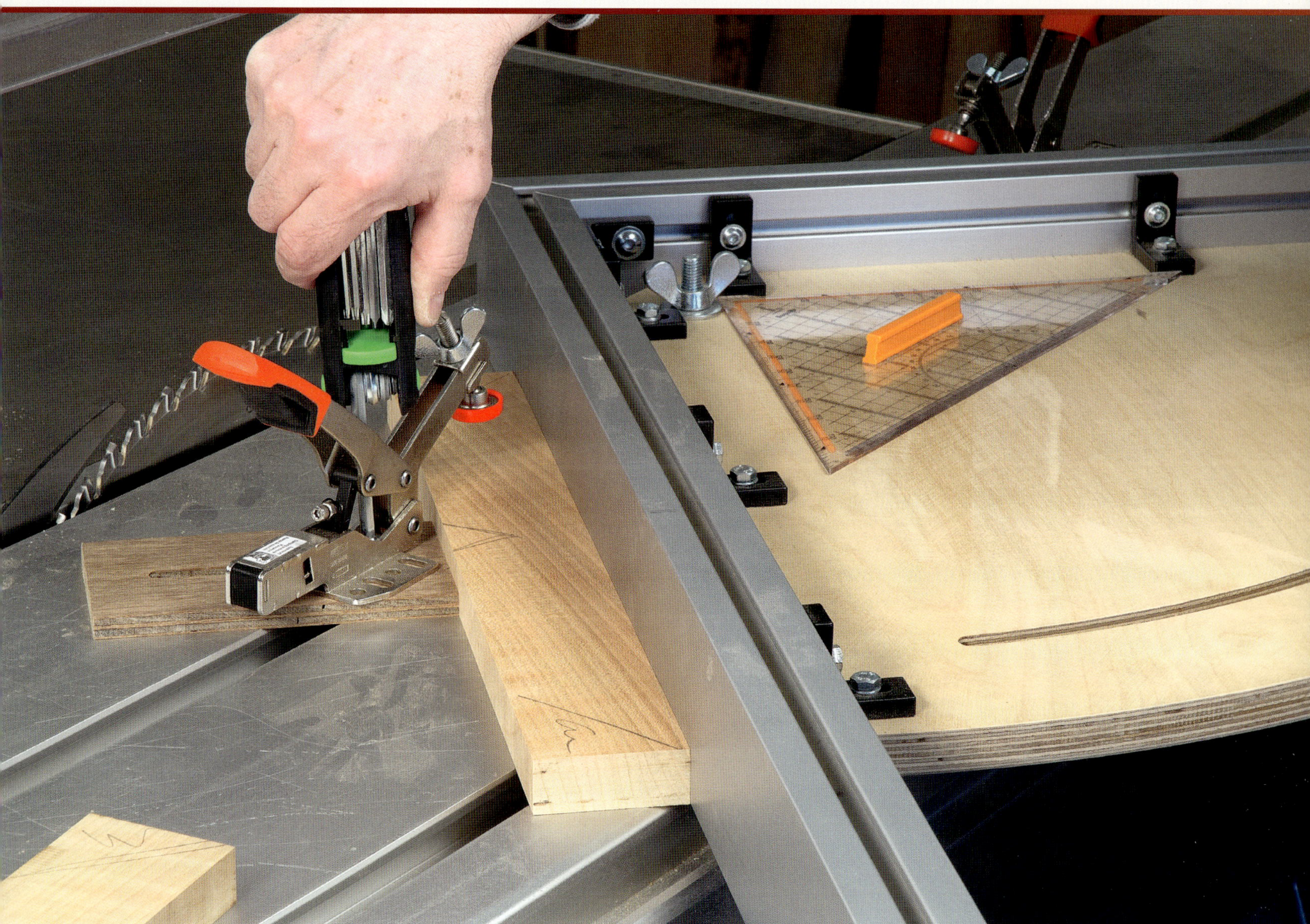

Allgemeine Sicherheitsregeln

Die Schutzausrüstung für die Werkstatt

Viele Holzwerker verbringen Tage, Wochen oder sogar Monate damit, die optimalen Maschinen für die eigene Werkstatt auszusuchen. Das ist auch völlig richtig, weil es sich dort meistens um sehr hohe Investitionskosten handelt. Wer da keine Enttäuschung erleben möchte, ist gut beraten, sich vorab umfassend zu informieren. Auch wenn es weniger span(n)end ist, sollte man mit der gleichen Sorgfalt und Euphorie auch eine sichere und angenehme Arbeitsumgebung planen.

Das fängt bereits oben an der Decke mit der **Beleuchtung** an. Denn eine optimal geplante Deckenbeleuchtung steigert das Wohlbefinden, fördert die Konzentration, trägt maßgeblich zur Sicherheit bei und senkt nicht zuletzt auch erheblich die Fehlerquote beim Arbeiten. Dabei reflektieren helle Decken und Wände das Licht noch zusätzlich und erhöhen deutlich die Helligkeit im Raum. Es entsteht ein positiver und angenehm heller Raumeindruck. Der Fachverband für Tageslicht und Rauchschutz empfiehlt beispielsweise an Werkbänken mindestens 300 Lux und bei der Maschinenarbeit mindestens 500 Lux. Die Berufsgenossenschaften gehen hier noch einen Schritt weiter und forden bei der Arbeit mit Maschinen bereits eine Mindesthelligkeit von 750 Lux. Das liegt auch daran, dass ältere Menschen ein helleres Licht benötigen als jüngere (zwischen 750 und 1500 Lux). Wenn Sie hier keine Fehler machen möchten, dann sollten Sie in jedem Fall Ihren Elektriker des Vertrauens zu Rate ziehen. Viele weitere nützliche Hinweise, wie Sie ihre Beleuchtung in der Werkstatt optimieren können, finden Sie aber auch in meinem Buch „Handbuch Elektrowerkzeuge“.

Wenn der Elektriker dann schon einmal vor Ort ist, lassen Sie ihn auch gleich einen Blick auf die **elektrischen Leitungen und Anlagen** werfen. Dabei sollten Sie vor allem darauf achten, dass Sie alle Maschinen und Steckdosen mit nur einem zentralen Schalter stromlos schalten können. So vermeiden Sie, dass Unbefugte (z. B. kleine Kinder) die gefährlichen Maschinen einschalten und sich daran verletzen können. Falls dies im Privatbereich nicht geht, sollten Sie sich wenigsten angewöhnen, immer den Hauptschalter ihrer stationären Maschinen mit einem Vorhängeschloss abzuschließen. Glauben Sie mir: Kinder sind extrem neugierig und möchten nur zu gerne dem Papa oder der Mama nacheifern und das am liebsten heimlich und wenn niemand zusieht.

Sollte jedoch einmal Schlimmeres passieren, ist es wichtig, dass Sie auch für diesen Fall gerüstet sind. Als erstes empfehle ich Ihnen deshalb die Anschaffung eines ordentlichen **Verbandkastens**. Für den privaten Bereich reicht die Füllmenge eines Verbandkastens nach DIN 13157 völlig aus. Von einem KFZ-Verbandkasten (DIN 13164) ist jedoch abzuraten, da hier wichtige Verbände wie beispielsweise eine Augenkompresse fehlen! Neben dem Verbandkasten sollte Sie auch noch eine **Anleitung zur Ersten Hilfe** griffbereit haben oder gut sichtbar an die Wand hängen. Die nötigen Infos und Plakate können Sie in aller Regel kostenlos als PDF im Internet runterladen (z. B. bei Deutsche Gesetzliche Unfallversicherung – kurz: DGUV). Auch alle wichtigen **Arzt- und Notrufnummern** sollten Sie hier gut sichtbar vermerken.

In einer Holzwerkstatt befinden sich aber naturgemäß auch viele leicht entzündliche Materialien. Es besteht also eine große Brandgefährdung, auf die Sie im Ernstfall vorbereitet sein sollten. Dazu sollten Sie sich passend zur Raumgröße an gut sichtbaren Stellen (z. B. an Ein- und Ausgängen) entsprechend **leistungsfähige Feuerlöscher** anbringen. Für eine Raumgröße von 50 Quadratmetern würden beispielsweise bei einer großen Brandgefährdung etwa 18 Löschmitteleinheiten (LE) benötigt, bei 100 Quadratmetern sind es bereits 27 LE. Lassen Sie sich dazu aber am besten von einem Fachmann beraten. Gute Feuerlöscher beginnen bei etwa 80 Euro. Das ist eine wirklich sinnvolle und ehrlich gesagt auch günstige Investition, die im Ernstfall Leben und Sachwerte retten kann.

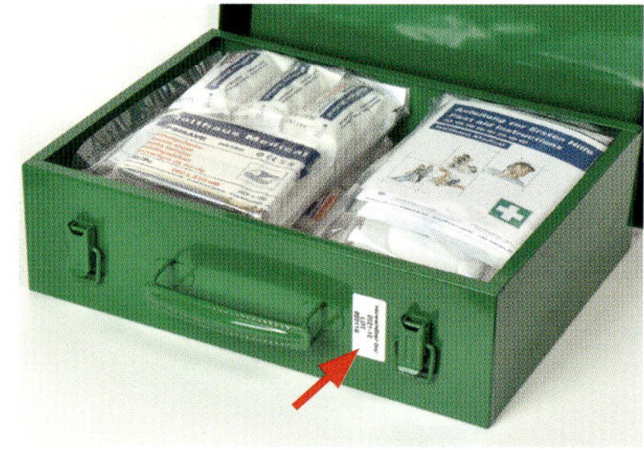

Der größere Verbandkasten nach DIN 13169-E ist genau das Richtige für gewerbliche Betriebe und sollte je nach Betriebsgröße in ausreichender Zahl vorhanden sein. Verfallsdatum beachten (Pfeil)!

In der Holzbearbeitung sind Feuerlöscher aufgrund der großen Brandgefahr auch im Privatbereich unbedingt zu empfehlen. Lassen Sie sie auch regelmäßig vom Fachmann überprüfen.

Die persönliche Schutzausrüstung

1. Die Kleidung

Bei der Maschinenarbeit sollten Sie auch einen Blick auf ihre Kleidung werfen. Ausladende Hemdsärmel und offene Jacken, aber auch lange Haare stellen eine große Gefahr dar, weil alle diese Dinge von einem rotierenden Werkzeug erfasst werden können. Zu Ihrer eigenen Sicherheit sollten Sie daher in der Werkstatt und vor allem bei der Maschinenarbeit immer **eng anliegende Kleidung** tragen und **lange Haare sorgfältig zusammenbinden**. Auch Handschuhe dürfen aus diesem Grund an Maschinen mit drehenden Werkzeugen auf keinen Fall getragen werden. Aber auch jede Art von Schmuckstücken (Ketten, Armbänder etc.) sind bei der Maschinenarbeit abzulegen. Und wenn Sie nicht auf das Tragen einer Uhr verzichten können, dann nur Uhren mit einem zerstörbaren Lederarmband tragen. Es ist eigentlich selbstverständlich, aber ich warne hier vor allem auch den privaten Anwender in der Heimwerkstatt noch einmal ausdrücklich davor, dass man in der Werkstatt weder einfache Sandalen noch Flipflops tragen darf. Festes Schuhwerk mit einer Schutzkappe im Zehenbereich aus Stahlblech oder leichteren Materialien wie Aluminium, Titan oder Kunststoff stellt hier die Minimalausstattung dar. Den besten Schutz bieten **Sicherheitsschuhe**, die zusätzlich noch über eine durchtrittsichere Fußsohle verfügen. Das ist vor allem auf Baustellen zu empfehlen, wo man unter Umständen mal in einen vorstehenden Nagel treten kann.

Es gibt heutzutage wirklich sehr modische und zudem mit tollen Funktionen bestückte Berufsbekleidungen, die mit einem sehr angenehmen Tragekomfort überzeugen. Und wir wissen doch alle: Klamottenkauf kann auch Spaß machen, ähnlich wie der Kauf einer neuen Maschine. Und dass man im Ernstfall damit auch noch schmerzhafte Verletzungen vermeiden hilft, sollte nochmal ein zusätzlicher Ansporn sein. Dann können Sie nämlich sicher sein, dass Sie – wie in der Werbung – nur bei der Paketübergabe durch den Postboten vor Freude schreien und nicht ein weiteres Mal vor Schmerzen in der Werkstatt, wenn die schwere Holzplatte auf die Zehenspitzen fällt.

2. Der Gehörschutz

Wenn Sie an lauten Maschinen arbeiten – egal ob kleine handgeführte oder große stationäre Maschinen – dann sollten Sie immer einen passenden Gehörschutz tragen. Aber auch für alle, die nur passiv zuschauen oder sich im gleichen Raum aufhalten, gilt natürlich: Niemals ohne Gehörschutz! Denn Schäden am Gehör durch eine andauernde hohe Lärmbelastung sind irreparabel, unheilbar und begleiten Sie somit ein ganzes Leben lang!

Die beste Schutzausrüstung ist natürlich die, die man bereits nach wenigen Minuten am Körper nicht mehr als Störfaktor wahrnimmt. Denn der Tragekomfort entscheidet später darüber, ob Sie die Sicherheitsausrüstung auch wirklich regelmäßig benutzen. So kann es beispielsweise sein, dass ein Brillenträger lieber auf Ohrstöpsel zurückgreift, weil ein festsitzender Kapselgehörschutz auf den Brillenbügel am Ohr drückt. Besonders beliebt sind in diesen Fällen **Ohrstöpsel** aus einem dehnbaren Schaumstoff (1). Sie passen sich bei richtiger Anwendung jedem Gehörgang einwandfrei an und bieten bereits einen wirkungsvollen Gehörschutz. Sie dürfen allerdings nicht zu schnell aufquellen und sollten für eine perfekte Ausdehnung unbedingt bei Zimmertemperatur und nicht in der kalten Garage gelagert werden.

Wird die Arbeit jedoch öfters unterbrochen, sind die wiederverwendbaren **Stöpsel mit Kordel** (2) besser geeignet. Ein professioneller **Kapselgehörschutz** bietet aber immer noch den besten Schutz aufgrund seiner hohen Schalldämmung.

Sie können sich auch speziell für ihre Bedürfnisse so genannte otoplastische Gehörschutzmittel individuell anfertigen lassen. Ein großer Vorteil ist, dass der Hörgeräteakustiker durch die Wahl verschieden starker Filter die Dämmung genau anpassen kann.

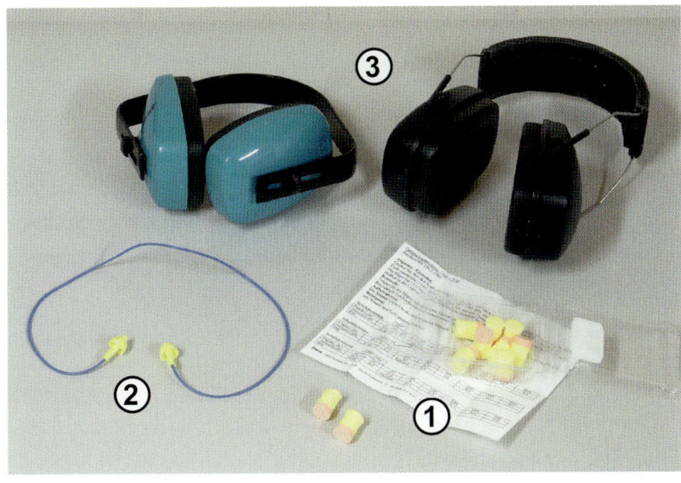

3. Der Augenschutz

Neben dem Gehörschutz ist auch der Schutz der Augen extrem wichtig. Vor allem wenn Sie mit der Gehrungssäge (umherfliegende Abschnitte) oder mit Handmaschinen (z. B. Schlagbohrmaschine, Bohrhammer, Stichsäge etc.) über Kopf arbeiten, ist eine Schutzbrille in jedem Fall Pflicht. Auch dafür bietet der Handel zahlreiche Lösungen an, die auch die speziellen Bedürfnisse der Brillenträger berücksichtigen. Denn diese Schutzbrillen müssen groß genug sein, damit man sie bequem über dem eigentlichen Brillengestell tragen kann. Noch komfortabler, aber auch wesentlich teurer, sind natürlich Schutzbrillen, die der Optiker mit den passenden Kunststoffgläsern bestückt. Die können dann ständig in der Werkstatt anstelle der normalen Brille getragen werden und bieten so den besten Schutz bei der Arbeit mit Maschinen und Werkzeugen.

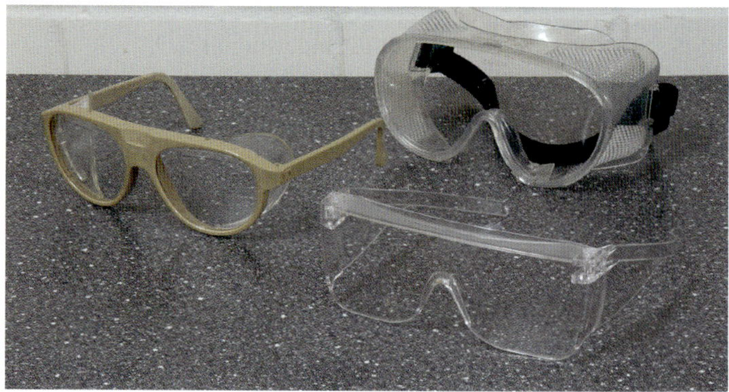

Wirkungsvolle Schutzbrillen gibt es als **Vollsichtbrille** mit Rundumschutz (oben rechts) oder als besonders angenehm zu tragende **Bügelschutzbrille.** Diese Schutzbrillen sind mit Rand und ausklappbarem Seitenschutz (links) oder extra für Brillenträger (rechts unten) aus klarem Vollkunststoff erhältlich.

4. Der Atemschutz (Mund und Nase)

Beim Schleifen, Lackieren oder beim Wechsel von Filterelementen entstehen gefährliche Stäube und Gase. Können diese Partikel nicht vollständig abgesaugt werden, dann muss sich der Anwender mit speziellen Atemschutzmasken schützen. Leider sind auch dabei die Brillenträger – wie schon bei den Schutzbrillen – wieder etwas im Nachteil. Denn eine einfache und für viele Arbeiten durchaus ausreichende Staubmaske kommt für sie nicht in Frage, da beim Ausatmen ständig die Brille beschlagen würde. Brillenträger benötigen hochwertige und natürlich auch teurere Kunststoff-/Gummimasken, die die Nasenflügel dicht umschließen und über ein nach unten gerichtetes Ausatemventil verfügen.

Atemschutzmasken gibt es als reine **Feinstaubmaske** (Einwegmaske) (1) oder mit austauschbaren **Filtern und Atemventilen** (2 und 3). Diese Masken können mit entsprechenden Filtern (s. Bild ganz unten rechts), auch zum Lackieren von lösemittelhaltigen Lacken eingesetzt werden. Hochwertige Masken besitzen in der Regel zwei Filter, einen für Gase und Dämpfe (4) und einen für feste Partikel (5) (es gibt auch Kombinationsfilter für beides). Gasfilter z. B. für lösemittelhaltige Lacke tragen den Buchstaben A plus die Angabe der Filterklasse (1= gering bis 3 = hoch). Da sich beim Farbspritzen neben Dämpfen auch kleinste feste Partikel in der Atemluft befinden, benötigen Sie zusätzlich noch einen Partikelfilter P, der ebenfalls in den Filterklassen 1 bis 3 erhältlich ist. Einen sehr guten Schutz beim Lackieren bieten beispielsweise A2P3 Filter.

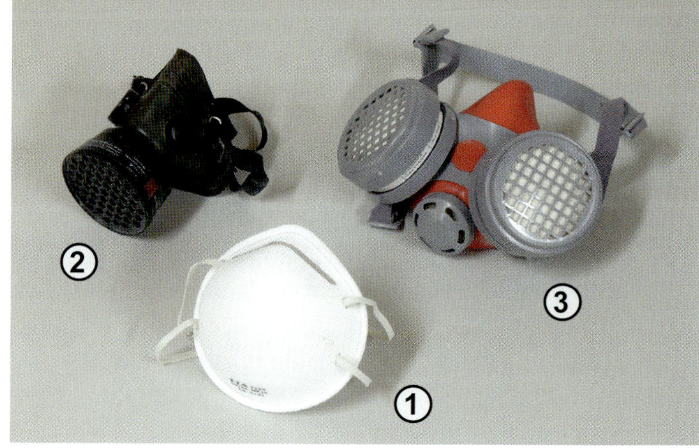

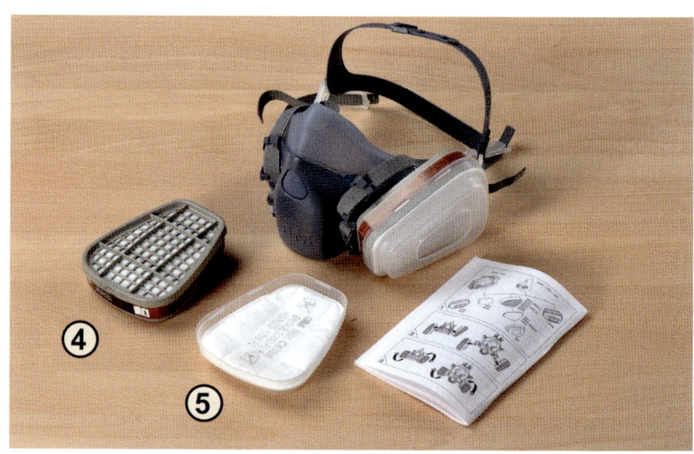

Allgemeine Verhaltensregeln bei der Maschinenarbeit

Es gibt ein paar grundlegende Verhaltensregeln, die generell für alle stationären Holzbearbeitungsmaschinen gelten (s. Infokasten unten). Ich möchte sogar soweit gehen, dass diese Sicherheits- und Arbeitsregeln auch uneingeschränkt für den Einsatz von handgeführten Elektrowerkzeugen zutreffen. Kurzum – also überall dort, wo ein Stecker dran ist!

Einen der wichtigsten Punkte in der Liste möchte ich jedoch ganz besonders hervorheben: **Arbeiten Sie nie unter Zeitdruck!** Besonders im hektischen Berufsalltag passieren dann die meisten Unfälle. Denn wer kennt das nicht? Da muss noch schnell die Leiste gefräst werden, damit man endlich zum Kunden fahren kann. Schutzvorrichtungen anbringen – Fehlanzeige – dafür ist jetzt keine Zeit. Eigentlich hat man dabei schon ein ungutes Gefühl, aber man macht es trotzdem. Es wird schon nichts passieren. Falsch! Denn früher oder später wird etwas passieren. Dann haben Sie in der Notaufnahme des Krankenhauses ganz sicher genügend Zeit darüber nachzudenken, ob Sie die paar Minuten zum Anbringen und Einstellen der Schutzvorrichtungen nicht doch besser investiert hätten. Und ihr Chef hat jede Menge Schreibkram zu erledigen. Es gibt keinen einzigen Auftrag, der es wert ist, seine Gesundheit aufs Spiel zu setzen! Ihre Devise sollte daher lauten: **„Qualitätsarbeit braucht nun mal ihre Zeit!“**

Sicherheits- und Arbeitsregeln im Umgang mit stationären Maschinen auf einen Blick

1. **Lesen Sie vor Inbetriebnahme aufmerksam die Bedienungsanleitung und machen Sie sich mit allen Funktionen der Maschine vertraut.**
2. **Arbeiten Sie an Maschinen nur, wenn Sie ausgeschlafen sind und keine beeinträchtigenden Medikamente genommen haben. Niemals unter Zeitdruck arbeiten!**
3. **Alkohol, Drogen oder sonstige Rauschmittel sind absolut tabu!**
4. **Immer eng anliegende Kleidung und keine Schmuckstücke tragen. Lange Haare zusammenbinden.**
5. **Arbeiten Sie niemals mit Handschuhen an Maschinen mit rotierenden Werkzeugen.**
6. **Tragen Sie immer einen Gehörschutz und je nach Gefahrenpotenzial zusätzlich eine Schutzbrille.**
7. **Halten Sie sich selbst, aber auch Helfer und Zuschauer, niemals im Gefahrenbereich der Maschine auf (z. B. dort wo Abschnitte oder Werkstücke durch Rückschlag herausgeschleudert werden können).**
8. **Sorgen Sie für einen guten Stand und freie Sicht auf den Arbeitsverlauf.**
9. **Halten Sie ihren Arbeitsplatz bzw. den Maschinentisch sauber. Werfen Sie Materialabschnitte nicht auf den Boden sondern in einen Sammelbehälter in Maschinennähe.**
10. **Schließen Sie die Maschine immer an eine geeignete und leistungsstarke Staubabsaugung an.**
11. **Bei allen Arbeiten an der Maschine (Werkzeugwechsel, Einstellen, Anbringen von Zubehör etc.) ist die Maschine abzuschalten.**
12. **Setzen Sie nur einwandfreie und scharfe Werkzeuge ein, die für den Einsatz auf der Maschine zugelassen und vorgesehen sind.**
13. **Stellen Sie die Drehzahl des Werkzeugs laut Bedienungsanleitung auf den zu bearbeitenden Werkstoff ein. Beachten Sie dabei unbedingt aufgedruckte zulässige Höchstdrehzahlen.**
14. **Prüfen Sie vor jedem Einsatz den festen Sitz von Werkzeugen, evtl. montiertem Zubehör und sonstigen lösbaren Schrauben.**
15. **Arbeiten Sie immer mit allen notwendigen Schutzeinrichtungen und bewahren Sie weitere Hilfsmittel stets griffbereit direkt an der Maschine auf.**
16. **Sprechen Sie an Maschinen arbeitende Personen niemals von hinten an, sondern immer vorsichtig von vorne im Sichtbereich des Arbeiters.**
17. **Auch bei kürzeren Arbeitsunterbrechnungen, aber erst recht beim Verlassen, immer die Maschine ausschalten.**
18. **Warten, pflegen und säubern Sie in regelmäßigen Abständen Maschinen und Einsatzwerkzeuge. Dabei ist die Maschine immer komplett mit dem Hauptschalter abzuschalten!**

Sicherung von Werkstücken und Vorrichtungen

So richtig Spaß macht das Holzwerken, wenn man mit einem guten und sicheren Gefühl zu Werke gehen kann. Vor allem bei der Arbeit an Maschinen sollten sich Hände und Finger immer im sicheren Abstand zum Sägeblatt oder zum Fräswerkzeug befinden. Hier überlässt man das Festhalten von Werkstücken oder Festspannen von Vorrichtungen am besten den mechanischen Kollegen, den Hebelzwingen und Schnellspannern (auch Kniehebelspanner genannt). Das hat dann auch den großen Vorteil, dass man sich noch besser auf die eigentliche Maschinenarbeit konzentrieren kann. Man tut also nicht nur etwas für die eigene Sicherheit, sondern hebt so ganz nebenbei auch noch die Qualität der Werkstücke auf ein deutlich höheres Niveau. Und das sollte doch Ansporn genug sein, sich einmal etwas intensiver mit dem Thema zu beschäftigen. Deshalb zeige ich Ihnen auf den folgenden Seiten, wie Hebelzwingen und Schnellspanner richtig eingesetzt werden und welche Unterschiede es gibt.

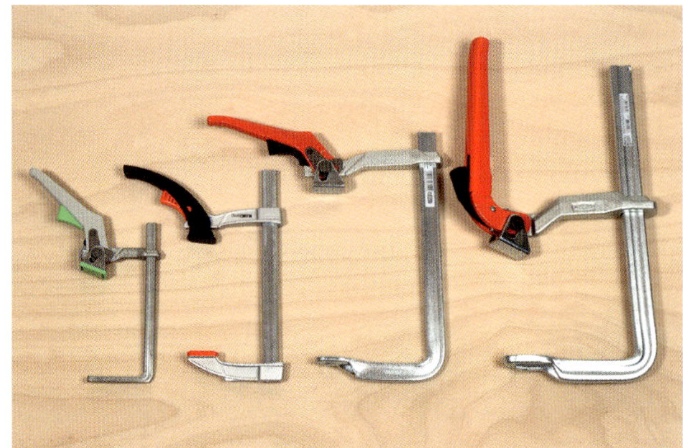

Bei der Maschinenarbeit dürfen nur Hebelzwingen eingesetzt werden. Diese Zwingen können sich auch bei starken Vibrationen der Maschine nicht selbstständig lösen. Es gibt sie in verschiedenen Längen und Ausladungen. Selbst die kleineren Modelle verfügen bereits über eine enorme Spannkraft.

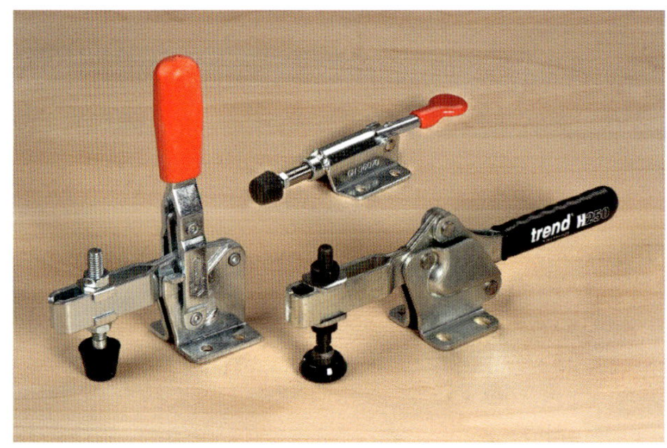

Vertikale (links im Bild) und horizontale Schnellspanner (rechts) sind die wichtigsten Spannformen und sollten in keiner Holzwerkstatt fehlen. Der spezielle Schubstangenspanner (hinten) mit horizontalem Druckpunkt, wird seltener benötigt, ist aber ideal bei schmalen Werkstücken bzw. Druck gegen eine schmale Kante.

Die Funktionsweise einer Hebelzwinge

Bei dieser Zwinge wird der Pressdruck über einen Hebelarm ausgelöst. Je weiter man ihn in Richtung Stahlprofil zieht, um so höher ist der Pressdruck. Im Gelenk des Hebelarms befindet sich ein exzentrisch gelagerter Rastmechanismus in Form einer gezahnten Metallplatte. Beim Ziehen rastet der Hebelarm schrittweise in dieser Zahnung ein. Sie können also auf diese Weise mit einer Hebelzwinge nicht nur blitzschnell eine extrem hohe Spannkraft erreichen, sondern auch die Spannkraft der Rasterung entsprechend fein dosieren. Der Rastmechanismus hat aber noch einen weiteren Vorteil, denn er hält den Hebelarm auch bei stärksten Vibrationen immer zuverlässig in der eingerasteten Position. Erst wenn man den Entriegelungsknopf im Hebelarm drückt, wird der Rastmechanismus wieder freigegeben und der Hebelarm lässt sich öffnen.

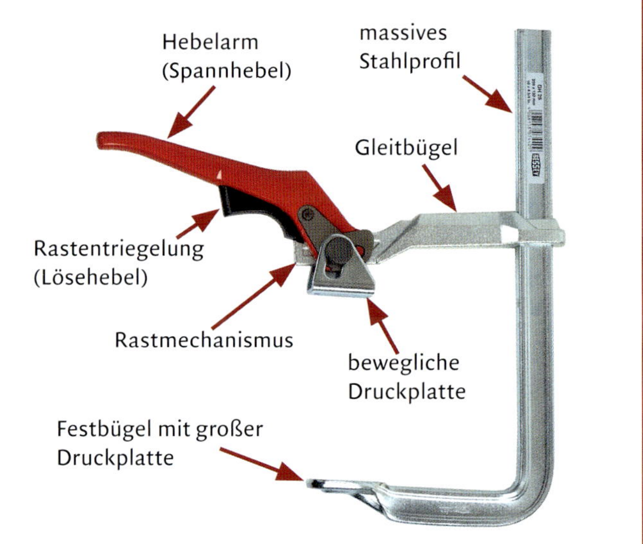

1. Werkstücke, Vorrichtungen oder Hilfsmittel mit Hebelzwingen festpannen

Kleine Werkstücke sollten Sie beim Bohren immer mit Hebelzwingen festspannen. Das Festhalten mit der Hand ist nicht nur gefährlich, sondern kann auch das gesamte Werkstück ruinieren.

Auch Vorrichtungen wie diesen Druckkamm können Sie mit Hebelzwingen sicher und bombenfest auf dem Maschinentisch fixieren. Selbst bei stärksten Vibrationen lässt die Spannkraft nicht nach.

Selbst wenn Sie nur einen simplen Stoppklotz am Fräsanschlag befestigen möchten: mit einer starken Hebelzwinge können Sie sicher sein, dass sich seine Position niemals verändern wird.

Es macht durchaus Sinn, unterschiedlich große Hebelzwingen in der Werkstatt zu haben. Denn die kleine Hebelzwinge (s. Bild rechts) passt mit dem schmalen Festbügel auch ganz hervorragend in die Tischnuten von Schiebeschlitten hinein. Diese Art von Hebelzwingen werden normalerweise zum Festspannen von Führungsschienen für Handkreissägen eingesetzt. Eines steht jedenfalls fest: Nur wenn eine Vorrichtung wirklich sicher und fest auf dem Maschinentisch fixiert wurde, können Sie auch mit einem perfekten Arbeitsergebnis rechnen.

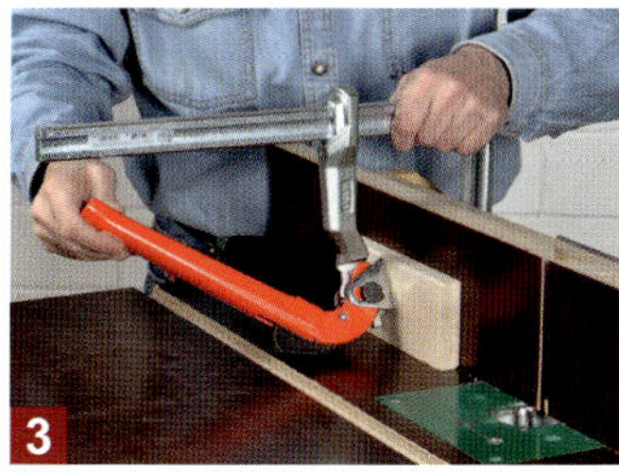

Es gibt Situationen, da lässt sich eine normale Hebelzwinge partout nicht anbringen. Entweder stößt der Hebelgriff im geöffneten Zustand irgendwo an (Bild 1), oder die Ausladung der Spannarme reicht nicht aus (Bild 2). Für diesen Zweck hat die Fa. Bessey eine Hebelzwinge entwickelt, deren Griff im geöffneten Zustand senkrecht nach oben zeigt. So kann die Zwinge problemlos in jeder Lage angesetzt (Bild 3) und durch Umlegen des Hebels nach hinten zum Stahlprofil geschlossen werden (Bild 4). Der Hebelgriff steht so niemals im Weg. Diese Hebelzwinge erreicht übrigens eine sagenhafte Spannkraft von bis zu 9.500 N. Eine herkömmliche Schraubzwinge erreicht höchstens 7.000 N.

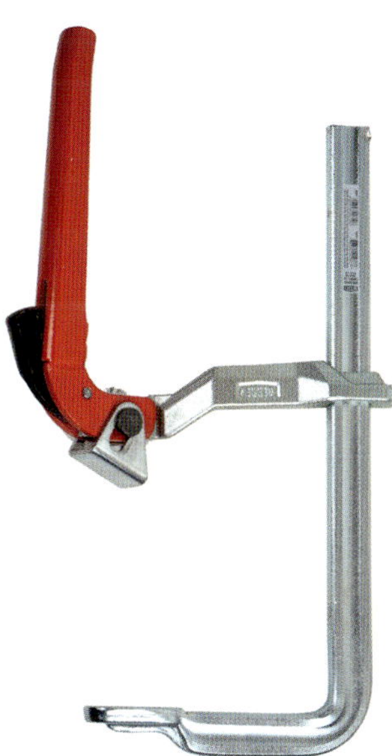

2. Werkstücke zur Bearbeitung auf Schablonen oder Arbeitstischen festspannen

Wenn Werkstücke schnell und sicher auf Schablonen oder speziellen Vorrichtungen festgespannt werden müssen, dann kommen sogenannte Schnellspanner ins Spiel. Man findet Sie auch unter dem Namen Kniehebelspanner in verschiedenen Größen und Spannformen. In der Holzbearbeitung werden am häufigsten vertikale und horizontale Schnellspanner eingesetzt (s. Bilder unten). Beide Spanner fungieren quasi als Niederhalter und drücken von oben auf das Werkstück. Sie unterscheiden sich lediglich in der Griffposition im geschlossenen Zustand. Beim vertikalen Spanner steht der Hebelgriff dann senkrecht nach oben und beim horizontalen waagerecht zur Seite weg. Beides hat je nach Anwendung seine Vorteile. So ist beispielsweise bei der Arbeit auf einem Bohrständer (s. Bild rechts) ein horizontaler Spanner besser geeignet als ein vertikaler. Der wiederum kann aber beim Einsatz auf einer Tischkreissäge sinnvoller sein, wenn man z. B. eine schmale Schablone am Parallelanschlag vorbei führen möchte. Es macht also durchaus Sinn, sich von beiden Varianten mindestens je zwei in der mittleren Größe anzuschaffen.

Alle Schnellspanner können mit vier Spanplattenschrauben problemlos auf Schablonen oder Holzplatten festgeschraubt werden. Die Stärke der Platte sollte sich dabei nach den Werkstücken richten, die Sie festspannen möchten. Sie können zwar die Andruckspindel sowohl seitlich, als auch in der Höhe genau einstellen, aber der Verstellbereich ist nicht besonders groß, so dass Sie hier mitunter etwas nachhelfen müssen.

Wenn Sie mal keinen vertikalen Druck von oben auf das Werkstück ausüben können, dann helfen sogenannte Schubstangenspanner. Bei diesen Spannern wird bei Betätigung des Hebelgriffs eine Stange horizontal bewegt, die dann seitlich Druck auf das Werkstück ausübt. Da Sie bei Schubstangenspannern ausschließlich den Pressdruck einstellen können, lässt sich die gewünschte Höhe der Schubstange (Druckpunkt) nur durch eine entsprechend dicke Holzplatte als Unterlage erreichen.

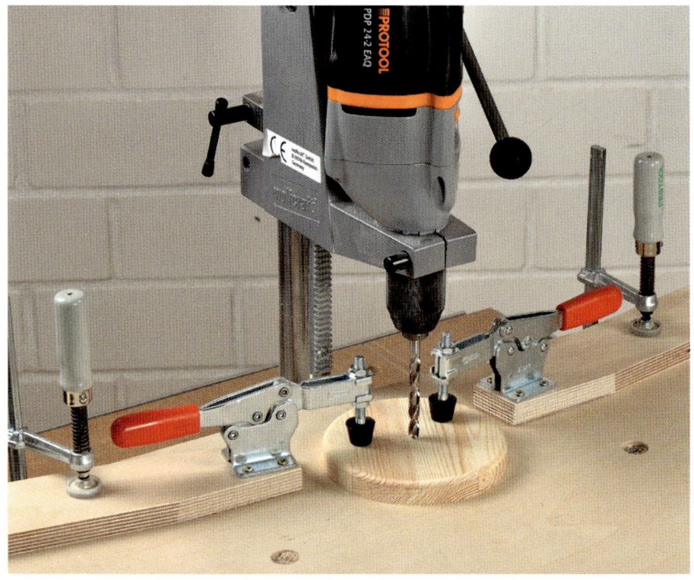

Schnellspanner sichern jede Art und Form von Werkstücken blitzschnell und kraftvoll gegen Verrutschen. Die Haltekraft lässt sich über die Andruckspindel genau dosieren. Schnellspanner sorgen nicht nur für deutlich mehr Sicherheit bei der Arbeit mit Maschinen, sondern verbessern so ganz nebenbei auch erheblich das Arbeitsergebnis.

Schnellspanner gibt es in vielen verschiedenen Größen. Dabei erhöht sich nicht nur die Länge bzw. Ausladung des Spannarms, sondern auch die maximale Haltekraft.

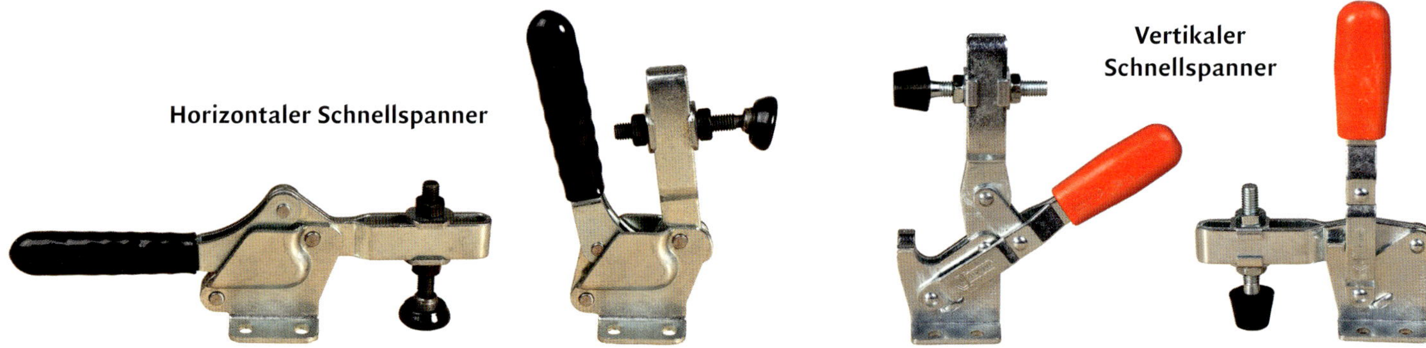

Aufbau eines Spannarms mit Andruckspindel

Andruckspindel

Die Andruckspindel gibt es in einer starren Ausführung (re.) oder mit einem flexiblen Kugelgelenk (li.). Angeboten werden auch verschieden geformte Druckkappen aus Neopren oder dem etwas härteren Polyurethan. Nach Lösen der beiden Spindel-Muttern lässt sich die Andruckspindel sowohl seitlich verschieben, um die Ausladung der Spindel zu verändern (A), als auch in der Höhe verstellen, um mehr oder weniger Pressdruck bzw. Haltekraft auf das Werkstück auszuüben (P) (siehe Grafik/Bild links außen).

Variable Schnellspanner der Fa. Bessey

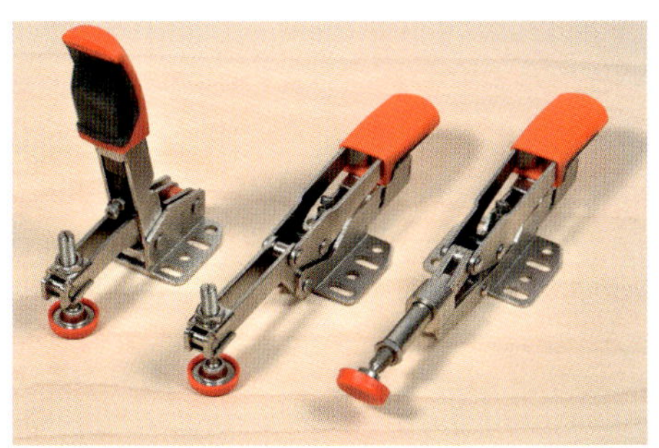

Sie sind in einer vertikalen und horizontalen Version und als Schubstangenspanner erhältlich. Highlight ist die automatische Anpassung der Spannhöhe bei unterschiedlichen Werkstückdicken.

Dabei ist eine Anpassung der Spannhöhe bis 35 mm möglich ohne Änderung der Druckschrauben-Position und bei nahezu gleichbleibender Spannkraft. Die Spannkraft lässt sich zudem mit einer Stellschraube (Pfeil) genau dosieren und erreicht je nach Einstellung bis zu kraftvollen 2.500 N.

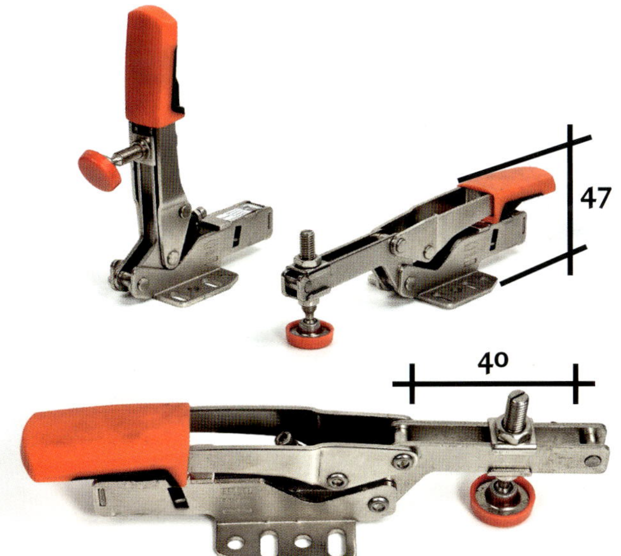

Mein Favorit ist der horizontale Schnellspanner STC-HH50. Er ist im geschlossenen Zustand mit 47 mm Höhe sehr flach und ist deshalb besonders gut zum Schablonenfräsen auf der Tischfräse geeignet. Außerdem kann er in dieser flachen Position auch sehr gut als Haltegriff genutzt werden. Der weit heraus ragende Spannarm bietet der Andruckspindel einen Verschiebeweg von satten 40 mm, so dass man nahezu jede Werkstückform sicher festspannen kann.

Ein paar typische Einsatzbereiche für Schnellspanner bei der Maschinenarbeit

Ohne den Einsatz von Schnellspannern wäre das Anschrägen dieses Möbelfußes viel zu gefährlich. Die Schablone sorgt aber auch dafür, dass alle weiteren Füße absolut deckungsgleich sind.

Ein schmales Werkstück zur Herstellung einer Schlitz und Zapfenverbindung hochkant über die Formatsäge zu schieben, ist nur mit einer entsprechenden Vorrichtung gefahrlos möglich. Und damit sich die Hände immer weit aus dem Gefahrenbereich des Sägeblatts befinden, wird das Werkstück nicht mit den Händen festgehalten, sondern mit einem Schnellspanner auf die Vorrichtung gespannt. Durch die kraftvolle Fixierung sind jederzeit präzise und wiederholgenaue Sägeschnitte gewährleistet. Es gibt keine andere Methode, mit der Sie schneller und sicherer eine Schlitz- oder Zapfenflanke in die Stirnkante eines Rahmenholzes einsägen können.

Nahezu jede Werkstückform lässt sich in irgendeiner Weise sicher auf einer Schablone fixieren. Vor allem in der Serienfertigung lassen sich auf diese Weise die Werkstücke blitzschnell wechseln. Zudem hinterlassen die weichen Druckkappen im Gegensatz zu Nägeln oder Schrauben auch keinerlei Macken und Beschädigungen auf dem wertvollen Holz. Ein weiterer Vorteil: Horizontale Schnellspanner können Sie auch gleich als Haltegriff zum Vorschieben der Schablone benutzen (Bild links).

Es geht auch ganz ohne Schnellspanner

Mit einer einfachen Multiplexplatte können Sie ebenfalls Druck auf das Werkstück ausüben. Dazu sind lediglich zwei Schlossschrauben nötig, die von unten in die Schablone eingelassen werden. Dann legen Sie die Werkstücke auf …

… die Schablone und stecken die Druckplatte auf die Schlossschrauben. Mit sogenannten Sterngriffen klemmen Sie die Werkstücke fest. Deutlich kostengünstiger als Schnellspanner, aber leider nicht ganz so komfortabel.

Einsatz eines Schubstangenspanners

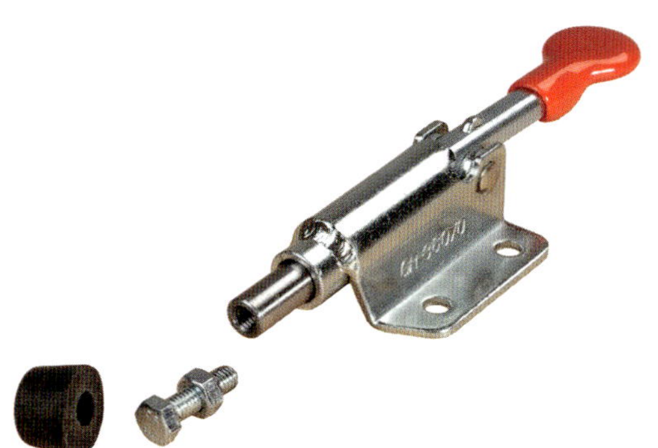

Ein Schubstangenspanner erzeugt einen horizontalen Druckpunkt. Mit einer einfachen Sechskantschraube mit Mutter am Ende der Schubstange lässt sich die Druckstärke genau anpassen.

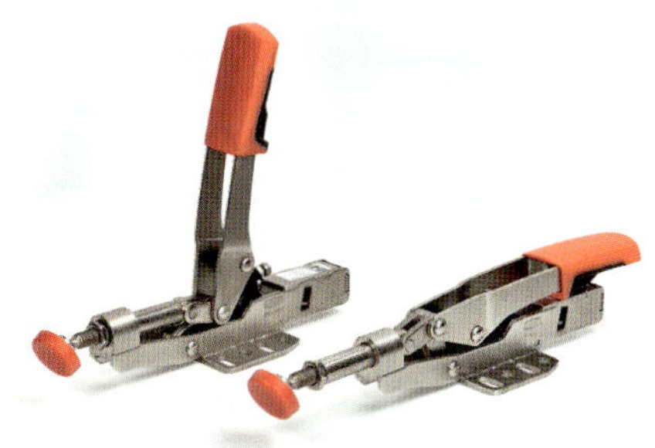

Mit einer Spannkraft von 2.500 N ist der Schubstangenspanner von Bessey extrem kraftvoll und gleicht außerdem noch unterschiedliche Werkstückdicken bis 13 mm automatisch aus.

Der kleine Spanner erzeugt mächtig viel Druck und fixiert das Werkstück absolut sicher am Anschlag, auch bei mehreren nebeneinander angeschnittenen Bohrungen für ein Zapfenloch.

Das Verschieben geht völlig unkompliziert und blitzschnell: Einfach Hebel nach oben ziehen (Schubstange löst sich) Werkstück neu positionieren und Hebel wieder nach unten drücken.

Kapitel 2

Bestandteile, Justierung und Wartung

Aufbau und Arbeitsweise einer Formatkreissäge

Das wichtigste Bauteil einer Formatkreissäge (im folgenden kurz Formatsäge genannt) ist der **Formatschiebetisch** (auch Rolltisch oder Rollwagen genannt). Er läuft mit wenigen Millimetern Abstand direkt neben dem Sägeblatt. Dadurch kann das Werkstück während der Bearbeitung fest aufliegen und wird zusammen mit dem Schiebetisch präzise und schnurgerade am Sägeblatt vorbei geführt. Das ist auch der große Vorteil gegenüber herkömmlichen Tischkreissägen (s. a. Infokasten unten). Der Schiebetisch verfügt je nach Hersteller über ein oder zwei T-Nuten zur Befestigung von Zubehör und Sägehilfen wie beispielsweise einem **Besäum- oder Klemmschuh**.

Für Quer- und Ablängschnitte kann man in die Außenkante des Schiebetischs noch einen **Auslegertisch** (Queranschlag) einhängen, der von einem **Schwenkarm mit Teleskoprohr** abgestützt wird. Zum maß- und wiederholgenauen Ablängen lässt sich außerdem noch ein **Ablänganschlag** mit Skala und **klappbaren Anschlagreitern** im Auslegertisch befestigen. Der Ablänganschlag kann für schräge Winkelschnitte auf dem Auslegertisch auch stufenlos geschwenkt werden.

Um Werkstücke exakt parallel auf Breite zu schneiden, befindet sich auf der gegenüberliegenden Seite der **Parallelanschlag**. Er ist seitlich verschiebbar in einem Rohr eingehängt und lässt sich stufenlos und genau parallel zur Sägeblattfläche über den **Sägetisch** bewegen. Den gewünschten Abstand zwischen Sägeblatt und Parallelanschlag können Sie dabei exakt mithilfe einer Skala am Sägetisch einstellen. Ein zusätzliches verschiebbares **Anschlaglineal** am Parallelanschlag dient als Anlagefläche für das Werkstück.

Unter dem Sägetisch, der meist aus schwerem, massivem Grauguss gefertigt ist, befinden sich im Maschinenständer das Antriebsaggregat für das Kreissägeblatt und die Mechanik für die Höhen- und Schrägverstellung des Sägeblatts. Die Kraftübertragung vom Motor zur Sägewelle erfolgt durch einen Keilriemen. Durch manuelles Umlegen des Keilriemens auf unterschiedlich große Riemenscheiben können Sie die Drehzahl passend zum Sägeblattdurchmesser und dem zu schneidenden Material einstellen. Gegen Aufpreis können die meisten Sägen aber auch mit einer elektronischen Drehzahlsteuerung geordert werden. Ist die Maschine zusätzlich noch mit einem Vorritzsägeblatt (kurz Vorritzer genannt) vor dem Hauptsägeblatt ausgestattet, ist in aller Regel noch ein kleinerer zweiter Antriebsmotor verbaut.

Gesteuert werden die Antriebsaggregate entweder manuell über entsprechende Handräder oder elektromotorisch über die Eingabe der gewünschten Schnittdaten in ein **Bedienpult** unter dem Schiebetisch am vorderen Maschinengehäuse. Lassen sich auch Parallel- und Queranschlag elektromotorisch verstellen, erfolgt die Steuerung und Eingabe der Schnittdaten in der Regel über einen separaten schwenkbaren Schaltkasten mit Bildschirm, der in Augenhöhe über dem Sägetisch angebracht ist.

Hinter dem **Kreissägeblatt** befindet sich der **Spaltkeil**. Er kann vor und zurück, sowie in der Höhe passend zum Sägeblattdurchmesser eingestellt werden. Der Sägetisch besitzt außerdem im Bereich des Kreissägeblatts eine auswechselbare Tischleiste aus spanbarem Material (meist Aluminium oder Holz). Lässt der Hersteller den Gebrauch von Fräswerkzeugen auf seiner Säge zu, muss diese Tischleiste vorab entfernt werden.

Der feine Unterschied zwischen Tisch- und Formatkreissäge

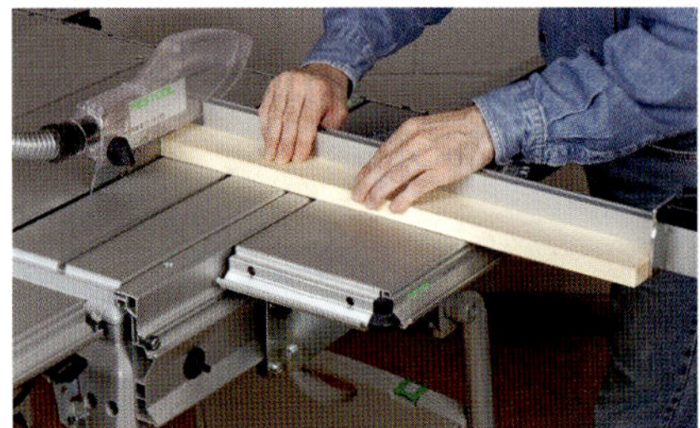

Beide Sägentypen bieten einen Schiebetisch zum Ablängen der Werkstücke. Der kleine aber sehr entscheidende Unterschied besteht darin, dass nur die Formatkreissäge (rechts) über einen Schiebetisch (Rollwagen) verfügt, der sich direkt neben dem Sägeblatt bewegt. Bei den Tischkreissägen (links) muss das Werkstück immer über einen festen, nicht beweglichen Teil der Tischfläche geschoben werden. Die Formatkreissägen bieten daher auch ein präziseres Schnittergebnis, weil das Werkstück immer komplett auf dem beweglichen Schlitten aufliegt. Wer das Holzwerken wirklich ernsthaft betreiben möchte und über den nötigen Platz und die Finanzen verfügt, wird auf Dauer an einer Formatkreissäge nicht vorbei kommen und sollte ihr immer den Vorzug geben!

Als Schutz vor dem herausragenden Sägeblatt besitzen alle Formatsägen eine transparente Schutzhaube. Die kann entweder direkt am Spaltkeil montiert sein oder an einem separaten schwenkbaren Arm hängen (s. Bild unten). Die Schutzhaube muss bei beiden Varianten über einen Absauganschluss verfügen. Zudem muss sich die Schutzhaube in der Höhe auf die zu schneidende Werkstückdicke einstellen lassen. Ein weiterer Absauganschluss befindet sich ganz unten im Maschinenständer hinter dem Sägeblatt. Für ein staubarmes Sägen müssen immer beide Bereiche – ober und unterhalb – des Sägeblatts an eine leistungsfähige Staubabsaugung angeschlossen werden.

Viele Hersteller statten ihre Formatsäge bereits standardmäßig mit einer **Tischverbreiterung** und einer **Tischverlängerung** aus, die einfach an der Tischkante des Sägetischs angeschraubt sind. Beides ist für den sicheren und präzisen Zuschnitt großformatiger Werkstücke unerlässlich und sollte nicht fehlen.

Aufbau und Bestandteile einer Formatkreissäge

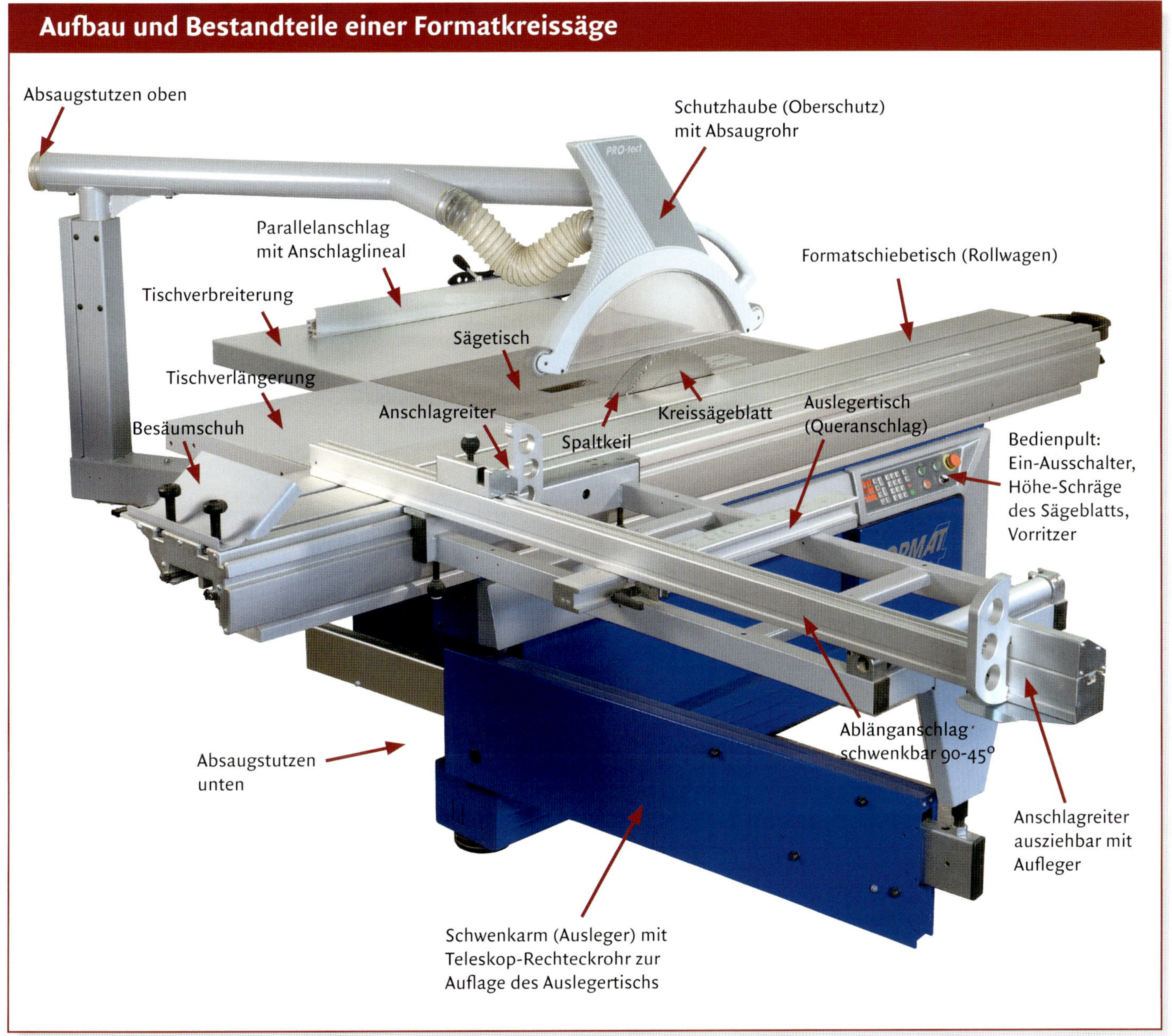

Der Formatschiebetisch mit Besäumschuh

Wie schon gesagt, ist der Formatschiebetisch das wichtigste Ausstattungsmerkmal einer Formatsäge. Er sollte zunächst einmal über die gesamte Auszugslänge sehr leichtgängig laufen, denn der Anwender muss ihn ja ständig mitsamt dem (schweren) Werkstück hin und her schieben. Er darf dabei nirgends hakeln oder seitlich wackeln. Den Spagat zwischen Leichtgängigkeit und dennoch hoher Seitenstabilität versuchen die Hersteller mit teils sehr unterschiedlichen Führungssystemen hinzubekommen. Bei der Firma Altendorf, dem Erfinder der Formatsäge, läuft der Schiebetisch auf großen Doppelrollen, deren Laufflächen spielfrei auf je zwei Präzisionsrundstangen geführt werden (s. a. Bild 1). Dieses System kann vor allem den Druck von oben durch schwere Werkstücke hervorragend auf die Führungstangen ableiten und gewährleistet so auch nach jahrzentelangem Gebrauch einen präzise und leichtgängig laufenden Rollwagen.

Andere Firmen setzen auf seitliche (lineare) kugelgelagerte Rollenführungen. Die Rollen laufen dabei zwischen zwei V-förmig angeordneten Laufflächen aus gehärteten Stahlstreifen. Die bieten bereits durch ihre Bauart eine Zwangsführung und somit auch automatisch einen absolut spielfreien Lauf. Welches System das Bessere ist, lässt sich nicht eindeutig beantworten. Jedes hat seine Vor- und Nachteile und natürlich schwört der jeweilige Hersteller immer auf sein eigenes Führungssystem. Wenn Sie sich also eine neue Formatsäge kaufen möchten, dann kann ein Besuch bei einem Anwender, der diese Säge bereits seit ein paar Jahren intensiv nutzt, möglicherweise Klarheit schaffen. Aber egal für welches System Sie sich letztlich entscheiden, wichtig für einen reibungslosen Lauf ist vor allem auch eine leistungsfähige Absauganlage.

1 Der Besäumschuh oder Klemmschuh gehört zur Standardausstattung und ist das wichtigste Zubehör zum Besäumen von Massivholz. Er wird einfach in der T-Nut des Schiebetischs befestigt.

2 Bei zwei T-Nuten im Schiebetisch kann der Besäumschuh deutlich breiter und massiver ausgeführt werden. Die Rückkante lässt sich dann auch sehr gut als Rückschlagsicherung einsetzen.

3 Mit den passenden Gleitmuttern können Sie in den T-Nuten auch viele andere interessante Hilfsmittel sicher befestigen. So lässt sich beispielsweise …

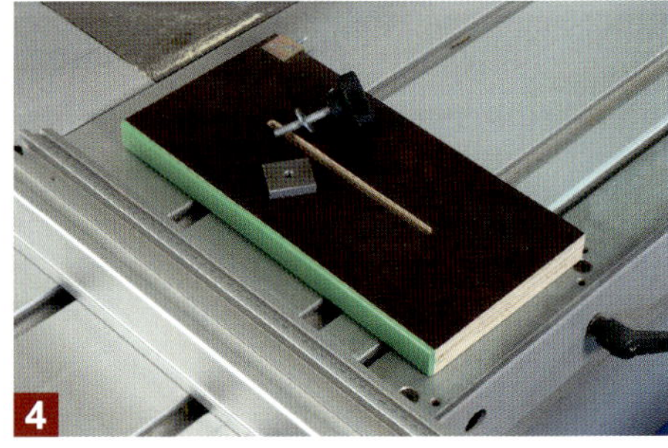

4 … eine etwas abgewandelte Variante der Sägehilfe „Fritz und Franz“ auf dem Formatschiebetisch fixieren (s. a. S. 77).

5 Der Schiebetisch muss sich über eine Hebelmechanik auch feststellen lassen. Das ist für bestimmte Anwendungen (z. B. Einsetzsägen) eine wichtige Vorraussetzung.

6 Bei dieser Formatsäge befindet sich die Mechanik samt Stange außen am Schiebetisch. Ein Bolzen wird dazu per Stange in eine passende Auskerbung unterhalb des Schiebetisches eingeschwenkt.

Der Auslegertisch mit Ablänganschlag und Anschlagreiter

Der Auslegertisch wird immer fest mit der Oberkante des Formatschiebetisches verbunden. Er lässt sich dort an jeder beliebigen Stelle über die gesamte Länge des Formatschiebetisches einhängen und fest arretieren. Abgestützt wird er auf der gegenüberliegenden Seite von einem Ausleger-Schwenkarm. Wird der Schiebetisch vor und zurück geschoben, bewegt sich auch der Auslegertisch und das Teleskoprohr (**1**) mit der Abstützung im Schwenkarm. Dieses Teleskoprohr muss deshalb immer genau so leichtgängig laufen, wie der Schiebetisch. Denn jeder Ruckler überträgt sich auch auf den Schiebetisch und kann sich im Extremfall sogar an der Schnittkante des Werkstücks abzeichnen.

Zur Herstellung von Winkel- und Ablängschnitte können Sie auf den Auslegertisch noch einen schwenkbaren Ablänganschlag befestigen. Der kann, je nach Anwendungsfall, entweder direkt vor dem Anwender an der Vorderkante (Bild 2 und 4) oder vom Anwender weg an der Rückkante (Bild 1 und 3) des Auslegertisches montiert werden.

Damit Sie Werkstücke maß- und wiederholgenau ablängen können, befindet sich auf dem Ablänganschlag ein sogenannter Anschlagreiter. Er lässt sich auf dem Anschlag hin und her schieben und mithilfe einer Skala und einer Leselupe exakt auf das gewünschte Ablängmaß einstellen. Das wichtigste am Anschlagreiter ist ein stabiler und absolut spielfrei eingestellter Klappanschlag. Er darf auf gar keinen Fall wackeln, sonst sind keine wiederholgenauen Zuschnitte möglich. Bei den meisten Anschlagreitern lässt sich das Spiel beim Klappen mit einer Einstellschraube nachjustieren. Am besten achten Sie bereits beim Kauf auf einen stabilen und spielfrei eingestellten (und einstellbaren!) Klappanschlag.

Der Ablänganschlag kann für wiederholgenaue Schrägschnitte von 0-45° stufenlos geschwenkt werden. Außerdem kann er sowohl an Rück- …

… als auch Vorderkante des Auslegertisches eingesteckt und arretiert werden. Auch dort kann er dann wieder von 0-45° geschwenkt werden.

Beim Zuschnitt großen Platten ist es vorteilhafter, wenn der Ablänganschlag vom Anwender weg an der Rückkante des Auslegertisches montiert ist. Dann müssen Sie schwere Platten nicht über den Anschlag heben. Die könnten dabei oder beim Wenden sehr schnell beschädigt werden.

Schmale Bretter und Leisten sägen Sie hingegen besser mit dem Ablänganschlag an der Vorderkante des Auslegertisches. Auf diese Weise nimmt der Anschlag den kompletten Schnittdruck des Sägeblatts auf und das leichte Werkstück lässt sich sicherer am Anschlag halten und führen.

Der massive, klappbare Anschlagreiter gibt auch beim Anlegen der Plattenkanten nicht nach und sorgt so für präzise, wiederholgenaue Zuschnitte.

Für besonders lange Ablängschnitte (hier sogar bis zu 3,20 m), befindet sich am Ende des Anschlags noch ein ausziehbarer Anschlagreiter.

Der Parallelanschlag

Er sollte nicht nur massiv und stabil gebaut sein, sondern auch präzise geführt auf einer großen Rundstange laufen. Nach der Klemmung darf er nirgends wackeln. Testen Sie das, indem Sie das Anschlaglineal weit nach vorne herausfahren und dann am Anschlagende mit der Hand seitlichen Druck ausüben. Ein hochwertiger Parallelanschlag hält hier auch größerem Druck problemlos stand und gibt nicht im geringsten nach.

Bei einem manuell einstellbaren Parallelanschlag halte ich eine gut funktionierende Feineinstellung für absolut unverzichtbar. Und die sollte möglichst auch bei einem fest arretierten bzw. geklemmten Anschlag präzise funktionieren. Oftmals möchte man das eingestellte Maß nur um einen „kleinen Hauch" verstellen, was einen ohne Feineinstellung schnell in den Wahnsinn treiben kann. Ich würde sogar soweit gehen, dass alle manuell einstellbaren Anschläge (z. B. auch der Anschlagreiter am Ablänganschlag – s. vorherige Seite) eine solche Feineinstellung haben sollten. Nicht jeder Anwender benötigt teure elektromotorisch per Eingabe gesteuerte Anschläge.

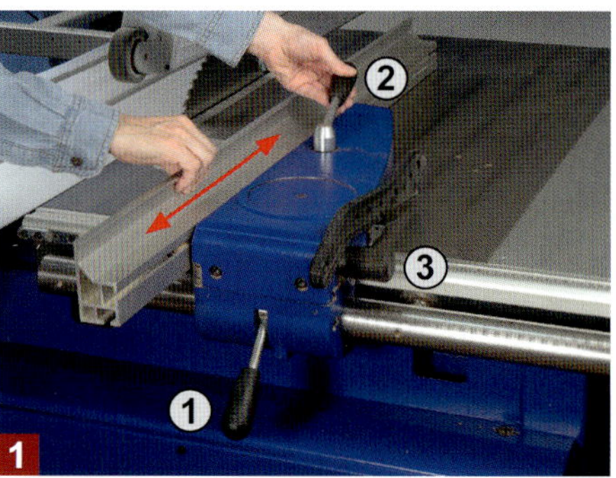

Der Parallelanschlag kann seitlich verschoben werden (Hebel 1) und das Anschlaglineal vor und zurück in Pfeilrichtung bewegt werden (Hebel 2).

Wichtig! Ist der Parallelanschlag fest eingestellt und arretiert, sollte sich der Anschlag noch mit einem Drehrad (3) feineinstellen lassen.

Das Anschlaglineal sollte sich auch komplett vom Parallelanschlag abziehen lassen. Auf diese Weise können Sie dann – bei Bedarf – neben der hohen Anschlagfläche auch eine …

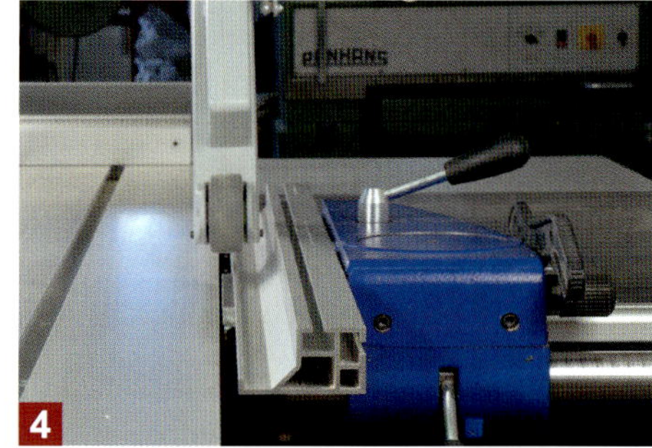

… flache Anschlagfläche einsetzen. Die ist vor allem beim Zuschnitt schmaler Leisten unerlässlich. Denn nur so bleibt genügend Platz, um die Schutzhaube auf das Werkstück abzusenken.

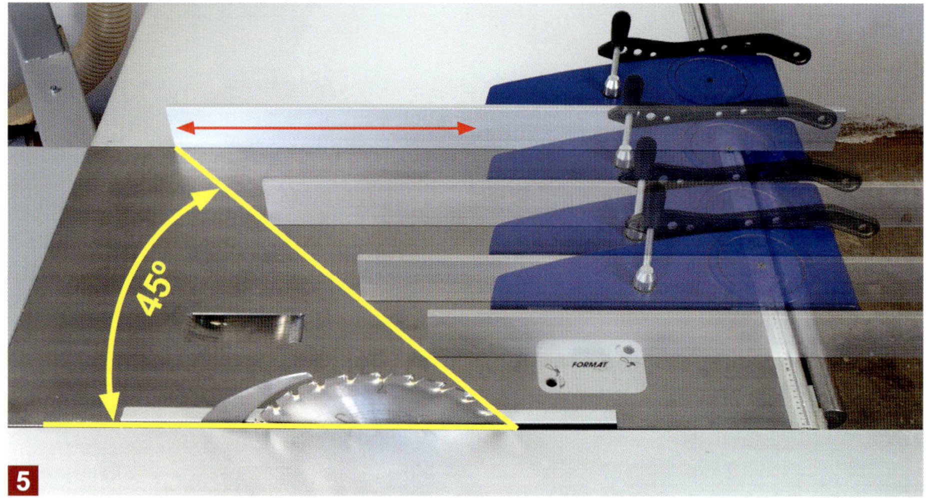

Beim Auftrennen von Massivholz treten häufig mehr oder weniger starke Spannungen auf und das Werkstück verzieht sich. Damit es beim Verzug nicht zum Klemmen zwischen Parallelanschlag und Sägeblatt kommt, sollte das Ende des Anschlaglineals immer in einer gedachten 45°-Linie zum vorderen Sägeblattzahn verlaufen. Je enger dabei der Abstand zwischen Anschlagfläche und Sägeblatt ist, um so mehr muss das Anschlaglineal zurückgezogen werden (mehr Infos dazu auf S. 98). Sie sehen also, wie wichtig diese Funktion für die Sicherheit beim Sägen von Massivholz ist. Auch darauf sollten Sie beim Kauf Ihrer Formatsäge unbedingt achten.

Die Sägeblattschutzhaube und der Sägeblattoberschutz

Die Schutzhaube über dem Sägeblatt ist – zusammen mit dem Spaltkeil (s. nächste Seite) – die mit Abstand wichtigste Sicherheitseinrichtung auf einer Tisch- oder Formatkreissäge. Sie verdeckt den gefährlichsten Teil der Säge und verhindert so schon mal wirkungsvoll eine Vielzahl von möglichen Berührungen mit dem Sägeblatt. Außerdem sorgt sie dafür, dass Werkstücke, Späne oder Splitter nicht zurück in die Richtung des Anwenders geschleudert werden. Damit die Haube ihre Schutzfunktion erfüllen kann, sollte der Abstand zwischen Werkstück und Schutzhaube nur maximal 5 mm betragen.

Bei kleineren Formatsägen ist die Schutzhaube in der Regel direkt am Spaltkeil befestigt (s. Bild 1). Diese Schutzhaube dürfen Sie nur in ganz seltenen Ausnahmefällen (z. B. verdeckte Sägeschnitte) entfernen. Gewöhnen Sie sich aber unbedingt an, die Haube sofort nach Beendigung dieser Ausnahmearbeiten wieder fest am Spaltkeil zu montieren.

Bei größeren Formatsägen ist ein sogenannter Oberschutz Vorschrift (s. Bild 2). Der „schwebt" an einem massiven Auslegerrohr (Absaugrohr) über dem Sägeblatt und hat keinerlei Verbindung zum Spaltkeil. Das hat den Vorteil, dass Sie die Höhe der Schutzhaube völlig unabhängig von der Sägeblatthöhe einstellen können. Ein weiterer Vorteil: Bei verdeckten Sägeschnitten (falzen und nuten) kann die Schutzhaube auch weiterhin über dem Werkstück schweben. Und verfügt die Formatsäge über eine digital und elektromotorisch einstellbare Schnitthöhe, dann muss der Oberschutz nicht mal bei Einsetzschnitten weggeschwenkt werden. Er kann bis auf das Werkstück abgesenkt werden und auf diese Weise sogar als nützliche Andruckvorrichtung fungieren (s. a. Bild 3).

1 Nur bei Sägeblättern bis maximal 315 mm Durchmesser darf die Schutzhaube direkt am oberen Ende des Spaltkeils befestigt sein.

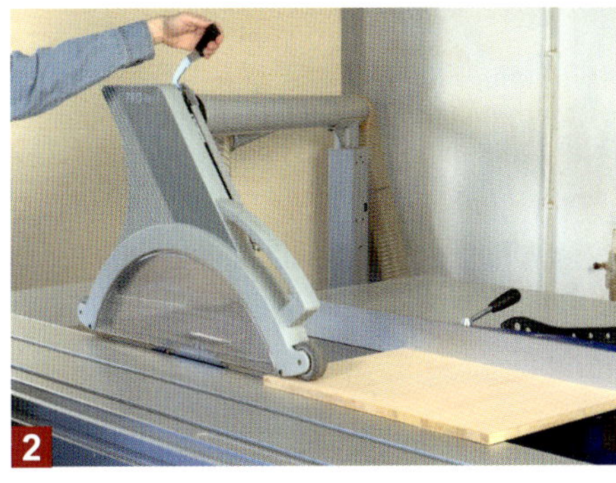

2 Bei größeren Sägeblättern (über Ø 315 mm) ist zwingend ein getrennt vom Spaltkeil montierter höhenverstellbarer Oberschutz vorgeschrieben.

3 Hat der Oberschutz eine Einlaufrolle, kann die bis auf das Werkstück abgesenkt und als Andruckrolle genutzt werden. Das verhindert wirkungsvoll ein „Hochschlagen" des Werkstücks beim Sägen.

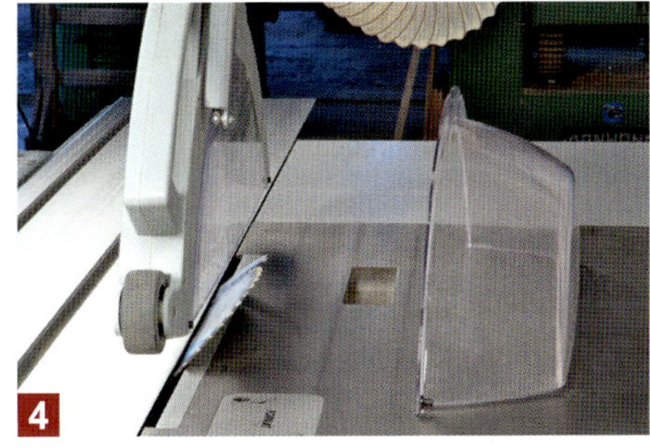

4 Wird das Sägeblatt zur Seite bis auf 45 Grad geschwenkt, bietet die schmale Schutzhaube dem Sägeblatt nicht mehr genügend Platz und muss gegen eine breitere Schutzhaube getauscht werden.

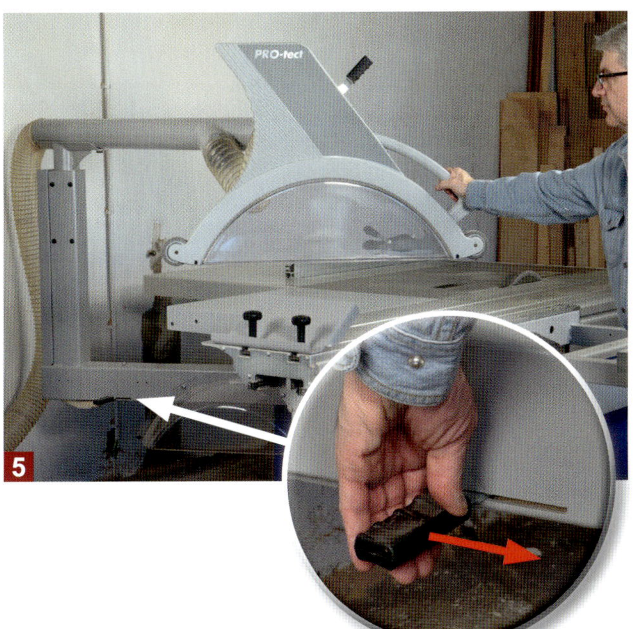

5 Der Oberschutz kann eigentlich immer über dem Sägeblatt „schweben" – selbst bei verdeckten Sägeschnitten. Sollte er aber tatsächlich mal stören, lässt er sich auch problemlos wegschwenken. Dazu muss bei dieser Maschine lediglich ein Hebel in Pfeilrichtung bewegt werden. Der entriegelt den Auslegerarm, an dem die Schutzhaube hängt.

Kreissägeblatt mit Spaltkeil

Wird der Schiebetisch komplett nach vorne bewegt, gelangt man nach Öffnen eines Schutzblechs (4) an das Sägeblatt (1). Dieser Teil der Maschine ist für den eigentlichen Sägeschnitt verantwortlich. Je nach Anwendung können hier unterschiedliche Sägeblätter und bei einigen Maschinen sogar Fräswerkzeuge eingesetzt werden. Direkt hinter dem Sägeblatt, im Abstand von etwa 5 bis maximal 8 mm, befindet sich der Spaltkeil (2). Der hat eine extrem wichtige Sicherheitsfunktion und darf ausschließlich beim Einsetzsägen entfernt werden. Bei allen anderen Arbeiten sorgt der Spaltkeil dafür, dass die Schnittfuge hinter dem Sägeblatt ständig offen gehalten wird. So wird verhindert, dass die hinteren, aufsteigenden Zähne des Sägeblatts das Werkstück zurück in Richtung des Anwenders schleudern.

Wer häufig kunststoffbeschichtete Spanplatten verarbeitet, sollte in der Formatsäge auch gleich bei der Bestellung ein sogenanntes Vorritzsägeblatt (3) einbauen lassen. Ein nachträglicher Einbau ist in aller Regel nicht mehr möglich. Dieses kleine Sägeblatt arbeitet im Gleichlauf, also genau entgegengesetzt zum großen Haupsägeblatt, das sich im Gegenlauf zur Schubrichtung des Werkstücks dreht. Die Funktionsweise und genaue Einstellung eines Vorritzers zum Hauptsägeblatt zeige ich Ihnen noch ausführlich im Kapitel zum Sägeblattwechsel auf S. 58.

Manuelle Handräder oder digitales Bedienpult

Die Einstellung des Sägeblatts (Höhe und Schräge) kann entweder manuell über entsprechende Handräder erfolgen oder elektromotorisch über die Eingabe der Werte in ein digitales Bedienpult. Auch wenn ein digitales Bedienpult ein deutlich höheres Reparaturrisiko darstellt als ein manuelles Handrad, ist es vor allem in Punkto Präzision und Sicherheit unschlagbar und man möchte schon nach kurzer Zeit nicht mehr auf diesen Komfort verzichten. Vor allem wenn die Formatsäge im gewerblichen Bereich viele Stunden am Tag von unterschiedlichen Mitarbeitern genutzt wird, erspart man sich mit einer präzisen elektromotorischen Steuerung des Sägeblatts (und am besten auch der Anschläge!) aufwändige Rüst- und Einstellarbeiten und somit Zeit und Geld. Für den Hobbyanwender spielen solche Überlegungen weniger eine Rolle, so dass hier eher das zur Verfügung stehende Budget darüber entscheidet. Zwingend nötig ist dieser Komfort jedenfalls nicht.

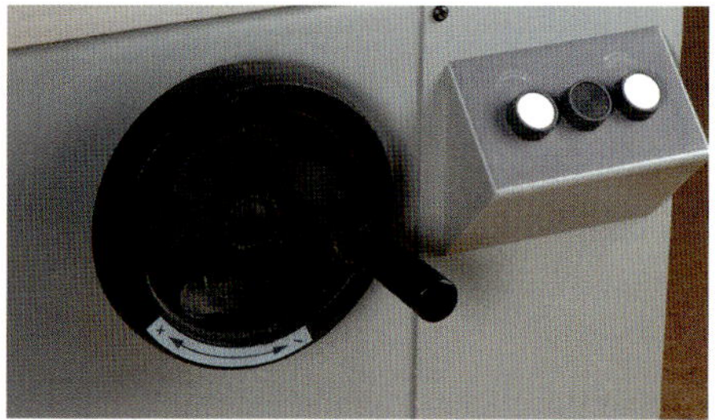

Die Sägeblatthöhe lässt sich manuell, aber durchaus präzise mit einem Handrad einstellen. Eine Skala zum Ablesen der Höhe gibt es aber nicht.

Auch die Schräge des Sägeblatts kann manuell mit einem Handrad eingestellt werden. Hier können Sie den Wert aber an einer Skala präzise ablesen.

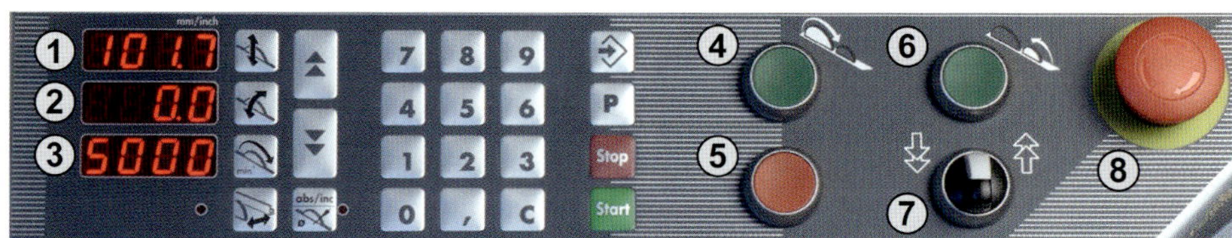

Die Höhe (1), Schräge (2) und Drehzahl des Sägeblatts können Sie in diesem Bedienpult nicht nur auf das Zehntel genau ablesen, sondern über die nummerische Tastatur auch exakt vorwählen. Nach dem Druck auf den Startknopf fährt das Sägeblatt präzise elektromotorisch gesteuert auf die eingestellten Werte. Das Hauptsägeblatt wird separat zum Vorritzer über Taster (4 und 5) ein- und ausgeschaltet. Der Vorritzer lässt sich bei Bedarf über einen Taster (6) zuschalten und mit einem Drehknopf (7) in der Höhe verstellen. Ein zentraler Not-Aus-Taster (8) schaltet die komplette Maschine mit einem Tastendruck aus.

Sicher arbeiten mit Tischverbreiterungen und -verlängerungen

Mit einer Formatsäge können Sie vor allem auch schwere und großformatige Platten präzise und wiederholgenau zuschneiden. Die werden Sie dann am häufigsten auf den Schiebetisch (Rollwagen) auflegen und anschließend bequem und völlig mühelos am Sägeblatt vorbei führen. Problematischer wird das Ganze, wenn Sie große Platten auch mal am Parallelanschlag auf Breite schneiden möchten. Denn in diesem Fall müssen Sie die langen und schweren Platten über einen festen Sägetisch schieben. Das ist nicht nur anstrengend, sondern kann auch gefährlich sein, wenn beispielsweise ein langes oder breites Werkstück plötzlich seitlich abkippt. Damit genau das nicht passieren kann, ist es extrem wichtig, dass die Formatsäge (am besten bereits ab Werk!) über eine fest angebaute Tischverbreiterung (1) und Tischverlängerung (2) verfügt. Denn das senkt nicht nur die Unfallgefahr, sondern auch das Risiko von teuren Fehlschnitten.

Noch sicherer und präziser arbeiten Sie, wenn Sie auch vor dem Sägeblatt eine Tischverlängerung einsetzen. Diese Möglichkeit bieten allerdings nur ganz wenige Premiumhersteller als optionales Zubehör an. Wer jedoch schon über eine Tischverlängerung der Fa. Aigner verfügt, der sollte sich unbedingt mal den dazu passenden Befestigungsadapter ansehen. Dieser Adapter passt auf alle Rundstangenführungen für den Parallelanschlag, die einen Durchmesser von 24 bis maximal 55 mm haben (s. Bilder rechts mitte).

Viele Hersteller bieten aber für ihre Schiebetische noch eine zusätzliche Auflagefläche an (s. Bilder rechts unten). Die kann ich Ihnen ebenfalls sehr ans Herz legen. Vor allem, wenn Sie alleine und ohne Helfer lange Schrankwandseiten auf Breite zuschneiden müssen, ist dieses Zubehör Gold wert (s. a. S. 89).

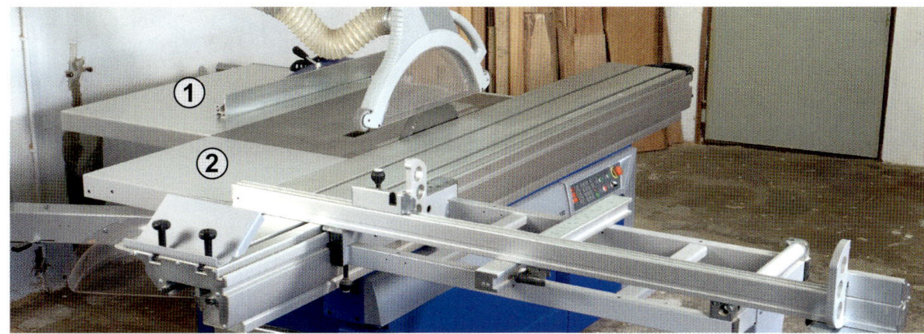

Eine fest am Sägetisch montierte Tischverbreiterung (1) und Tischverlängerung (2) ist ein absolutes Muss beim Zuschnitt großformatiger Werkstücke. Im Gegensatz zu Rollenböcken, bei denen auch immer die Gefahr des Umfallens besteht, erhalten Sie hier eine große, stabile und durchgehende Arbeitsfläche.

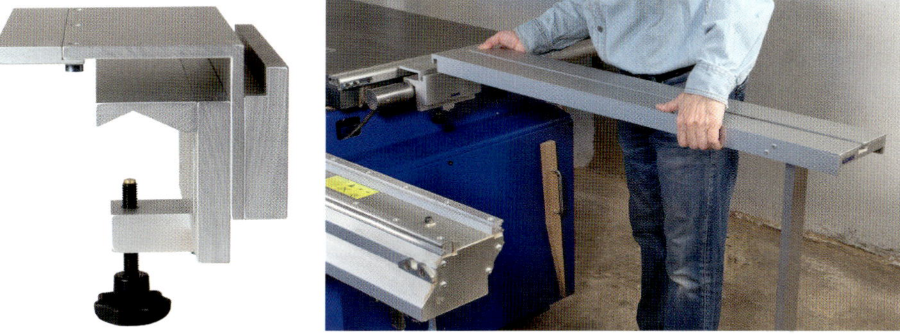

Egal ob Sie lange Leisten, Bretter oder Platten zuschneiden möchten, auf eine zusätzliche Tischverlängerung (Fa. Aigner) direkt vor dem Sägeblatt, werden Sie schon nach kurzer Zeit nie wieder verzichten wollen. Die kann mittels Befestigungsadapter (s. Bild links) sehr schnell und einfach an der Rundstange für den Parallelanschlag befestigt werden (mehr dazu ab S. 88).

Damit lange und breite Werkstücke (z. B. Schrankrückwände) auch am hinteren Ende abgestützt werden, bieten einige Hersteller für den Schiebetisch eine zusätzliche Verbreiterungsauflage an. Die kann an jeder beliebigen Stelle am seitlichen Schiebetischprofil eingehängt und arretiert werden. Sie kann außerdem noch als Parallelschnitthilfe eingesetzt werden (z. B. für den Breitenzuschnitt von Schrankwänden).

Die Formatkreissäge richtig einstellen und justieren

Holz und Plattenwerkstoffe präzise auf ein bestimmtes Maß zu sägen, ist einer der ersten und wichtigsten Schritte bei der Holzbearbeitung. Denn nur ein millimetergenauer Zuschnitt des Holzes garantiert später ein perfektes Werkstück. In vielen Fällen muss der Zuschnitt sogar auf den Zehntelmillimeter genau sein. Um diese Präzision in der Praxis zu erreichen, muss eine Formatsäge zunächst einmal perfekt justiert sein. In der Regel erledigt das ein Monteur direkt bei der Aufstellung und Inbetriebnahme der Formatsäge. Auf diesen Service sollten Sie, schon aus Gewährleistungs- und Garantieansprüchen, auf gar keinen Fall beim Kauf einer Formatsäge über einen Händler verzichten. Wenn Sie jedoch eine gebrauchte Maschine direkt beim Vorbesitzer kaufen, werden Sie sich wohl oder übel selbst mit der Justierung beschäftigen müssen. Aber keine Angst, auch dazu werde ich Ihnen in diesem Kapitel alles Wichtige Schritt für Schritt erklären. Danach können Sie sich dann immer über perfekte Zuschnitte mit einer extrem hohen Wiederholgenauigkeit freuen. Übrigens: Auch wenn Sie sich eine neue Formatsäge beim Händler gekauft haben, lohnt es sich die Justierung anhand der nachfolgenden Schritte einmal zu überprüfen.

Schritt 1: Die Sägetischhöhe passend zum Schiebetisch einstellen

Damit Sie das Werkstück auf dem Schiebetisch wirklich mühelos am Sägeblatt vorbei schieben können, muss die Schiebetischfläche etwa 0,1 mm höher sein, als die Sägetischoberfläche (Gußtisch). Zum Überprüfen legen Sie eine absolut gerade Wasserwaage oder eine Holzlatte auf den Schiebetisch. Anschließend bewegen Sie den Schiebetisch samt Wasserwaage vor und zurück. Die Unterseite der Wasserwaage darf dabei keinen Kontakt zum Sägetisch haben. Sollten Schleifgeräusche hörbar sein, müssen Sie den Sägetisch entsprechend absenken. Dazu befinden sich an der Vorder- und Rückkante je zwei Stehbolzen (Gewinde). Nach Lösen einer Kontermutter (Pfeil) können Sie den Sägetisch heben oder absenken. Ist die richtige Tischhöhe eingestellt, ziehen Sie die Kontermutter wieder fest.

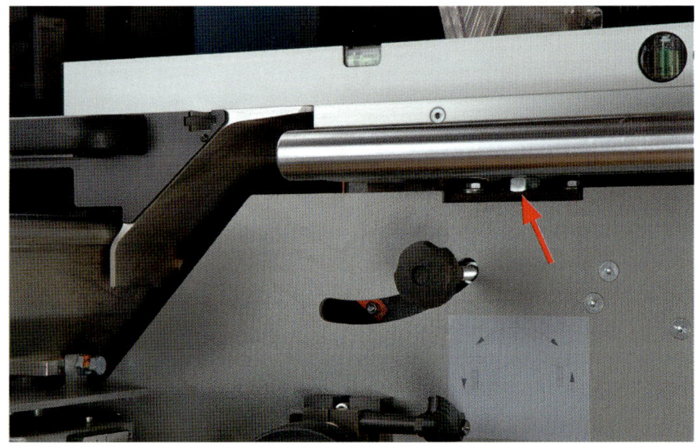

Schritt 2: Freischnitt des Parallelanschlags überprüfen und einstellen

Müssen Bretter oder Holzleisten auf ein bestimmtes Breitenmaß zugeschnitten werden, geschieht dies in der Regel am Parallelanschlag der Formatsäge. Wie der Name schon sagt, läuft dieser Anschlag genau parallel zur Sägeblattfläche bzw. -seite. Der Parallelanschlag darf sich auf keinen Fall zum hinteren Bereich (am Spaltkeil) verjüngen – also enger werden. Dabei würde das Werkstück quasi zwischen Sägeblatt und Anschlag eingeklemmt. Dies stellt nicht nur ein enormes Sicherheitsrisiko dar, sondern mit einem solchen Parallelanschlag sind auch keine genauen Breitenzuschnitte möglich – das Sägeblatt „brennt" sich in die Schnittkante! Vielmehr sollte sich der Parallelanschlag minimal nach hinten „öffnen". Der Fachmann spricht dabei vom Freischnitt. Das bedeutet, dass die hinteren aufsteigenden Zähne nahezu ge-

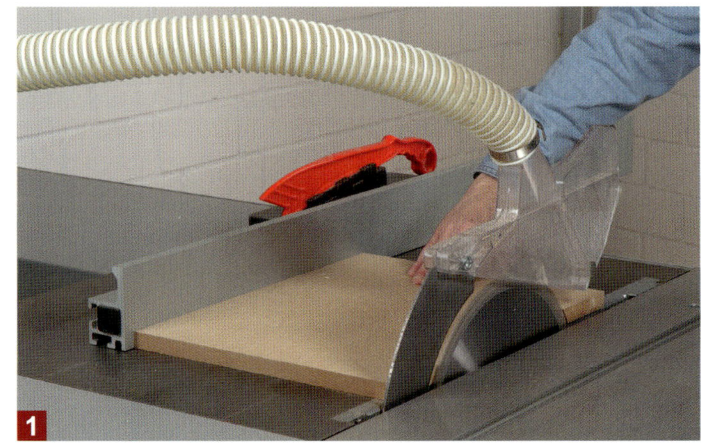
1

räuschlos an der Werkstückkante vorbei laufen, wärend bei den vorderen Zähnen ein deutliches Sägegeräusch zu hören ist.

Zum Testen bzw. Hören des Freischnitts stellen Sie zunächst das Sägeblatt auf die maximale Schnitthöhe ein. Anschließend sägen Sie von einer etwa 450 x 300 mm großen MDF-Platte (19 mm dick) maximal eine Sägeblattstärke ab (Bild 1). Wenn Sie beim Durchschieben der Platte im hinteren Bereich – bei den aufsteigenden Zähnen – nur noch ein leichtes Flattern hören, ist der Freischnitt korrekt eingestellt. Sollte das nicht der Fall sein, lösen Sie zuerst den rechten (äußeren) Verbindungsbolzen (roter Pfeil) zwischen Tischverbreiterung und Rundstange. Anschließend verändern Sie die Stellung der Rundstange samt Parallelanschlag indem Sie die mittlere Kontermutter (gelber Pfeil) verstellen (Bild 2). Wichtig: Die vordere Kontermutter (blauer Pfeil) bleibt immer angezogen und wird zu keiner Zeit gelöst!

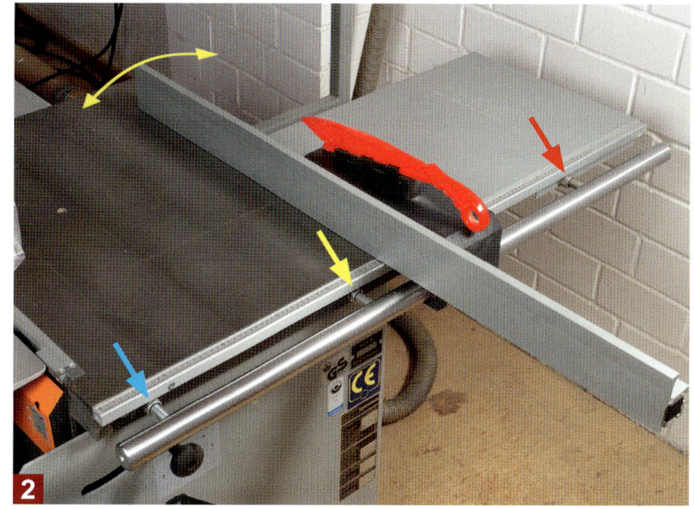
2

Schritt 3: Freischnitt des Schiebetisches überprüfen und einstellen

Genauso wie der Parallelanschlag, muss auch der Schiebetisch über einen solchen Freischnitt verfügen. Das bedeutet, der Schiebetisch muss immer nahezu perfekt parallel zur Sägeblattfläche laufen und sollte lediglich im hinteren Bereich (am Spaltkeil) „einen winzigen Hauch“ nach außen stehen (s. gelbe Pfeilrichtung Bild 2). Ist das nicht der Fall, kann es auch hier wieder zum „Einbrennen“ des Sägeblatts in die Schnittkante kommen. Wenn Sie also beim Sägen mit dem Schiebetisch dunkle verbrannte Schnittkanten bekommen, dann wird es höchste Zeit, den Freischnitt zu überprüfen und neu einzustellen.

Dazu stellen Sie als erstes wieder das Sägeblatt auf die maximale Schnitthöhe ein. Dann sägen Sie von einer 19 mm dicken MDF-Platte (ca. 350 x 200 mm) maximal eine Sägeblattstärke ab (Bild 1). Beim Einschneiden der MDF-Platte mit den vorderen Sägeblattzähnen hören Sie wieder das übliche Schnittgeräusch. Greifen nur noch die hinteren aufsteigenden Zähne in die MDF-Platte, darf nur noch ein leichtes Flattern zu hören sein. Hören Sie jedoch auch hier ein deutliches Schnittgeräusch, muss der Schiebetisch im hinteren Bereich etwas nach außen geschwenkt werden. Dazu lösen Sie zuerst die Befestigungsschrauben unter dem Schiebetisch (roter Pfeil). Anschließend lösen Sie die Kontermutter der Sechskantschraube (blauer Pfeil) und drehen die Sechskantschraube höchstens eine Viertelumdrehung nach rechts ins Gewinde hinein. Dabei schwenkt sich der Schiebetisch in gelber Pfeilrichtung. Ziehen Sie alle Schrauben wieder fest und überprüfen Sie den Freischnitt erneut.

1

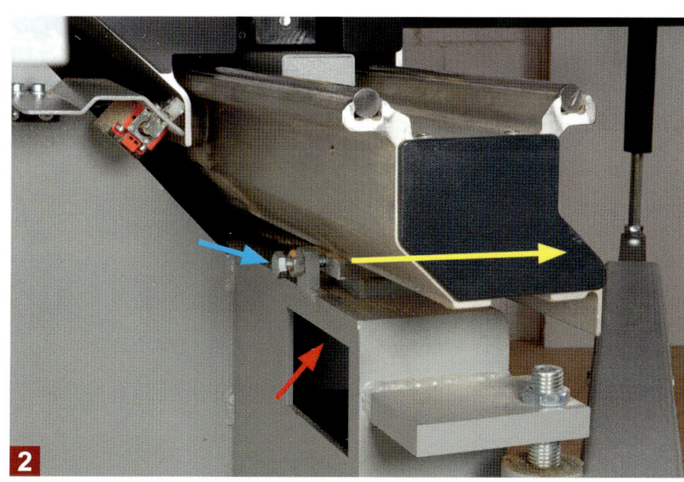
2

Schritt 4: 0° bzw. 90°-Stellung des Sägeblatts überprüfen und einstellen

Damit Sie später präzise rechtwinklige Schnittkanten erhalten, muss die Sägeblattfläche ebenfalls exakt rechtwinklig zur Schiebetischfläche eingestellt sein. Ein hochwertiger Schreinerwinkel kann dabei schon eine große Hilfe sein, denn als Anhaltspunkt zu Beginn der Einstellarbeiten reicht die Präzision des Winkels vollkommen aus. Aber aufgrund der eingeschränkten Messfläche kann er bestimmte Faktoren wie beispielsweise Unebenheiten der Tischfläche nicht ausreichend berücksichtigen. Damit aber auch diese individuellen „Maschinenfehler" mit in das Messergebnis einfließen können, nutzen wir zum Test praktische Sägeschnitte. Dabei werden Einstellfehler multipliziert und selbst geringste Abweichungen sind sofort erkennbar.

Zum Überprüfen des rechten Winkels vom Sägeblatt zum Schiebetisch benötigen Sie lediglich zwei 500 mm lange Massivholz- oder Multiplexstreifen (ca. 15 bis 20 mm dick). Die Höhe der Leisten richtet sich nach der maximalen Schnitthöhe Ihres Sägeblatts bzw. Ihrer Tischkreissäge (abzüglich 1 -2 mm). Legen Sie anschließend beide Leisten hochkant zusammen und zeichnen Sie ein Dreick über beide Holzkanten. Das erleichtert später die Zuordnung. Wenn Sie die maximale Schnitthöhe eingestellt haben, sägen Sie von beiden Leisten in einem Sägevorgang ca. 10 mm ab (Bild 1). Klappen Sie anschließend die Leisten auf der Schiebetischfläche wie ein Buch auseinander, so dass sich die Schnittflächen berühren (Bild 2). Zeigt sich ein Spalt im unteren Bereich, muss das Sägeblatt ein wenig nach links in Richtung des Schiebeschlittens geschwenkt werden. Stoßen die Leisten unten zusammen und im oberen Bereich ist ein Spalt zu sehen, neigen Sie das Sägeblatt etwas vom Schiebeschlitten weg. Vergessen Sie aber nicht, jede Veränderung wieder mit einem Testschnitt zu überprüfen. Erst wenn Sie keinen Spalt mehr zwischen den Leistenenden erkennen können, befindet sich das Sägeblatt genau im rechten Winkel zur Tischfläche (kleines Bild 2).

1 Legen Sie die beiden Holzleisten hochkant zusammen und sägen Sie von den Enden mit Hilfe des Schiebeschlittens oder Queranschlags ca. 10 mm ab.

2 Wenn Sie die Schnittflächen aneinander stoßen, zeigt ein Spalt, ob das Sägeblatt nachjustiert werden muss oder nicht.

Im Innern der Säge befindet sich in aller Regel auch eine Anschlagschraube (Pfeil) für die 0°-Stellung. Unter Umständen müssen Sie die zuerst etwas lösen, um das Sägeblatt ausreichend schwenken zu können. Ist der Sägeschnitt korrekt, stoßen Sie die Anschlagschraube wieder gegen das Schwenksegment.

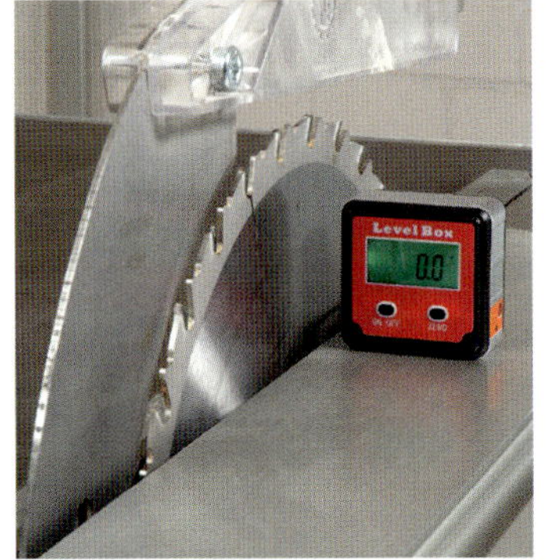

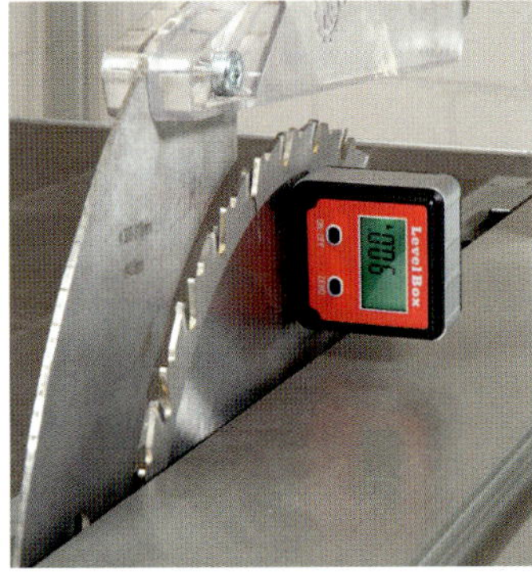

Wenn Sie einen digitalen Neigungsmesser besitzen, dann können Sie damit auch recht zuverlässig die Einstellung zusätzlich überprüfen. Legen Sie ihn dazu auf die Schiebetischfläche und stellen Sie die Anzeige durch Druck auf die Zero-Taste zuerst auf 0° ein (Nullen). Dann legen sie den magnetischen Fuß an die Sägeblattfläche. Jetzt sollten exakt 90° im Display erscheinen.

Schritt 5: 45°-Stellung des Sägeblatts überprüfen und einstellen

Ist der Endanschlag (Anschlagschraube) für die 0° korrekt eingestellt, sollten Sie auch gleich den Endanschlag (s. Pfeil Bild 3) für die 45°-Stellung überprüfen. Auch dazu können Sie wieder sehr gut den digitalen Neigungsmesser einsetzen. Zuerst das Gerät auf der Schiebetischfläche wieder nullen (Bild 1) und anschließend an die Sägeblattfläche legen (Bild 2). Zeigt das Gerät nicht exakt 45° an, müssen Sie zunächst das Sägeblatt wieder in die senkrechte Position bringen, um die Anschlagschraube (s. Bild 3) vernünftig einstellen zu können. Aber auch wenn das Gerät wirklich ganz exakt 45,0° anzeigt, sollten Sie diese Einstellung unbedingt noch mit einem Probeschnitt und einem hochwertigen Winkel überprüfen. Vor allem günstige Neigungsmesser können Toleranzen von +/- 0,1° aufweisen.

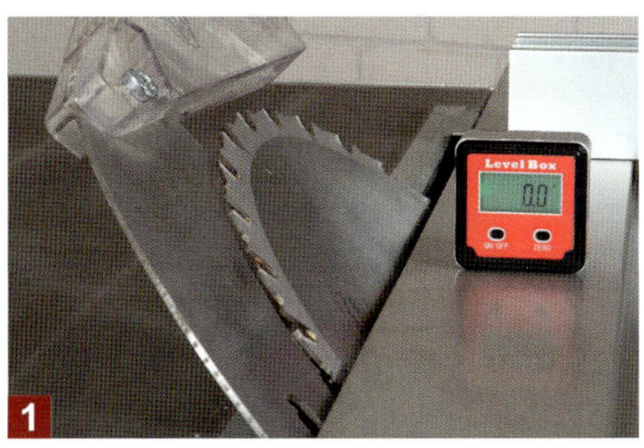

1

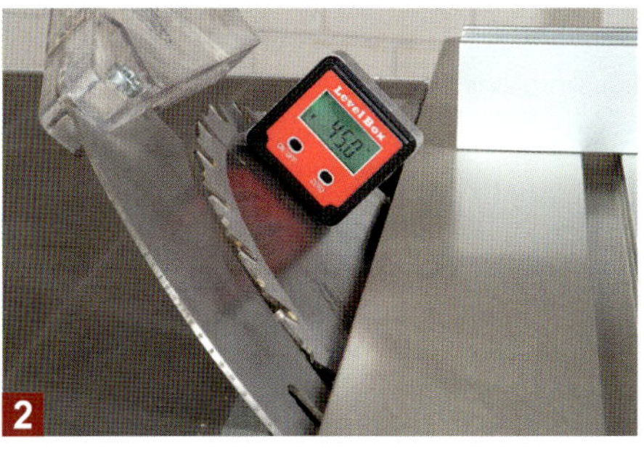

2

3

Zeigt der Neigungsmesser (in Bild 2) weniger als 45° an (z. B. 44,5°) drehen Sie die Anschlagschraube (roter Pfeil Bild 3) – nach Lösen der Kontermutter – nach rechts und somit etwas tiefer ins Gewinde hinein. Zeigt das Gerät einen größeren Wert als 45° an, dann wird die Schraube nach links gedreht – also etwas aus dem Gewinde heraus. Wichtig: Immer nur maximal eine Viertelumdrehung vornehmen, dann die Kontermutter wieder festziehen und die Einstellung überprüfen.

45°-Stellung mit einem Probeschnitt und hochwertigem Winkel überprüfen

1

Sägeblatt auf 45° schwenken und die maximale Schnitthöhe einstellen. Zwei präzise gehobelte …

2

… Massivholzleisten hochkant an den Ablänganschlag legen und beide zusammen auf Gehrung …

3

… sägen. Die Leistenbreite sollte etwas geringer sein als die maximale Schnitthöhe.

4

5

Anstatt nun jede einzelne Gehrung mit einem teuren Gehrmaß zu überprüfen (Pfeil Bild 4), legen Sie die beiden Leisten einfach mit den Gehrungen dicht zusammen. Betragen die Gehrungen beide exakt 45°, ergibt sich auch automatisch ein präziser rechter Winkel von 90°. Den können Sie jetzt mit einem hochwertigen Schreinerwinkel ganz leicht überprüfen (Bild 5).

Schritt 6: Ablänganschlag rechtwinklig zum Sägeblatt einstellen (3 Methoden)

1. Ein-Schnitt-Methode

Diese Methode ähnelt sehr der in Schritt 4 gezeigten, mit dem Unterschied, dass wir hier zum Testen nicht schmale Holzleisten, sondern ca. 500 x 250 mm große und 18 mm dicke Multiplex- oder 19 mm dicke MDF-Platten einsetzen. Die beiden Platten werden zuerst wieder hochkant zusammengestellt und an der schmalen Holzkante mit einem Dreieck versehen. Versuchen Sie danach, den Ablänganschlag des Schiebeschlittens zunächst mit Hilfe eines Präzisionswinkels so gut wie möglich einzustellen. Anschließend legen Sie beide Platten flach auf den Schiebetisch und fest gegen den Anschlag. Wieder müssen Sie von beiden Plattenenden gleichzeitig einen ca. 10 mm Streifen absägen. Während des gesamten Sägevorgangs, darf sich keine der Platten verschieben (Anschlagreiter benutzen – s. Bild 1).

Zum Schluss werden beide Holzplatten hochkant auf den Schiebetisch gelegt und wie ein Buch aufgeklappt, so dass die Schnittkanten aneinander stoßen (Bild 2 und 3). Ist dann ein Spalt im unteren Bereich zu sehen, muss der Anschlag am Schiebeschlitten ein wenig im Uhrzeigersinn gedreht werden. Dadurch wird beim nächsten Sägeschnitt mehr von der oberen bzw. vorderen Kante weggesägt. Zeigt sich der Spalt im oberen Bereich, wird der Anschlag ganz leicht gegen den Uhrzeigersinn verstellt. Ein großer Vorteil dieser Methode gegenüber einem Schreinerwinkel ist, dass sich mögliche Einstellungsfehler gleich verdoppeln und dadurch natürlich viel leichter zu erkennen sind.

1

2

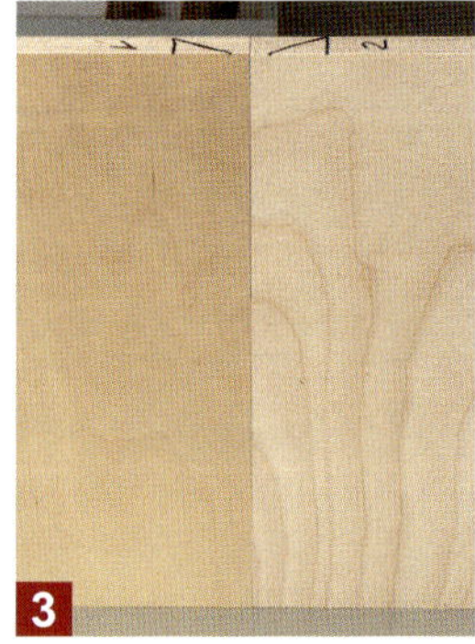
3

2. Zwei-Schnitt-Methode

Auch bei dieser Methode werden mögliche Fehler und Einstelltoleranzen verdoppelt und sind dadurch leichter zu erkennen. Alles, was Sie dazu brauchen, ist eine mindestens 12 mm dicke Sperrholz- oder Multiplexplatte (ca. 1000 x 800 mm). Markieren Sie sich eine kurze Brettkante als Anschlagkante. Legen Sie diese Brettkante gegen den Ablänganschlag des Schiebetisches und sägen Sie an der langen Plattenkante einen schmalen Holzstreifen ab (Bild 1). Drehen Sie die Platte um (Plattenunterseite liegt jetzt oben) und legen Sie

1

Sägen Sie einen 5-10 mm breiten Streifen von einer der langen Plattenkanten ab. Anschlagreiter benutzen!

2

Drehen Sie die Platte um (Oberseite liegt nun auf) und sägen Sie von der gegenüber liegenden Plattenkante ebenfalls einen Streifen ab.

die markierte Brettkante wieder gegen den Anschlag (Bild 2). Nachdem Sie auch von dieser Brettkante einen schmalen Holzstreifen abgesägt haben, können Sie mit dem Meterstab die vordere (Anschlagkante) und hintere Brettkante nachmessen (Bild 3 und 4). Ist die am Anschlag befindliche Kante länger, muss der Anschlag ein wenig gegen den Uhrzeigersinn gedreht werden. Ist sie kürzer, wird der Anschlag einfach im Uhrzeigersinn gedreht. Nach jeder Veränderung des Anschlags müssen Sie die gesamte Sägeprozedur wiederholen.

3 Messen Sie anschließend die vordere und hintere Plattenkante nach.

4 Sind die Maße absolut identisch, ist der Anschlag rechtwinklig zum Sägeblatt eingestellt.

3. Fünf-Schnitt-Methode

Diese Methode ist zwar sehr aufwändig, dafür lassen sich mit ihr aber auch Zehntel- bis Hundertstelmillimeter-Abweichungen des Anschlags ohne teure Messinstrumente mühelos feststellen. Während die beiden vorherigen Methoden nur eine Verdopplung des Fehlers sichtbar machen, vergrößert sich der Einstellfehler bei der 5-Schnitt-Methode mit jedem weiteren Sägeschnitt. Auf diese Weise lassen sich selbst minimale Abweichungen des Anschlags von 90° sehr gut erkennen. Mit dieser Methode können Sie jeden Anschlag hundertprozentig rechtwinklig einstellen, vorausgesetzt sie nehmen sich die Zeit, Ruhe und Gelassenheit, die man für so eine knifflige Aufgabe unbedingt braucht. Und eines kann ich Ihnen schon jetzt versprechen – der Aufwand lohnt sich!

Und so gehts: Nehmen Sie ein 1000 x 1000 mm großes Multiplex- oder MDF-Brett (mind. 19 mm dick) und versehen Sie jede Kante im Uhrzeigersinn mit einer Nummer. Dann sägen Sie (beginnend mit der Kante 1 + 5) von jeder Kante mithilfe des Schiebetischs einen schmalen Streifen von ca. 5-10 mm ab. Dabei wird das Brett gegen den Uhrzeigersinn gedreht. Zum Schluss liegt das Brett wieder mit der Kante 1 + 5 am Sägeblatt. Sägen Sie jetzt nochmal von dieser Kante einen breiteren Streifen (20-30 mm) ab und markieren Sie das vordere Ende des Abschnitts mit einem A und das hintere mit einem B. Messen Sie beide Enden mit einem Messschieber nach. Er hat den Vorteil, dass man das Messergebnis über die Nonius-Skala sogar auf 0,05 mm genau ablesen kann. Wenn Sie keinen Messschieber besitzen, können Sie auch den Abschnitt in der Mitte durchbrechen und die beiden Enden A und B hochkant zusammenlegen. Anschließend „fahren“ Sie mit dem Finger über beide Enden und können so leicht feststellen, ob beide gleich hoch sind. In der Regel wird es so sein, dass die Enden nicht gleich sind. In welche Richtung der Anschlag dann verstellt werden muss, zeigen Ihnen die beiden Grafiken auf der übernächsten Seite. Dabei unterscheidet man, ob der Anschlag (wie in der Bildfolge) an der Rückkante oder Vorderkante des Auslegertisches montiert ist. Befindet er sich an der Vorderkante, müssen Sie die Nummerierung der Plattenkanten gegen den Uhrzeigersinn vornehmen und das Brett beim Sägen im Uhrzeigersinn drehen – also genau umgekehrt. Vergessen Sie aber nicht, nach jeder – auch nur minimalen Korrektur des Anschlags – die gesamte Sägeprozedur zu wiederholen.

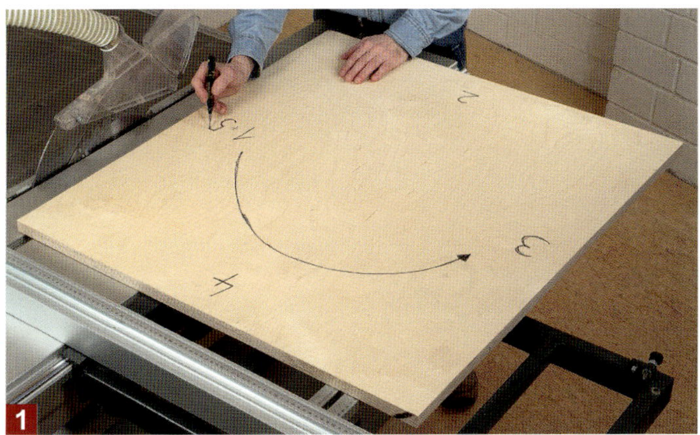

1 Zunächst alle Kanten im Uhrzeigersinn wie im Bild kennzeichnen. Zusätzlich noch einen Pfeil entgegen dem Uhrzeigersinn aufzeichnen, der die Drehrichtung der Platte nach jedem Sägeschnitt anzeigt.

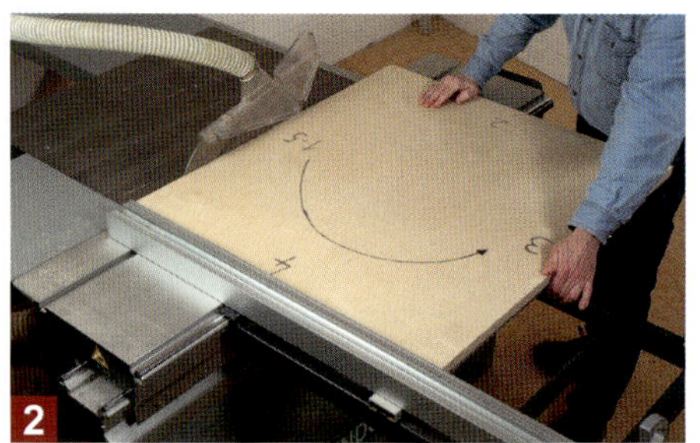
Zuerst von Kante 1+5 einen Streifen absägen.

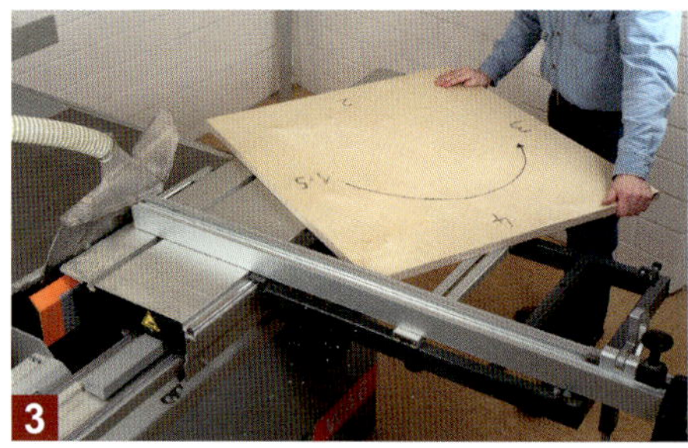
Platte gegen den Uhrzeigensinn drehen …

… und von Kante 2 ebenfalls etwa 5 mm absägen.

Auch von Kante 3 einen Streifen absägen.

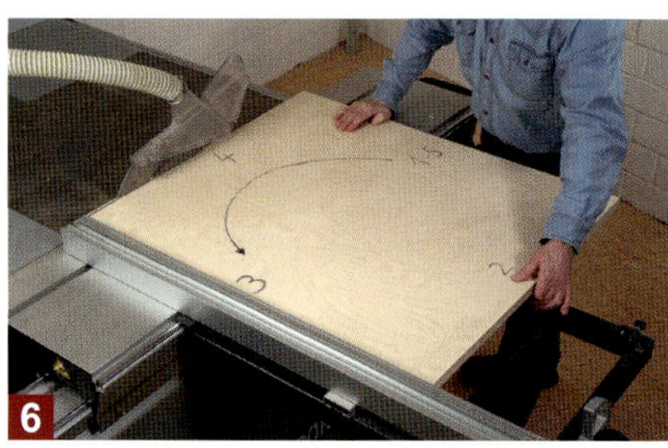
Und zum Schluss auch von Kante 4.

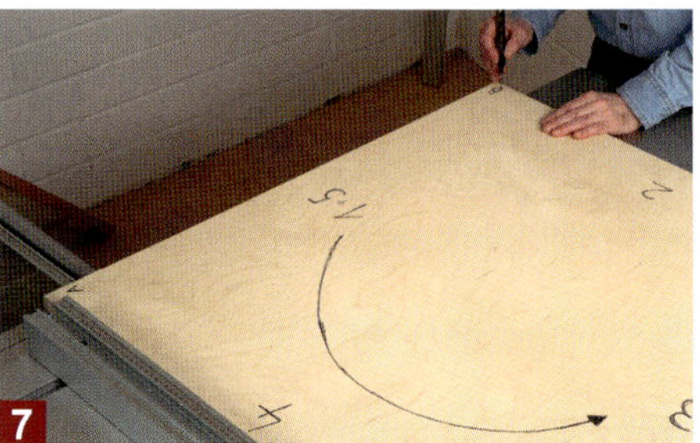
Platte wieder auf Anfang drehen (Kante 1+5) und das hintere Ende mit einem A und das vordere mit einem B kennzeichnen.

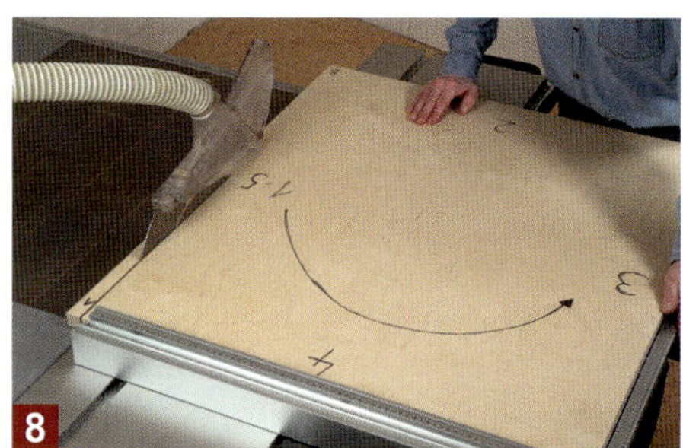
Jetzt mit dem fünften und letzten Schnitt einen 20 bis 30 mm breiten Streifen noch mal von der Kante 1+5 absägen.

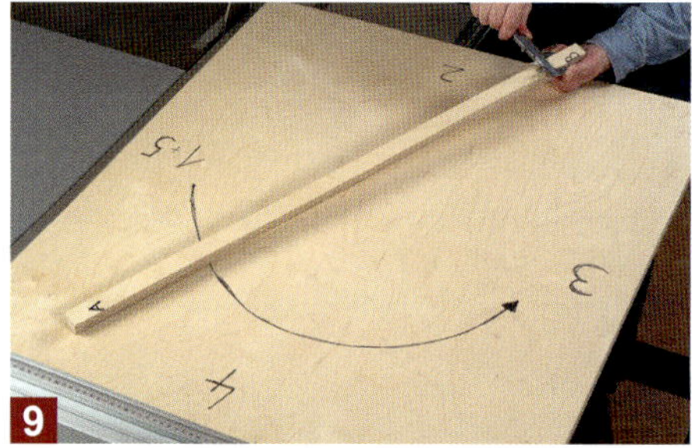
Messen Sie die Stärke des Streifens an beiden Enden (A und B) mit einem Messschieber nach. Sind die Maße identisch, stehen Sägeblatt und Ablänganschlag genau im rechten Winkel zueinander.

Um den Ablänganschlag minimal zu schwenken bzw. zu korrigieren, muss er zuerst gelöst werden, damit man an den Gewindebolzen samt Kontermutter (Pfeil kleines Bild) gelangt. Die Kontermutter dann zuerst etwas lösen und den Gewindebolzen mit einem Innensechskantschlüssel entsprechend verstellen (s. dazu auch Grafik auf der rechten Seite). Nach jeder auch noch so geringen Verstellung müssen Sie die gesamte 5-Schnitt-Methode wiederholen.

Maximale Maßtoleranz von nur 0,2 mm

Die Differenz der beiden Maße A und B darf allerhöchstens 0,2 mm betragen. Teilt man diese Diffenrenz durch 4 erhält man den Winkelfehler je Meter Schnittlänge. Bei einer Differenz von 0,2 mm, würde das einen Winkelfehler von lediglich 0,05° pro Meter bedeuten. Für die Arbeit mit Holz ein völlig unproblematischer Wert!

Einstellen des Ablänganschlags, wenn er an der Rückkante des Auslegertisches montiert ist:

Ist A kleiner als B, dann ist der Winkel am Anschlag kleiner als 90° eingestellt und muss ein wenig in „+ Richtung" (= größerer Winkel) korrigiert werden.

Ist A größer als B, dann ist der Winkel größer als 90° und der Anschlag muss leicht in „- Richtung" geschwenkt werden, um den Winkel etwas zu verkleinern.

Einstellen des Ablänganschlags, wenn er an der Vorderkante des Auslegertisches montiert ist:

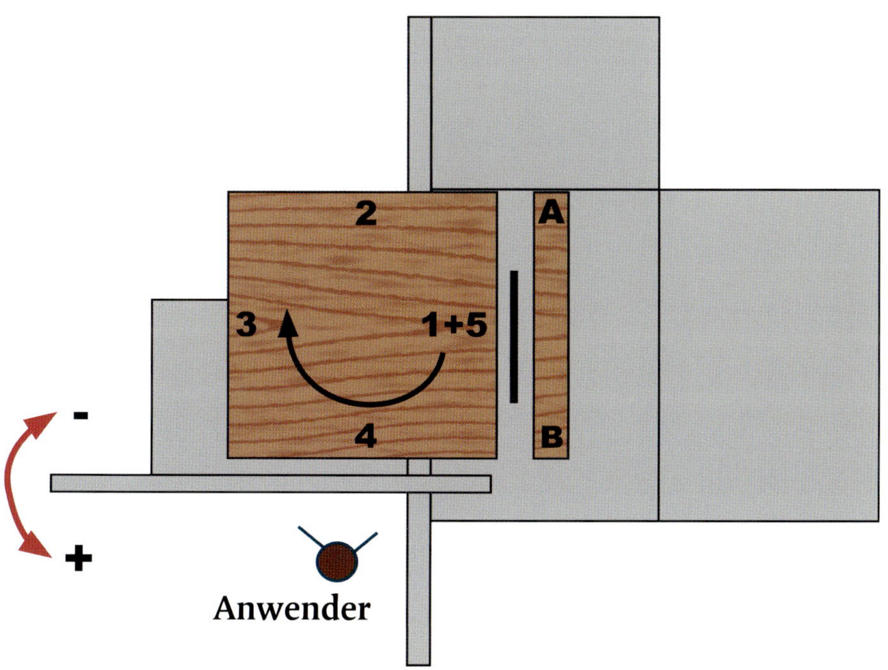

Ist A größer als B, dann ist der Winkel am Anschlag kleiner als 90° eingestellt und muss ein wenig in „+ Richtung" (= größerer Winkel) korrigiert werden.

Ist A kleiner als B, dann ist der Winkel größer als 90° und der Anschlag muss in „- Richtung" geschwenkt werden, um den Winkel etwas zu verkleinern.

Wartung und Pflege

Wer sich immer über saubere und exakte Zuschnitte freuen möchte, der sollte seine Formatsäge auch regelmäßig warten und pflegen. Im professionellen Bereich, in dem die Maschine besonders stark genutzt wird, sollte man dazu möglichst täglich alle Tisch- und Führungsflächen reinigen und alle Holzreste auf der Maschine und drumherum entfernen. Auch eine Kontrolle des Absaugkanals auf kleine und größere festgesetzte Holzstücke sollte man täglich durchführen. Bei täglicher Nutzung der Formatsäge ist dann einmal pro Woche auch eine gründliche Reinigung des Innenraums fällig (s. Punkt 1). Dazu auch immer das Sägeblatt ausbauen und die Tischleisten gut säubern, denn dort befindet sich der meiste hartnäckige Schmutz (s. Punkt 2).

Wenn die Höhen- und Schwenkspindel eine Schmierung verlangen, dann reicht das in aller Regel einmal im Monat aus. Wichtig ist, dass Sie dazu ausschließlich die vom Hersteller empfohlenen Schmiermittel einsetzen. Ebenfalls monatlich sollten Sie auch einen Blick auf die Antriebsriemen werfen und, falls nötig, nachspannen. Sollte der Antreibsriemen abgenutzt oder sogar eingerissen sein, muss er zeitnah (am besten sofort!) gegen einen Neuen getauscht werden. Die Lagerungen der Sägewelle müssen Sie bei hochwertigen modernen Formatsägen in aller Regel nicht nachschmieren, da sie gekapselt sind und über eine wartungsfreie Lebensdauer-Schmierung verfügen. Wenn Sie sich hier unsicher sind, hilft meist ein Blick in die Bedienungsanleitung oder, ganz altmodisch, ein Anruf beim Hersteller der Maschine. Dort können Sie dann auch gleich nötige Verschleißteile bestellen, wie beispielsweise Abstreifer und Bürsten für den Rollwagen (Schiebetisch) und das Teleskoprohr im schwenkbaren Auslegerarm. Das sind nämlich neben dem Parallelanschlag die wichtigsten beweglichen Bauteile einer Formatsäge. Damit die immer leichtgängig und ruckelfrei laufen, neben dem Entstauben und Reinigen unbedingt noch ein Schutzmittel aufsprühen (s. Punkt 3 bis 5). Und natürlich niemals vergessen: Bei allen Wartungsarbeiten stets den Hauptschalter ausschalten!

1. Saugen – auf keinen Fall pusten!

Für das Entfernen von Staub und Spänen immer einen Sauger und keine Druckluft einsetzen. Denn umherfliegender Staub kann sich nicht nur in der Lunge, sondern auch in Motor, Elektronik, Rollen und Laufbahnen festsetzen.

2. Hartnäckige Harz- und Staubablagerungen rückstandslos und schonend entfernen

Der Harzlöser der Fa. Trend (Tool & Bit Cleaner) kann auch auf lackierten, eloxierten und verzinkten Oberflächen und vielen Kunststoffen problemlos eingesetzt werden.

Dazu sprüht man die betroffene Stelle ein und lässt den Harzlöser etwa fünf Minuten einwirken. Der Harzlöser schäumt dabei ein wenig auf und löst den Schmutz ab.

Mit einem alten T-Shirt oder Baumwolltuch können jetzt alle Harz- und Staubablagerungen leicht und rückstandslos abgerieben werden, ohne dabei die Aluflӓche anzugreifen.

Bei vielen anderen Harzlösern müssen Sie danach die komplette Stelle noch gegen Rost schützen. Der Trend Harzlöser hingegen besitzt bereits eine Rostschutzfunktion.

3. Führungsstangen des Rollwagens (Schiebetisch) reinigen

Die Stangenfläche zuerst sorgfältig mit einem Tuch säubern und, falls nötig, Harz- und Staubablagerungen mit einem Harzlöser entfernen. Auf keinen Fall Stahlwolle oder Schleifpapier einsetzen!

Anschließend die Stangenoberfläche und die Fläche darunter mit „SurfaceShield" aus 30 cm Entfernung einsprühen. Dieses tolle Produkt ist u. a. Schmiermittel, Rostlöser und Rostschutz in einem.

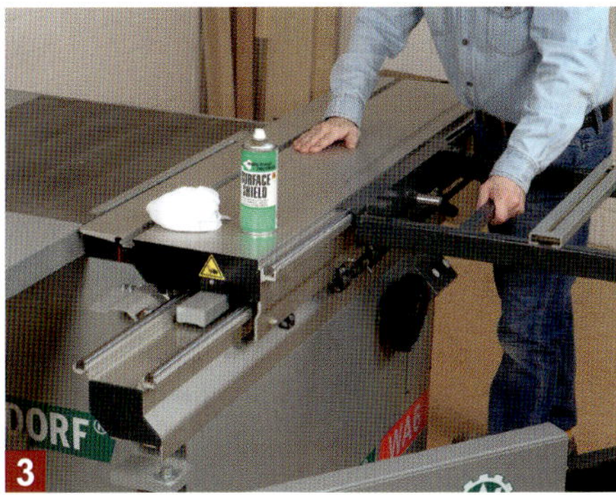

Damit sich das Schutzmittel nach dem Aufsprühen gut verteilen kann, den gesamten Rollwagen (Schiebetisch) mehrmals vor und zurück bewegen. Rest mit einem Baumwolllappen verreiben.

4. Teleskoprohr im Auslegerschwenkarm reinigen

Das Teleskoprohr im Auslegerarm muss immer leichtgängig laufen. Bereits kleine Ruckler könnten sich sonst auf den Rollwagen übertragen. Daher sollten Sie die Rohrfläche stets sauber halten und absaugen. Und mit „SurfaceShield" eingesprüht, läuft das Teleskoprohr wieder wie geschmiert. Bei der Gelegenheit sollten Sie dann auch mal die Abstreifer oder Bürsten auf Verschleiß hin überprüfen und, falls nötig, auch zeitnah ersetzen.

5. Anschlagstange des Parallelanschlags reinigen

Damit der Parallelanschlag stets ruckelfrei und leicht laufen kann, werden die Rundstangen ebenfalls mit „SurfaceShield" großzügig eingesprüht.

Damit sich das Mittel gut verteilen kann, wird der Parallelanschlag (ohne Anschlaglineal) danach mehrmals über die Rundstange bewegt. Den …

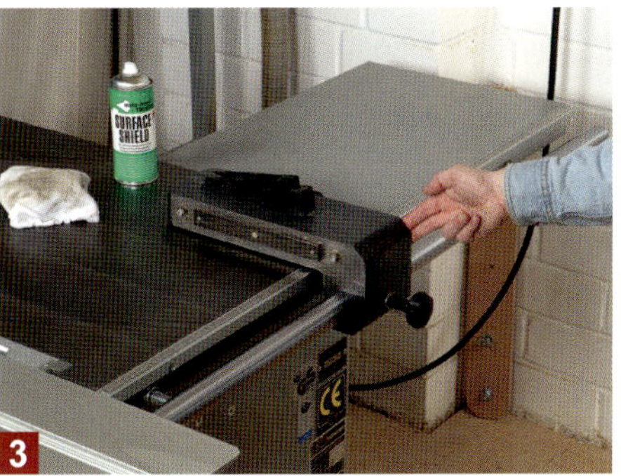

… Rest wieder mit einem Baumwolllappen verreiben. So geschützt und geschmiert flitzt der Parallelanschlag fast von selbst über die Rundstange.

Kapitel 3

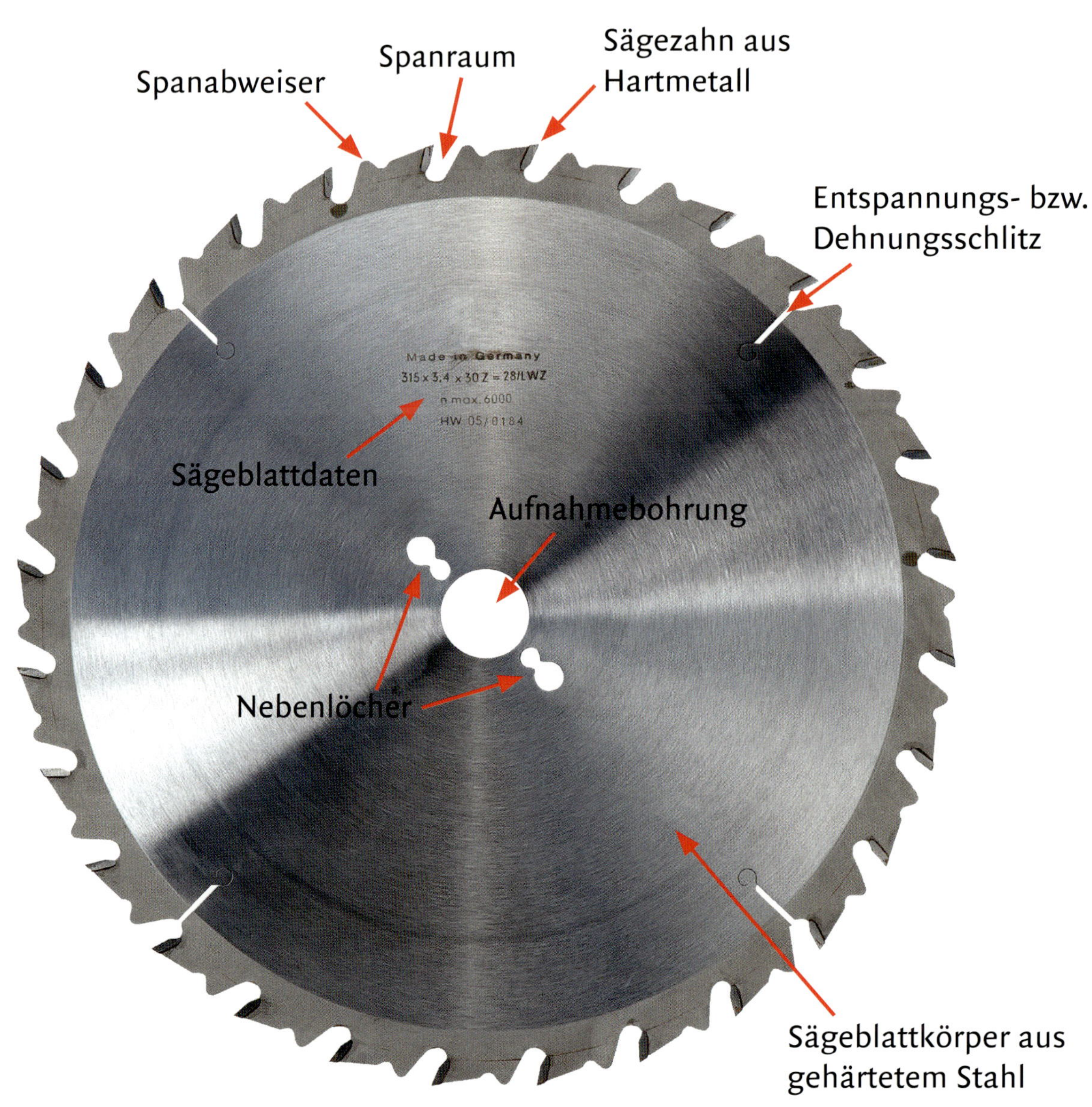

Spanabweiser
Spanraum
Sägezahn aus Hartmetall
Entspannungs- bzw. Dehnungsschlitz
Made in Germany
315 x 3,4 x 30 Z = 28/LWZ
n max. 6000
HW 05/0184
Sägeblattdaten
Aufnahmebohrung
Nebenlöcher
Sägeblattkörper aus gehärtetem Stahl

Die Kreissägeblätter

Die Kreissägeblätter

Neben einer einwandfrei funktionierenden Formatkreissäge sind vor allen Dingen die Kreissägeblätter verantwortlich für einen perfekten Sägeschnitt. Wer hier spart und billige ungenau gefertigte Sägeblätter kauft, dem nützt auch die beste und teuerste Maschine herzlich wenig. Deshalb sollten Sie nur hochwertige Marken-Sägeblätter benutzen. Auf jeden Fall sollten Sie darauf achten, dass nur Sägeblätter mit der passenden Aufnahmebohrung und dem maximal möglichen Sägeblattdurchmesser montiert werden.

Ein weiterer wichtiger Garant für saubere Sägeschnitte ist die Materialqualität der Sägeblattzähne. Hier sollte man den Unterschied zu den billigen CV-Sägeblättern (Chrom-Vanadium) und den wesentlich teureren HW-Sägeblättern (Hartmetall-Wolframkarbid) kennen. Bei CV-Blättern sind nämlich Sägeblattkörper und Zähne aus dem gleichen Material. Sie werden daher auch als einteilige Sägeblätter bezeichnet. Bei HW-Sägeblättern hingegen besteht der Körper aus formstabilem gehärteten Stahl und die Zähne aus einem aufgelöteten Hartmetall-Werkstoff (Wolfram-Carbid). Diese Sägeblätter werden auch zusammengesetzte bzw. Verbundsägeblätter genannt. Auch wenn der Preis verlockend ist – einteilige CV-Sägeblätter erreichen niemals die Schnittqulität und Standzeit von HW-Sägeblättern und können allerhöchstens bei Weichhölzern einigermaßen zufriedenstellende Schnittergebnisse liefern. Setzen Sie daher erst gar keine CV-Sägeblätter auf Ihrer Formatsäge ein, sondern ausschließlich HW-Sägeblätter von namhaften Markenherstellern.

Wichtiger Sicherheitshinweis

Kreissägeblättern aus hochlegiertem Schnellarbeitsstahl (HSS-Sägeblätter) dürfen nicht verwendet werden! Auch Wanknut-Einrichtungen (Wanknut-Sägeblätter) sollten Sie nicht einsetzen!

Für den Zuschnitt von Massivholz reichen bereits zwei HW-Sägeblätter völlig aus

Auch wenn der Anschaffungspreis einer Formatsäge das meist knappe Budget des Holzwerkers bereits gesprengt hat, dürfen Sie nicht vergessen, mindestens zwei hochwertige HW-Sägeblätter gleich mitzukaufen. Für den Zuschnitt von Massivholz reichen in der Regel ein Längsschnittsägeblatt mit wenigen Zähnen (je nach Blattdurchmesser mit etwa 16-28 Zähnen, Flach- oder Wechselzahn) und großen Spanlücken für den schnellen Schnitt längs zur Holzfaser, sowie ein Querschnittsägeblatt (Z 48-60 Wechselzahn) für den sauberen ausrissarmen Zuschnitt quer zur Holzfaser völlig aus. Wenn Sie immer darauf achten, dass Sie die beiden Sägeblätter nur für diese Zwecke einsetzen, werden Sie ganz sicher lange Freude daran haben. Erliegen Sie auf keinen Fall der Versuchung, mit dem Feinschnittblatt eine dicke Massivholzbohle zu besäumen, weil sich das Sägeblatt gerade auf der Säge befindet, ein Sägeblattwechsel zu lästig ist und man sowieso nur einen kurzen Schnitt macht. Dieser kurze Sägeschnitt kann schon ausreichen das Sägeblatt derart zu überhitzen, dass selbst ein professioneller Schärfdienst es nicht mehr retten kann. In dem Zusammenhang ist es besonders wichtig, Sägeblätter immer rechtzeitig nachschärfen zu lassen. Denn auch stumpfe Schneiden erhöhen die Temperaturentwicklung beim Sägen. Viel gefährlicher ist aber, dass Sie bei einem stumpfen oder falschen Sägeblatt einen sehr hohen Kraftaufwand benötigen, um das Werkstück durchs Sägeblatt zu schieben und damit steigt auch gleichzeitig das Verletzungsrisiko. Ein scharfes HW-Sägeblatt, passend zur Anwendung und zum Material, ist also nicht nur ganz entscheidend für die Schnittqualität, sondern erhöht auch deutlich die Sicherheit beim Sägen.

Wichtig: Um die Schneiden zu schonen, sollten Sie ein Sägeblatt niemals direkt auf den Maschinen- oder Schiebetisch ablegen. Nutzen Sie entweder den Aufbewahrungskarton oder ein Restholz als Unterlage (links im Bild ein Sägeblatt für Längsschnitte und rechts eines für Querschnitte).

Bei Plattenwerkstoffen kommen noch ein bis zwei Sägeblätter dazu

Plattenwerkstoffe, wie beispielsweise Span-, Multiplex-, MDF- oder Tischlerplatten, können Sie in vielen Fällen auch recht gut mit einem Querschnittsägeblatt für Massivholz mit mindestens 48 Zähnen zuschneiden. Je nach Zähnezahl und Schärfe müssen Sie dann allerdings auf der Unterseite auch mit mehr oder weniger starken Faserausrissen rechnen. Für den Zuschnitt von Werkstattmöbeln aus einfachen Multiplexplatten dürfte das sicher völlig ausreichen. Möchten Sie jedoch hochwertige mit Edelholz furnierte Span- oder Tischlerplatten beidseitig absolut ausrissfrei zuschneiden, führt kein Weg an einem Vielzahnsägeblatt mit mindestens 72 oder besser noch 96 Zähnen vorbei (bei 300 mm Durchmesser). Diese Sägeblätter gibt es in der Standard-Wechselzahn-Ausführung oder in einer Steilzahn-Ausführung (s. kleines Bild rechts außen). Mit der deutlich steileren Wechselspitzverzahnung und einer optimal justierten Formatsäge erzeugen Sie wirklich makellos glatte Schnittflächen sowie extrem saubere Schnittkanten ohne den geringsten Faserausriss (dazu später mehr).

So gut diese Sägeblätter auch bei furnierten Platten sind, für kunststoffbeschichtete Spanplatten gibt es noch etwas Besseres – das sogenannte Hohlzahn-Sägeblatt mit zwei unterschiedlichen Zahnformen (Dach- und Flachzahn). Der besondere Hohlschliff auf der Zahnbrust sorgt zum einen bei beiden Zahnformen für messerscharfe seitliche Schnittkanten und hinterlässt zum anderen beim Flachzahn eine U-Form mit zwei extrem scharfen seitlichen Spitzen. Während der Dachzahn schon einen großen Teil der Schnittfuge mittig ausgeräumt hat, durchtrennen die Flachzahnspitzen sauber und scharfkantig die empfindliche Melaminharzschicht einer Dekorspanplatte. Mit einem solchen Sägeblatt erhalten Sie sogar ohne den Einsatz eines Vorritzers auch auf der Plattenunterseite eine nahezu ausrissfreie Schnittkante. Voraussetzung ist aber ein neues oder korrekt geschärftes Sägeblatt und ein optimaler Überstand der Sägezähne zur Plattenoberfläche (auch dazu später mehr). Da die Schärfkosten für ein solches Sägeblatt recht hoch sind und auch nicht jeder Schärfdienst in der Lage ist, den Hohlzahn korrekt zu schärfen, sollten Sie dieses Sägeblatt wirklich hegen und pflegen. Soll heißen: Setzen Sie es hauptsächlich für kunststoffbeschichtete Spanplatten ein und nur in Ausnahmefällen für edelholzfurnierte Spanplatten. Auch bei diesem Sägeblatt nimmt die Schärfe logischerweise mit jedem Schnitt ein wenig ab. Planen Sie daher den Zuschnitt und sägen Sie zuerst alle nach außen sichtbaren beweglichen Bauteile wie Türen und Schubkästen, zu und die weniger wichtigen Bauteile wie Zwischenböden und Rückwände erst ganz zum Schluss.

Mit einem hochwertigen Steilzahnsägeblatt können Sie edelholzfurnierte Span- oder Tischplatten beidseitig absolut ausrissfrei zuschneiden. Durch den steileren Eckwinkel (etwa 35°) werden zudem deutlich geringere Schnittkräfte erzeugt als bei einem Standardwechselzahn mit deutlich flacheren Zahnspitzen (etwa 10°). Auch für den Gehrungsschnitt von Tür- und Bilderrahmen aus Massivholz ist das Steilzahnsägeblatt optimal geeignet und hinterlässt dort glatte und riefenfreie Schnittflächen für perfekte dicht schließende Gehrungsfugen.

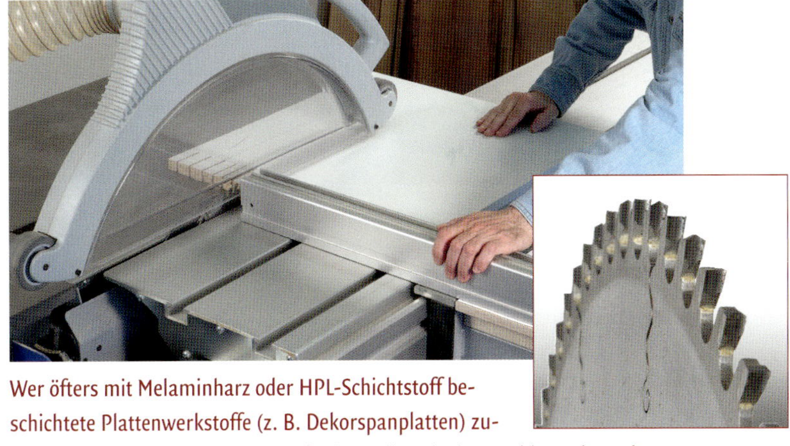

Wer öfters mit Melaminharz oder HPL-Schichtstoff beschichtete Plattenwerkstoffe (z. B. Dekorspanplatten) zuschneidet, sollte sich zusätzlich auf jeden Fall noch ein Sägeblatt mit Dach-Hohlzahnschliff und 60 Zähnen bei einem Sägeblattdurchmesser von 300 mm anschaffen (bzw. 72 Zähnen bei 350 mm Blattdurchmesser). Auch furnierte Spanplatten lassen sich damit ausrissfrei zuschneiden. Auch ein Sägeblatt mit Trapez-Flachzahn wird gerne für den Zuschnitt von beschichteten Platten empfohlen. Diese Beschichtungs-Sägeblätter besitzen jedoch deutlich mehr Zähne (z. B. 96 Stück! bei 300 mm Duchmesser) und sind daher auch etwa 30% teurer als ein Dachhohlzahn-Sägeblatt. Außerdem ist bei einem Trapez-Flachzahn immer der Einsatz eines Vorritzers zu empfehlen, wenn Sie auch auf der Unterseite eine ausrissfreie Schnittkante haben möchten. Daher mein Tipp: Kaufen Sie sich besser das günstigere Dachhohlzahn-Sägeblatt!

Aufbau und Bestandteile eines HW-Sägeblatts (Verbundkreissägeblatt)

Kreissägeblätter sind runde Stahlscheiben auf deren Umfang die Schneidenzähne aus Hartmetall angeordnet sind. Sie unterscheiden sich im Wesentlichen im Außendurchmesser, der Sägeblattbohrung und möglichen Nebenlöchern, der Anzahl und Form der Zähne und dem Spanwinkel. Generell kann man sagen, je mehr Zähne ein Sägeblatt hat, um so sauberer ist der Sägeschnitt. Das bedeutet aber auch, dass mit steigender Zähnezahl **der Spanraum** immer kleiner wird und sich je nach Anwendung schneller zusetzt. Deshalb sollte man beispielsweise zum Auftrennen von Massivholz (= Sägeschnitt längs zur Holzfaser) nur Sägeblätter mit wenigen Zähnen und großem Spanraum einsetzen. Denn hier werden viele langfaserige Späne produziert, die einen kleinen Spanraum schnell verstopfen und das Sägeblatt dann erhitzen. Wird hingegen quer zur Holzfaser geschnitten, setzt man besser ein Sägeblatt mit vielen Zähnen ein, damit auf der Plattenunterseite kein oder nur ein geringer Ausriss entsteht.

Weiterhin unterscheidet man Sägeblätter mit **positivem und negativem Spanwinkel**. Beim positiven Spanwinkel ist der Zahn mehr oder weniger stark nach vorne geneigt (s. Sägeblatt rechts und Grafik unten im Infokasten). Je stärker um so aggressiver und schneller schneidet das Blatt, allerdings produziert es dabei auch mehr Späneausrisse auf der Unterseite des Werkstücks. Beim negativen Spanwinkel sind die Zähne nach hinten geneigt. Dadurch trennt der Zahn das Werkstück in einem flachen Winkel. Diese Sägeblätter werden vor allen Dingen für den Zuschnitt von Kunststoffen und Aluminium verwendet. Der Spanwinkel hat neben der Zahnform den größten Einfluss auf das Schnittergebnis. Deshalb sollten Sie sich als generelle Faustregel für den Zuschnitt von Massivholz folgendes merken: **Große Spanwinkel zum Längsschneiden (also in Faserrichtung), kleine Spanwinkel zum Querschneiden (quer zur Faserrichtung).**

Bei fast allen Längsschnittsägeblättern werden Sie zwischen jedem Zahn und vor dem Spanraum noch einen kleinen gebogenen Höcker feststellen. Dabei handelt es sich um einen sogenannten **Spanabweiser.** Diese Spandickenbegrenzung verringert die Rückschlaggefahr des Sägeblatts. Allerdings reduziert sich dadurch auch die Größe des Spanraums. Nicht jedes Sägeblatt besitzt automatisch solche Spanabweiser. Mit zunehmender Zähnezahl (Querschnitt- oder Vielzahnsägeblättern) werden Sie daher auch keine Spanabweiser mehr finden.

Die beim Sägen auftretende Reibung zwischen Sägeblatt und Werkstoff erzeugt Wärme. Dabei erwärmt sich das Sägeblatt und es kommt zu Wärmespannungen und -dehnungen. Um die Hitzeentwicklung zu reduzieren und die Spannungen aufzunehmen, besitzt ein Kreissägeblatt daher am äußeren Rand sogenannte **Dehnungschlitze.** Neben diesen Dehnungschlitzen am Rand findet man bei hochwertigen Kreissägeblättern auch noch fein gelaserte Schlitzornamente im Sägeblattkörper. Diese sollen die Schwingungen während des Gebrauchs verringern und zusätzlich geräuschdämpfend wirken. Einige Firmen füllen diese Schlitze zusätzlich noch mit speziellen Massen, um einen dämpfenden Effekt und eine verbesserte Laufruhe zu erzielen. Auch Kupfer-Nieten werden häufig zur Schwingungsdämpfung im Blattkörper eingesetzt. Alles eine hochkomplexe Wissenschaft, die wir aber ganz sicher nicht vertiefen werden.

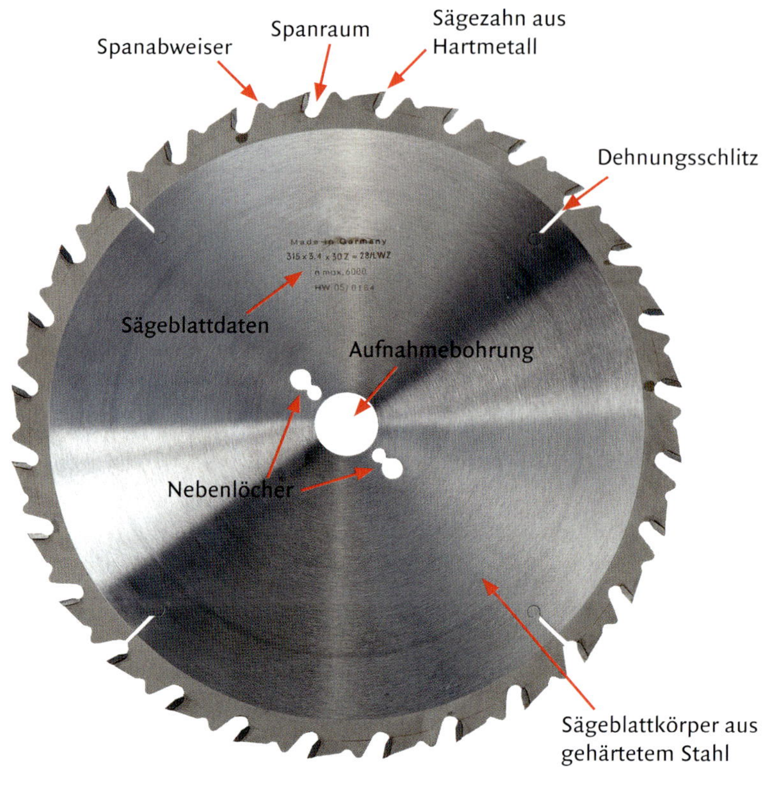

Weniger wissenschaftlich geht es bei der **Aufnahmebohrung** zu. Die hat nämlich bei Formatsägen, egal welchen Herstellers, in aller Regel einen Durchmesser von exakt 30 mm. Lediglich bei den **Nebenlöchern** kocht mancher Hersteller wieder sein eigenes Süppchen. Achten Sie daher beim Kauf von Sägeblättern unbedingt auch auf die zu Ihrer Maschine passenden Nebenlöcher. Die sind deshalb so extrem wichtig, weil sie ein Lösen der Sägeblattbefestigung (Flansch) während des Bremsvorgangs verhindern (mehr Infos dazu s. S. 49).

Schneidengeometrie eines HW-Sägeblatts (Verbundkreissägeblatt)

Der **Spanwinkel** entscheidet über die Schneidfreudigkeit eines Sägeblatts: Je größer er ist, um so schneller und aggressiver schneidet das Blatt und je kleiner er ist, um so feiner ist der Schnitt. Somit hat der Spanwinkel nicht nur einen erheblichen Einfluss auf die Schnittqualität, sondern ist auch maßgeblich dafür verantwortlich, wie hoch die Schnitt- und Vorschubkräfte sind.

Der **Keilwinkel** bestimmt quasi die Spitze des Sägezahns (Schneidkeil) und ist vom Hersteller bereits optimal auf den zu sägenden Werkstoff abgestimmt. Er sollte nicht zu spitz sein, sonst kommt es zu Schneidenausbrüchen und die Schneiden können schneller abstumpfen.

Oberhalb des Keilwinkels befindet sich der **Freiwinkel**. Er entscheidet über den Abstand zwischen **Zahnrücken** (Freifläche) und Werkstück. Der Freiwinkel muss immer mindestens so groß sein, dass der Zahnrücken nicht im Schnittbogen (Schnittfuge) anliegt oder reibt. Da Span-, Keil- und Freiwinkel immer gemeinsam einen 90° Winkel bilden, wirkt sich eine Veränderung eines einzigen Winkels automatisch auch auf die anderen beiden Winkel aus.

Neben dem Freiwinkel oberhalb der Zahnspitze gibt es aber auch noch einen seitlichen Freiwinkel links und rechts neben den Sägezahnflanken. Dieser sogenannte **radiale Freiwinkel** verringert nicht nur die Reibung innerhalb der Schnittfuge, sondern verbessert auch die Qualität der Schnittkanten. Das Gleiche gilt im Übrigen auch für den **tangentialen Freiwinkel**. Der verbessert ebenfalls die Schnittqualität und reduziert die Schnittkräfte aufgrund der geringeren Reibungsfläche.

Der **Eckwinkel** ist nur beim Wechselzahn, sowie Dach- und Trapezzahn zu finden. Bei den beiden zuletzt genannten Zahnformen wird er auch oft als Fasenwinkel bezeichnet. Der Eckwinkel teilt die Schnittkräfte auf, bestimmt den Spanverlauf und reduziert den Schnittdruck. Er ist somit auch maßgeblich für die Qualität des Schnitts verantwortlich.

Der **Achswinkel** ist relativ selten und man findet ihn ausschließlich bei einer Wechselspitzverzahnung. Auch er reduziert den Schnittdruck und man kann das Werkstück mit geringeren Vorschubkräften durchs Sägeblatt schieben. Bei einer entsprechend hohen Zähnezahl erreichen Sie mit solchen Sägeblättern eine extrem hohe Schnittqualität.

Schneidengeometrie eines HW-Sägeblatts

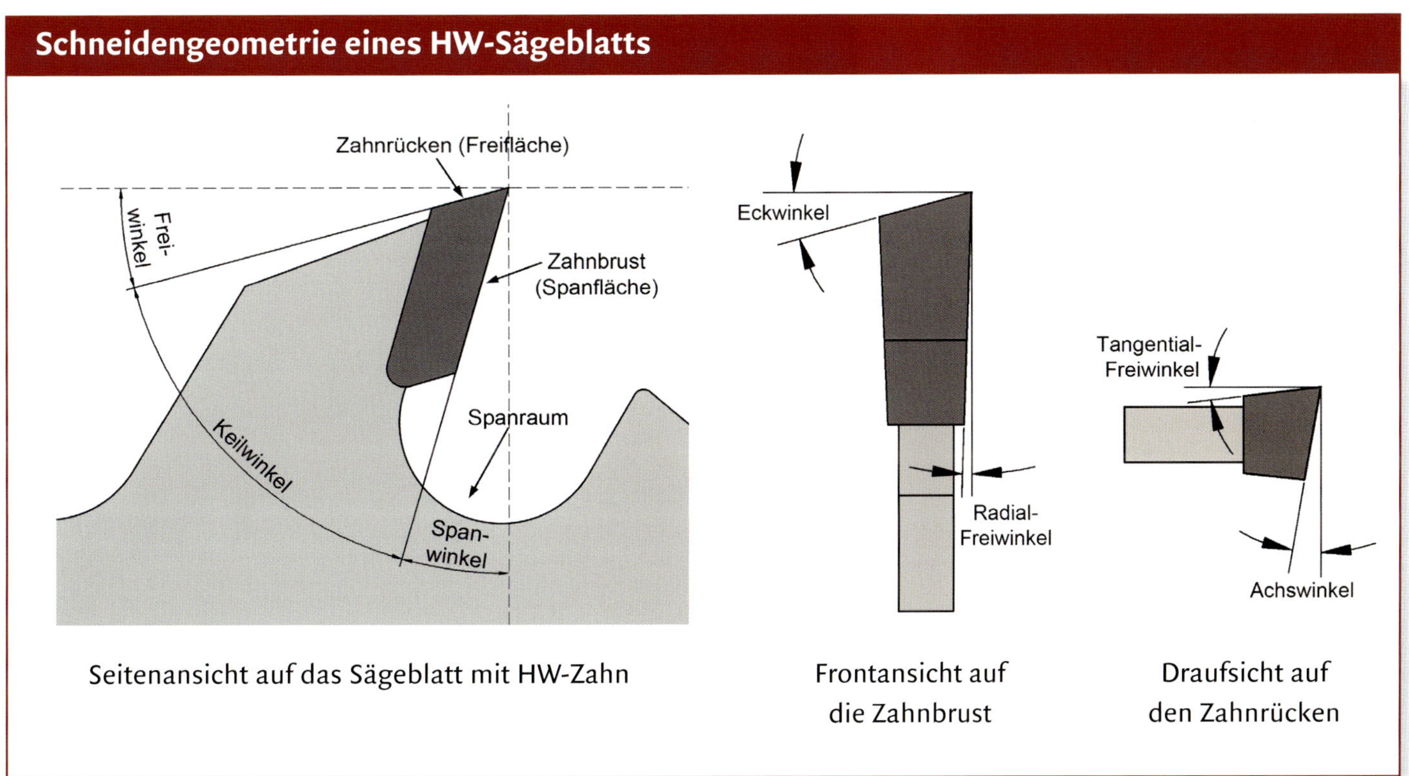

Seitenansicht auf das Sägeblatt mit HW-Zahn

Frontansicht auf die Zahnbrust

Draufsicht auf den Zahnrücken

Die vier wichtigsten Zahnformen und ihre Anwendungsgebiete

Damit Sie später das zum Werkstoff und zur Schnittqualität passende Sägeblatt auswählen können, sollten Sie sich ein wenig mit den Zahnformen vertraut machen. Und ich kann Sie beruhigen, es sind wirklich nur vier Basisformen, die für die Holzbearbeitung eine Rolle spielen: Flachzahn, Wechselzahn, Dach-Hohlzahn und Trapezzahn. Die beiden zuletzt genannten Zahnformen werden meist in Kombination und Wechsel mit einer weiteren Zahnform – dem Flachzahn – eingesetzt. Man spricht dann von einer Zahngruppe. Sägeblätter mit Dachhohlzahn-Flachhohlzahn (DH) oder mit Trapezzahn-Flachzahn (TF) sind die wichtigsten Beispiele für eine Gruppenzahnung. Vor allem wenn man in der Holzwerkstatt auch öfters beschichtete Plattenwerkstoffe, harte Kunststoffe, Mineralwerkstoffe oder NE-Metalle zuschneiden muss, führt kein Weg an diesen beiden Zahngruppen vorbei. Wer ausschließlich Massivholz verarbeitet, dem reichen Sägeblätter mit Flach- oder Wechselzahn völlig aus.

1. Der Flachzahn

Hier sind die Zahnspitzen bei allen Zähnen flach im 90°-Winkel zum Sägeblattkörper ausgeformt und jeder Zahn schneidet gleich. Diese einfache Zahnform findet man hauptsächlich bei Zuschnittsägeblättern mit wenigen Zähnen (z. B. für das Besäumen von Brettern und Bohlen). Zufriedenstellende Ergebnisse liefert diese Zahnform nur bei Schnitten längs zur Holzfaser (Hart- oder Weichhölzer). Auch für das Nuten von Massivhölzern längs zur Maserung (z. B. bei Schubkästen) ist diese Zahnform hervorragend geeignet, weil der Flachzahn im Gegensatz zu allen anderen Zahnformen immer einen flachen, rechteckigen Schnittgrund hinterlässt. Ein scharfes Zuschnittblatt mit Flachzähnen ist daher auch ideal, um tiefe Schlitz- und Zapfenverbindungen mit einem rechteckigen Schlitzgrund ins Massivholz zu schneiden. Ein solches Sägeblatt mit etwa 16-28 Flachzähnen gehört in jedem Fall zur Standardausrüstung!

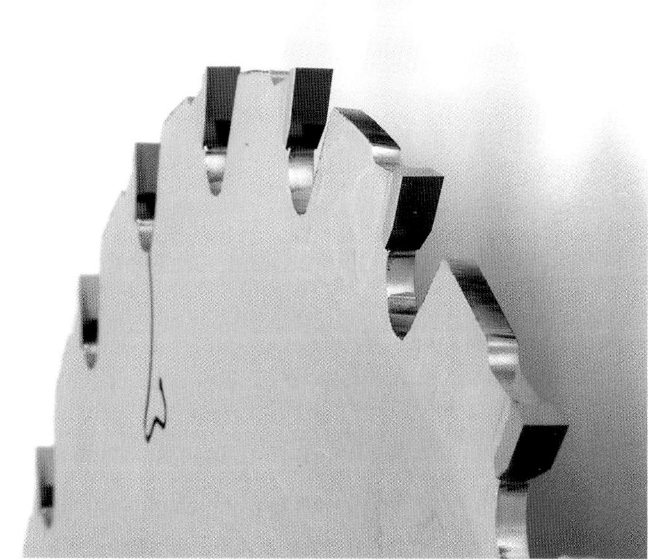

2. Der Wechselzahn

Hier sind die Zähne wechselseitig nach links und rechts abgeschrägt und schneiden im Wechsel. Dadurch werden die äußeren Schnittkanten sehr sauber und nahezu ausrissfrei durchtrennt. Da die Schräge (Eckwinkel) relativ flach ist und in aller Regel nur 10-15° beträgt, kann man auch solche Sägeblätter noch recht gut zum Nuten einsetzen. Vor allem dann, wenn die Nut quer zur Maserung verlaufen soll. Wechselzahn-Sägeblätter werden auch Universalsägeblätter genannt. Je nach Zähneanzahl kann man sie sowohl für Längs- als auch für Querschnitte in alle Massivhölzer einsetzen. Auch für den Zuschnitt von Multiplex, furnierten Span- und Tischlerplatten und vielen weiteren Plattenwerkstoffen (ohne Kunststoffbeschichtung) sind sie bestens geeignet. Als Querschnittsägeblatt mit 48-60 Zähnen gehört es ebenfalls zur Grundausstattung.

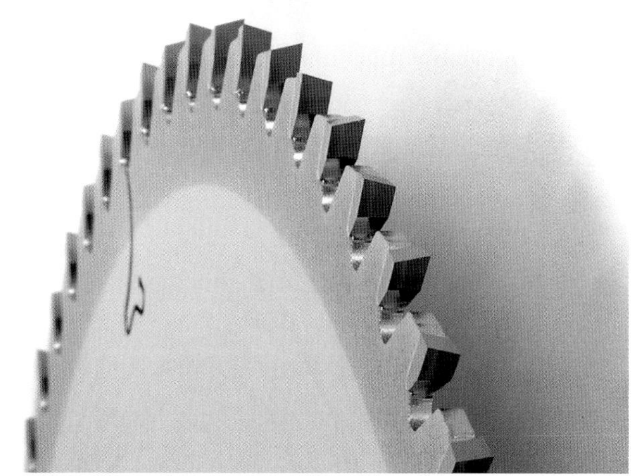

3. Der Dachzahn (Hohlzahn)

Der Dachzahn hat meist einen Eckwinkel von etwa 30° und wird in aller Regel in Kombination mit einem Flachzahn als eine sich abwechselnde Zahngruppe eingesetzt. Beide Zähne erhalten dann noch einen Hohlschliff auf der Zahnbrust. Dadurch entstehen an den seitlichen Zahnflanken messerscharfe Schneiden, die mit einem ziehenden Schnitt für extrem saubere Schnittflächen sorgen. Diese Sägeblätter sind daher ideal für den Zuschnitt von kunststoffbeschichteten Plattenwerkstoffen. Dabei wirkt der Dachzahn quasi als Vorschneider und ritzt zuerst in der Mitte die Beschichtung der Platte an, bevor dann der Flachzahn mit seinen beiden äußeren Spitzen nur noch den Randbereich scharfkantig durchtrennen muss. Selbst die Plattenunterseite ist bei einem scharfen Dach-Hohlzahn-Sägeblatt und dem richtigen Zahnüberstand auch ohne Vorritzsägeblatt nahezu ausrissfrei. Neben dem Zuschnitt von Dekorspanplatten eignet sich das Sägeblatt auch ganz hervorragend für edelholzfurnierte Spanplatten oder bereits fertig lackierte Platten. Leider ist das Nachschärfen aufwendig und teuer. Denn nur ein präziser und fehlerfreier Schliff der Hohlzahnbrust garantiert wieder eine hohe Schnittqualität und eine lange Standzeit (Schärfe) der Schneiden.

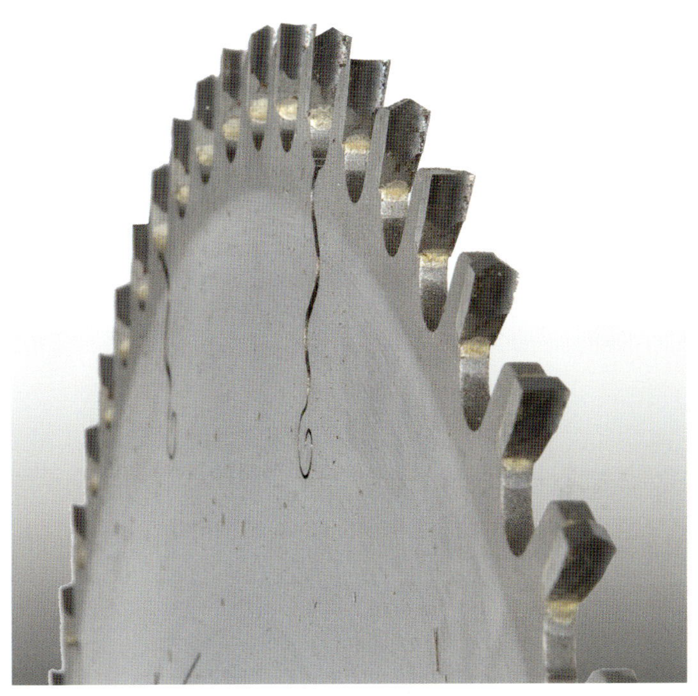

4. Der Trapezzahn

Beim Trapezzahn sind die Kanten der Zähne beidseitig abgeschrägt. Die Anfasung im 45°-Winkel beträgt ca. ein Viertel bis ein Drittel der Schnittbreite. Auch der Trapezzahn wird häufig in Kombination mit einem Flachzahn als Gruppenzahnung eingesetzt. Dabei wechselt sich der Trapezzahn mit dem Flachzahn beim Eingriff ins Material ab. Die leicht vorstehenden Trapezzähne übernehmen die Vorzerspanung und die etwas zurückstehenden Flachzähne sind für die Qualität der Schnittkanten verantwortlich. Auf diese Weise wird eine günstige Schnittunterteilung erreicht, die dieser Gruppenzahnung eine hohe Standzeit (Schärfe) und einen schwingungsarmen Lauf verleiht. Trapez-Flachzahn-Sägeblätter mit negativem Spanwinkel eignen sich optimal zum Sägen von Aluminiumplatten und -profilen, Alu-Legierungen und vielen anderen NE-Metallen, harten und faserverstärkten Kunststoffen und hart beschichteten Werkstoffen (z. B. Trespa® HPL-Platten), sowie Sandwichplatten aus Metall und Kunststoff- bzw. Schaumstoffkern (ALUCOBOND®, DIBOND®, etc.). Mit einem leicht positiven Spanwinkel sind Trapez-Flachzähne bestens für den Zuschnitt von kunststoffbeschichteten Platten (Laminat) und Polymerwerkstoffen (Corian®, etc.) geeignet.

Die Auswahl des passenden Sägeblatts auf einen Blick

Welches Sägeblatt man nun besten auf die Maschine aufspannen sollte, hängt in erster Linie vom zu sägenden Werkstoff ab. Der entscheidet maßgeblich über die Zahnform des Sägeblatts. Im zweiten Schritt geht es darum, festzulegen, welche Schnittqualität man tatsächlich benötigt. Die bestimmt nämlich die Anzahl der Sägezähne. Als Faustregel gilt: Für grobe Trennschnitte oder einfache Zuschnittaufgaben reichen wenige Zähne und für Fertig- oder Feinschnitte benötigt man viele Zähne.

Genau zu diesen beiden Parametern (Werkstoff und gewünschte Schnittqualität) finden Sie unten in der Tabelle die passende Zähneanzahl und Zahnform für die beiden gängigsten Sägeblattdurchmesser (300 und 350 mm) aufgelistet. Die Angaben in der Tabelle sind lediglich als Richtwerte zu verstehen, die sich in meinem praktischen Arbeitsalltag bestens bewährt haben. Sie müssen sich auch nicht gleich alle diese Sägeblätter zulegen. Denn wie ich schon auf den ersten beiden Seiten (S. 42 und 43) des Kapitels angemerkt habe, reichen für den Zuschnitt von Holz und Plattenwerkstoffen bereits zwei bis maximal vier Sägeblätter völlig aus. Erst wenn Sie darüber hinaus noch Kunststoffe, NE-Metalle und Mineralwerkstoffe verarbeiten, sind auf jeden Fall noch weitere Sägeblätter nötig (s. Tabelle).

Neben Zahnform und Zähneanzahl können auch noch weitere Faktoren die Schnittqualität beeinflussen. Das ist zum einen die Schnittgeschwindigkeit und zum anderen der Überstand der Sägezähne aus dem Material. Und zu guter Letzt kann auch die Vorschubgeschwindigkeit den gewünschten Erfolg ausmachen. Also eine Menge Parameter, auf die man achten muss und die ich Ihnen alle auf den folgenden Seiten noch genauer vorstellen werde. Auch wenn es sich dabei eher um eine trockene theoretische Materie handelt, so ist sie trotzdem zusammen mit dem Wissen um die Bedienung einer Formatsäge der Schlüssel zur perfekten Schnittqualität, die einen tagtäglich begeistern kann.

	Schnittqualität und dazu nötige Zähneanzahl und Zahnform je Sägeblattdurchmesser			
zu sägender Werkstoff	**Zuschnitt (Ø 300)**	**Zuschnitt (Ø 350)**	**Fertigschnitt (Ø 300)**	**Fertigschnitt (Ø 350)**
Weichholz längs	Z 20 FZ od. Z 28 WZ	Z 24 FZ od. Z 32 WZ	Z 48 WZ	Z 54 WZ
Weichholz quer	Z 48 WZ	Z 54 WZ	Z 60 WZ	Z 72 WZ
Hartholz längs	Z 20 FZ od. Z 28 WZ	Z 24 FZ od. Z 32 WZ	Z 48 WZ	Z 54 WZ
Hartholz quer	Z 48 WZ	Z 54 WZ	Z 60 WZ	Z 72 WZ
Spanplatte roh	Z 48 WZ	Z 54 WZ	Z 60 WZ	Z 72 WZ
Spanplatte furniert	Z 48 WZ	Z 54 WZ	Z 96 WZ	Z 108 WZ
Spanplatte beschichtet	Z 48 WZ od. Z 60 TF	Z 54 WZ od. Z 72 TF	Z 60 DH	Z 72 DH
Tischlerplatte furniert	Z48 WZ	Z 54 WZ	Z 72 WZ	Z 84 WZ
Sperrholz/Multiplex	Z 48 WZ	Z 54 WZ	Z 72 WZ	Z 84 WZ
MDF roh	Z 28 WZ	Z 32 WZ	Z 48 WZ	Z 54 WZ
MDF beschichtet	Z 48 WZ	Z 54 WZ	Z 72 WZ od. Z 60 TF	Z 84 WZ oder Z 72 TF
Hartfaserplatten	Z 48 WZ	Z 54 WZ	Z 96 WZ	Z 108 WZ
Laminat	Z 48 WZ	Z 54 WZ	Z 60 TF	Z 72 TF
Acrylglas	Z 48 WZ	Z 54 WZ	Z 72 TF	Z 84 TF
PVC-Profile	Z 60 TF neg.	Z 72 TF neg.	Z 96 TF neg.	Z 108 TF neg.
Aluminium Profile	Z 60 TF neg.	Z 72 TF neg.	Z 96 TF neg.	Z 108 TF neg.
Mineralwerkstoffe	Z 60 TF	Z 72 TF	Z 96 TF	Z 108 TF

Abkürzungen:

Z = Zähneanzahl
FZ = Flachzahn
WZ = Wechselzahn
DH = Dach-Hohlzahn
TF = Trapez-Flachzahn
neg = negativer Spanwinkel

Aufspannen der Sägeblätter und Einstellung des Spaltkeils

Ein Sägeblatt muss nach dem Ausschalten der Maschine innerhalb von maximal zehn Sekunden zum völligen Stillstand gekommen sein. Damit sich beim elektrischen Abbremsen des Motors nicht die Spannmutter oder die Sicherungschraube an der Sägewelle lösen kann, befinden sich bei den meisten Formatsägen im Aufnahmeflansch (1) zwei Bolzen (s. Bild 1). Weitere Distanzscheiben (2) und auch der Außenflansch (3) haben passend dazu zwei Bohrungen, in die die Bolzen eingreifen. Ein Verdrehen der Flansche beim Abremsen der Sägewelle ist somit ausgeschlossen. Dadurch kann sich auch die Spannmutter (4) nicht selbstständig lösen. **Wichtig: Diese Bolzen dürfen Sie niemals entfernen!** Damit sich die Spannmutter aber auch später während des Sägens nicht lösen kann, besitzen Mutter und Welle zusätzlich noch ein zur Drehrichtung gegenläufiges Gewinde (hier ein Linksgewinde). Auch die in Bild 2 gezeigte Sägeblattaufnahme besitzt zwei Sicherungsbolzen. Die befinden sich in dem Außenflansch (5) und greifen in zwei passende Bohrungen am Ende der Sägewelle (6). Gesichert werden die Flansche samt Sägeblatt zum Schluss mit einer Zylinderkopfschraube (7) mit Linksgewinde.

Bei der linken Sägeblattaufnahme (Bild 1: Altendorf WA 6) befinden sich außen neben der Welle zwei Bolzen. Bei dieser Maschine können Sie daher nur Sägeblätter oder Fräswerkzeuge aufspannen, die auch über die dazu passenden Nebenlöcher verfügen. Anders sieht das bei der Sägeblattaufnahme in Bild 2 aus (Format 4 Kappa 550). Hier sind diese Bolzen bzw. Löcher nach innen in die Sägewelle versetzt worden. Dadurch können Sie dort auch Sägeblätter und Fräswerkzeuge ohne Nebenlöcher aufspannen.

1. Das Sägeblatt lösen

Am besten lässt sich das Sägeblatt in der höchsten Position wechseln. Bei vielen Herstellern kann man dann die Sägeblattwelle mit einem Metallstift blockieren, der durch die Tischfläche hindurch in ein Loch der Welle eingreift (z. B. Altendorf WA 6). Ist die Welle blockiert, lässt sich die Spannmutter anschließend sehr bequem mit nur einem Schlüssel lösen (s. Bild 1). Andere Firmen blockieren die Sägewelle mit einem zweiten Schlüssel (z. B. Format 4 Kappa 550). Auch wenn das auf den ersten Blick nicht ganz so bequem ist, hat man sich aber schnell an das Hantieren mit zwei Schlüsseln gewöhnt. Denn zum Lösen benötigt man den geringsten Kraftaufwand, wenn beide Schlüssel in einem steilen „V" schräg zueinander stehen. Beide Schlüssel kann man jetzt bequem mit einer Hand greifen und aufeinander zu bewegen (s. Bild 2).

Hauptschalter aus und Welle blockieren! Danach kann man die Spannmutter bequem mit nur einem Schlüssel öffnen. Dazu wird der Schlüssel einfach in die Richtung bewegt, in die auch die Sägezähne zeigen – also die Laufrichtung des Sägeblatts. Kleiner Merksatz dazu, der für fast (!) alle Maschinen gilt: „So wie ich lauf, so geh ich auf."

Bei dieser Maschine steckt man zuerst einen Ringschlüssel auf den Außenflansch und blockiert damit die Sägewelle. Anschließend steckt man noch einen Innensechskantschlüssel in die Zylinderkopfschraube mit Linksgewinde. Wird dieser Schlüssel nun in Laufrichtung (Zähnerichtung) bewegt, löst sich die Zylinderkopfschraube.

2. Sägeblatt und Spannflansche gut säubern

Vor dem Aufspannen des Sägeblatts müssen Sie zunächst die komplette Sägeblattaufnahme samt Spannflansche und auch das Sägeblatt sorgfältig reinigen. Schon geringe Mengen an Staub und Spänen zwischen Sägeblatt und Spannflanschen lassen das Sägeblatt seitlich hin und her wanken (flattern). Dabei vergrößert sich die Schnittfuge und die Schnittqualität reduziert sich drastisch! Und wie bei einem Wanknutsägeblatt werden dabei auch die Lager stärker beansprucht.

1

2

3. Sägeblatt aufstecken und festspannen

Beim Aufstecken des Sägeblatts immer auf die korrekte Laufrichtung achten (s. Pfeilrichtung Bild 1). Ein falsch aufgespanntes Sägeblatt ist leider einer der häufigsten Fehler! Danach Außenflansch aufstecken und beides mit einer Spannmutter oder Zylinderkopfschraube sichern (Achtung Linksgewinde!). Wenn Sie zwei Schlüssel einsetzen müssen, können Sie auch hier wieder bequem mit einer Hand arbeiten. Dabei zeigt diesmal der Ringschlüssel nach links und der Innensechskantschlüssel nach rechts (s. Bild 2).

1

2

4. Spaltkeil montieren und einstellen

Je nach Sägeblattdurchmesser wird auch der Spaltkeil gewechselt und neu eingestellt. Er muss zum Durchmesser und zur Dicke des Sägeblatts passen (s. dazu Infos auf der rechten Seite). Der Abstand zwischen Spaltkeil und Sägeblattzähnen darf im Bereich der Schnitthöhe nicht mehr als 8 mm betragen. Da der Spaltkeilbogen in den seltensten Fällen exakt dem Sägeblattzahnkranz folgt, hat sich in der Praxis ein mittlerer Abstandswert von etwa 5 mm bewährt (s. dazu auch die Maßangaben im rechten Bild). Für verdeckte Sägeschnitte (nuten, falzen etc.) muss die Spitze des Spaltkeils außerdem noch etwa 2 mm tiefer als der Zahnkranz (oberster Sägezahn) eingestellt werden.

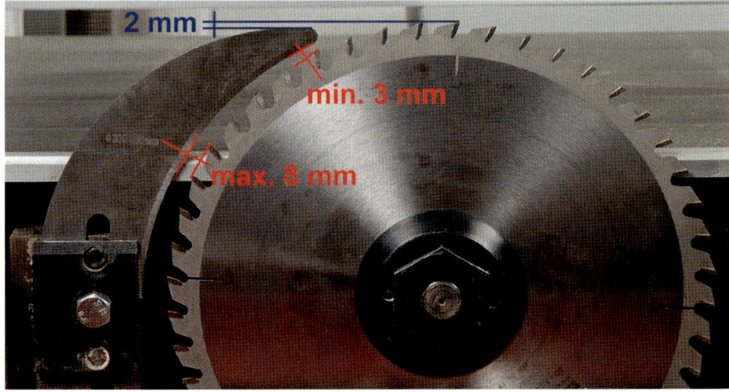

Darum ist der Spaltkeil so extrem wichtig!

Jede Tisch- oder Formatkreissäge, die in Deutschland verkauft wird, muss mit einem funktionierenden Spaltkeil ausgestattet sein. Der Spaltkeil ist nämlich zusammen mit der Schutzhaube die wichtigste Sicherheitseinrichtung bei einer Tisch- oder Formatkreisssäge. Er ist direkt hinter dem Sägeblatt montiert und hat die Aufgabe, beim Sägen die Schnittfuge hinter dem Sägeblatt offen zu halten. Fehlt der Spaltkeil, kann sich die Schnittfuge hinter dem Sägeblatt aufgrund von Spannungen im Holz zusammenziehen. Dabei kann das Werkstück von den hinteren aufsteigenden Sägeblattzähnen erfasst und mit einer hohen Geschwindigkeit zurück in die Richtung des Anwenders geschleudert werden. Zusätzlich verbessert ein fluchtgenau eingestellter Spaltkeil aber auch noch die Führung innerhalb der Schnittfuge. Außerdem schützt ein Spaltkeil auch vor dem versehentlichen Berühren des Sägeblattrückens, beispielsweise bei der Entnahme eines Werkstücks hinter dem Sägeblatt.

Damit der Spaltkeil aber alle diese Aufgaben erfüllen kann, muss er nicht nur richtig eingestellt sein (s. Punkt 4 auf der linken Seite) und fluchtgenau zum Sägeblatt stehen, sondern auch zum eingesetzten Sägeblatt passen. Nämlich etwas dicker als der Sägeblattgrundkörper und – extrem wichtig (!) – dünner als die Schnittbreite (Zähne) des Sägeblatts. Außerdem muss die gebogene Form des Spaltkeils auch zum Durchmesser des Sägeblatts passen (s. Bild und Infos rechts oben).

Den Spaltkeil dürfen (und müssen!) Sie nur für einen einzigen, recht seltenen, Anwendungsfall entfernen – dem Einsetzsägen (mehr Infos dazu s. S. 130). Für alle anderen Arbeiten muss er sich immer an der Maschine befinden und korrekt eingestellt sein. Auch bei verdeckten Sägeschnitten – wie Nuten und Falzen – gibt es überhaupt keinen Grund den Spaltkeil zu entfernen, solange der Spaltkeil bis etwa 2 mm (maximal 5 mm) unter das Niveau der Sägeblattzähne abgesenkt wird. Eigentlich auch logisch, denn steht er über, stoßen die Werkstücke beim verdeckten Sägen gegen die Spaltkeilspitze. Bei kleinen Formatsägen ist in vielen Fällen die Spanhaube direkt am Spaltkeil befestigt. Die muss natürlich bei verdeckten Schnitten entfernt werden. Lässt sich danach der Spaltkeil nicht ausreichend absenken, müssen Sie ihn gegen einen speziellen Spaltkeil für verdeckte Schnitte austauschen. Auch ein solcher Spaltkeil sollte unbedingt zum Lieferumfang Ihrer Formatsäge gehören. Darauf sollten Sie beim Kauf der Maschine unbedingt achten!

Mein Tipp: Wer keine Lust auf böse Überraschungen oder russisches Roulette hat, sollte niemals ohne Spaltkeil arbeiten. Das Gleiche gilt natürlich auch für die Spanhaube.

Je nach Formatsägengröße können Sie Sägeblätter mit bis zu 550 mm Durchmesser einsetzen. Bei solchen Maschinen gibt es dann nicht nur eine Spaltkeilgröße, sondern gleich mehrere Größen. Denn die gebogene Form des Spaltkeils muss sich natürlich dem Durchmesser des Sägeblatts anpassen. Bei meiner großen Formatsäge können beispielsweise Sägeblätter von 250 bis 550 mm eingesetzt werden. Und genau dafür gibt es dann auch drei unterschiedlich große und dicke (!) Spaltkeile: Einen für 250 bis 315 mm große Sägeblattdurchmesser (Dicke = 2,8 mm), einen für 350 bis 450 mm (Dicke = 3,2 mm) und einen für 475 bis 550 mm (Dicke = 3,7 mm). Bei großen Formatsägen ist auch die Spaltkeilaufnahme deutlich aufwändiger und variabler gestaltet. Denn der Spaltkeil muss sich nicht nur in der Höhe verstellen, sondern für den Einsatz größerer Sägeblatter auch noch nach hinten verschieben lassen.

Zum Einstellen der Spaltkeilhöhe können Sie einfach ein Restholz von 50 bis 80 mm Breite hochkant hinter das Sägeblatt stellen und den obersten Sägezahn auf die Oberkante des Holzes einstellen. Jetzt können Sie den Spaltkeil bequem zur Oberkante etwa 2 bis maximal 5 mm tiefer einstellen. Etwas komfortabler ist die im Bild gezeigte Lösung. Auf ein Multiplexbrett zeichnen Sie sich im Abstand von beispielsweise 50 mm (oder 80 mm) zur Längskante eine Linie auf für den obersten Sägeblattzahn. Etwa 2 mm tiefer dann noch eine weitere Linie für die Spaltkeilspitze. Bei einer digitalen und motorischen Höheneinstellung muss man jetzt nur noch das Sägeblatts auf exakt 50 mm hochfahren (kleines Bild).

Drehzahl und Schnittgeschwindigkeit

Kleinere Formatsägen, wie beispielsweise die Altendorf WA 6, können nur Sägeblätter bis zu einem Durchmesser von 315 mm aufnehmen. Bei diesen Maschinen lässt sich die Drehzahl in aller Regel nicht verändern. Dadurch ergibt sich bei einer festen Drehzahl von beispielsweise 4200 U/min (bei der WA 6) eine Schnittgeschwindigkeit von knapp 70 m/s. Das ist ein sehr guter Mittelwert für nahezu alle Sägearbeiten, die man in einer Holzwerkstatt durchführen muss (vgl. auch Tabelle im Infokasten). Auch viele Fräswerkzeuge (z. B. Kehlscheiben) können bei einer fixen Drehzahl von 4200 U/min noch sicher betrieben werden. In den ganz seltenen Fällen, in denen Sie trotzdem einmal eine niedrigere Schnittgeschwindigkeit benötigen, können Sie auch einfach ein kleineres Sägeblatt aufspannen. Denn bereits mit einem Sägeblattdurchmesser von nur noch 250 mm erreicht man lediglich noch eine Schnittgeschwindigkeit von knapp 55 m/s. Und mit einem solchen Wert könnten Sie dann auch problemlos temperaturempfindlichere Kunststoffe zuschneiden. Es gibt also keinen Grund zur Verzweiflung, nur weil Ihre Formatsäge lediglich eine einzige Drehzahl anbietet.

Erst wenn man auf einer Formatsäge auch große Sägeblätter von mehr als 350 mm aufspannen kann, müssen weitere Drehzahleinstellungen möglich sein. In aller Regel sind das drei feste Drehzahlen von 5000, 4000 und 3000 U/min, die man durch Umlegen eines Keilriemens einstellen kann (s. Bildfolge rechts). Bei einem 350 mm Sägeblatt und 5000 U/min erreicht man dann bereits mit knapp 92 m/s eine optimale Schnittgeschwindigkeit für alle Massivhölzer und Tischlerplatten, ja selbst kunststoffbeschichtete Spanplatten lassen sich mit diesem hohen Wert extrem sauber zuschneiden. Werfen Sie aber vorher unbedingt noch einen Blick auf das Sägeblatt. **Denn die dort angegebene maximal zulässige Drehzahl dürfen Sie auf gar keinen Fall überschreiten, da sonst neben einer erhöhten Lärmbelästigung auch eine starke Überhitzung der Schneiden droht. Dabei kann es dann zu einem gefährlichen Materialbruch der Schneiden kommen.**

Vor allem bei Sägeblättern ab 400 mm Durchmesser, sollten Sie ganz genau hinschauen, denn hier liegt die maximal zulässige Drehzahl oft schon deutlich unter 5000 U/min. Das ist auch logisch, weil man bei 400 mm Durchmesser und 5000 U/min mit knapp 105 m/s bereits eine zu hohe und extrem kritische Schnittgeschwindigkeit erreicht. Man muss in diesem Fall also die nächst kleinere Drehzahl einstellen. Bei meiner Formatsäge wären das genau 4000 U/min. Damit würde ich jetzt bei einem 400er Sägeblatt wieder eine sehr gute Schnittgeschwindigkeit von etwa 84 m/s erreichen. Bei hochwertigen Formatsägen werden in aller Regel Poly V Antriebsriemen eingesetzt. Hier sollten Sie penibel darauf achten, dass immer alle fünf Keilrippen genau in den passenden Vertiefungen der Riemenscheibe sitzen (s. Bild 3 und 4 rechte Seite), sonst kann der Riemen beschädigt werden. Wer es komfortabler möchte, kann seine Formatsäge auch mit einer stufenlosen, digitalen Drehzahleinstellung mittels Frequenzumrichter ordern. Das kann sich vor allem dann lohnen, wenn man sehr oft verschiedene Werkstoffe mit unterschiedlichen Sägeblattgrößen zuschneiden muss. Außerdem ist man nicht nur auf die festen drei Drehzahlen beschränkt, sondern kann bei Bedarf auch die maximal zulässige Drehzahl auf dem Sägeblatt einstellen (z. B. exakt 4700 U/min).

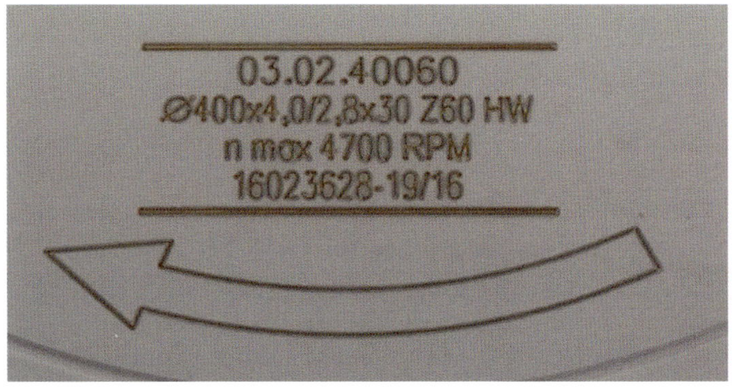

Auf hochwertigen Markensägeblättern sind immer mindestens folgende Angaben auf dem Blattkörper eingraviert:
Hersteller und Artikelnummer; Sägeblattdurchmesser x Schnittbreite/Dicke des Sägeblattkörpers x Aufnahmebohrung; Zähneanzahl; Zahnwerkstoff (HW = Hartmetall) und – ganz wichtig – die maximal zulässige Drehzahl (n max.).

Werkstoff und Schnittgeschwindigkeit

Werkstoff	Schnittgeschwindigkeit
Hart- und Weichholz (Massivholz)	60-100 m/s
Tischlerplatten	60-100 m/s
Span-, MDF- und harte Holzfaserplatten	60-80 m/s
Kunststoffbeschichtete Spanplatten	60-90 m/s
Sandwichmaterialien und Acrylglas	40-60 m/s
Kunststoffe	40-60 m/s
Mineralwerkstoffe (z. B. Corian®)	50-70 m/s
NE-Metalle (z. B. Aluprofile)	50-70 m/s

So stellen Sie die Drehzahl mithilfe eines Keilriemens ein

1 Zunächst den Spannhebel (Pfeil) nach unten drücken und damit den Keilriemen entspannen. Ein Schaubild links neben dem Motor zeigt an, …

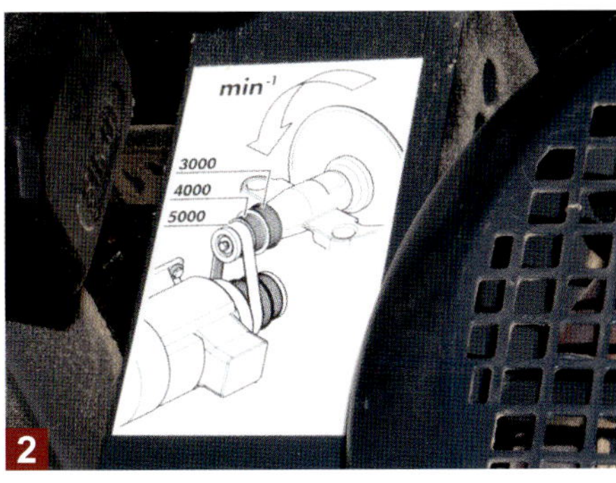

2 … auf welcher Riemenscheibe sich der Keilriemen für die gewünschte Drehzahl 3000, 4000 und 5000 U/min befinden muss.

3 Den Keilriemen dabei immer zuerst von einer größeren auf eine kleinere Riemenscheibe umlegen (s. Pfeilrichtungen). Also in unserem Fall zuerst oben auf die kleinere Scheibe der Sägenspindel und …

4 … erst danach den Riemen auf die größere Scheibe am Motor umlegen. Auf diese Weise wurde dann die Drehzahl von 4000 auf 5000 U/min erhöht.

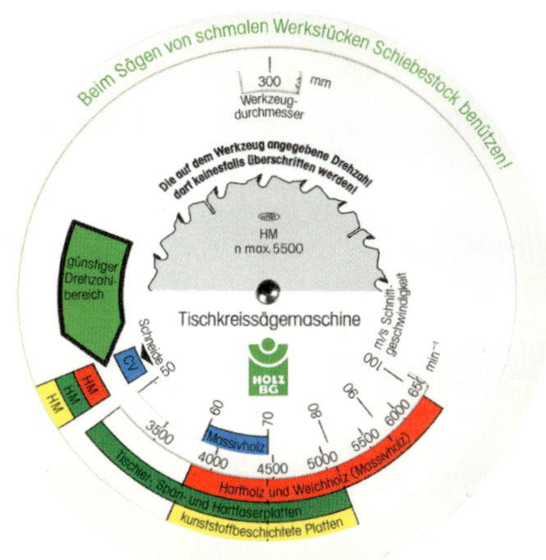

Mit einer solchen Drehscheibe können Sie blitzschnell und sehr bequem die optimale Drehzahl zum Werkzeugdurchmesser ablesen. Einfach die Scheibe oben auf den Sägeblattdurchmesser drehen und im unteren Sichtbereich wird automatisch der optimale Drehzahlbereich für die wichtigsten Materialien angezeigt. Erhältlich für etwa 6 Euro im Shop der Fa. Felder (de.feldershop.com).

Schnittgeschwindigkeit entweder präzise oder schnell im Kopf ausrechnen

1. Die genaue Formel:
Die Schnittgeschwindigkeit (V_C) in m/s können Sie nach folgender Formel berechnen (d = Fräserdurchmesser und n = Drehzahl):

$$V_c = \frac{d\ (\text{in m}) \times 3{,}14 \times n}{60}$$

Beispieldaten:
Sägeblatt Ø d = 300 mm = 0,3 m
Drehzahl n = 5000 U/min

Rechnung:
0,3 x 3,14 x 5000 = 4710 diesen Wert durch 60 geteilt ergibt: **78,5** (Schnittgeschwindigkeit in m/s)

2. Die Faustformel:
Wer die Schnittgeschwindigkeit ohne Taschenrechner schnell und einfach im Kopf ausrechnen möchte, benutzt folgende Faustformel:

$$V_c = r\ (\text{in cm}) \times (n/1000)$$

Beispieldaten wie links:
Sägeblatt Ø d = 300 mm = Radius 150 mm bzw. 15 cm
Drehzahl n = 5000 U/min geteilt durch 1000 = 5

Rechnung:
15 x 5 = **75** (Schnittgeschwindigkeit in m/s)
Dieser Wert entspricht bis auf lediglich 5 % dem Wert aus der genauen Formel.

Weitere Faktoren beeinflussen die Schnittqualität

Das richtige Sägeblatt, passend zur Anwendung und zum Werkstoff, sowie eine optimale Schnittgeschwindigkeit sind nur ein Baustein auf dem Weg zum perfekten ausrissfreien Schnitt. Die Qualität einer Schnittkante, vor allem auf der Unterseite eines Werkstücks, wird nämlich zum größten Teil durch den Zahnüberstand beeinflusst. Wer häufig Plattenwerkstoffe zuschneidet, kennt das Problem: Ist das Sägeblatt zu hoch eingestellt, gibt es Faserausrisse auf der Plattenunterseite. Die Oberseite ist dagegen völlig ausrissfrei. Reduziert man nun den Zahnüberstand, so dass die Zähne nur noch etwa 5 mm über der Plattenfläche vorstehen, sind zwar kaum mehr Faserausrisse auf der Unterseite zu beobachten, dafür wird man jetzt mit etwas mehr Faserausrissen auf der Oberseite „belohnt". Hier den optimalen Mittelweg zu finden kann einen Laien schnell zur Verzweiflung bringen. Daher ist es wichtig, die Ursache für solche Faserausrisse zu kennen und wie man sie beeinflussen und reduzieren kann.

Die Ursache für Faserausrisse liegt in den meisten Fällen an einem ungünstigen Ein- oder Austrittswinkel der Sägezähne (s. Grafiken und Infos unten). Für optimale Schnittkanten auf der Plattenoberseite ist der Eintrittswinkel verantwortlich und der sollte möglichst klein sein. Der Austrittswinkel ist für ausrissfreie Kanten auf der Plattenunterseite zuständig und der sollte dagegen möglichst groß sein. Ober- und Unterkante gleichermaßen in Top-Qualität hinzubekommen ist also fast unmöglich und endet meistens in einem Kompromiss zugunsten der wichtigeren Plattenseite (z. B. der Außenseite einer Schranktür). Das ist auch der Grund, warum viele Formatsägen mit einem kleinen Vorritzsägeblatt vor dem Hauptsägbelatt ausgestattet sind. In diesem Fall kann und sollte das große Hauptsägeblatt höher eingestellt werden. Dadurch wird nämlich der Weg des Zahns durch die Plattenkante kürzer und die Zähne halten länger die Schärfe.

Sägeblatthöhe vs. Schnittqualität

Wenn Ober- und Unterseite des Werkstücks einen sauberen Schnitt aufweisen sollen, sollten die Sägezähne mit einem positiven Spanwinkel etwa 15 bis 20 mm über der Werkstückfläche vorstehen. Spielt die Schnittqualität jedoch keine Rolle, sollte sich das Sägeblatt immer in der höchsten Position (Schnitthöhe) befinden. Das ergibt eine geringere Rückschlaggefahr und der Schnittdruck wird besser auf den Maschinentisch abgeleitet.

Aber auch ohne den Einsatz eines Vorritzers kann man mit einem passenden und scharfen Sägeblatt nahezu ausrissfreie Schnittkanten erzielen. Denn durch das geschickte Zusammenspiel von drei unterschiedlichen Faktoren lässt sich der Ein- und Austrittswinkel gezielt beeinflussen und das sind:

- **Sägeblattüberstand**
- **Spanwinkel der Zähne**
- **Sägeblattdurchmesser**

Auf der folgenden Seite gehe ich genauer auf diese Faktoren ein.

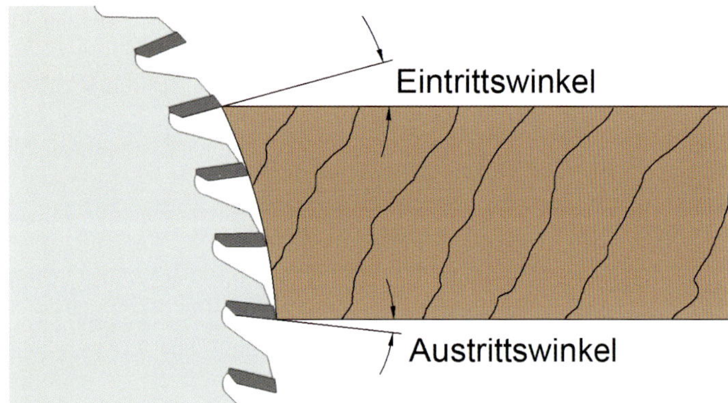

Je kleiner und flacher der Eintrittswinkel, um so sauberer wird die obere Schnittkante. Meistens liegt dann aber der Austrittswinkel außerhalb des Werkstücks. Das führt dann unweigerlich zu einer schlechteren Schnittqualität und mehr Faserausrisse auf der Plattenunterseite.

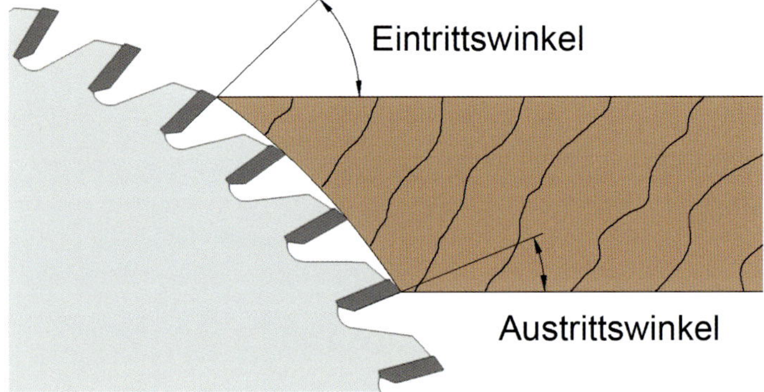

Wird der Eintrittswinkel größer und steiler, nimmt auch die Schnittqualität an der Oberseite etwas ab. Dafür liegt nun der Austrittswinkel innerhalb des Werkstücks. Je größer dieser Austrittswinkel, um so besser ist die Schnittqualität und um so geringer die Faserausrisse an der Plattenunterseite.

1. Sägeblatthöhe bzw. Zahnüberstand

Mit dem Sägeblattüberstand lässt sich die Schnittgüte am stärksten beeinflussen. Ein hoher Überstand ergibt beispielsweise kaum Ausrisse oben, dafür aber deutliche Ausrisse unten. Ein geringer Überstand bedeutet dagegen mehr Ausrisse oben, dafür weniger unten. Da man für den optimalen Zahnüberstand mit den geringsten Ausrissen auch noch die Materialstärke und den Sägeblattdurchmesser berücksichtigen muss, lässt er sich nur durch ein paar Testschnitte zweifelsfrei ermitteln.

Beachten sollten Sie, dass sich mit der Sägeblatthöhe auch der Schnittweg verändert. Denn der Schnittbogen im Material wird mit zunehmender Sägeblatthöhe immer steiler und somit der Schnittweg kürzer (s. Grafik linke Seite). Je kürzer der Schnittweg durch das Material, um so geringer die Zahnbelastung. Das wiederum führt dazu, dass die Zähne länger ihre Schärfe halten und das Sägeblatt geschont wird.

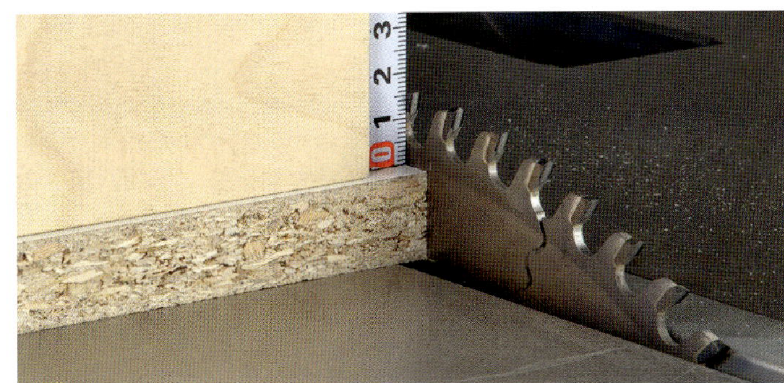

Bei einer Materialstärke von 19 mm und einem Sägeblatt mit positivem Spanwinkel (hier ein DHZ-Blatt) liegt der optimale Zahnüberstand bei etwa 15 mm (bei Ø 300 mm) bzw. 20 mm (bei Ø 350 mm). Der oft empfohlene Überstand von einer Zahnhöhe (etwa 8 mm) würde bei dieser Materialstärke jedenfalls zu deutlich mehr Ausrissen auf der Plattenoberseite führen!

2. Spanwinkel der Zähne

Je nachdem, ob der Zahn weiter nach vorne (positiv) oder nach hinten (negativ) geneigt ist, ergibt sich folgende Schnittgüte:

- Je positiver der Spanwinkel, um so besser die Oberseite und um so schlechter die Unterseite.
- Je negativer der Spanwinkel, um so schlechter die Oberseite und um so besser die Unterseite.

3. Sägeblattdurchmesser

Große und kleine Sägeblätter haben bei einem identischen Sägeblattüberstand sehr ähnliche Eintrittswinkel, aber völlig unterschiedliche Austrittsswinkel. Bei kleinen Sägeblättern ist daher die Schnittkante an der Plattenunterseite schlechter als bei einem vergleichbaren Größeren. Wenn möglich, sollten Sie deshalb eher dem größeren Sägeblatt den Vorzug geben.

Und zu guter Letzt: So wichtig ist die Vorschubgeschwindigkeit!

Auch die Vorschubgeschwindigkeit ist verantwortlich für die Schnittqualität: Wird das Werkstück zu schnell durch das Sägeblatt geschoben, ergeben sich mehr Faserausrisse, vor allem auf der Unterseite. Ein zu langsamer oder ungleichmäßiger Vorschub in Kombination mit einer hohen Drehzahl und/oder Zähneanzahl kann das Sägeblatt aber auch zu stark erhitzen und es entstehen Brandspuren. Um ein Sägeblatt zu schonen und den Verschleiß zu minimieren, sollten Sie daher immer die größtmögliche Vorschubgeschwindigkeit einsetzen, bei der Sie noch eine saubere Schnittkante erhalten. Und apropos Verschleiß: Quälen Sie ein fast stumpfes Sägeblatt nicht noch die letzten Meter durch das Werkstück. Das ergibt nicht nur eine miese Schnittqualität, sondern erhöht die Unfallgefahr und reduziert die Lebensdauer des Sägeblatts. Denn der Schärfdienst muss später mehr vom Zahn abschleifen, um wieder eine scharfe Schneide zu bekommen. Also frühzeitig das Sägeblatt wechseln!

Wie sich die Vorschubgeschwindigkeit auf die Schnittgüte auswirkt, kann man sehr gut an der Rückseite dieser furnierten Spanplatte erkennen. Mit einem moderaten, langsamen Vorschub ist auch die Plattenrückseite nahezu ohne Ausrisse (Schnitt links). Wird die Platte jedoch durchs Sägeblatt „gejagt“, zeigen sich deutliche und teils extreme Faserausrisse (Schnitt rechts).

Optimale Schnittkanten ohne Vorritzsägeblatt

Wie schon gesagt, können Sie mit einem scharfen Querschnittsägeblatt mit 48 Zähnen auch viele Plattenwerkstoffe bereits recht ordentlich zuschneiden. Wer jedoch furnierte oder beschichtete Platten auch ohne den Einsatz eines Vorritzsägeblatts beidseitig ausrissfrei zuschneiden möchten, benötigt dazu in jedem Fall weitere spezielle Sägeblätter. Zwei dieser Spezialsägeblätter – ein Steilzahn- und ein Dachhohlzahn-Sägeblatt – möchte ich Ihnen auf diesen beiden Seiten einmal genauer vorstellen. Und eines kann ich Ihnen schon jetzt versprechen: Mit dieser absolut beeindruckenden Schnittqualität kann man selbst „Sägeblattwechselmuffel" überzeugen!

Auch das beste Spezialsägeblatt kann nur perfekte Schnitte abliefern, wenn es scharf ist bzw. richtig geschärft wurde. Außerdem muss bei der Montage auf saubere Flansche und Sägeblattflächen geachtet werden, damit es schwingungsfrei und ohne zu Flattern läuft. Kleinere Blätter sind hier im Vorteil und daher sollten Sie für den Plattenzuschnitt besser keine Sägeblätter mit mehr als 350 mm Durchmesser einsetzen. Beim Zuschnitt von Plattenwerkstoffen spielt auch die Zähneanzahl eine Rolle. Je dünner die Platte, um so mehr Zähne sollte das Sägeblatt haben. Doch Vorsicht! Mehr Zähne erzeugen zwar in aller Regel eine feinere Schnittfläche, aber dafür muss man auch mit mehr Hitzeentwicklung (evtl. Brandspuren) und einer höheren Vorschubkraft rechnen. Es macht auch einen Unterschied, ob Sie eine poröse Spanplatte (hohe Zähnezahl) oder eine vielschichtig verleimte Multiplexplatte (mittlere Zähnezahl) zuschneiden. Und apropos Spanplatte: Verwenden Sie möglichst nur hochwertige Spanplatten. Denn bei Billigplatten sind die Späne oft zu locker verpresst, reißen schneller aus und beschädigen dabei die Beschichtung.

Steile Zähne für feinste Schnittflächen und skalpellartige Fasertrennungen. Durch die bis zu 40° steilen Eckwinkel reduzieren sich zudem spürbar die Schnittkräfte. Mit 96 bzw. 108 Zähnen (je nach Sägeblattdurchmesser) das perfekte Blatt für furnierte Plattenwerkstoffe (s. Bild rechts)!

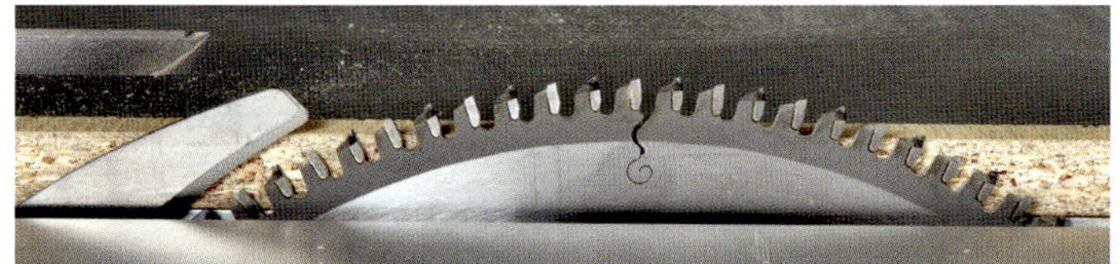

Steilzahnsägeblätter gibt es mit positivem und leicht negativem Spanwinkel. Bei einem negativen Spanwinkel (hier im Bild) sollte man den Sägeblattüberstand etwas höher als gewohnt einstellen, damit auch die Oberseite völlig frei von Ausrissen ist.

Stellen Sie den Sägeblattüberstand immer nur so hoch ein, dass auf der Oberseite keine Ausrisse mehr zu erkennen sind. Lassen Sie außerdem die Werkstücke immer so lang, dass Sie noch etwa 10 mm davon abschneiden können.

Auf diese Weise wird bei einem scharfen Steilzahnsägeblatt auch die Plattenunterseite automatisch absolut sauber und ausrissfrei sein. Mit ein bis zwei Testschnitten lässt sich der optimale Überstand schnell und sicher ermitteln.

Das Nachschneiden weniger Millimeter kann kritisch sein

Muss ein Werkstück nur wenige Millimeter gekürzt werden, wird das Sägeblatt nur noch einseitig belastet. Es kann sich nicht mehr selbst stabilisieren, schwingt sich auf und beginnt zu flattern. Vermehrte Ausrisse und eine wellige Schnittfläche sind die Folge. Vor allem bei dünnen Sägeblättern kann es selbst bei einem ganz langsamen Vorschub passieren, dass der hohe Schnittdruck das Werkstück seitlich etwas wegdrückt. Dieser Effekt verstärkt sich mit zunehmender Werkstückdicke und/oder bei komplexen Schrägschnitten. Erschwerend kommt bei furnierten Platten noch hinzu, dass es beim minimalen Nachschneiden einer Kante häufig zu stärkeren Faserausrissen kommen kann.

Bei 19 mm Plattenstärke und dicken Sägeblättern (Stammblatt mind. 2,2 mm dick) sind auch beim Nachschneiden von lediglich 1-2 mm keine nennenswerten Ausrisse zu erwarten, selbst bei furnierten Platten (s. Bild links).

Spezialsägeblatt für beschichtete Platten

Für kunststoffbeschichtete Spanplatten gibt es nichts Besseres als ein Dach-Hohlzahn-Sägeblatt. Aufgrund seiner extrem aufwendigen Zahnform durchtrennt es selbst schwierigste Beschichtungen absolut sauber und ausrissfrei. Auch die Plattenunterseite ist dabei nahezu ausrissfrei, wenn Sie drei Dinge beachten:

- Möglichst eine Drehzahl von mind. 5000 U/min einstellen.
- Mit einem langsamen und gleichmäßigen Vorschub arbeiten.
- Den Sägeblattüberstand passend zur Plattendicke einstellen.

In der Tabelle im Infokasten finden Sie dazu einige Werte, die sich bei mir in der langjährigen Praxis bewährt haben. Die können Sie sehr gut als Basis für eigene Testschnitte nutzen.

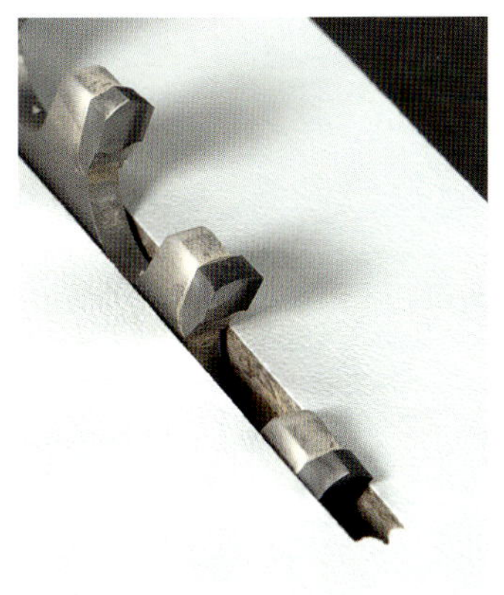

Links ein sauberer scharfkantiger Schnitt mit einem moderaten langsamen Vorschub. Rechts die gefürchteten „Mäusezähnchen“ aufgrund eines zu schnellen Vorschubs.

Den optimalen allgemeingültigen Sägeblattüberstand gibt es nicht!

Die Plattendicke bestimmt maßgeblich den Sägeblattüberstand. Bei dünnen Platten sollte der Überstand geringer sein als bei dicken Platten (s. Tabelle). Auch der Sägeblattdurchmesser hat Einfluss auf den Überstand. Bei einem großen Sägeblatt kann der Überstand höher gewählt werden als bei einem Kleineren. Dafür sind kleinere Sägeblätter in aller Regel etwas laufruhiger und schwingungsärmer. Aufgrund der Vielzahl an Parameter sollten Sie daher den optimalen Sägeblattüberstand vorab mit ein paar Testschnitten ermitteln.

Plattendicke	Zahnüberstand
8 mm	5 mm
10 mm	5 mm
13 mm	5-10 mm
16 mm	10-15 mm
19 mm	15-20 mm
22 mm	15-20 mm
über 22 mm	ca. 15 mm

Sägeblatt: Dachhohlzahn Z 60, Ø 300 mm oder Z 72, Ø 350 mm
Drehzahl: 5000 U/min

Montage und Einstellung eines zweiteiligen Vorritzsägeblatts

Damit man beschichtete Holzwerkstoffe auch auf der Unterseite absolut ausrissfrei zuschneiden kann, nutzt man ein Vorritzsägeblatt. Dieses kleine Sägeblatt arbeitet im Gleichlauf und schneidet bzw. ritzt die Beschichtung auf der Plattenunterseite nur ca. 1 bis 2 mm ein. Das dahinter liegende Hauptsägeblatt kann jetzt im Gegenlauf das komplette Material durchschneiden, ohne dass es auf der Unterseite zu Ausrissen kommt. Damit das auch einwandfrei funktioniert, müssen erstens Vorritzer und Hauptsägeblatt exakt in einer Flucht stehen und zweitens muss die Ritzbreite (Dicke) des Vorritzsägeblatts minimal breiter eingestellt sein als die Schnittfuge (Dicke) des Hauptsägeblatts. Mehr als 0,1 mm sollten es jedoch nicht sein, sonst entsteht ein deutlich sichtbarer Absatz zwischen Schnitt- und Ritzfuge (s. Bild 8 – Fuge 1). Ich persönlich stelle die Ritzfuge sogar nur 0,05 mm breiter ein, so dass links und rechts neben der Schnittfuge nur noch ein kleiner Hauch von jeweils 0,025 mm angeritzt wird. Allerdings braucht es dafür mehr Testschnitte, bis das Vorritzsägeblatt genau in einer Flucht zum Hauptsägeblatt eingestellt ist. Dieser Aufwand lohnt sich aber, da später beim Aufleimen der Umleimerkanten kein Spalt oder Absatz mehr erkennbar ist.

Vor dem Hauptsägeblatt befindet sich die Aufnahmewelle für das Vorritzsägeblatt. Um sehr große Sägeblätter (meist über 400 mm) einsetzen zu können, muss man bei vielen Maschinen den Vorritzer ausbauen. Damit die Welle danach vor Schmutz und Harz geschützt ist, wird in aller Regel vom Hersteller noch eine passende Schutzhülse mitgeliefert, die Sie unbedingt anbauen müssen. Ein übliches zweiteiliges Vorritzsägeblatt (kleines Bild oben Mitte) besteht aus zwei Sägeblatthälften (1) und mehreren Distanzscheiben (2). Mit den …

… Distanzscheiben (2) können Sie die Ritzbreite auf den Zehntelmillimeter genau einstellen. Das fertig eingestellte Sägeblatt stecken Sie anschließend mit nach links zeigenden Zähnen (entgegen der Laufrichtung des Hauptsägeblatts) zuerst auf den Motorflansch (3). Danach noch den Außenflansch (4) auf das Sägeblatt stecken. Diesen kompletten Vorritzer (kleines Bild rechts außen) können Sie jetzt auf die Welle stecken und mit U-Scheibe (5) und Sechskantmutter (6) festziehen.

Bequemes Lösen und Festziehen des Vorritzers

Vorritzer lösen: Den großen Maulschlüssel auf die Sechskantmutter stecken und den kleinen Ringschlüssel so auf die Vorritzwelle stecken, dass er leicht schräg nach links zeigt. Wenn Sie jetzt die Hand zu einer Faust schließen, bewegt sich der große Schlüssel nach links in Richtung der Zähne (So wie ich lauf – so geh ich auf).

Vorritzer festziehen: Das gleiche Spielchen wie vorhin, allerdings mit dem Unterschied, dass nun der kleine Ringschlüssel nach rechts und der große Maulschlüssel nach links in einem steilen „V“ zueinander stehen. Werden beide Schlüssel zusammen gedrückt, bewegt sich der große Schlüssel nach rechts und öffnet die Sechskantschraube.

Einstellung des Vorritzers auf das Hauptsägeblatt

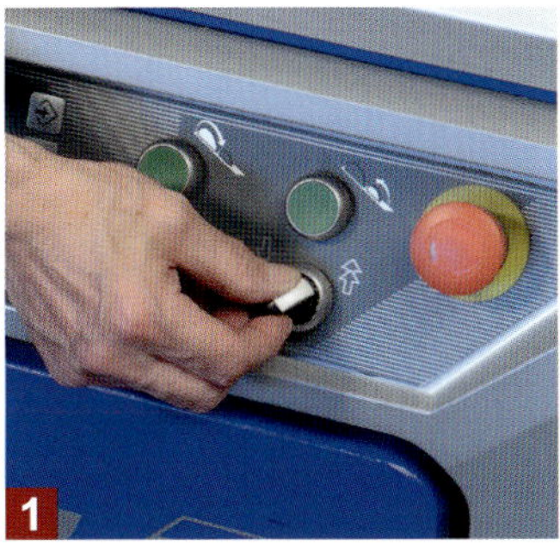

1. Höhe des Vorritzers einstellen: Bei einer elektrischen Höhenverstellung den Vorritzer zuerst in die höchste Position fahren (1). Anschließend den Vorritzer mit einem Steckschlüssel manuell auf Endhöhe einstellen (2). Die Zähne sollten etwa 1 bis maximal 2 mm vorstehen (3).

2. Vorritzer fluchtgenau zum Haupsägeblatt einstellen: Für eine grobe Voreinstellung nutzen Sie einfach eine schnurgerade ausgehobelte Leiste. Die legen Sie jeweils von beiden Seiten dicht an die Zähne des Haupsägeblatts.

Jetzt können Sie mit dem Steckschlüssel den Vorritzer seitlich nach links oder rechts verschieben, bis die Zahnseitenflächen des Vorritzers die Leistenkante berühren. Für die Feineinstellung sind jedoch noch Probeschnitte erforderlich.

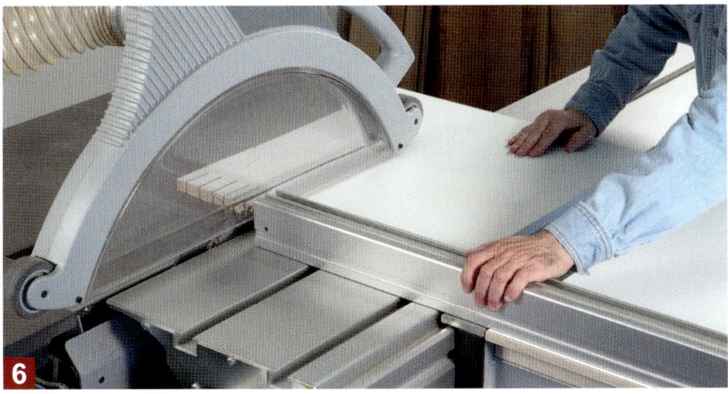

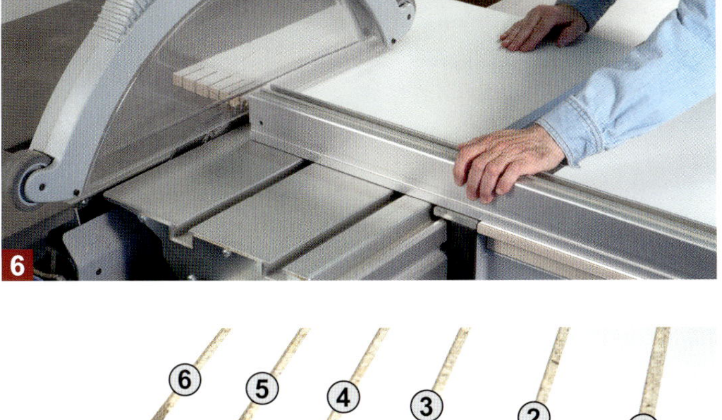

3. Feinjustierung des Vorritzers: In eine mindestens 500 x 500 mm große Dekorspanplatte sägen Sie nun einen Schlitz ein. Dabei die vordere Plattenkante nur bis zur Mitte des Hauptsägeblatts vorschieben und danach wieder zurückziehen (6). Der Zahnüberstand des Hauptsägeblattes zur Plattenoberfläche kann hier problemlos 30 mm betragen.

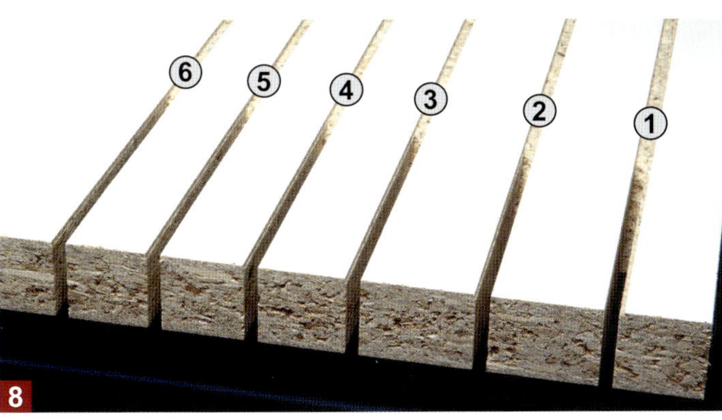

Auf diese Weise erhalten Sie auf der Unterseite eine Ritzfuge vom Vorritzer und eine durchgehende Schnittfuge vom Hauptsägeblatt. Beide Fugen lassen sich jetzt sehr gut auf Fluchtgenauigkeit überprüfen. Ragt die Ritzfuge beispielsweise einseitig in den Haupschnitt hinein (s. Schnittfuge 1), verschieben Sie den Vorritzer mittels Steckschlüssel ein klein wenig zur Seite in die gegenüberliegende Richtung. Nach jeder Verstellung müssen Sie das Ergebnis mit einem weiteren Einschnitt überprüfen, bis der Vorritzer gleichmäßig an beiden Seiten des Haupschnitts einen „kleinen Hauch" (je maximal 0,05 mm) wegnimmt. Wenn Sie das wirklich absolut perfekt einstellen möchten, sind auch entsprechend viele Probeschnitte nötig (s. Bild 7 und 8). Also bleiben Sie geduldig – es lohnt sich!

Montage und Einstellung eines konischen Vorritzsägeblatts

Hier handelt es sich um ein einteiliges Sägeblatt mit konisch geformten Zähnen, die sich nach oben hin verjüngen (s. Bild rechts außen). Je höher dieser konische Zahn aus dem Sägetisch vorsteht, um so breiter wird auch die Ritzfuge. Prima, werden Sie jetzt sagen, kein Gefummel mehr mit Distanzscheiben und zusammengesetzten Sägeblättern. Doch Vorsicht: Der vermeintliche Vorteil wird ganz schnell zum Nachteil, wenn die Platten nicht hunderprozentig eben auf dem Sägetisch aufliegen. Und da das selten der Fall ist, macht ein solcher Vorritzer nur dann Sinn, wenn Sie auch den Oberschutz samt Einlaufrollen als Druckschuh einsetzen können. Aufgrund der konischen Zähne gestaltet sich auch die fluchtgenaue Einstellung zum Haupsägeblatt recht aufwendig. Meistens muss man nach einer Höhenveränderung den Vorritzer auch seitlich ein wenig nachjustieren.

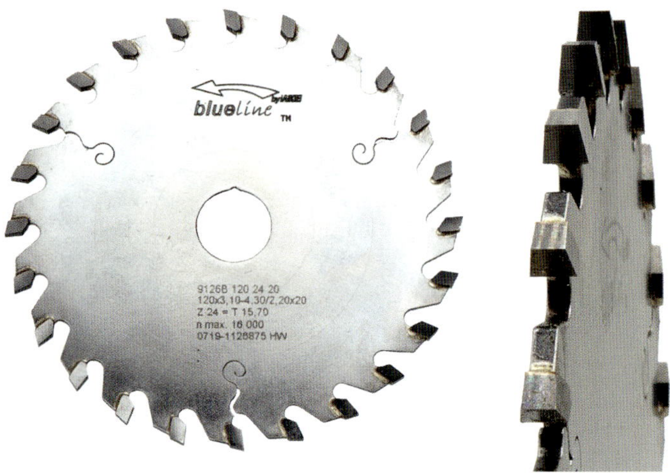

1 Das Vorritzblatt in der korrekten Laufrichtung zuerst auf den Motorflansch (1) stecken und anschließend den Außenflansch (2) auflegen. Das komplette …

2 … „Paket“ (kleines Bild oben) stecken Sie jetzt mit nach links zeigenden Zähnen auf die Welle und sichern es mit U-Scheibe und Sechskantmutter (3).

3 Lassen Sie die Vorritzzähne etwa 2 mm aus dem Sägetisch vorstehen. Mithilfe einer schnurgeraden Leiste stellen Sie auch hier wieder das Vorritzsägeblatt fluchtgenau zum Hauptsägeblatt ein. Durch die konische Zahnform gestaltet sich das diesmal etwas schwieriger, aber als grobe Voreinstellung reicht das erst mal völlig aus.

4 Für die Feineinstellung müssen Sie auch hier wieder mehrere Testschnitte in eine Dekorspanplatte vornehmen. Dabei zuerst die Flucht zum Hauptsägeblatt einstellen. Erst danach über die Höhe des Vorritzers die Breite der Ritzfuge einstellen. Nach jeder Verstellung ist auch wieder ein Probeschnitt fällig (s. Bild 5).

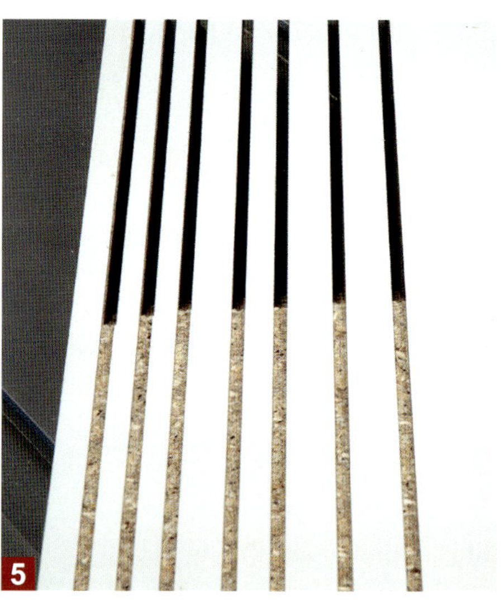

5

Haben Sie die beste Einstellung gefunden, sollten Sie die Testplatte einmal komplett durchsägen. Drehen Sie anschließend die Platte um, so dass die Unterseite nach oben zeigt. Wenn Sie jetzt ein exakt rechtwinklig zugeschnittenes oder gehobeltes Massivholzstück dicht an die Schnittkante stoßen, sollte zwischen Beschichtung und Massivholzkante nur ein ganz winziger Spalt sichtbar sein. Je größer dieser Spalt ist, um so mehr wird er nach dem Aufleimen der Kante sichtbar bleiben. Wunder sollten Sie jedoch von einem konischen Vorritzer nicht erwarten. Denn bereits eine minimal gebogene Plattenfläche ergibt hier natürlich auch unterschiedliche Spaltmaße.

Daher mein Tipp: Wenn möglich, immer einen zweiteiligen Vorritzer einsetzen, auch wenn er etwas teurer ist!

Diamantbestückte Sägeblätter

Seit einigen Jahren bieten verschiedene Hersteller auch Sägeblätter mit Diamantzähnen an. Die mit polykristallinem Diamant (DP bzw. PKD) bestückten Zähne besitzen eine bis zu 15-fach höhere Standzeit als herkömmliche Hartmetallzähne. Aber das Beste: Diese Sägeblätter sind bis zu 75% leiser als ein vergleichbares HW-"Kreisch"-Sägeblatt. Mit einer Schnittfugenbreite von lediglich 2 bis 2,6 mm sind SuperSilent-Diamantsägeblätter zudem etwa 30% dünner als HW-Sägeblätter. Vor allem beim Zuschnitt wertvoller Hölzer kann man hier deutlich Material und Kosten einsparen. Ein weiterer Vorteil eines dünnen Sägeblatts ist der geringe Schnittdruck. „Sie sägen wie durch Butter!“ Dieses Werbeversprechen der Fa. AKE kann ich aufgrund eigener Tests mit dem rechts abgebildeten Diamantsägeblatt SuperSilent3 tatsächlich bestätigen. Und wenn man kaum Schnittdruck spürt, arbeitet man automatisch mit weniger Vorschubkraft, was dann schlussendlich auch das Verletzungsrisiko drastisch reduziert.

Die Standzeit der SuperSilent-Sägeblätter reicht bis zu 5000 Meter. Damit könnten Sie beispielsweise über 800 (!) Seitenwände mit einem Maß von 250 x 60 cm ringsum ausrissfrei zuschneiden. Das etwas robustere SuperSilent3 kann sogar bis zu zweimal nachgeschärft werden (Kosten je nach Blattdurchmesser etwa 100 bis 160 Euro) und erreicht danach nochmals eine Schnittleistung von jeweils sagenhaften 4000 Metern. Aufgrund der längeren Standzeit werden Sie ein solches Sägeblatt jedoch häufiger selbst reinigen müssen. Dazu bietet der Hersteller ein spezielles Reinigungsmittel an, mit dem Sie Staub- und Harzbeläge einfach entfernen und die Schnittqualität wieder deutlich verbessern können. Zum Schutz der Schneiden sollten Sie die Sägeblätter immer im Originalkarton aufbewahren.

Das SuperSilent3-Diamantsägeblatt (Fa. AKE) ist Balsam für die Ohren! Die ungewöhnliche T-förmige Zahngeometrie mit flacher Dachspitze sorgt für saubere und scharfkantige, ja fast gehobelte Schnittflächen und eine optimale Späneabfuhr in den vom Hersteller patentierten ChipBelt, einem dünneren umlaufenden Randbereich unterhalb der Zähne. Dabei werden 90 % aller Späne (eher feine Brösel) abgeführt. Das reduziert die Reibung, verhindert ein Aufheizen und sorgt so für einen stabilen Planlauf. Da Sie mit diesem Sägeblatt nahezu rückschlagfrei arbeiten, verringert sich auch die Unfallgefahr beim Sägen.

Auch hier gilt: Niemals ohne den passenden Spaltkeil arbeiten

Diamantsägeblätter sind dünner und deshalb braucht man dazu auch zwingend einen passenden Spaltkeil. Auch hier gilt wieder die Regel, dass der Spaltkeil dicker als der Blattkörper und dünner als die Schnittbreite sein muss. Außerdem muss er auch zum Sägeblattdurchmesser passen. Am einfachsten ist es, wenn Sie bei der Bestellung eines Diamantsägeblatts auch den dazu passenden Spaltkeil für Ihren Maschinentyp gleich mitbestellen. Da der Spaltkeil und das DP-Sägeblatt dünner als herkömmliche HW-Sägeblätter sind, kann es unter Umständen vorkommen, dass der Spaltkeil nicht mittig zum Sägeblatt fluchtet. Dadurch kommt es zum Klemmen des Spaltkeils an der Schnittkante. Abhilfe schafft man hier, indem man den Spaltkeil einfach mit einer rostfreien Metallfolie unterlegt. **Noch ein sehr wichtiger Hinweis:** Beim Einbau dieser dünnen Sägeblätter müssen Sie die Flächen des Sägeblatts und der Spannflansche ganz besonders sorgfältig reinigen, damit ein optimaler schwingungsfreier Planlauf gewährleistet ist (kleines Bild).

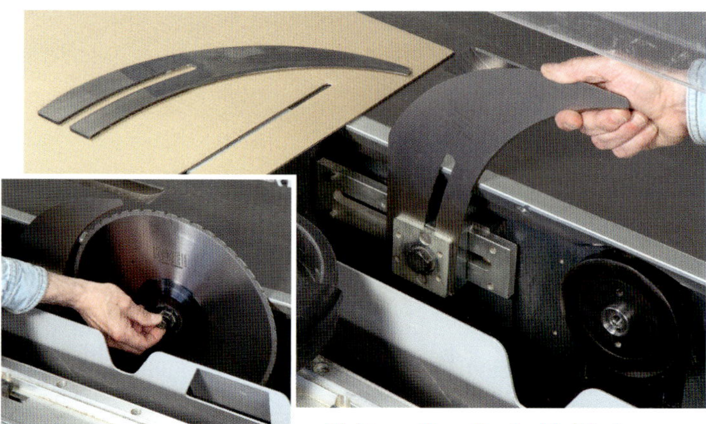

Nicht wundern: Der Spaltkeil ist bewusst etwas breiter als ein Standardspaltkeil (oben links). Das ergibt eine zusätzliche Stabilität beim Sägen, wodurch ein Verklemmen des Werkstücks vermieden wird. Er lässt sich problemlos in der bestehenden Spaltkeilhalterung der Formatsäge befestigen.

Eine beeindruckende Schnittqualität

Das Wichtigste bei einem Sägeblatt ist natürlich seine Schnittqualität und da kann das SuperSilent3 wirklich beeindrucken (s. Testschnitt-Bilder). Allerdings nützt auch das beste Sägeblatt herzlich wenig, wenn die Formatsäge nicht über die notwendige Laufruhe sowie Plan- und Rundlaufgenauigkeit verfügt. Vor allem das etwas dünnere SuperSilent2-Sägeblatt stellt hier höhere Anforderungen an die Maschinenqualität als das SuperSilent3. Das dünnere Sägeblatt reagiert auch sensibler auf Querkräfte und verlangt vom Anwender, dass er das Werkstück immer exakt parallel am Sägeblatt entlang schiebt. Wenn es nicht zwingend auf die bestmögliche Hobelschnittqualität ankommt, dann sollten Sie eher zu dem dickeren und robusteren SuperSilent3-Sägeblatt greifen. Bei diesem Sägeblatt kann man getrost von einem Universalblatt sprechen. Präzise ausrissarme Zuschnitte in Holzwerkstoffe (Spanplatte, MDF, Sperrholz, Multiplex etc.), egal ob mit oder ohne Beschichtung bzw. Furnier und auch saubere Längs- und Querschnitte in Massivholz gelingen auf Anhieb. Lediglich für das Besäumen und den Zuschnitt von sägerauen, krummen oder feuchten Brettern und Bohlen ist das Sägeblatt nicht geeignet. Hier muss man mit Spannungen im Holz rechnen, bei denen starke Querkräfte auf das Sägeblatt wirken, die es im schlimmsten Fall unbrauchbar machen. Auch der Zuschnitt von NE-Metallen und Stahl ist nicht möglich. Trotzdem ist der Einsatzbereich des SuperSilent3 immer noch riesengroß,

Ein gehobeltes Fichten-Kantholz (90 x 90 mm) zeigt beim Ablängen nur minimale Ausrisse an der Rück- und Unterseite (Bild links). Mit einem geringen Vorschub ist sogar ein Nachschnitt von lediglich einem Millimeter möglich (Bild rechts), ohne ein Verlaufen der Schnittkante oder ein Aufschwingen des Sägeblatts zu beobachten.

Auch beim Buchenkantholz ist die Schnittfläche sauber und glatt. Lediglich an der Unterseite sind minimale und an der Rückseite etwas stärkere Faserausrisse zu sehen. Die lassen sich durch einen langsameren Vorschub noch verringern.

so dass man zukünftig nur noch sehr selten das Sägeblatt wechseln muss. Zusammen mit der langen Standzeit und Lebensdauer spart man so auf Dauer Kosten und hat den etwa dreimal so hohen Anschaffungspreis (im Vergleich zu HW-Sägeblättern) sehr schnell wieder raus.

Saubere und präzise Schnittergebnisse hängen aber nicht nur von einer gut justierten Formatsäge ab. Genauso wichtig sind die richtige Vorschubgeschwindigkeit und die optimale Drehzahl bzw. Schnittgschwindigkeit. Die ist beim Hersteller AKE immer mit der auf dem Blatt vermerkten maximal zulässigen Drehzahl identisch. Je näher Sie an diesen Wert herankommen, um so geringer ist der Schnittdruck, was dann auch eine geringere Belastung von Zähnen und Sägeblatt bedeutet. Den Schnittdruck können Sie aber auch reduzieren, indem Sie das Werkstück langsam durchs Sägeblatt schieben. Diese Geduld zahlt sich bei den dünnen Diamantsägeblättern ganz besonders aus. Denn bei einem zu hohen Schnittdruck neigen dünne Sägeblätter schnell zum Aufschwingen. Dabei ergibt sich ein unrunder Lauf, der auf der Schnittfläche und Kante wellige Sägeriefen und stärkere Faserausrisse hinterlässt. Wie so oft kann ich Ihnen auch hier folgenden Tipp geben: Üben Sie sich ein klein wenig in Geduld, denn wie heißt es so schön: „In der Ruhe liegt die Kraft!“

Nimmt man zu viele Zähne, entstehen Brandspuren, nimmt man zu wenige, Ausrisse auf der Unterseite. Dem SuperSilent3 ist das egal, es hinterlässt auch in hartem Buchenleimholz immer tadellose Schnittkanten.

Auch mit dem Zuschnitt von Multiplexplatten wird das SuperSilent3 spielend fertig. Die Schnittkante ist glatt und riefenfrei und auch die Unterseite zeigt keine nennenswerten Ausrisse.

Einen 30°-Schrägschnitt in ein 80 x 80 mm Buchen-Kantholz meistert das SuperSilent3 mit Bravour. Die Schnittfläche ist völlig frei von Riefen und spiegelglatt. Ausrisse auf der Unter- und Rückseite des Kantholzes sind kaum erkennbar.

Beim Längsschnitt durch eine Kiefer-Leimholzplatte ergibt sich eine derart saubere Schnittfläche, dass man glauben könnte sie sei gehobelt. Selbst schmalste Leisten lassen sich so maßhaltig und sauber zuschneiden.

Auch beim Zuschnitt von hochwertig furnierten Spanplatten ist die Unterseite (im Bild zu sehen) nahezu ausrissfrei und sehr sauber. Sie können also in den meisten Fällen auf den Einsatz eines Vorritzers problemlos verzichten.

Das passende Vorritzsägeblatt

Passend zum Diamant-Hauptsägeblatt können Sie auch ein Vorritzsägeblatt mit leicht konisch geformten Diamantzähnen in Wechselzahngeometrie kaufen. Die Montage und Einstellung unterscheidet sich nicht von herkömmlichen konischen Vorritzern (s. Bilder unten und Infos auf Seite 60). Auch wenn die Standzeit und Schnittleistung des Diamant-Vorritzers wirklich überragend sind, lohnt sich die Anschaffung nur für einen Profi der sehr viele Dekorspanplatten beidseitig absolut ausrissfrei zuschneiden muss. Für den gelegentlichen Einsatz beim Hobby-Holzwerker wird der Kaufpreis mit etwa 240 Euro wahrscheinlich zu hoch und kaum zu rechtfertigen sein. Der sollte eher auf eine gute Qualität der Dekorspanplatte achten und mit einem langsamen Vorschub arbeiten, dann kann man in vielen Fällen auf den Einsatz eines Vorritzers verzichten.

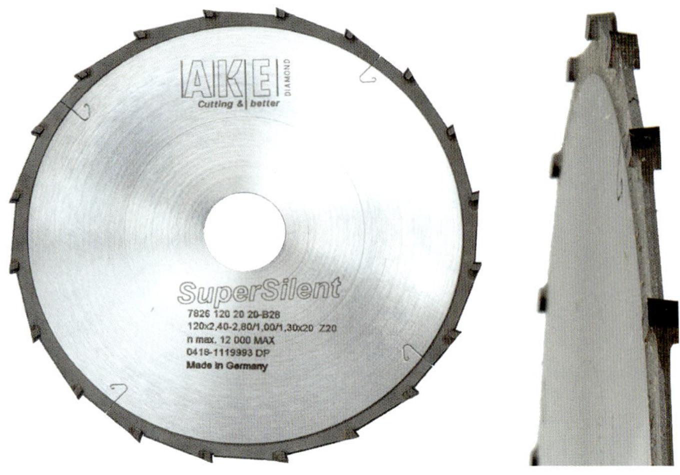

Achten Sie darauf, dass die Spannflansche dicht am Blattkörper anliegen, sonst wird der Vorritzer nicht sicher eingeklemmt und festgespannt.

Den Vorritzer zunächst wieder grob mit einer geraden Leiste voreinstellen und anschließend mit ein paar Probeschnitten feinjustieren.

Ist der Vorritzer korrekt zum Hauptsägeblatt eingestellt, ist auch die Plattenrückseite völlig frei von irgendwelchen Ausrissen – einfach traumhaft!

Das robuste Diamantsägeblatt für viele Zuschnittaufgaben

Viele Holzwerkstoffe wie Spanplatten, Sperrhölzer, MDF- oder Muliplexplatten lassen herkömmliche HW-Sägeblätter bereits relativ früh abstumpfen. Noch stärker werden die Hartmetallzähne von Laminat, HPL-Platten (z. B. Trespa®), Siebdruckplatten, Mineralwerkstoffen (z. B. Corian®), glasfaserverstärkten Kunststoffen oder Zementfaserplatten belastet. Häufige Sägeblattwechsel und hohe Schärfkosten sind die Folge. Abhilfe schaffen auch hier wieder Sägeblätter mit einem hochwertigen Industrie-Diamantschneidstoff. Bis auf Eisen, Glas oder Stein können Sie mit dem rechts abgebildeten Diamantsägeblatt alle oben genannten Materialien und zusätzlich natürlich auch alle

Weich- und Harthölzer zuschneiden. Das Sägeblatt ist spandickenbegrenzt und besitzt eine optimierte Flachzahn-Geometrie mit einem negativen Spanwinkel von minus 5°. Wenn es nur um grobe Zuschnittarbeiten geht, reicht die Ausführung mit wenigen Zähnen (Z 6-12). Doch ab 20 Zähnen (möglich sind bis zu 36 Zähnen) erzielen Sie deutlich bessere Schnittergebnisse, die auch für den Fertigschnitt von vielen Holzwerkstoffen bereits völlig ausreichen können. Aufgrund der dünnen Schnittfuge von nur 2,4 mm ist natürlich auch die Staubentwicklung geringer. Bei einem Anschaffungspreis von etwa 300 Euro (zzgl. passendem Spaltkeil!) für ein 300 mm Blatt mit 20 Zähnen muss man wahrscheinlich erst mal schlucken. Trotzdem lohnt sich ein solches Blatt fast immer. Denn aufgrund der etwa 15-fachen Standzeit ergeben sich deutlich geringere Kosten pro Schnitt als bei herkömmlichen Hartmetall-Sägeblättern.

Auch für dieses Sägeblatt (Ø 300 mm) mit nur 2,4 mm Schnittfugenbreite und 1,6 mm Stammblattdicke benötigen Sie einen dünneren Spaltkeil. Die Fa. AKE bietet hierzu passende 1,9 mm dicke Spaltkeile für nahezu alle Formatsägenmodelle und Hersteller an. Wenn Sie sich unsicher sind, können Sie sich auch direkt an AKE wenden.

Die Schnittkantenqualität der Hartgewebeplatte (unten) ähnelt der eines HW-Sägeblatts. Bei der Acrylglasplatte (oben) erzielt man mit einem Diamantblatt jedoch deutlich bessere Schnittflächen.

Das Diamantsägeblatt eignet sich auch perfekt für den Zuschnitt von Mineralwerkstoffen (z. B. Corian®). Hier ist vor allem die lange Standzeit und die dünne Schnittfuge ein großer Vorteil.

Sägeblätter pflegen, reinigen und schärfen (lassen!)

Bevor Sie ein Sägeblatt – egal ob neu oder bereits gebraucht – auf Ihre Formatsäge spannen, sollten Sie es kurz auf defekte, ausgebrochene Zähne und Risse hin untersuchen. Das geht am einfachsten mit einer „Klangprobe" (s. Bild 1 rechts). Ein dumpfer lang anhaltener Ton signalisiert, dass alles in Ordnung ist und spricht für eine geringe Vibration. Klingt es hell wie eine Glocke, hat das Sägeblatt eine starke Eigenschwingung und somit mehr Vibration. Klingt es nur kurz und scheppernd, deutet das auf Risse im Sägeblatt hin. Solche Sägeblätter dürfen Sie nicht mehr weiter verwenden und sollten Sie sofort entsorgen.

Um einen ruhigen Lauf zu garantieren und ein Aufschwingen bzw. Flattern zu verhindern, wird der Blattkörper eines Sägeblatts bei der Herstellung mit einem Walzring vorgespannt. Wenn nun ein Holz- oder Abfallstück den Blattkörper beim Sägen einklemmt, wird er heiß, verliert einen Teil dieser Vorspannung und kann sich durch die Hitzeeinwirkung verformen. Auch ein solches Sägeblatt gleich aussortieren, weil der Freischnitt nicht mehr ausreicht und der Blattkörper an der Schnittfläche reibt.

Und so geht die Klangprobe: Stecken Sie das Sägeblatt mit der Aufnahmebohrung auf den Zeigefinger und schlagen Sie mit den Fingerknöcheln kurz gegen die Sägeblattfläche. Ein lange ausklingender Ton ist perfekt. Kurze, scheppernde Töne deuten jedoch auf einen Defekt hin.

Auch beim besten und teuersten Sägeblatt sind früher oder später die Zähne und Spanräume mit Harz und Sägemehl verklebt. Dabei verschlechtern sich drastisch die Späneabfuhr und der Schnittwinkel. Das Sägeblatt entwickelt eine deutlich höhere Reibungshitze. Das hat dann meistens zur Folge, dass die Schneiden durch Überhitzung schneller abstumpfen. Wir als Anwender merken das vor allem daran, dass wir mehr Vorschubkraft benötigen und die Schnittqualität deutlich nachlässt (Faserausrisse, Brandspuren etc.). Dann wird es höchste Zeit, das Sägeblatt und seine Zähne einmal genauer unter die Lupe zu nehmen. Geschieht das frühzeitig, reicht es oft schon aus, Zähne und Spanräume sorgfältig mit einem Harzlöser (z. B. Tool & Bit Cleaner der Fa. Trend) von Staub und Harz zu befreien (s. Infos Bild 2).

Bringt die Reinigung des Sägeblatts jedoch keine Verbesserung, hilft nur noch ein professioneller Schärfdienst. Versuchen Sie auf gar keinen Fall ein HW-Sägeblatt selbst zu schärfen. Denn die notwendige Präzison erreicht man nur auf hochmodernen CNC-Schärfmaschinen mit Diamantschleifmitteln. Nur damit erzielt man später wieder eine Schnittqualität, die in etwa einem neuen Sägeblatt entspricht. Einen guten Schärfdienst erkennen Sie daher nicht nur an seiner langjährigen Erfahrung, sondern vor allem auch an seinem hochwertigen Maschinenpark.

Ein normales HW bestücktes Sägeblatt lässt sich, je nach intensivem Gebrauch und Anwendung, etwa zehnmal nachschärfen. Dabei werden die Sägeblätter bei normalem Verschleiß an der Zahnbrust bzw. Spanfläche und an der Freifläche am Zahnrücken nachgeschliffen. Wenn Sie ein Hohlzahnsägeblatt nachschärfen lassen, sollten Sie sich vorab erkundigen, ob der Schärfdienst auch in der Lage ist, den konkaven Radius in der Spanfläche korrekt nachzuschleifen. Denn nur wenn sowohl der Zahnrücken als auch die hohle Zahnbrust nachgeschärft wurden, erreicht ein Hohlzahnsägeblatt wieder annährend die Schnittqualität eines neuen Sägeblatts.

Obwohl ein Schärfdienst immer nur so viel wie nötig abschleift, werden mit jedem Nachschärfen logischerweise auch die Hartmetallzähne immer kleiner. Dabei verringert sich leider auch immer mehr die Standzeit des Sägeblatts. Konkret bedeutet das: Ein neues Sägeblatt kann beispielsweise deutlich länger saubere und ausrissfreie Schnittkanten produzieren als ein Sägeblatt, dass bereits mehrmals nachgeschärft wurde. Deshalb ist es wichtig, dass Sie auch immer wieder die Schärfkosten im Blick behalten und sie in Relation zum Neupreis eines Sägeblatts setzen. Die Schärfkosten richten sich erstens nach der Anzahl an Zähnen und zweitens nach der Zahnform. Grob kann man sagen: Je mehr Zähne und je komplexer die Zahnform, um so höher die Schärfkosten. Und die können problemlos bis zu 40 Euro betragen! Hier mal zwei typische Beispiele: Ein Sägeblatt mit 54 Wechselzähnen wird bei etwa 22 Euro liegen und eines mit 60 Dach-Hohlzähnen wird bereits mit mindestens 30 Euro zu Buche schlagen. Wenn Sie also merken, dass die Standzeit eines Sägeblatts mit jedem Nachschärfen immer weiter abnimmt, sollten Sie es besser entsorgen und ein Neues kaufen.

2 Sprühen Sie den Harzlöser direkt aus der Flasche auf die Sägezähne. Er schäumt dabei etwas auf. Kurz einwirken lassen (ca. 30 Sekunden). Anschließend den Harzlöser mit einem harten Borstenpinsel auf den Zähnen und vor allem in den Spanräumen großflächig verteilen. Nach einer weiteren Einwirkzeit von etwa 5-10 Minuten lassen sich Staub und Harz ganz einfach mit einem Lappen abwischen. Bei der Reinigung Handschuhe tragen!

3 Bei vielen neuen Formatsägen kann man die Sägeblätter gut geschützt und übersichtlich in solchen Aufbewahrungstaschen einstecken. Zum Schutz der HW-Schneiden reicht aber auch die Aufbewahrung im Originalkarton völlig aus. Der ist spätestens für den Transport zum Schärfdienst sowieso notwendig und sinnvoll. Auf gar keinen Fall die Sägeblatter ohne Schutzschicht einfach hintereinander auf einen Dorn aufhängen!

Alle Sicherheitstipps zum Umgang mit Kreissägeblättern auf einen Blick

1. Vor dem Sägeblattwechsel den Hauptschalter ausschalten oder Not-Aus-Schalter betätigen und zum Schutz vor den scharfen Schneiden am besten noch Handschuhe tragen.
2. Nur einteilige (CV) oder zusammengesetzte (HW) Kreissägeblätter einsetzen. Sägeblätter aus HSS-Stahl (hochlegiertem Schnellarbeitsstahl) dürfen nicht verwendet werden.
3. Sägeblätter zum Schutz der Hartmetallschneiden am besten in der Herstellerverpackung (Karton) aufbewahren und nicht direkt auf dem Maschinentisch, sondern auf einer weichen Unterlage ablegen.
4. Nur Sägeblätter mit der passenden Aufnahmebohrung und nötigen Nebenlöchern einsetzen. Der Einsatz loser Zwischen- und Reduzierringe ist nicht zulässig!
5. Nur Sägeblattdurchmesser aufspannen, die vom Hersteller auch für die Maschine zugelassen sind.
6. Nur rissfreie Sägeblätter benutzen und mit der Klangprobe testen. Bei einem kurzen, scheppernden Ton das Sägeblatt sofort entsorgen. Auch Sägeblätter mit ausgebrochenen Zähnen nicht mehr verwenden!
7. Nur scharfe Sägeblätter einsetzen. Das reduziert die Rückschlaggefahr und verringert die Vorschubkraft. Daher Sägeblätter immer regelmäßig und frühzeitig von einem professionellen Schärfdienst instandhalten und schärfen lassen.
8. Sägeblätter, deren Zähne dünner und/oder kürzer als 1 mm sind, dürfen nicht mehr verwendet werden.
9. Sägeblatt passend zum Werkstoff und Arbeitsgang auswählen (z. B. Längs- oder Querschnitte in Massivholz, Plattenwerkstoffe, Kunststoffe oder NE-Metalle).
10. Sägeblatt in der korrekten Laufrichtung aufspannen. Laufrichtungspfeil auf dem Sägeblatt beachten.
11. Sägeblatt ausschließlich mit den vorgesehenen Spannflanschen sowie Muttern bzw. Schrauben auf der Sägewelle sichern. Dazu die vom Hersteller empfohlenen Schlüssel und Werkzeuge einsetzen und nicht durch zusätzliche Hilfsmittel verlängern.
12. Nach jedem Sägeblattwechsel den Abstand zwischen Spaltkeil und Sägeblatt bzw. Zähne neu einstellen. Der Abstand darf maximal 8 mm betragen.
13. Für verdeckte Schnitte muss die Spaltkeilspitze 2 mm tiefer eingestellt werden als der Zahnkranz (höchster Zahn) des Sägeblatts.
14. Vor dem Einschalten den Freilauf des Sägeblatts kontrollieren. Die Zähne dürfen nirgends anschlagen.
15. Drehzahl auf den Sägeblattdurchmesser und den zu schneidenden Werkstoff abstimmen. Mit einem kurzen Probelauf eine Unwucht des Sägeblatts ausschließen.
16. Niemals die auf dem Sägeblatt angegebene Höchstdrehzahl (n-max.) überschreiten. Das kann zu einem Materialbruch der Zähne oder einem übermäßigen Flattern (Unwucht) des Sägeblatts führen.
17. Wanknuteinrichtung (Wanknutsägeblätter) nicht verwenden. Sie belasten durch das seitliche Hin- und Herwanken die Antriebswelle, was auf Dauer die Maschine beschädigen kann. Die meist miserable Schnittqualität und das erhöhte Unfallrisiko rechtfertigen den Einsatz in keinster Weise!
18. Falls der Hersteller den Einsatz von Fräswerkzeugen erlaubt, die Größenbeschränkungen zur Maschine beachten und nur für Handvorschub (MAN) zugelassene Fräswerkzeuge einsetzen.

Kapitel 4

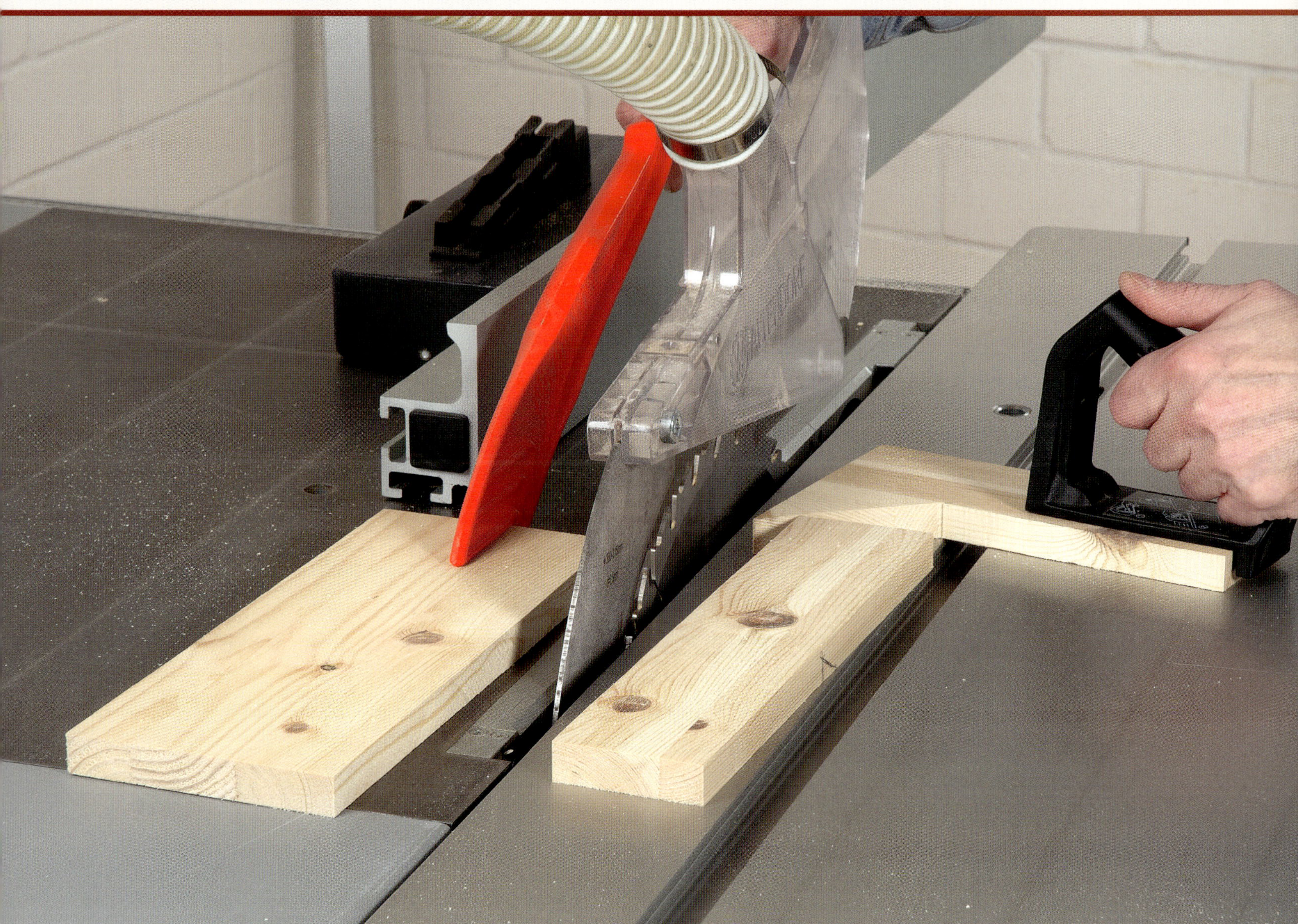

Sicherheitseinrichtungen, Arbeitshilfen, Arbeitsregeln

Sicherheitseinrichtungen, Arbeitshilfen und Arbeitsregeln

Wie ich schon ganz zu Anfang des Buches geschrieben habe, ist die Formatsäge leider der unangefochtene Spitzenreiter, wenn es um die Anzahl von Maschinenunfällen mit Stationärmaschinen geht. Das liegt natürlich auch daran, dass sie die mit Abstand am häufigsten genutzte Maschine in der Holzwerkstatt ist. Und gerade deshalb glauben vor allem erfahrene Anwender, dass sie die Maschine und alle möglichen Gefahren selbstverständlich jederzeit im Griff haben. Genau diese trügerische Sicherheit führt dann leider sehr oft zu schweren Unfällen. Da werden dann schnell mal Sicherheitseinrichtungen ab- aber später nicht mehr angebaut. Und weil der Schiebestock gerade nicht griffbereit an seinem Platz ist, wird das schmale Brett oder die Leiste mal eben mit den Händen am Parallelanschlag vorbeigeführt.

Vielleicht kennen Sie das ja auch: Je mehr Erfahrung man mit einer Maschine hat, um so leichtsinniger wird man. Beim Profi bzw. gewerblichen Anwender kommt dann noch der permanente Zeitdruck dazu. Und genau diese gefährliche Mischung aus Zeitdruck und Leichtsinn ist leider fast immer der Grund, wenn es zu einem schweren Maschinenunfall kommt. Das ist wirklich sehr schade, denn bei einer konsequenten Nutzung aller zur Verfügung stehenden Schutz- und Sicherheitseinrichtungen dürfte heutzutage eigentlich kein einziger schwerer Maschinenunfall mehr passieren. In diesem Kapitel stelle ich Ihnen daher nicht nur alle wichtigen Schutz- und Sicherheitseinrichtungen, Führungshilfen und Arbeitsregeln ausführlich vor, sondern ich möchte Sie vielmehr davon überzeugen, diese auch konsequent und richtig einzusetzen. Natürlich steht dabei immer der Sicherheitsaspekt im Vordergrund, aber Sie werden auch sehr schnell feststellen, dass sich – bei einer korrekten Anwendung – auch die Schnittpräzision der Werkstücke erheblich verbessert.

Spanhaube und Spaltkeil

Spanhaube und Spaltkeil sind die mit Abstand wichtigsten Schutzvorrichtungen auf einer Formatsäge. Jede Formatsäge, egal ob neu oder alt, muss zwingend mit diesen beiden Bauteilen ausgerüstet sein. Die Spanhaube verdeckt das vorstehende Sägeblatt von oben. So wird ein versehentliches Hineingreifen ins Sägeblatt schon mal deutlich schwieriger. Wird die Spanhaube zusätzlich noch bis kurz vor die Werkstückoberfläche abgesenkt, läuft man auch nicht Gefahr die Hände zu nahe ans Sägeblatt heranzuführen. Außerdem verhindert eine Spanhaube auch wirkungsvoll, dass Werkstücke oder Abfälle in die Richtung des Anwenders zurück geschleudert werden. Und da die Spanhaube immer an einer leistungsfähigen Absauganlage angeschlossen ist, können auch Staub und Späne das Arbeiten nicht behindern.

Auch der Spaltkeil direkt hinter dem Sägeblatt sorgt dafür, dass keine Werkstücke oder Abschnitte von den aufsteigenden Zähnen erfasst und zurück geschleudert werden. Dazu hält er permanent die Schnittfuge hinter dem Sägeblatt offen. Das ist vor allem (aber nicht nur!) beim Zuschnitt von Massivholz sehr wichtig. Denn ohne den Spaltkeil, könnte sich die Schnittfuge aufgrund von Spannungen im Holz hinter dem Sägeblatt zusammenziehen. Das kann dann zu extrem gefährlichen Rückschlägen führen, die man unmöglich mit den Händen kontrollieren kann. Spaltkeil und Schutzhaube arbeiten also Hand in Hand für Ihre Sicherheit beim Sägen. Und wenn Sie beides immer konsequent und richtig einsetzen, können Sie die Unfallgefahr auf einer Formatsäge schon mal drastisch reduzieren.

Spanhaube und Spaltkeil sind für die Sicherheit beim Sägen unerlässlich. Beides darf nur in ganz wenigen Ausnahmefällen entfernt werden wie beispielsweise beim verdeckten Sägen (s. S. 114) oder beim Einsetzsägen (s. S. 130). Man kann es nicht oft genug wiederholen: Gewöhnen Sie sich unbedingt an, sofort nach Beendigung dieser Sägearbeiten sowohl Spanhaube als auch Spaltkeil wieder richtig zu montieren. Mit etwas Übung dauert so etwas weniger als 5 Minuten. Das ist selbst im stressigen Arbeitsalltag ein überschaubarer Zeit- und Kostenfaktor. Ein Aufenthalt in der Notaufnahme mit anschließender Reha-Maßnahme dauert garantiert länger und wird richtig teuer!

Vorschub- und Führungshilfen

Bei Schnittbreiten unter 120 mm müssen Sie eine Führungshilfe benutzen, um das Werkstück nach vorne zu schieben. Die wohl bekannteste Führungshilfe ist der Schiebestock (rechts im Bild). Er ist mindestens 400 mm lang und hat am unteren Ende eine Ausklinkung für das Werkstück. Aufgrund seiner Länge befindet sich die Hand immer weit genug aus dem Gefahrenbereich des Sägeblatts und die Ausklinkung hilft dabei das Werkstück sicher nach vorne zu schieben. Da der Schiebestock das Werkstück aber nur im hinteren Bereich fest auf den Sägetisch drückt, kann eine zusätzliche Andruckvorrichtung (s. Seite 84) noch eine sinnvolle Ergänzung sein. Damit lassen sich Sicherheit und Schnittergebnis nochmals deutlich verbessern.

Was nutzt aber der beste Schiebestock, wenn er bei Bedarf nicht sofort griffbereit ist? Deshalb ist es ganz wichtig, dass er sich auch immer an einer gut zugänglichen Stelle (z. B. am Parallelanschlag) befindet. Bei der Benutzung sollten Sie dann folgendes beachten: Lange Werkstücke zunächst ohne Schiebestock mit den Händen vorschieben. Erst etwa 120 mm vor der Spanhaube das Werkstück nur noch mithilfe des Schiebestocks bis hinter den Spaltkeil schieben. Bei kurzen Werkstücken wird der Schiebestock von Beginn an benutzt.

Früher zierte der Spruch „Ich bin ersetzbar – Deine Hand nicht!" viele Schiebestöcke (im Bild ganz unten) und es ist schade, dass dieser Ratschlag auf fast allen kommerziellen Schiebestöcken heute fehlt. Denn klarer kann man die lebenslangen Folgen eines Sägeunfalls eigentlich nicht beschreiben. Und da ein solcher Schiebestock in aller Regel auch gleich mit der Formatsäge geliefert wird (im Bild ganz oben), sollten Sie auch regelmäßig Gebrauch davon machen. Am besten stellen Sie sich gleich aus Resthölzern noch zwei bis drei Schiebestöcke selbst her. Als Muster benutzen Sie einfach den mitgelieferten Schiebestock. So haben Sie bei Beschädigung schnell einen Ersatz zur Hand.

1. Schiebestock und Seitenstoßholz

Eine tolle Ergänzung zum Schiebestock ist ein solches Seitenstoßholz. Die in der Schweiz und Österreich sehr populäre Führungshilfe sorgt dafür, dass sich bei schmalen Abschnitten von weniger als 120 mm links vom Sägeblatt auch die linke Hand immer weit genug aus dem Gefahrenbereich befindet. Wichtig ist aber, dass Sie mit dem Seitenstoßholz nur vor dem Sägeblatt seitlichen …

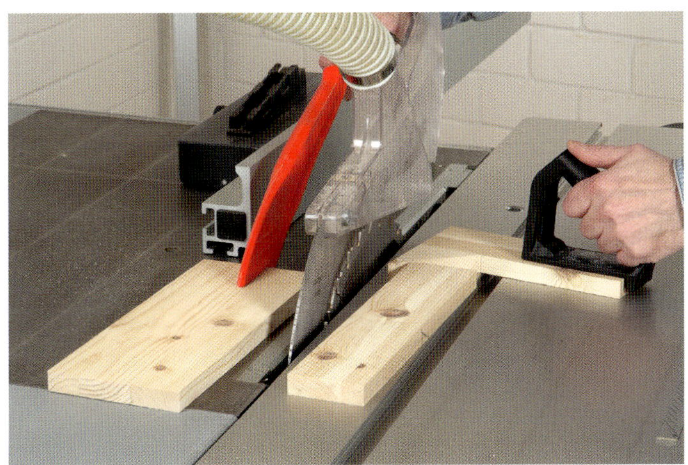

… Druck ausüben dürfen. Üben Sie niemals seitlichen Druck auf das Sägeblatt bzw. die Schnittfuge aus. Mit der keilförmigen Spitze des Seitenstoßholzes können Sie dann auch gleich den Abschnitt links vom Sägeblatt wegziehen. Auf diese Weise kommen beide Hände niemals in den Gefahrenbereich des Sägeblatts. Eine absolut sichere Angelegenheit!

2. Schiebeholz (Längsstoßholz)

Mindestens genau so wichtig wie der Schiebestock ist das eher unbekanntere Schiebeholz (in der Schweiz und Österreich auch Längsstoßholz genannt). Vor allem beim Zuschnitt von schmalen Werkstücken (z. B. Leisten), ist ein Schiebeholz dem traditionellen Schiebestock deutlich überlegen. Ist nämlich die Spanhaube vorschriftsmäßig auf das Werkstück abgesenkt, bleibt zwischen Parallelanschlag und Spanhaube oft nicht mehr genügend Platz für den Schiebestock. Das Schiebeholz hingegen wird dicht am Parallelanschlag und direkt hinter dem Werkstück geführt (s. Bild 1). Bei einer ausreichenden Länge (je nach Formatsäge und Spanhaube etwa 300 bis 400 mm) kann das Schiebeholz das Werkstück jetzt sicher durchs Sägeblatt schieben, bis es hinter dem Parallelanschlag frei auf dem Sägetisch liegt (s. Bild 2). Anschließend zieht man das Schiebeholz einfach wieder dicht am Parallelanschlag anliegend aus dem Sägeblatt zurück. Dazu ist es wichtig, dass Sie die Schiebeholzbreite so wählen, dass der Schiebehandgriff noch bequem an der Spanhaube vorbei geht, ohne dass die Finger dort anstoßen. Ein solches Schiebeholz ist wirklich extrem nützlich und vielseitig einsetzbar. Und ich werde Ihnen im praktischen Teil immer wieder interessante Anwendungsmöglichkeiten vorstellen, wie beispielsweise das exakte Ablängen von dünnen Leistchen (s. Bild 3 bzw. S. 104).

1

2

3

3. Unterschiedliche Schiebegriffe

Fertige Schiebegriffe gibt es in unterschiedlichen Varianten im Maschinenhandel zu kaufen. Zur Befestigung der beiden Handgriffe oben rechts im Bild werden zwei einfache Spanplattenschrauben eingesetzt. Diese Handgriffe könnten Sie daher bei Bedarf auch problemlos auf Harthölzern oder Plattenwerkstoffen festschrauben. Besonders schnell und absolut werkzeuglos lassen sich die beiden Handgriffe unten rechts im Bild auf einem Schiebeholz befestigen (links im Bild „Atika Handgriff Schiebeholz“ daneben „Aigner Quickly Schiebegriff“). Dafür befinden sich Drehgewinde und mehrere Spitzen unter dem Griff, die sich ins Holz einkrallen. Damit diese Spitzen jedoch nicht beschädigt werden oder gar abbrechen, sollten Sie bei diesem Grifftyp ausschließlich Weichhölzer wie beispielsweise Fichte oder Kiefer als Material für das Schiebeholz einsetzen. Das Brett sollte außerdem mindestens 15 mm dick sein, damit man die Griffe vernünftig festschrauben kann. Das Schiebeholz sollte aber keinesfalls dicker sein als das Werkstück selbst, damit sich die Spanhaube auch immer auf die Werkstückoberfläche absenken lässt.

So einfach ist die Herstellung eines passenden Schiebegriffs

Den rechten Schiebegriff aus Kunststoff habe ich vor vielen Jahren einmal von der Holz-Berufsgenossenschaft bekommen. Er liegt ausgezeichnet in der Hand und die einfache Form lässt sich auch sehr gut und günstig aus 24 mm dickem Multiplex herstellen. Er kann nicht nur als Handgriff für Vorschub- und Führungshilfen eingesetzt werden, sondern auch bei vielen anderen Vorrichtungen. Es lohnt sich also, gleich ein paar mehr davon herzustellen.

Übertragen Sie die Form nach der Zeichnung (s. unten) auf ein 24 mm dickes Multiplexbrett. Sägen Sie anschließend die schräge Außenkontur mit Band- oder Stichsäge aus. Danach die Schnittkanten und Außenecken gut schleifen und abrunden.

Mit einem 35 mm Forstnerbohrer bohren Sie auf einem Bohrständer die Außenenden des Griffslochs. Werkstück festspannen – nicht festhalten!

Werkstück in die Vorderzange der Hobelbank einspannen und die beiden Löcher mit einer Stichsäge zu einem ovalen Griffloch verbinden.

Mit einer Schleifhülse können Sie dann anschließend schnell und einfach die Schnittflächen sauber beschleifen.

Alle Kanten – außer der langen Unterkante – mithilfe einer Kantenfräse und einem 5 mm Abrundfräser entschärfen. Noch einfacher geht dieser Arbeitsschritt auf einem Frästisch.

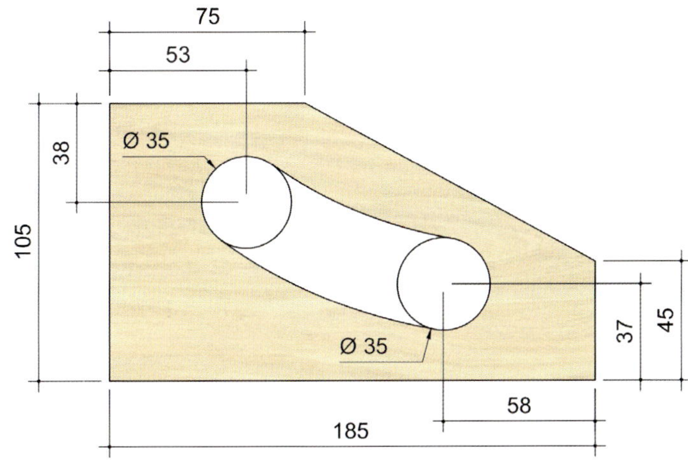

4. Die Sägehilfe „Fritz und Franz" (in der BG-Ausführung) selbst bauen

Diese Sägehilfe wurde in den neunziger Jahren von der damaligen Holz-Berufsgenossenschaft entwickelt, um das Arbeiten auf der Formatsäge deutlich sicherer zu machen. Und genau das ist ihnen mit der unter dem Namen „Fritz und Franz" bekannten Sägehilfe auch gelungen. Wie vielseitig diese Sägehilfe einsetzbar ist, zeige ich Ihnen noch ausführlich im Kapitel zu den grundlegenden Sägearbeiten. Dabei werden Sie schnell feststellen, dass sie fast zwingend zu jeder Formatsäge dazu gehört und am Nachbau eigentlich kein Weg vorbei führt. Dieser Nachbau dürfte allerhöchstens zwei Stunden dauern und mit Materialkosten von maximal 20 Euro ist diese Sägehilfe auch noch extrem günstig. Die notwendigen Stegkanten finden Sie mittlerweile auch problemlos als Meterware im Internet (z. B. bei www.sautershop.de). Die Stegkanten benötigen aber einen absolut exakten 3 mm Schlitz. Wenn Sie also kein Sägeblatt mit maximal 3 mm Schnittbreite besitzen, dann sollten Sie besser zu einem 3 mm Scheibennutfräser für die Oberfräse greifen. Das ist aber auch schon das schwierigste an diesem Projekt – der Rest ist kinderleicht.

1 Am einfachsten können Sie die Nut für den Kantensteg auf einem Frästisch einfräsen. Dazu spannen Sie einen Scheibennutfräser (Scheibendicke maximal 3 mm) in die Fräse, stellen die Fräserhöhe exakt auf die Kantenmitte ein und fräsen eine 8 mm tiefe und 3 mm breite Nut ein.

2 Sie können den Steg zwar auch einfach ohne Leim in die Nut einschlagen, aber mit etwas Leim hält die Kante deutlich besser. Allerdings lässt sich die Kante bei Abnutzung nicht mehr so leicht entfernen und muss ausgefräst werden.

3 Platzieren Sie anschließend den Steg über der Nut und schlagen Sie ihn mit einem Gummihammer (oder einer Holzzulage) in die Nut ein, bis die Stegkante dicht auf der Holzkante aufliegt.

4 Den Überstand der Stegkante können Sie entweder mit einer gekröpften Feinsäge bündig absägen oder Sie nutzen dazu einen breiten Stechbeitel.

5 Mit diesem Stechbeitel können Sie dann auch gleich den Überstand der Stegkante exakt bündig zur Plattenfläche abschneiden. Zum Schluss den scharfen Kantenübergang noch mal mit Schleifpapier etwas „brechen".

Fritz und Franz auf den Formatschiebetisch und die Tischnut abstimmen

1

Drehen Sie das Sägeblatt ganz nach oben und stoßen Sie die Sägehilfe dicht an den Blattkörper (nicht die Zähne!). Markieren Sie sich jetzt die Position des Kantholzes in der Nut.

2

Drehen Sie die Sägehilfe (hier Franz) um, legen Sie das Kantholz an die Markierung und richten Sie es rechtwinklig zur Rückkante von Franz aus. Schrauben Sie das Kanthloz dann mit drei Schrauben fest.

3

Das Gleiche machen Sie auch mit dem vorderen Teil der Sägehilfe (Fritz). Das Kantholz beginnt immer an der Stegkante und steht an der Rückkante der Sägehilfe entsprechend über.

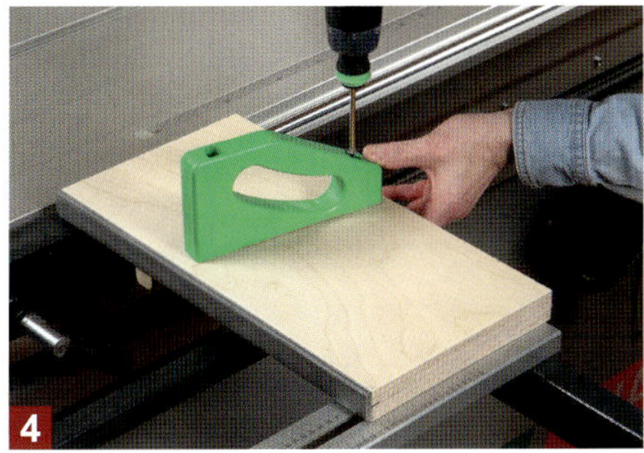

4

Den Schiebegriff schrauben Sie leicht schräg nach vorne auf die hintere Sägehilfe (Franz). Der Abstand zum Sägeblatt sollte etwa 150 mm betragen (s. a. Maße in der Zeichnung).

5

Der Einsatz der Sägehilfe ist genial einfach: Den vorderen festen Teil (Fritz) stecken Sie mit dem Kantholz in die Tischnut und schieben ihn nach vorne, bis er dicht am Ablänganschlag anliegt.

6

Dabei schiebt sich das Kantholz unter den Ablänganschlag und ist so in drei Richtungen sicher fixiert. Es kann nur nach hinten wieder aus der Tischnut heraus gezogen werden.

7

Auch der hintere bewegliche Teil (Franz) wird einfach mit dem Kantholz in die Tischnut eingesteckt und kann dort präzise und spielfrei vor und zurück bewegt werden.

8

Damit die Enden von Fritz und Franz exakt dem Verlauf des Sägeschnitts entsprechen, führen Sie beides zum Schluss am laufenden Sägeblatt vorbei. Die Enden zeigen dann genau die Schnittlinie an und die Sägehilfe ist exakt auf Ihre Formatsäge …

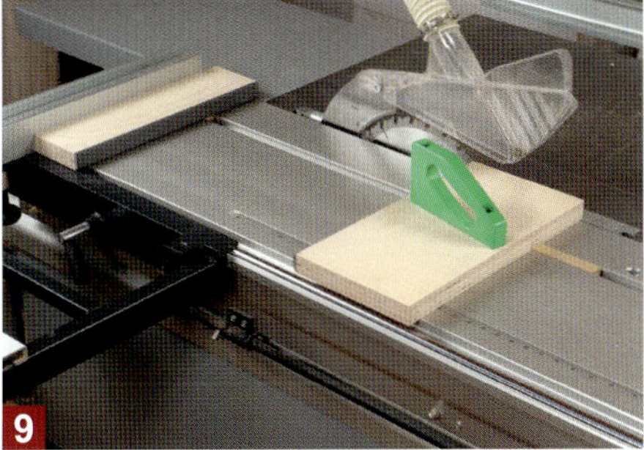

9

… abgestimmt. Das einfache und geniale Anwendungsprinzip wird jetzt schon deutlich: Werkstück einfach zwischen die rutschfesten Stegkanten von „Fritz und Franz“ einklemmen und anschließend das Ganze am Sägeblatt vorbei schieben.

Zeichnung und Materialliste zu „Fritz und Franz" (BG-Ausführung)

Kantholz passend zur Schiebetischnut 200 mm lang

400

100

Fritz

30

Nut für Stegkante Ergosoft: 8 mm tief x 3 mm breit

200

225

400

Franz

190

30

Kantholz für Schiebetischnut 300 mm lang

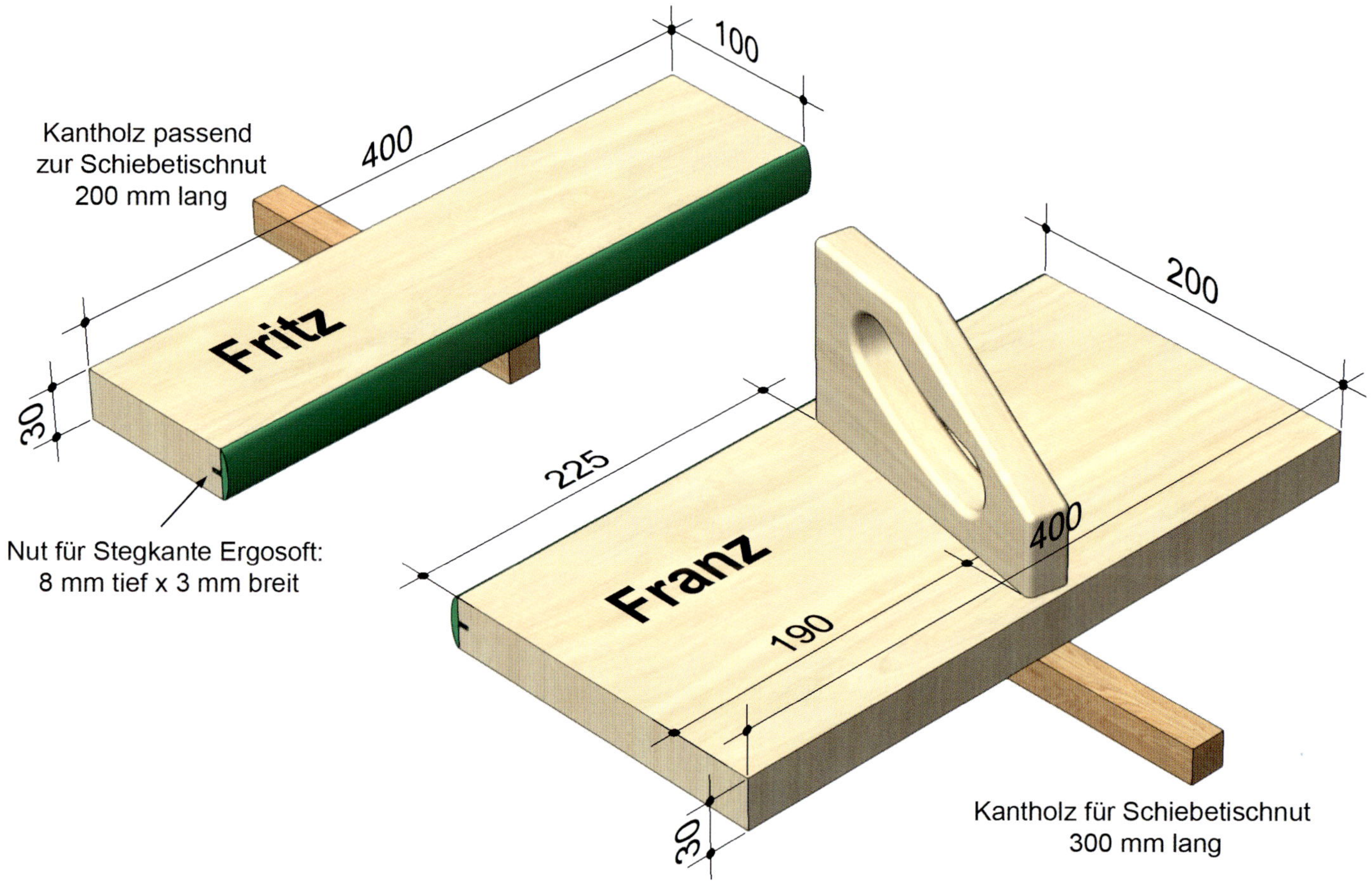

Materialliste: Fritz und Franz (BG-Ausführung)

Pos.	Anz.	Bezeichnung	Maße (mm)	Material
1	1	Fritz (Vorderbrett)	400 x 100	30 mm Multiplex
2	1	Franz (Hinterbrett)	400 x 200	30 mm Multiplex
3	1	Kantholz für Fritz	200 mm lang	Hartholz (z. B. Eiche, Buche)
4	1	Kantholz für Franz	300 mm lang	Hartholz (z. B. Eiche, Buche)
5	1	Griffholz	185 x 105	24 mm Multiplex
6	2	Stegkante Ergosoft 32 x 5 mm	400 mm lang	Kunststoff PVC

Sonstiges: Spanplattenschrauben, Leim

Sie können Fritz und Franz auch noch mit einer selbstklebenden Skala aufrüsten. Dann können Sie z. B. bei Schrägschnitten die Werkstückkante genau nach der Skala ausrichten. Das erspart in vielen Fällen den sonst erforderlichen schrägen Anriss auf dem Werkstück.

5. Eine modifizierte Ausführung der Sägehilfe „Fritz und Franz“ selbst bauen

1 Die 230 mm lange und 8 mm breite Langlochnut fräsen Sie am besten mit einem 8 mm Nutfräser auf einem Frästisch ein. Anfang und Ende der Nut begrenzen Sie dazu mit Stoppbrettern. Fräsen …

2 … Sie die Nut von beiden Brettflächen aus jeweils bis zur Brettmitte ein. Der Fräser muss dann keine besonders lange Schneide haben und ragt beim letzten Frässchritt nicht über dem Brett heraus.

3 Auch hier würde ich die weichen Stegkanten wieder zusätzlich in der Nut verleimen. Zum Einschlagen können Sie dann auch einen normalen Hammer mit Holzzulage verwenden.

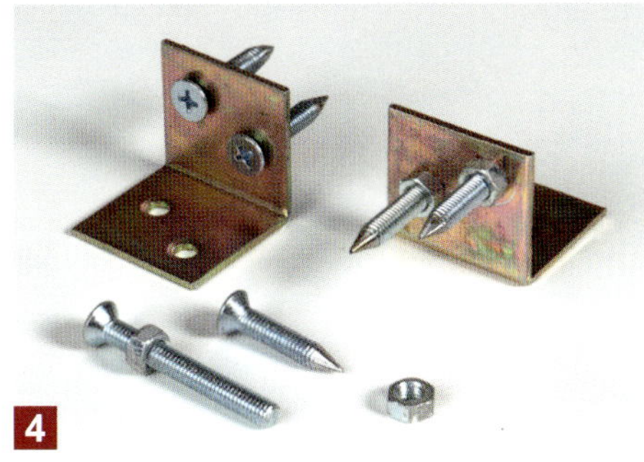

4 Für die beiden Besäumspitzen feilen Sie vier M4 x 25 mm Senkkopfschrauben spitz zu und befestigen je zwei davon in einem 30 x 30 mm Breitwinkel (Stuhlwinkel).

5 Die Besäumspitzen bzw. Breitwinkel dicht an die Brettkante halten und mit etwa 5 bis 7 mm Abstand von der Brettecke festschrauben. Eins an der linken und eines an der rechten Brettecke!

6 Um das Kantholz (Pos. 2) unter dem Klemmbrett (Pos. 1) zu befestigen, bohren Sie dort eine Gewindemutter mit M8 Innengewinde ein. Zum Eindrehen das Kantholz in der Hobelbank einspannen.

7 In die fertigen Rändelgriffe (Hersteller s. nächste Seite) drehen Sie zuerst einen 80 mm langen M8-Gewindestab ein und kontern den Stab oben mit einer weiteren M8-Sechskantmutter.

8 Das vordere Klemmbrett wird mithilfe einer Vierkantmutter in der Nut des Schiebetisches befestigt. Diese Vierkantmutter ist meist als separates Zubehör für den Besäumschuh erhältlich.

9 Das hintere Klemmbrett muss sich in der Schiebetischnut hin und her schieben lassen. Deshalb wird das Kantholz mit der Gewindemutter unter das Klemmbrett geschraubt.

Zeichnung und Materialliste zur modifizierten Ausführung von „Fritz und Franz“

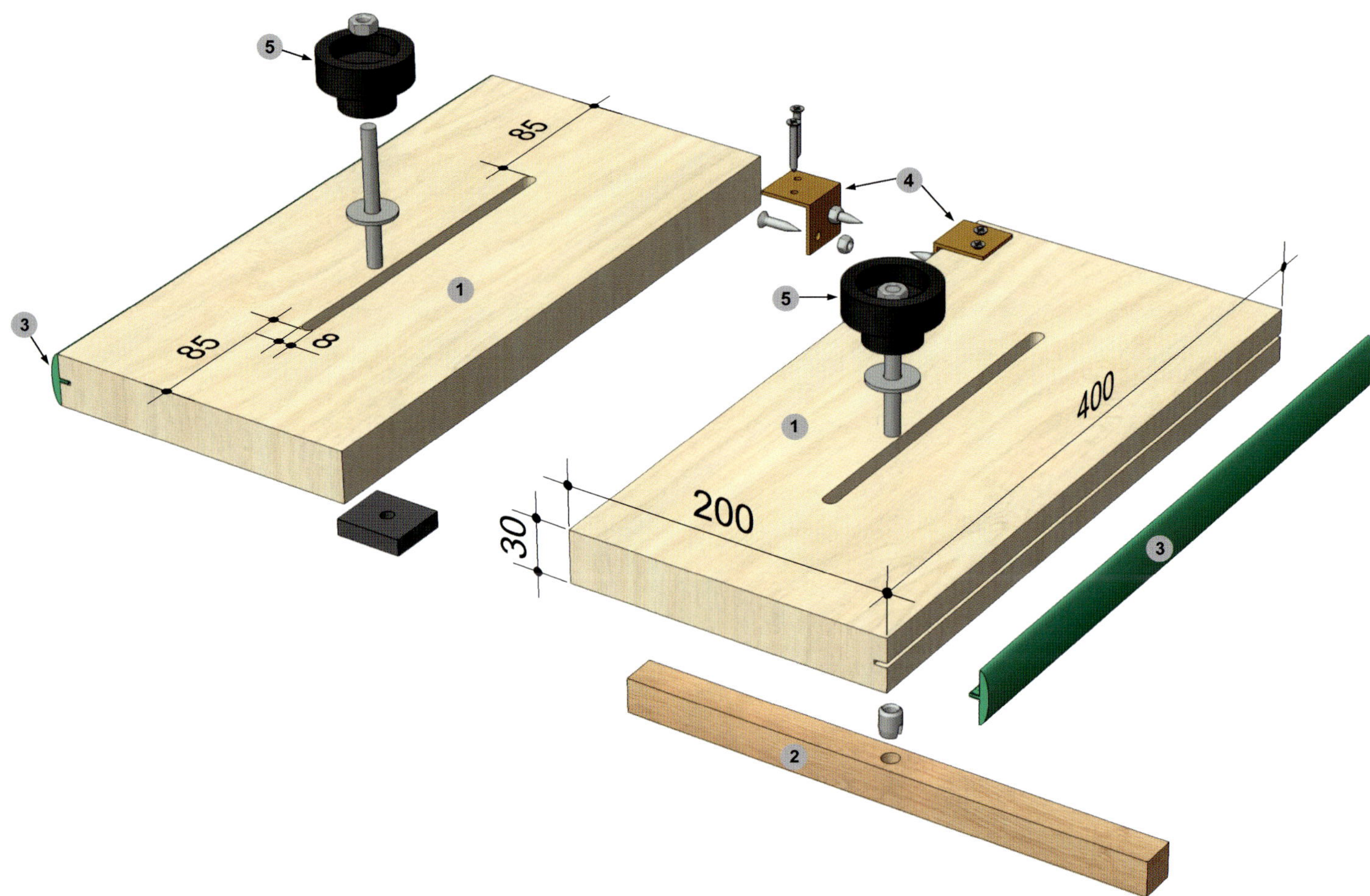

Materialliste: Fritz und Franz (modifizierte Ausführung)

Pos.	Anz.	Bezeichnung	Maße (mm)	Material
1	2	Klemmbretter (Fritz und Franz)	400 x 200	30 mm Multiplex
2	1	Kantholz für Hinterbrett	300 mm lang	Hartholz (z. B. Eiche, Buche)
3	2	Stegkante Ergosoft 32 x 5 mm	400 mm lang	Kunststoff PVC
4	2	Breitwinkel (Stuhlwinkel)	30 x 30	Metall gelb verzinkt
5	2	Rändelmutter mit M 8 Gewinde	Ø 50 x 34 hoch	Kunststoff m. Messinggew.
6	2	Stegkante Ergosoft 32 x 5 mm	400 mm lang	Kunststoff PVC

Sonstiges: 2 M8 Gewindestangen 80 mm lang mit 2 U-Scheiben groß und 2 Muttern M 8; 1 Einschraubmutter M 8; 4 Schrauben M4 x 25 (spitz zufeilen) mit 4 Muttern M4; 4 Spanplattenschrauben 3,5 x 30, Leim.

Hersteller der Rändelmutter
(Art. Nr. BK38.0077.05008):
Bäcker GmbH & Co. KG
Jägersgrund 8
57339 Erndtebrück
www.baecker.eu

Die Stegkanten sind erhältlich bei:
www.sautershop.de

Und so setzen Sie die modifizierte Sägehilfe „Fritz und Franz“ zum Besäumen ein

Diese modifizierte Version unterscheidet sich zum Original zunächst einmal durch die Langlöcher, die es ermöglichen, die beiden Klemmbretter (Fritz und Franz) bei Bedarf auch beliebig schräg zu stellen (s. Bild 6). Neben den obligatorischen Stegkanten bietet diese Version auf der gegenüberliegenden Kante noch je zwei Spitzen. Diese Spitzen sind vor allem beim Besäumen eine große Hilfe. Sie schieben sich in die Brettenden und halten so das Brett nicht nur in Position, sondern verhindern auch, dass sich das Brett vom Schiebetisch abheben kann.

Das vordere Klemmbrett wird fest mit dem Schiebetisch verbunden. Dazu schieben Sie zuerst die Vierkantmutter in die Schiebetischnut ein. Stoßen Sie danach das Klemmbrett dicht an den …

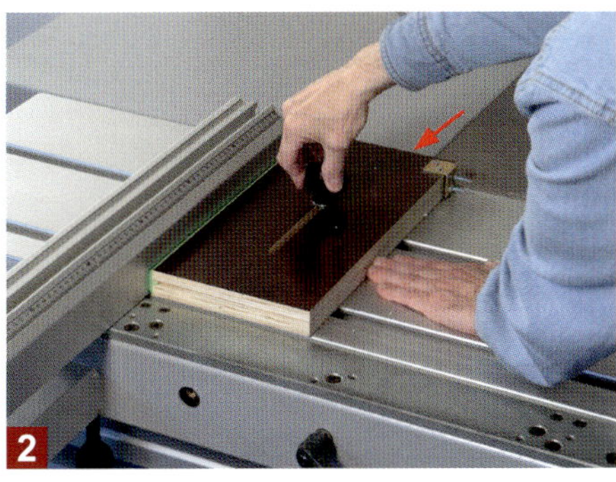

… Ablänganschlag und richten Sie das rechte Brettende (Pfeil) bündig zur Schiebetischkante aus. Zum Schluss fixieren Sie das Brett mit der Rändelmutter samt Gewindestab.

Zum Besäumen stoßen Sie als erstes das vordere Brettende in die beiden Spitzen hinein. Dadurch ist das Brett am vorderen Ende sicher fixiert und kann nicht mehr verrutschen.

Das hintere Klemmbrett mit dem Kantholz wird ebenfalls zuerst bündig zur Schiebetischkante ausgerichtet. Danach stoßen Sie das Klemmbrett mit den beiden Spitzen in das hintere Brettende.

Indem Sie mit der rechten Hand die Rändelmutter umgreifen und die linke an den Schiebetisch anlegen, können Sie nun das Brett sicher durchs Sägeblatt schieben und die Waldkante abtrennen.

Aufgrund des Langlochs und der Rändelmutter können die beiden Klemmbretter auch in jede beliebige Schräge geschwenkt werden. Das ist besonders bei schrägen Brettenden sehr praktisch.

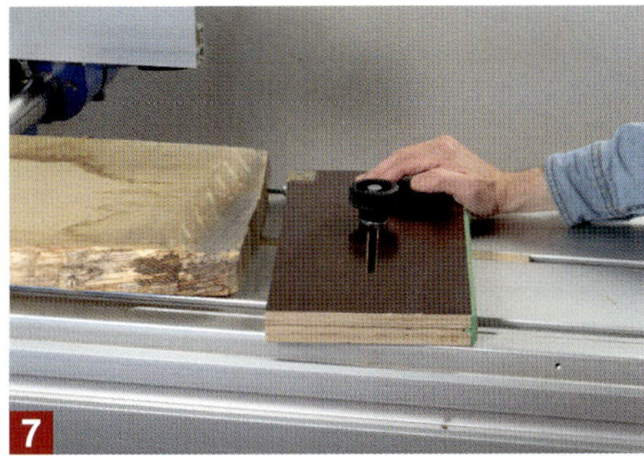

Stoßen Sie mit dem Handballen immer direkt hinter den Spitzen gegen das Klemmbrett. So behält das Klemmbrett immer die eingestellte Schräge.

Wenn Sie den Besäumschuh einsetzen, dann können Sie das vordere Klemmbrett (Fritz) auch dort anlegen. Der schwere Auslegertisch samt Ablänganschlag kann dann abgebaut werden.

Spannhilfen für den Formatschiebetisch

Der Schiebetisch einer Formatkreissäge ist wirklich eine feine Sache, weil er direkt neben dem Sägeblatt läuft. Sie können damit Dinge tun, die auf einer einfachen Tischkreissäge entweder gar nicht erst möglich sind oder einen enormen zusätzlichen Aufwand bedeuten. Es ist also nicht verwunderlich, dass jeder, der sich einmal an diesen Komfort gewöhnt hat, garantiert nie wieder darauf verzichten möchte. Bei aller Euphorie darf man aber auch beim Einsatz eines Schiebetisches eines nicht vergessen: Die Hände samt Finger müssen immer weit genug (mind. 120 mm) aus dem Gefahrenbereich des Sägeblatts platziert werden. Bei größeren Werkstücken ist das auch kein Problem, aber wenn es um den Zuschnitt schmaler schräg zulaufender Werkstücke geht, dann wird es zunehmend kritisch und sehr gefährlich. Solche Werkstücke kann man natürlich sehr gut mit der auf den vorherigen Seiten gezeigten Sägehilfe „Fritz und Franz" einfach nach Anriss zuschneiden. Sollen jedoch mehrere exakt gleich große Werkstücke absolut wiederholgenau zugeschnitten werden, dann wäre eine Kombination aus Anschlag- und Spannsystem deutlich hilfreicher. Genau zwei solcher Systeme, die Sie sich ganz einfach selbst bauen können, möchte ich Ihnen auf den folgenden Seiten einmal genauer vorstellen und ich bin mir sicher: Das wird Sie begeistern!

1. Schnellspanner der Fa. Bessey in der Tischnut einsetzen

Mit den variablen Schnellspannern der Firma Bessey (STC HH 50 bzw. 70) können Sie bis zu 35 mm dicke Werkstücke festspannen. Wenn Sie darunter noch ein 10 mm dickes Sperrholzbrettchen einsetzen, erhöht sich der Spannbereich auf 45 mm Höhe. Das reicht für viele Anwendungen bereits völlig aus. Dieses wirklich simple Sperrholzbrettchen bietet aber noch einen weiteren und viel wichtigeren Vorteil: Es kann gleich als Anschlagkante für das Werkstück genutzt werden. Wiederholgenaues Anlegen und präzise Schrägschnitte sind damit nämlich überhaupt kein Problem mehr.

Alles was Sie benötigen, um die Bessey-Schnellspanner in der Tischnut eines Formatschiebetisches zu befestigen, ist eine M8-Zylinderkopfschraube mit Innensechskant in der passenden Länge (hier 25 mm), ein 10 mm dickes Sperrholzbrettchen (150 x 80 mm) mit einem 100 mm Langloch (8 mm breit) und ein Stück Flacheisen, in das Sie ein 8 mm Gewinde einschneiden (s. dazu S. 82). Je nach Werkstückgröße oder Abstand der Schiebetisch-Nut zum Sägeblatt kann es nötig sein, die Form und Größe des Sperrholzbrettchens etwas zu verändern und anzupassen.

2. Werktischspanner mit bis zu 165 mm Spannhöhe einsetzen

Müssen dickere Werkstücke von mehr als 45 mm (z. B. Balken) gesichert werden, reichen die Schnellspanner nicht mehr aus. Dafür können Sie dann solche Werktischspanner (Bench Clamps) einsetzen. Die gibt es meist in zwei Größen: Der Kleine hat eine Ausladung von 3 Zoll (ca. 76 mm) und der Große die doppelte Ausladung von 6 Zoll (ca. 152 mm).

Mit dem Kleineren (vorne im Bild) können Sie bis zu 110 mm und mit dem Größeren (hinten im Bild) sogar bis zu 165 mm dicke Werkstücke sicher auf dem Formatschiebetisch festspannen. Dazu benötigen Sie lediglich eine zur Tischnut passende Adapterplatte. Die können Sie entweder fix und fertig kaufen oder ganz leicht selbst herstellen (Infos zum Selbstbau siehe nächste Seite).

Auch diese Werktischspanner können Sie natürlich noch zusätzlich mit diesem einfachen aber genialen Anschlagbrettchen ergänzen. Damit liegen dann die Werkstücke immer an der selben Position auf dem Schiebetisch und können so absolut wiederholgenau zugeschnitten werden. Aber das Beste: Die Hände können immer weit aus dem Gefahrenbereich des Sägeblatts platziert werden.

Die Werktischspanner können aber auch sehr gut zum Festspannen kurzer Werkstücke eingesetzt werden, die man mit den Fingern nicht mehr gefahrlos am Anschlag festhalten kann. Der Werkstückwechsel geht dank des Spannhebels wirklich blitzschnell und das Arbeiten wird nicht nur sicherer, sondern vor allem auch deutlich präziser.

Aber auch beim Schrägschnitt von dicken Balken sorgt ein zusätzlicher Werktischspanner dafür, dass das Werkstück immer sicher und bombenfest auf dem Schiebetisch und gleichzeitig dicht am Anschlag gehalten wird. Und die Finger können dabei immer weit genug aus dem Gefahrenbereich des Sägeblatts platziert werden.

Adapterplatte selbst bauen oder fertig kaufen – Sie haben die Wahl

Damit man den Werktischspanner überhaupt auf einer Formatsäge nutzen kann, benötigen Sie eine Adapterplatte. Die können Sie sich leicht für maximal 2 Euro Materialkosten selbst bauen. Dazu benötigen Sie ein Stück Flacheisen (5 mm dick: 100 x 40 mm), das direkt unter den Spanner geschraubt wird. Dann noch ein Stück Hartfaserplatte (5 mm dick: 110 x 50 mm) als Schutzschicht und zum Aufdoppeln der vorstehenden Linsenkopfschraube (Pfeil). Eine M8er-Sechskantschraube samt U-Scheibe und zu guter Letzt noch eine rechteckige Gleitmutter passend zur T-Nut in ihrem Schiebetisch.

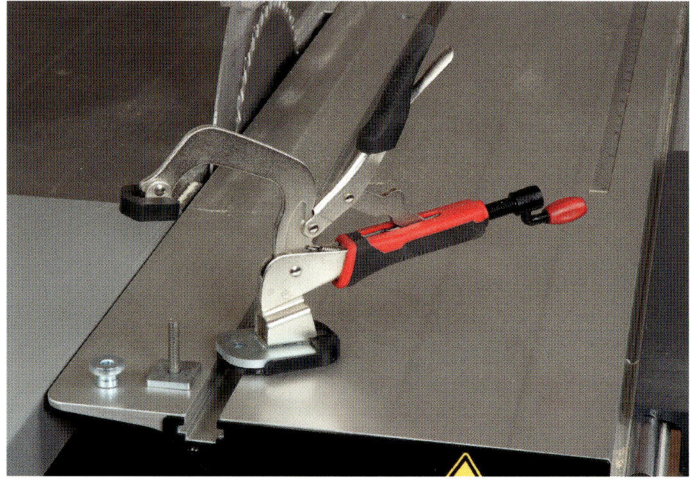

Wem das zu aufwendig ist, für den bietet die Fa. Milescraft auch passend zu ihren Werktischspannern eine Adapterplatte an. Die Platte besitzt zur Aufnahme in den T-Nuten rechteckige Gleitmuttern mit einem festen, vorstehenden 8er Gewinde. Es werden unterschiedliche Größen an Gleitmuttern mitgeliefert, mit denen man den Spanner auf nahezu jedem Schiebetisch befestigen kann. Auch eine 13 mm breite Gleitmutter mit festem 8er Gewinde für die beliebten T-Nutschienen ist dabei.

Und so bauen Sie sich selbst eine Adapterplatte

Von einem 40 mm breiten Flacheisen (5 mm stark) trennen Sie ein 100 mm langes Stück ab, das später direkt unter dem Spanner befestigt wird. Von dem gleichen Flacheisen trennen Sie dann noch ein weiteres Stück ab, das exakt in die Nut des Schiebetisches passt.

In dieses Stück bohren Sie zunächst die für ein M8-Gewinde nötige Kernbohrung und schneiden anschließend das 8er Gewinde hinein. Versuchen Sie dabei, den Gewindebohrer möglichst senkrecht zu halten.

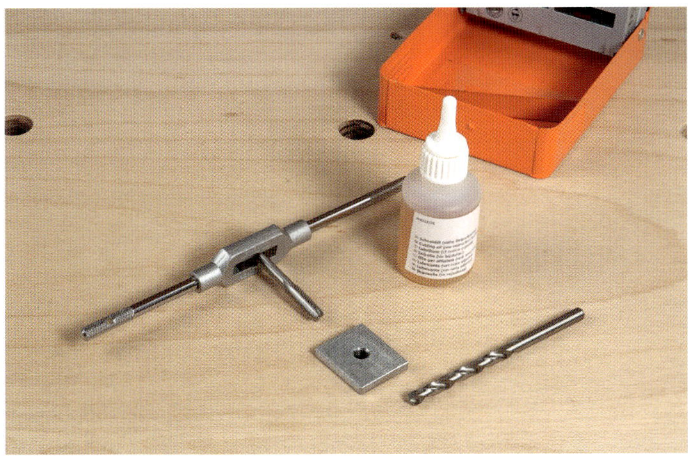

Sowohl zum Bohren des Lochs als auch zum Schneiden des Gewindes sollten Sie möglichst etwas Schneidöl zum Kühlen verwenden. Sollte es sich bei dem Flacheisen um Edelstahl handeln, müssen Kernbohrer und Gewindebohrer explizit dafür geeignet sein und über eine entsprechende Qualität verfügen. Mit billigem Werkzeug kommen Sie hier nicht weit. Und mein Tipp: Stellen Sie sich gleich ein paar mehr dieser Gleitmuttern her, denn die Dinger sind auch ideal, um selbst gebaute Vorrichtungen auf dem Schiebetisch zu befestigen.

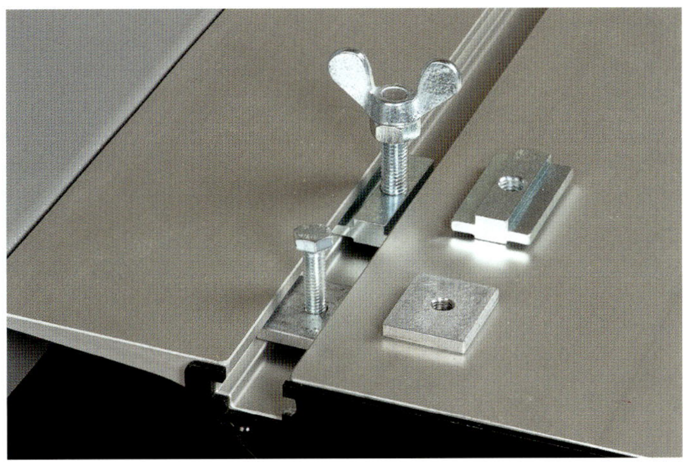

Die Fa. Aigner bietet auch eine fertige Gleitmutter (oben im Bild) in sehr hoher Qualität zu einem fairen Preis an. Allerdings besitzt diese Gleitmutter leider nur eine M10er Gewindebohrung und passt im Querschnitt in aller Regel nur auf Formatsägen der Fa. Altendorf. Ich würde Ihnen daher empfehlen, sich selbst solche Rechteckmuttern herzustellen und das Gewinde selbst einzuschneiden (im Bild ganz unten mit einer M8er Sechskantschraube).

Die genauen Maße der Adapter- (oben) und Schutzplatte (unten)

Die Adapterplatte (in der Zeichnung oben) sollte aus einem mindestens 5 mm dicken Flacheisen hergestellt werden, damit sie beim Spannen nicht nachgibt. Für die Schutzplatte darunter reicht ein 5 mm dickes Stück Hartfaserplatte, das man auch häufig als Schrankrückwand einsetzt, völlig aus. Damit die Schutzplatte später nicht ständig unter dem Flacheisen hin und her rutscht, ist es ratsam, beides noch mit ein paar Streifen doppelseitigem Klebeband zu verbinden.

Wenn Sie sich passend zum Werktisch-Spanner auch einen solchen Werkbank-Adapter (Bench-Lock) kaufen, können Sie die Spanner auch problemlos in allen gelochten Tischplatten ab mindestens 19 mm Lochdurchmesser einsetzen. Eine tolle Erweiterung!

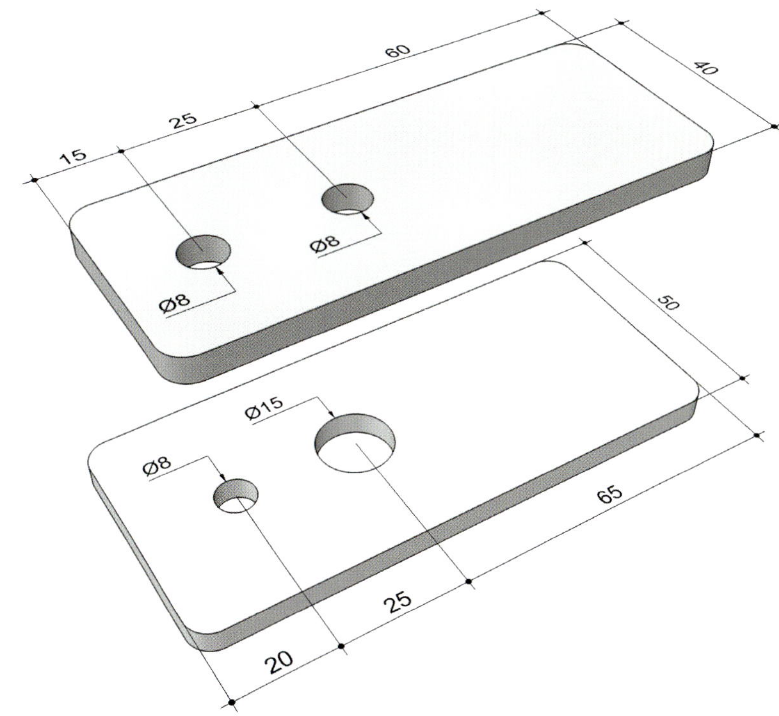

Andruckvorrichtungen für die Formatsäge

Bei verdeckten Schnitten muss man bei den kleineren Formatsägen meist auch die Spanhaube abmontieren, die sich direkt am Spaltkeil befindet (s. S. 114). Damit steigt dann aber leider auch die Gefahr, die Hände zu nahe ans Sägeblatt heranzuführen. So kann es beispielsweise bei tiefen Einschnitten schon mal vorkommen, dass das Werkstück vom Sägeblatt etwas angehoben wird und man reflexartig versucht mit der linken Hand gegenzuhalten. Eine äußerst gefährliche Situation, die Sie aber mit dem korrekten Einsatz einer Andruckvorrichtung problemlos in den Griff bekommen. Und das Beste: Mit einer Andruckvorrichtung erhöhen Sie nicht nur ihre Arbeitssicherheit, sondern auch die Präzision und Qualität ihrer Sägearbeiten.

Auf den folgenden Seiten stelle ich Ihnen daher verschiedene Andruckvorrichtungen vor. Dabei unterscheidet man zwischen Druckvorrichtungen mit und ohne Rückschlagschutz. Beides hat Vor- und Nachteile: Beim Einsatz von Druckfedern kann man das Werkstück ausschließlich nach vorne schieben. Ein Zurückziehen ist nicht möglich und das macht ja auch den besagten Rückschlagschutz aus. Beim Einsägen einer kleinen Nut für eine Rückwand treten jedoch kaum nennenswerte Rückschlagkräfte auf. Hier würde ein einfacher Druckbogen ohne Rückschlagschutz völlig ausreichen. Der hätte zudem den Vorteil, dass man das Werkstück nach kurzem Einsägen wieder zurückziehen könnte, um das eingestellte Nutmaß zu überprüfen.

1. Andruckfedern bzw. Druckkämme mit Rückschlagschutz

Druckkämme bzw. Druckfedern gibt es bereits ab etwa 15 Euro einzeln und etwa 30 Euro im Doppelpack. Die meisten können auch sehr gut in der T-Nut eines Schiebetisches befestigt werden. Wichtig dabei: Der Schiebetisch muss zwingend fest arretiert sein und die Federn dürfen niemals Druck direkt auf das Sägeblatt oder die Schnittfuge ausüben.

Druckkämme können auch sehr gut bei selbstgebauten Vorrichtungen zum Einsatz kommen. Hier sorgen sie für einen permanenten Druck der Quadratleiste in die V-förmige Führungsnut der Vorrichtung. Zusätzlich verhindern die Druckfedern auch noch ein „Zurückschlagen“ der Leiste. Eine sichere und präzise Führung, ohne dass die Hände in Gefahr sind.

Beim Einsatz von Fräswerkzeugen, wie hier einer 300 mm großen Kehlscheibe, ist eine gut funktionierende Rückschlagsicherung besondes wichtig. Deshalb sind in diesen Fällen auch Andruckfedern vorzuziehen. Durch die nach vorne geneigten Federn (Winkel etwa 60°) lässt sich das Werkstück ausschließlich nach vorne schieben. Ein Abheben oder Zurückschlagen des Werkstücks ist somit ausgeschlossen. Auf gar keinen Fall sollte man solche Arbeiten ohne eine effektive Andruckvorrichtung ausführen. Wie man beispielsweise beim „Kehlen“ genau vorgeht, zeige ich Ihnen detailliert ab S. 214.

2. Andruckbögen und Andruckrollen ohne Rückschlagschutz

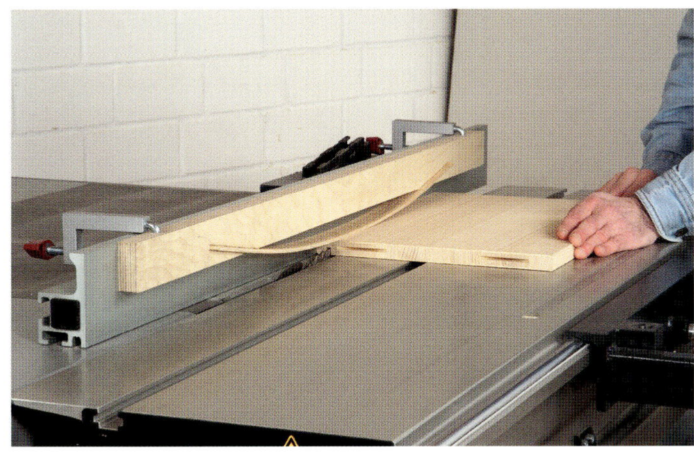

Dieser simple Andruckbogen lässt sich mit wenigen Handgriffen direkt am Parallelanschlag befestigen. Er ist vor allem beim Nuten von Schrank- oder Schubkastenseiten eine große Hilfe, denn er deckt nicht nur das Sägeblatt ab, sondern drückt auch das Werkstück immer schön gleichmäßig auf den Sägetisch. Sie können also immer sicher sein, dass alle Bretter exakt die gleiche Nuttiefe haben. Als Duckfeder eignet sich am besten Buchen-Sperrholz oder …

… Multiplex. Damit sich die Feder auch gut biegen lässt, sollte Sie maximal 5 mm dick sein. Da man die Feder jederzeit blitzschnell tauschen kann, macht es Sinn, sich gleich ein paar mehr in unterschiedlichen Breiten herzustellen. Zur Befestigung können Sie neben Hebelzwingen auch solche „FenceClamps“ (auch Tischklemme genannt) einsetzen. Dazu müssen Sie lediglich zwei 8,5 mm Löcher in die obere Kante des Andruckbogens einbohren.

Einen Andruckbogen mit Sperrholzfeder herstellen

Dieser Andruckbogen ist extrem einfach zu bauen und Sie benötigen an Material lediglich einen 750 mm langen, 30 mm breiten und 5 mm dicken Sperrholz- oder Multiplexstreifen, sowie einen 24 mm dicken Multiplexstreifen von 1050 mm Länge und 50 mm Breite. In diesen Multiplexstreifen sägen Sie mit einer Stichsäge zwei schräge Schlitze, in die der Sperrholzstreifen eingesteckt werden kann. Die Schräge des Schlitzes entscheidet über den Bogen des Sperrholzstreifens (s. Maße unten).

Der 30 mm breite Sperrholzstreifen wird nur lose in die schrägen Schlitze eingesteckt. Der Bogendruck reicht normalerweise aus, um den Streifen an Ort und Stelle zu fixieren, sonst evtl. einen Tropfen Leim in die Nut geben. Allerdings können Sie ihn dann nicht mehr so leicht austauschen.

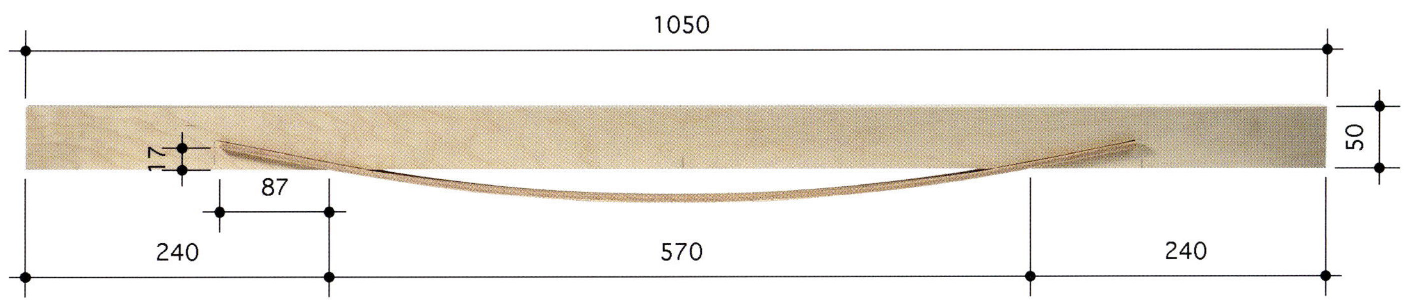

Diese Andruckvorichtung der Fa. Aigner lässt sich völlig frei und ohne Werkzeug auf dem gesamten Sägetisch fixieren. Dazu befindet sich im Fuß der Befestigungssäule ein extrem starker Magnet mit sagenhaften 280 kg Haltekraft. Über eine verschiebbare Tragplatte ist ein verstellbares Druckmodul mit vier großen Rollen an der Säule befestigt. Mehr Infos zur Andruckvorrichtung auf Seite 183.

3. Andruckrollen mit Rückschlagschutz der Fa. JessEm

Mit knapp 300 Euro sind die Andruckrollen der kanadischen Firma JessEm zwar kein Schnäppchen aber absolut jeden Cent wert. Denn in Punkto Sicherheit und Präzision gibt es für den Parallelanschlag derzeit wohl kaum etwas Besseres. Aber auch die Verarbeitungsqualität der massiven Bauteile ist wirklich beeindruckend (s. Bild rechts). Zum Lieferumfang gehören eine T-Nutschiene sowie zwei aufwendig gestaltete Druckarme. Für den Einsatz auf europäischen Formatsägen sind lediglich noch ein Streifen Multiplex und zwei Gleitmuttern passend zum Parallelanschlag notwendig. Auf diese Weise ist die Andruckvorrichtung jederzeit schnell und einfach an- und wieder abgebaut.

Das wichtigste und entscheidende Detail dieser Andruckvorichtung sind die Rollen am Ende der beiden Druckarme. Die drücken das Werkstück nicht nur sicher auf den Sägetisch, sondern halten und führen es auch immer dicht am Anschlag vorbei. Die beiden Druckarme können stufenlos vor und zurück (roter Pfeilbereich) sowie seitlich (blauer Pfeilbereich) verschoben werden. Selbst großformatige Platten können Sie mit den Andruckrollen sicher und absolut präzise am Parallelanschlag zuschneiden (s. dazu auch S. 108).

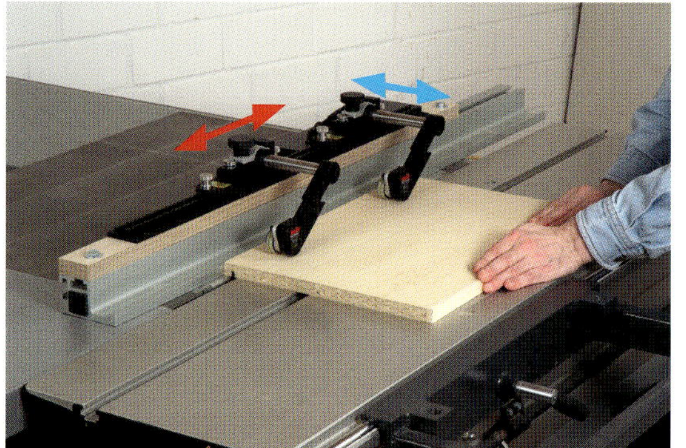

Die Rollen lassen nur einen Werkstücktransport nach vorne zu. Ein Zurückschlagen des Werkstücks ist somit ausgeschlossen. Außerdem laufen die Rollen nicht parallel zur Anschlagfläche, sondern in einer Schräge von etwa 5°. Dadurch wird das Werkstück immer dicht an den Anschlag gezogen und gehalten.

Alles was Sie zur Befestigung benötigen, ist ein 920 mm langer, 51 mm breiter und 24 mm dicker Multiplexstreifen. Etwa 30 mm vom Ende bohren Sie je ein 8 mm Loch für die M8er Sechskantmutter (hier 35 mm lang). Passend zum Aluprofil Ihres Parallelanschlags stellen Sie sich noch zwei rechteckige Gleitmuttern aus 5 mm dickem Flacheisen her (Anleitung dazu s. S. 82-83).

Nachdem Sie das JessEm-Aluprofil auf den Multiplexstreifen festgeschraubt haben, schieben Sie beides auf den Parallelanschlag und fixieren es dort mit den beiden Sechskantmuttern samt Gleitmutter (kleines Bild oben rechts). Im letzten Schritt stellen Sie die Länge der Druckarme samt Rollen ein (in der Regel auf die maximale Länge – s. Bild Mitte).

Führungsrollen auf Werkstückdicke einstellen – blitzschnell und kinderleicht

Legen Sie das Werkstück vor den Druckarm. Lösen Sie die obere Rändelmutter und lassen Sie jetzt nur das Alugehäuse dicht auf der Werkstückfläche aufliegen. In dieser Position ziehen Sie jetzt die Rändelmutter wieder fest – fertig!

Da die Rollen etwa 5 mm unter dem Alugehäuse vorstehen, erreicht man auf diese Weise automatisch die korrekte Vorspannung der Rollen durch die Feder (Pfeil) und das Werkstück wird sicher auf den Sägetisch gedrückt.

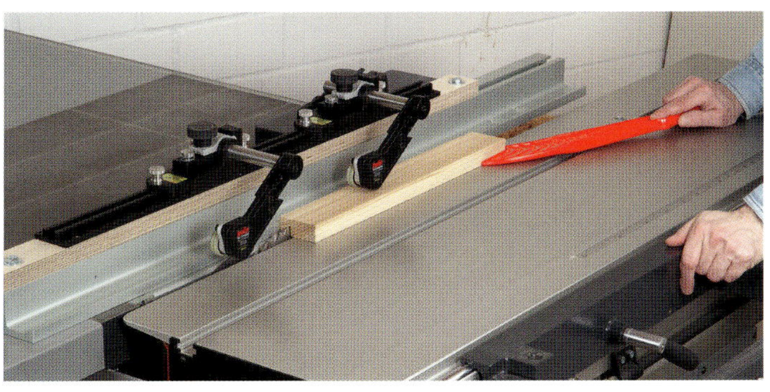

Auch beim Nuten von schmalen Leisten sind diese Andruckrollen ein wahrer Segen. Für den Werkstücktransport reicht der normale Schiebestock völlig aus (s. Bild) und die Hände sind zu keiner Zeit in Gefahr. Die Rollen sollten so platziert werden, dass sich immer eine etwa 5 cm vor dem Sägeblatt und eine direkt hinter dem Spaltkeil befindet. Beim Nuten können die Rollen im Grunde genommen frei auf der gesamten Werkstückbreite positioniert werden. Wird das Werkstück jedoch komplett durchtrennt, muss sich zumindest die Rolle hinter dem Spaltkeil immer zwischen Sägeblatt und Parallelanschlag befinden, sonst kann es zu gefährlichen Rückschlägen kommen!

Tischvergrößerungen und Zusatzauflagen

Man kann es nicht oft genug wiederholen, aber Tischvergrößerungen und zusätzliche Werkstückauflagen bieten nicht nur mehr Komfort und Sicherheit beim Sägen, sondern steigern auch deutlich die Schnittpräzision, vor allem wenn es sich um großformatige Plattenzuschnitte handelt. Eine Verlängerung (1) und Verbreiterung (2) des Sägetisches gehört normalerweise zur Grundausstattung einer Formatsäge. Weitere Anbauteile muss man in der Regel gesondert zukaufen. Besonders empfehlenswert und nützlich sind beispielsweise eine weitere Tischverlängerung vor dem Sägeblatt (3) und eine Auflageverbreiterung samt Parallelschneidvorrichtung (4) neben dem Schiebetisch. Wenn Sie sich dann noch eine Zusatzauflage für den Auslegertisch selbst bauen (s. übernächste Seite), sind Sie wirklich für alle Werkstückgrößen bestens gerüstet.

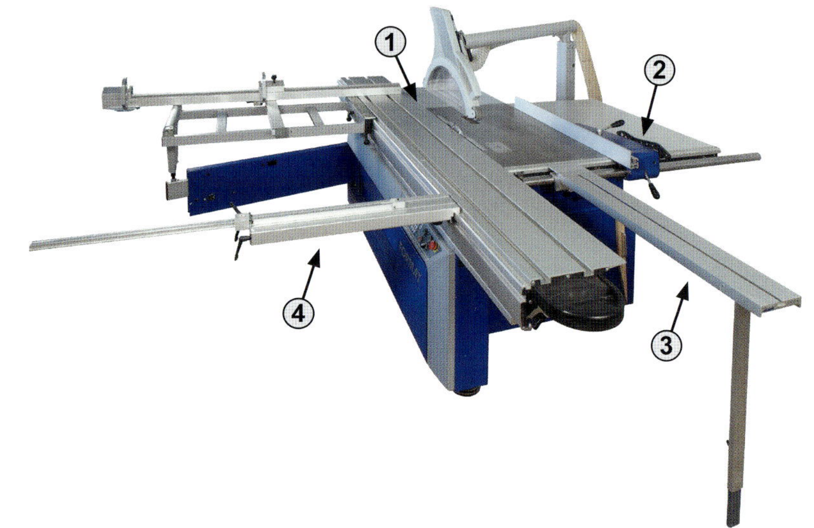

1. Zusätzliche Tischverlängerung vor dem Sägeblatt

Bei den meisten Formatsägen wird der Parallelanschlag auf einer Rundstange geführt. Genau für diese Stange bietet die Firma Aigner einen Befestigungsadapter (s. Bild rechts) für die herstellereigene Tischverlängerung an. Ein wirklich nützliches Teil, das Sie mit nur einer Befestigungsschraube blitzschnell auf allen Rundstangen von 24 bis 55 mm Durchmesser montieren können. Der Adapter muss dazu nur einmalig exakt auf die Höhe des Sägetisches eingestellt werden. Das geht am besten, wenn Sie die beiden Inbusschrauben (Pfeile) zunächst nur so leicht lösen, dass sich die obere Platte nur mit etwas Druck bewegen lässt. Danach den Adapter auf die Rundstange legen und die obere Platte mit einer geraden Leiste auf Sägetischniveau herunter drücken (s. Bild 1). Jetzt den Adapter wieder vorsichtig von der Rundstange abziehen und die beiden Inbusschrauben endgültig festziehen.

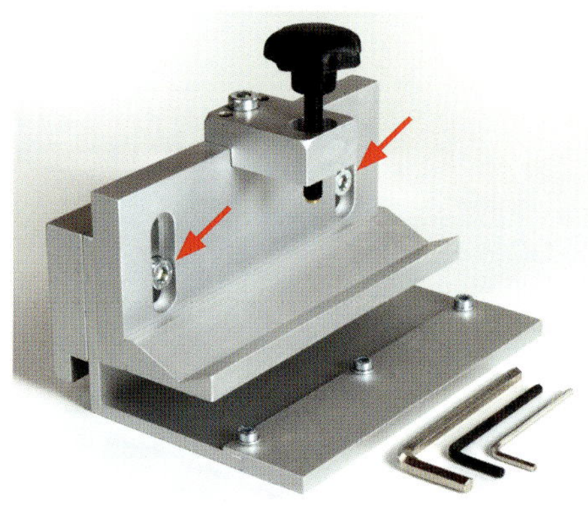

Stellen Sie vorab die Höhe des Befestigungsadapters so ein, dass die Oberkante exakt mit dem Sägetisch fluchtet. Anschließend hängen Sie die …

… Tischverlängerung in den Adapter ein. Ziehen Sie den Klemmhebel unter der Tischverlängerung aber nur leicht an und stellen Sie zuerst …

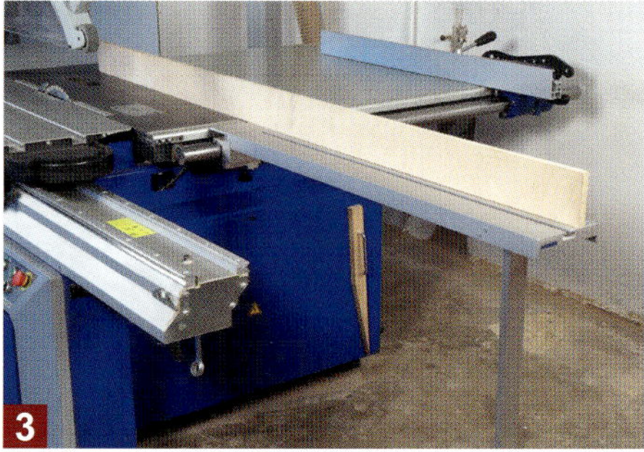

… das Tischbein auf die korrekte Höhe ein. Benutzen Sie dazu ein langes gerades Brett. Erst danach ziehen Sie den Klemmhebel endgültig fest.

2. Zusätzliche Tischverbreiterung am Schiebetisch bzw. Rollwagen

Bei langen und breiten Platten bietet der schmale Schiebetisch nicht mehr genügend Auflagefläche. Und wenn auch eine große Platte am vorderen Ende noch sicher auf dem Auslegertisch aufliegt, so fällt sie zumindest im hinteren Bereich ab (s. Bild rechts). Wenn man jetzt die Platte beim Zuschnitt nicht entsprechend anhebt, ist kein sauberer Schnitt möglich. Dieses Anheben ist nicht nur lästig, sondern bei schweren Platten auf Dauer auch sehr anstrengend. Zudem leidet die Schnittpräzision und zu guter Letzt auch die Arbeitssicherheit. Deshalb bieten fast alle Hersteller auch zusätzliche Auflagehilfen für den Schiebetisch als Zubehör an. Bei einigen wenigen Herstellern gehören sie sogar zur Standardausstattung. Falls das bei Ihnen nicht der Fall war, dann sollten Sie sich zumindest diese Auflageverbreiterung unbedingt zulegen. Sie werden es garantiert nicht bereuen! Warum, erfahren Sie ganz genau ab Seite 109).

1 Die Auflagenhilfe samt Parallelschneidvorrichtung lässt sich mit wenigen Handgriffen direkt an der Seite des Schiebetischs einhängen und fixieren.

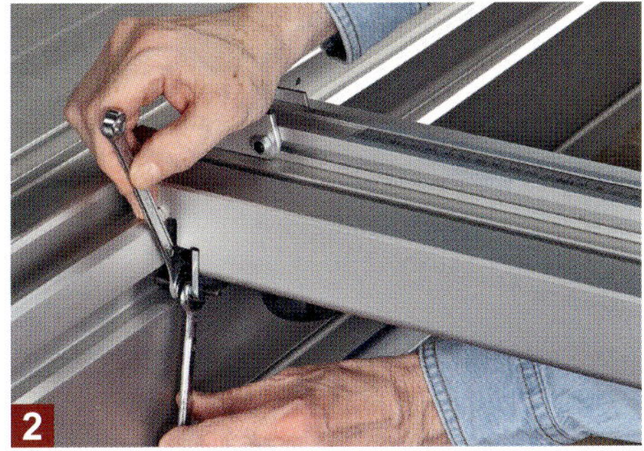

2 Vor dem ersten Einsatz wird die Auflage exakt auf die Höhe des Schiebetisches ausgerichtet. Das muss nur ein einziges Mal gemacht werden.

3 Danach lässt sich die Auflage blitzschnell mit nur einer Befstigungschraube auf der gesamten Länge des Schiebetisches sicher befestigen.

4 Die Parallelschneidvorrichtung besteht aus einem langen Aluprofil, das man über der Auflagenhilfe exakt nach einer Skala verschieben kann.

5 Das Aluprofil und die seitliche Führungsaufnahme samt Leselupe lässt sich aber auch bei Bedarf schnell und einfach abmontieren.

6 Auf diese Weise sind dann lange großformatige Platten auch im hinteren Bereich abgestützt und können nicht nach unten wegkippen.

3. Zusatzauflage für den Auslegertisch herstellen

Viele Auslegertische besitzen große Lücken durch die Werkstücke mit einer bestimmten Länge gerne mal abkippen. Deshalb sollten Sie sich vor allem für die Lücke direkt neben dem Rollwagen eine …

… passende Zusatzauflage entweder kaufen oder selbst herstellen. Dazu benötigen Sie lediglich eine 19 mm dicke kunststoffbeschichte Multiplexplatte oder alternativ eine Siebdruckplatte oder …

… Betonsperrholz. Den Bereich unterhalb der Platte füllen Sie mit passenden Balken auf. Ein paar Dübel, die in die Holme (Löcher) des Auslegers eingreifen, sichern die Platte gegen Verrutschen.

Auf diese Weise ist die Lücke im Handumdrehen mit einer vollflächigen und ebenen Zusatzauflage verschlossen. Und ich verspreche Ihnen: Darauf werden Sie nicht mehr verzichten wollen!

Viele Hersteller bieten solche Auflagen auch fix und fertig zu recht stolzen Preisen an. Da ein Selbstbau aber maximal eine Stunde dauert und das Gerippe aus Balken lediglich von unten verschraubt wird, sollten Sie sich den Kauf sehr gut überlegen. Bei dieser vollflächigen Auflage können Sie auch noch bequem den Arretierhebel (Pfeil) von unten bedienen, so dass eine Ausbuchtung normalerweise nicht nötig ist.

Arbeitsregeln und Sicherheitstipps

Mit der konsequenten und richtigen Nutzung von Spanhaube und Spaltkeil sowie ein paar einfach zu bauenden Vorschub- und Führungshilfen (z. B. Schiebestock und „Fritz und Franz") können Sie das Unfallrisiko auf einer Formatsäge bereits drastisch reduzieren. Setzen Sie darüber hinaus im Bedarfsfall noch weitere Sicherheitseinrichtungen ein wie beispielsweise Spannhilfen für den Formatschiebetisch, Andruckvorrichtungen am Parallelanschlag oder Tischvergrößerungen und Zusatzauflagen, dann ist das Arbeiten auf einer Formatsäge weitaus ungefährlicher als ein Spaziergang durch eine Großstadt. Alle diese Sicherheitseinrichtungen und Arbeitshilfen habe ich Ihnen auf den vorherigen Seiten ausführlich vorgestellt und ich werde sie auf den nun folgenden Seiten auch immer wieder in der praktischen Anwendung einsetzen. Was jetzt noch fehlt, ist die obligatorische Liste mit den wichtigsten Arbeitsregeln und Sicherheitstipps (s. Infokasten rechts). Mit all diesen Infos sind Sie auf jeden Fall bestens vorbereitet, um den gesamten Praxisteil des Buches durchzuarbeiten. Dabei werden Sie dann sehr schnell feststellen, dass man auch auf einer Formatsäge mit dem nötigen Sachverstand und etwas Umsicht stets sicher und präzise arbeiten kann.

Arbeitsregeln und Sicherheitstipps zur Formatkreissäge auf einen Blick

1. Eng anliegende Kleidung, Sicherheitsschuhe und Gehörschutz tragen.
2. Immer sämtliche Schutz- und Sicherheitseinrichtungen benutzen und vorab auf Funktion überprüfen. Auf gar keinen Fall abbauen, umgehen oder unbrauchbar machen.
3. Spaltkeil und Spanhaube dürfen nur bei ganz wenigen Ausnahmearbeiten entfernt werden und müssen sofort nach Beendigung dieser Arbeiten wieder ordnungsgemäß montiert und eingestellt werden.
4. Die Maschine immer an eine geeignete und leistungsfähige Absauganlage anschließen.
5. Bei Wartungsarbeiten und Sägeblattwechsel die Maschine mit dem Haupschalter ausschalten.
6. Das zur Anwendung passende Sägeblatt aufspannen und die auf dem Sägeblatt angegebene Höchstdrehzahl nicht überschreiten (alle weiteren Sicherheitstipps zu den Sägeblättern s. S. 67).
7. Kein „frisches" oder nasses Holz sägen. Vor dem Sägen das Werkstück auf Risse, lose Äste oder Fremdkörper wie z. B. Nägel hin überprüfen.
8. Nur Werkstücke bearbeiten, die sicher aufgelegt und am Sägeblatt vorbeigeführt werden können.
9. Werkstücke immer geführt durch Schiebetisch oder Parallelanschlag und niemals freihändig ins Sägeblatt schieben.
10. Niemals im Gefahrenbereich der Maschine stehen (z. B. direkt hinter dem Sägeblatt).
11. Finger nicht abspreizen, sondern auf eine geschlossene Handhaltung achten und die Hände nicht im Bereich der Schnittlinie auf dem Werkstück platzieren.
12. Die Span- bzw. Schutzhaube immer bis auf das Werkstück absenken.
13. Bei Schrägschnitten (schräg gestelltem Sägeblatt) je nach Maschine die breite Spanhaube montieren.
14. Bei schmalen Werkstücken den Parallelanschlag auf die niedrige Führungsfläche umstecken.
15. Parallelanschlag immer soweit zurückziehen, dass ein Klemmen des Werkstücks verhindert wird
16. Werkstücke, die schmaler als 120 mm sind, dürfen nur mit einer geeigneten Führungshilfe (z. B. Schiebestock, Schiebeholz und Seitenstoßholz) gesägt werden.
17. Diese Führungshilfen (Schiebestock, Schiebeholz und Seitenstoßholz) sollten sich stets griffbereit an der Maschine befinden.
18. Verschlissene Führungshilfen sofort durch Neue ersetzen.
19. Wenn Werkstück und Anwendung es zulassen, immer der Sägehilfe „Fritz und Franz" den Vorzug geben.
20. Abschnitte, Splitter und Späne im Umkreis von 120 mm zum laufenden Sägeblatt niemals mit den Händen, sondern ausschließlich mit dem Schiebestock oder einem Restholz entfernen.
21. Bei langen Werkstücken unbedingt eine Tischverlängerung oder zumindest Rollenböcke einsetzen.
22. Maschine nicht unbeaufsichtigt laufen lassen.
23. Den Arbeitsplatz um und auf der Maschine stets sauber halten. Lose oder umher liegende Abschnitte sind potenzielle Unfallquellen.

Kapitel 5

Grundlegende Sägearbeiten

Grundlegende Sägearbeiten

Bei einer Formatsäge können Sie das Werkstück entweder rechts vom Sägeblatt am Parallelanschlag vorbei führen oder links am Sägeblatt auf dem Schiebetisch (meist mit Ausleger und Ablänganschlag). Während man Ablängschnitte (Querschnitte) grundsätzlich am Schiebtisch vornimmt, können Längsschnitte sowohl auf dem Schiebetisch (z. B. beim Besäumen) also auch am Parallelanschlag ausgeführt werden (z. B. Breitenzuschnitte). Und genau um diese grundlegenden Sägearbeiten wie Längs- und Quersägen sowie dem präzisen Formatschnitt von Plattenmaterial geht es in diesem Kapitel. Dabei möchte ich mit zwei sehr wichtigen Punkten, die auf fast alle Sägearbeiten zutreffen, beginnen (s. Punkt 1 und 2). Vor allem die Infos zur Sägeblatthöhe sollten Sie ganz besonders beherzigen. Denn hier können Sie bereits vorab den Grundstein für die spätere Schnittqualität legen.

1. Die richtige Sägeblatthöhe passend zur Schnittqualität wählen

Immer dann, wenn die Schnittqualität keine Rolle spielt, sollten Sie das Sägeblatt in die höchste Position bringen. Weil die Sägezähne dann in einem steilen Winkel auf das Werkstück treffen, wird der Schnittdruck deutlich besser auf den Maschinentisch abgeleitet und die Rückschlaggefahr ist geringer. Auch die Schneiden werden weniger belastet, weil der Schnittweg kürzer ist. Einziger Nachteil: Starke Ausrisse auf der Unterseite!

Sollen beide Werkstückseiten einen sauberen Schnitt aufweisen, sollten die Sägezähne maximal 20 mm über dem Werkstück heraus stehen. Da die Zähne jetzt in einem flachen Winkel auf das Werkstück treffen, richtet sich der Schnittdruck eher in die Richtung des Anwenders. Die Nachteile: Es besteht eine höhere Rückschlaggefahr und Sie benötigen deutlich mehr Vorschubkraft, um das Werkstück durchs Sägeblatt zu schieben!

2. Die richtige Führungsfläche wählen: Parallelanschlag oder Schiebetisch samt Ablänganschlag

Ein schmales, aber langes Werkstück niemals mit der Schmalseite am Parallelanschlag vorbei führen. Aufgrund der Werkstücklänge und der kurzen Führungskante kommt es hier blitzschnell zu einem Verkanten des Werkstücks. Die Folge: Ein gefährlicher Rückschlag und ein vermurkstes Werkstück. Ablängen schmaler Werkstücke immer am Schiebetisch samt Ablänganschlag durchführen!

Zwar nicht so gefährlich wie das obige Szenario, aber ein Breitenzuschnitt am Ablänganschlag erfüllt bei einem derart schmalen Werkstück nur selten die geforderte Präzision. Dafür ist die Anlagekante des Werkstücks am Ablänganschlag einfach zu kurz. Deutlich mehr Anlagefläche ergibt sich in diesem Fall am Parallelanschlag, der für den Breitenzuschnitt in aller Regel die bessere Wahl ist.

Ablängen von Brettern und Bohlen mit Waldkante

Wenn Sie Bretter und Bohlen mit Waldkante an der Formatsäge ablängen möchten, dann müssen Sie unbedingt darauf achten, dass eine geschwungene Waldkante immer mit zwei Punkten dicht am Ablänganschlag anliegt (s. Bildfolge unten). Nur so ist gewährleistet, dass sich die Bohle beim Sägen nicht verdreht und dabei das Sägeblatt im Schnittverlauf einklemmt. Das wäre nämlich nicht nur extrem gefährlich, sondern könnte auch Sägeblatt und Schiebetisch beschädigen. In der Bildfolge unten stelle ich Ihnen zwei unterschiedliche Varianten vor, mit denen Sie in weniger als einer Minute eine solche Zweipunkt-Anlage realisieren können. Die erste Variante (mit den beiden Kanthölzern) lässt sich auf jeder handelsüblichen Formatsäge einsetzen. Lediglich für die zweite Variante ist zwingend ein breiter Besäumschuh mit zwei Klemmkanten an den Außenflächen erforderlich. Wichtig: Ein schmaler Besäumschuh, der nur in einer Nut befestigt und gehalten wird, bietet keine ausreichende Zweipunkt-Klemmung!

Ist die Waldkante gebogen und liegt nur mit einem Punkt (Pfeil) am Ablänganschlag an, wird die Bohle beim Sägen garantiert verrutschen. Dabei kann es zu gefährlichen Rückschlägen kommen und das Sägeblatt wird im Schnittkanal so stark verbogen, dass es Kerben in den Alu-Schiebetisch schneidet.

Variante 1: Mit zwei Kanthölzern und Hebelzwingen (Zweipunkt-Anlage)

Sie benötigen: Zwei kurze (hier 75 mm) Multiplex- oder Hartholzklötzchen (ca. 50 x 50 mm), in die Sie stirnseitig und mittig ein 15 mm Loch für den festen Bügel der Hebelzwinge einbohren.

Die beiden Klötzchen befestigen Sie jetzt mit den Hebelzwingen so am Ablängsanschlag, dass die Waldkante nur an den beiden Klötzchen dicht anliegt. Noch sicherer arbeiten Sie, wenn Sie die …

… Bohle mit einer weiteren Hebelzwinge am Auslegertisch festspannen (Bild 2). So gesichert ist kein Verrutschen oder Verkanten der Bohle während des Sägens mehr möglich.

Variante 2: Mit einem breiten Besäumschuh und der Vorrichtung „Fritz und Franz"

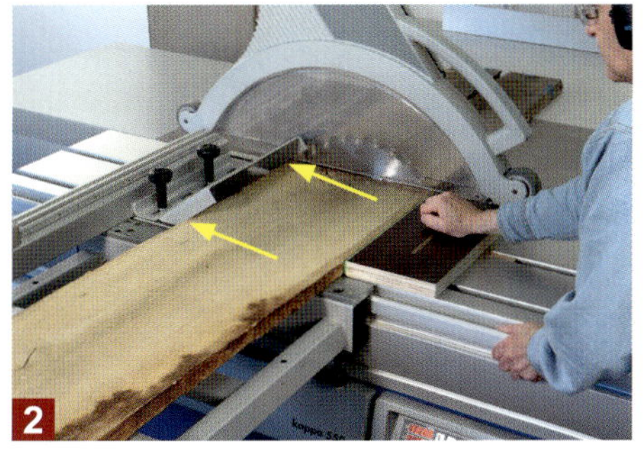

Besitzen Sie einen breiten Besäumschuh, der nur an den beiden Außenkanten klemmt (Pfeile Bild 2), dann lassen sich stark geschwungene Waldkanten auch dort sicher an zwei Punkten anlegen und sogar einklemmen. Mit dem hinteren Teil der Vorrichtung „Fritz und Franz" (s. a. S. 77) halten Sie die Bohle dicht am Besäumschuh und können sie so ohne die Gefahr des Verrutschens durch das Sägeblatt schieben.

Längssägen – Massivholz besäumen

Der Besäum- oder Klemmschuh gehört zur Standardausrüstung jeder Formatkreissäge und macht das Besäumen von Massivholz (Absägen der Waldkante bzw. Rinde) zum Kinderspiel. Benutzen Sie beim Besäumen unbedingt ein Längschnittsägeblatt mit wenigen Zähnen (etwa Z 16-28). Schieben und klemmen Sie das Werkstück unter dem Besäumschuh fest und drücken Sie mit dem Ballen der rechten Hand (geschlossene Finger!) auf die hintere Stirnkante, um die Bohle nach vorne zu schieben (linke Hand am Schiebetisch anlegen). Achten Sie darauf, dass sich die Bohle während des gesamten Sägevorgangs nicht verschiebt bzw. bewegt (s. Bild rechts). Noch sicherer geht das Besäumen mit der Sägehilfe „Fritz und Franz“, die am hinteren Werkstückende eingesetzt wird. Alles zum Bau dieser leicht modifizierten Sägehilfe fnden Sie auf Seite 77.

Der Besäumschuh (hier eine schmale Version) wird einfach in die Tischnut des Schiebetischs (Rollwagen) eingeschoben und befestigt. Er klemmt und fixiert die Holzbohle am vorderen Ende und verhindert so, dass die Bohle auf dem Schiebetisch verrutschen kann.

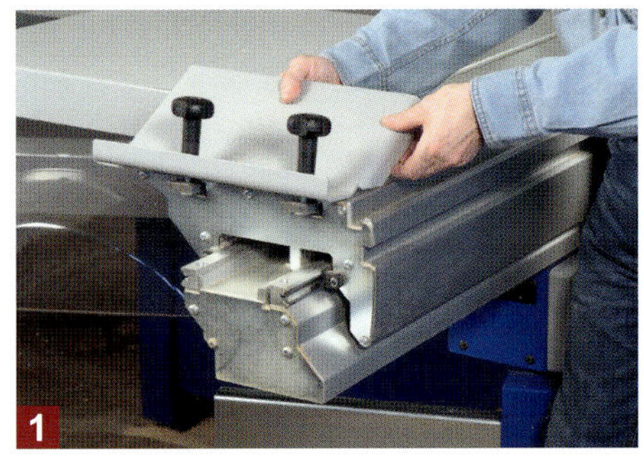

1 Als Erstes schieben Sie den Besäumschuh in die Nuten des Schiebetisches ein und klemmen ihn dort mit den beiden Schraubgriffen fest.

2 Danach richten Sie den Anfang der Bohle auf das Sägeblatt aus. Jetzt schieben Sie die Bohle unter den Besäumschuh und klemmen sie dort ein.

3 Um die Bohle auch am Ende gegen Verrutschen zu sichern, stecken Sie zuerst die Leiste unter der Sägehilfe in die Nut des Schiebetisches ein.

4 Ein kurzer Schlag per Handballen gegen die Sägehilfe reicht völlig aus, um die beiden Spitzen ein paar Millimeter tief ins Bohlenende einzuschlagen. Auf diese Weise ist dann auch das hintere Werkstückende gesichert und kann auf dem Schiebetisch nicht mehr verrutschen.

5

Besonders wichtig: Um die Rückschlaggefahr so gering wie möglich zu halten, stellen Sie die Sägeblatthöhe auf Maximum ein und senken die Schutzhaube komplett auf das Werkstück ab. Die Schutzhaube verdeckt somit den gesamten überstehenden Teil des Sägeblatts. Schalten Sie danach die Maschine ein und umfassen Sie mit der rechten Hand den schwarzen Griff der Sägehilfe (die linke Hand liegt wieder am Schiebetisch an). Bewegen Sie jetzt den Schiebetisch nach vorne. Die Waldkante wird dabei vom Sägeblatt abgetrennt und es entsteht eine schnurgerade Referenzkante. Nach dem Schnitt: Zuerst die Sägehilfe aus dem Bohlenende herausziehen und erst danach die Bohle aus dem Besäumschuh.

Längssägen – Massivholz auf Breite sägen

Sind alle Bretter und Bohlen sauber und absolut gerade besäumt, werden sie im nächsten Schritt auf die gewünschte Breite zurecht gesägt. Dies geschieht in der Regel am Parallelanschlag. Da es sich auch hier – wie beim Besäumen – um einen Längsschnitt handelt, benutzen Sie auch dazu wieder das Längsschnittsägeblatt mit wenigen Zähnen (Z 16-28). Massivhölzer stehen unter Spannung und verziehen sich gerne beim Auftrennen. Damit sich das Werkstück nicht zwischen Anschlagfläche und Sägeblatt einklemmen kann, muss sich das Anschlaglineal zurück ziehen lassen (s. Bildfolge 1 bis 3). Außerdem sollte es über eine hohe und eine niedrige Anschlagfläche verfügen. Denn bei Breiteneinstellungen von weniger als 50 mm stößt die hohe Anschlagfläche bei vielen Maschinen bereits gegen die Schutzhaube.

Bei Schnittbreiten unter 120 mm müssen Sie zwingend eine Führungshilfe benutzen, um das Werkstück nach vorne zu schieben. Bereits ein einfacher Schiebestock oder ein Schiebeholz verhindern zuverlässig, dass die Hände in den Gefahrenbereich des Sägeblatts gelangen können. Mindestens eines dieser Führungshilfen muss mit der neuen Säge ausgeliefert werden und sich stets griffbereit an einer gut zugänglichen Stelle befinden.

Noch besser ist die Herstellung und der Einsatz einer speziellen Sägehilfe. Unter dem Namen „Fritz und Franz“ hat die Berufsgenossenschaft (BG-Holz und Metall) eine solche Vorrichtung vor vielen Jahren entwickelt und Mitgliedsbetrieben eine Bauanleitung mit allen wichtigen Bauteilen kostenlos zur Verfügung gestellt. Auf der Seite 77 finden Sie aber auch eine leicht modifizierte Selbstbau-Variante. Wenn Sie diese Sägehilfe einsetzen, sollten Sie auf jeden Fall darauf achten, dass Sie die Anschlagfläche des Parallelanschlags immer bis kurz vor das Sägeblatt zurück ziehen. Der Parallelanschlag übernimmt dann nur noch die Aufgabe, das Werkstück vor dem Sägeblatt (!) parallel dazu auszurichten. Er hat keine weiteren Führungsaufgaben, da das Werkstück unverrückbar auf dem Schiebetisch zwischen Besäumschuh und Sägehilfe eingeklemmt ist. Das schnurgerade Sägen übernimmt in diesem Fall der Schiebetisch (Rollwagen).

1. Mit Sägehilfe (Fritz und Franz) und hoher Anschlagfläche

1 Bei einem Abstand zum Sägeblatt von mehr als 50 mm kann in aller Regel noch die hohe Anschlagfläche des Parallelanschlags eingesetzt werden. Beim Einsatz einer Sägehilfe sollten Sie ...

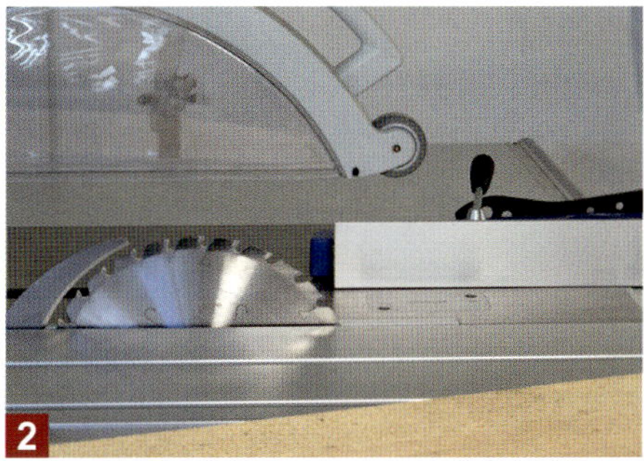

2 ... aber in jedem Fall das Anschlaglineal vor das Sägeblatt zurückziehen (ca. 20 mm). Falls sich die Schnittfuge beim Auftrennen öffnet, kann es dann nicht zum Klemmen zwischen Sägeblatt und ...

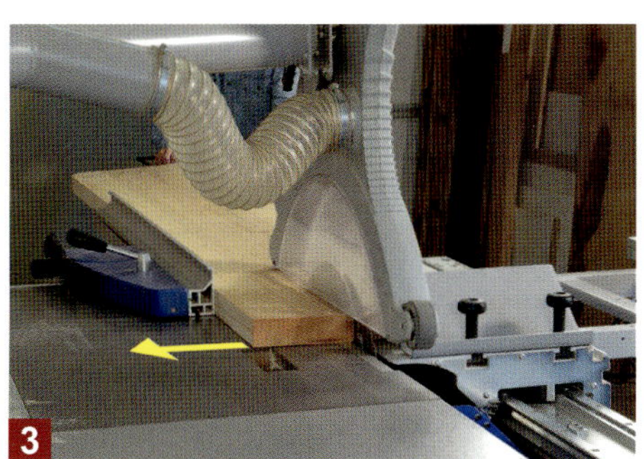

3 ... Anschlagfläche kommen. Das Brett kann sich ungehindert nach außen in Pfeilrichtung ausdehnen. **Wichtig:** Sägeblatt komplett nach oben drehen und Schutzhaube aufs Werkstück absenken!

4 Legen Sie die besäumte Werkstückkante zuerst dicht an den Parallelanschlag an. Dann die Brettvorderkante unter den Besäumschuh schieben und in die Rückkante die Sägehilfe einstecken. Jetzt ...

5 ... den Schiebetisch nach vorne bewegen und das Brett auf Breite zuschneiden. Den Brettabschnitt können Sie dann bequem am Parallelanschlag vorbei schieben und das nächste Brett zuschneiden.

2. Unter 50 mm Breite: Mit Sägehilfe und flachem Anschlag

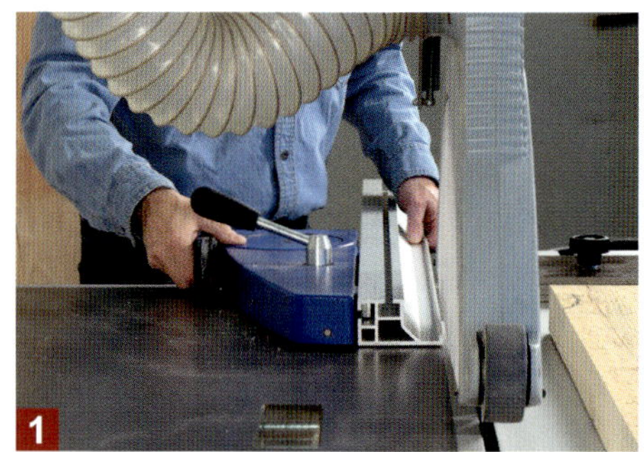

Für Werkstückbreiten unter 50 mm sollten Sie das Anschlaglineal mit der niedrigen Anschlagfläche im Parallelanschlag einstecken. Aber auch hier ...

... gilt: Beim Einsatz der Sägehilfe (Fritz und Franz) unbedingt den Anschlag bis kurz vor das Sägeblatt zurückziehen. Das Werkstück wird wieder ...

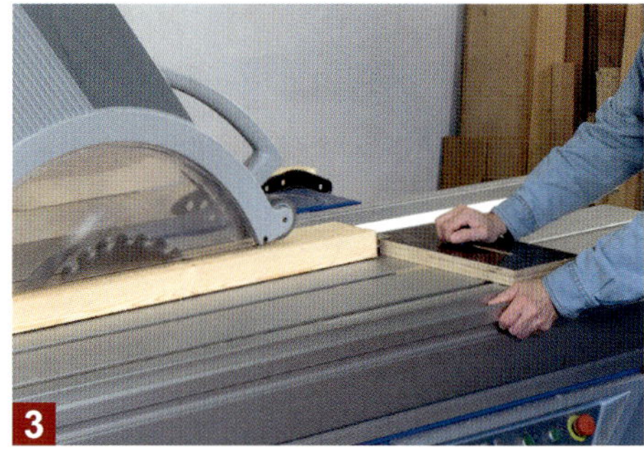

... zwischen Besäumschuh und Sägehilfe eingeklemmt und zusammen mit dem Schiebetisch schnurgerade am Sägeblatt vorbei geführt.

3. Mit Schiebestock oder Schiebeholz

Wenn Sie den Schiebestock oder das Schiebeholz einsetzen, sollte der Parallelanschlag auch die Führung des Werkstücks übernehmen. Die Spannungen, die beim Auftrennen von Massivholz entstehen können, müssen Sie aber auch hier berücksichtigen. Damit es später nicht zu einem Klemmen des Werkstücks zwischen Anschlagfläche und Sägeblatt kommt, wird das Ende des Anschlaglineals immer in einer gedachten 45°-Linie zum vorderen Sägeblattzahn eingestellt (s. Grafik im Bild rechts). Das bedeutet: Je schmaler der Zuschnitt sein soll, um so mehr wird das Anschlaglineal zurück gezogen. Denken Sie auch daran: Sägeblatt so hoch wie möglich einstellen und Spanhaube immer bis auf die Werkstückfläche absenken!

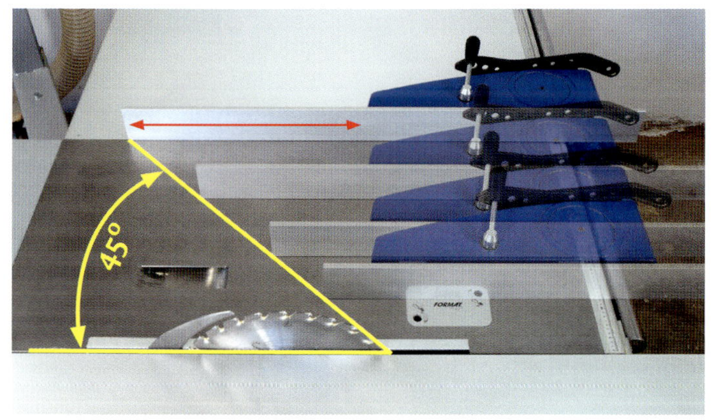

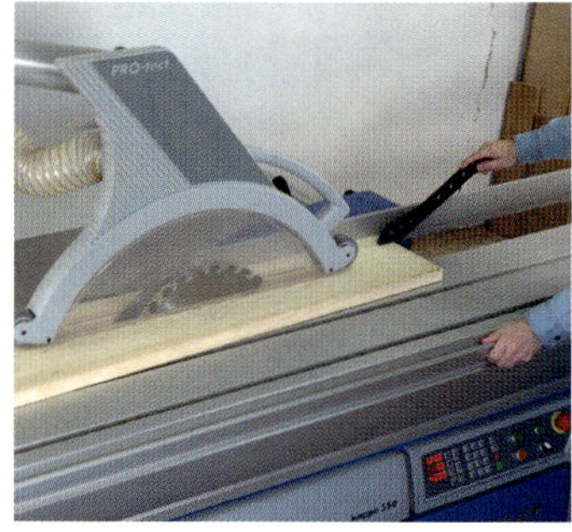

Zunächst schieben Sie das Werkstück mit den Händen ohne Schiebestock vor. Spätestens 12 cm vor der Spanhaube setzen Sie dann den Schiebestock ein und legen die linke Hand an die Seite des Schiebetisches. Schieben Sie das Werkstück mit dem Schiebestock immer bis mindestens hinter das Anschlaglineal, oder noch besser bis hinter den Spaltkeil. Auf jeden Fall immer weg von den hinteren aufsteigenden Zähnen des Sägeblatts.

Beim Zuschnitt von schmalen Leisten unter 30 mm Breite, anstelle des Schiebestocks besser ein Schiebeholz (Schiebebrett) einsetzen. Außerdem am Parallelanschlag das Anschlaglineal auf die niedrige Führungsfläche umstecken. Die Zuführung des Werkstücks erfolgt zunächst wieder von Hand. Spätestens 12 cm vor der Spanhaube mit dem Schiebeholz nachschieben, bis das Werkstückende hinter dem Anschlaglineal frei zu liegen kommt. Danach das Schiebeholz wieder am Anschlaglineal anliegend aus dem Sägeblatt zurückziehen.

Quersägen – Ablängen schmaler und kurzer Werkstücke

Schmale Rahmenstücke ab einer Länge von mindestens 15 cm können Sie sicher und wiederholgenau mithilfe des Ablänganschlags in Verbindung mit einem Anschlagreiter zuschneiden. Müssen jedoch kürzere Werkstücke unter 15 cm Länge hergestellt werden, kommt der Parallelanschlag zum Einsatz. Er übernimmt dann die Funktion des Anschlagreiters und sorgt dafür, dass später alle Abschnitte exakt die gleiche Länge haben. Der Abstand zwischen Parallelanschlag und Sägeblatt bestimmt also die Werkstücklänge. Das bedeutet dann auch, dass die fertig auf Länge zugeschnittenen Werkstücke diesmal nicht – wie sonst üblich – am Ablänganschlag liegen, sondern genau auf der gegenüberliegenden Seite vor dem Parallelanschlag (s. Bild rechts). Damit diese Technik auch wirklich sicher und präzise funktioniert, müssen Sie aber zunächst folgende Dinge unbedingt beachten:

1. Ziehen Sie immer das Anschlaglineal am Parallelanschlag (s. Pfeil Bild rechts) bis kurz vor das Sägeblatt zurück. Dadurch können sich schon mal keine Abschnitte zwischen Sägeblatt und Anschlaglineal verklemmen.
2. Damit diese kurzen Abschnitte anschließend auch nicht von den hinteren aufsteigenden Zähnen des Sägeblatts zurück zum Anwender geschleudert werden, befestigen Sie zusätzlich noch eine keilförmige Abweisleiste im hinteren Bereich des Sägeblatts (kleines Bild rechts).

3. Achten Sie dabei auf einen ausreichenden Abstand zwischen den vorderen Sägeblattzähnen und der Spitze der Abweisleiste. Das Werkstück muss immer komplett durchtrennt sein, bevor es auf die Spitze der Abweisleiste trifft.
4. Die kurzen Abschnitte sollten immer von einer ausreichend langen Leiste Schritt für Schritt abgeschnitten werden. Sobald die Leiste am Ablänganschlag nur noch 15 cm lang ist, keine weiteren Abschnitte mehr vornehmen!

Ich werde Ihnen alle diese Punkte auf den folgenden Seiten in konkreten Anwendungsbeispielen noch genauer erläutern. Dazu benötigen wir aber erst mal eine Abweisleiste.

Eine keilförmige Abweisleiste einfach, schnell und extrem günstig selber bauen

1 Fertigen Sie sich eine Hartholzleiste an mit den Maßen 500 x 40 x 20 mm. Danach zeichnen Sie die Keilschräge auf und sägen sie auf der Bandsäge zu.

2 Den groben Bandsägeschnitt glätten Sie anschließend einfach mit ein paar Hobelzügen von Hand. Dabei die Maserrichtung beachten und immer zur Keilspitze hin hobeln.

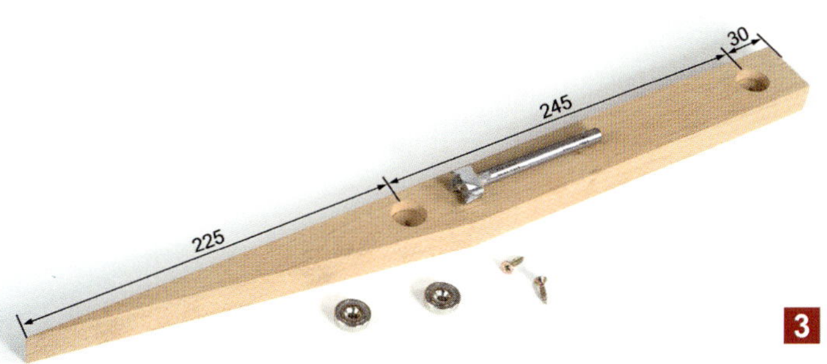

3 Als Nächstes bohren Sie mit einem Forstnerbohrer zwei 20 mm große Löcher für die beiden Rundmagnete in die Rückseite der Leiste. Am einfachsten lassen sich dort Rundmagnete mit einem Senkloch befestigen. Doch Vorsicht: Ziehen Sie die Schrauben nicht zu fest an, sonst kann der Magnet brechen. Am besten die letzten Millimeter nur von Hand mit einem Schraubendreher festziehen.

4

Ein einfacher und kostengünstiger Möbelbügelgriff mit einem Lochabstand von 128 mm reicht völlig aus. Passend zum Lochabstand bohren Sie in etwa mittig zwischen dem beiden Magneten zwei 4 mm …

5

… Bohrlöcher. Senken Sie die Löcher großzügig von der Rückseite an, damit die beiden Senkkopfschrauben später nicht vorstehen. Die gesamten Materialkosten dürften etwa 5 Euro betragen.

6

Die beiden Magnete sind stark genug, die Leiste auf jeder eisenhaltigen Oberfläche sicher in Position zu halten. Wichtig: Auf Tischflächen aus Aluminium halten die Magnete nicht!

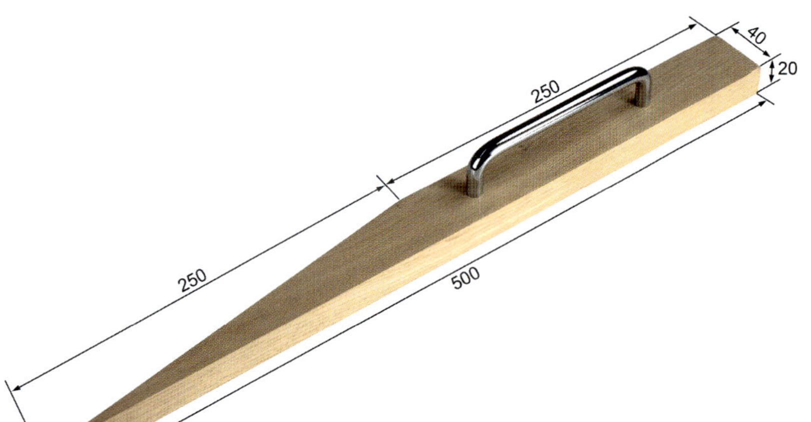

Materialliste: Abweisleiste

Pos.	Anz.	Bezeichnung	Maße (mm)	Dicke + Material
1	1	Leiste aus Hartholz	500 x 40	20 mm (z. B. Eiche)
2	1	Bügelgriff mit Lochabstand 128 mm		
3	2	Rundmagnet Ø 20 mm mit Senkung für Schraube		

Sonstiges: 2 Spanplattenschrauben 3,5 x 16

1. Anwendungsbeispiel: Schmale Rahmenhölzer präzise ablängen

1

Für den Zuschnitt von schmalen Leisten oder Brettern aus Massivholz bis zu einer Breite von maximal 60 cm sollte der Ablänganschlag in der Vorderkante des Auslegertisches montiert werden. Schieben Sie den Parallelanschlag weit genug vom Sägeblatt weg. Der wird bei dieser Anwendung …

2

… nicht benötigt. Befestigen Sie danach die Abweisleiste so, dass die Abschnitte nicht von den aufsteigenden Zähnen zurückgeschleudert werden können. Senken Sie dann die Schutzhaube bis kurz vor das Werkstück ab. Stellen Sie die Werkstücklänge am Anschlagreiter ein und klappen Sie ihn …

3

… danach weg. Sägen Sie zuerst immer ein Werkstückende genau rechtwinklig ab. Dann den Anschlagreiter wieder runterklappen und das abgeschnittene Werkstückende dort dicht anlegen und zuschneiden. So sind beide Enden exakt rechtwinklig und das Werkstück hat die gewünschte Länge.

2. Anwendungsbeispiel: wiederholgenaue kurze Holzklötzchen (50 x 50 mm) herstellen

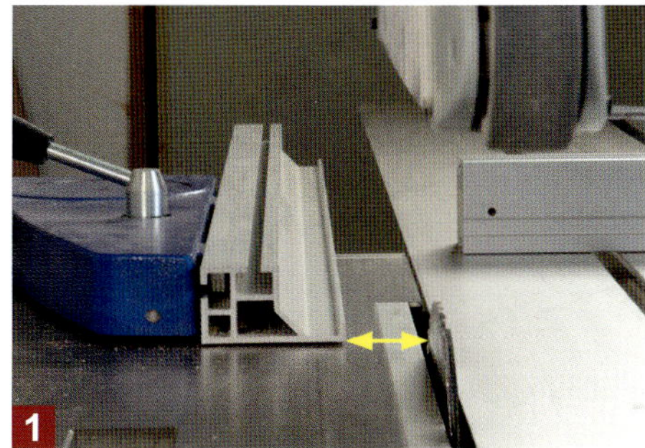
Anschlaglineal in der flachen Position einstecken und die Werkstücklänge einstellen (hier 50 mm).

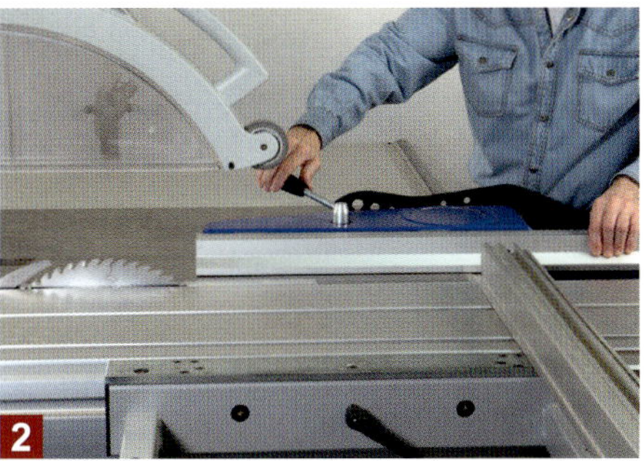
Anschlaglineal bis vor den Sägeblattkranz (Zähne) zurückziehen. Danach die Spitze des Abweiskeils …

… so platzieren, dass eine komplette Werkstückbreite durchtrennt werden kann (s. Pfeilbereich).

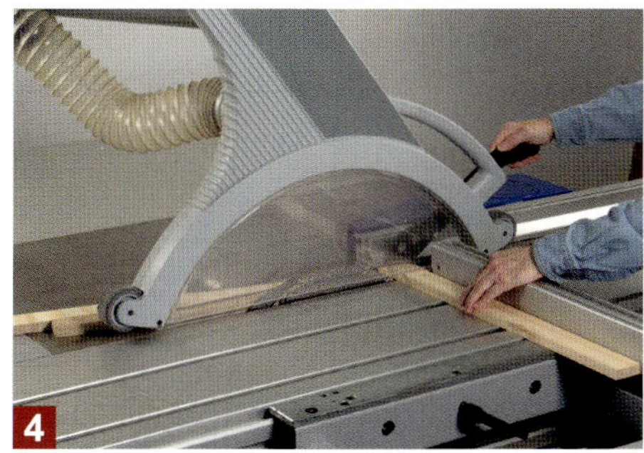
Eine exakt auf 50 mm Breite ausgehobelte Leiste an den Ablänganschlag anlegen und zunächst mal das Leistenende rechtwinklig absägen. Dann das Ende an den Parallelanschlag stoßen und …

… das erste Werkstück ablängen und mit dem Schiebestock weiter nach vorne auf die Abweisleiste schieben. Auf die gleiche Weise nach und nach weitere Klötzchen ablängen. **Wichtig:** Ist die …

… Leiste nur noch maximal 15 cm lang, dürfen keine weiteren Klötzchen mehr davon abgesägt werden! Das Ergebnis sind absolut gleichlang zugeschnittene kurze Klötzchen von nur 50 mm Länge!

Schiebestock und Absaughaube brauchen Platz!

Sie sollten sich beim Zuschnitt kurzer Werkstücke unbedingt angewöhnen, die kurzen Abschnitte mit dem Schiebestock immer sofort weiter auf den Abweiskeil zu leiten. Das ist aber nur bequem und gefahrlos möglich, wenn Sie zuvor das Anschlaglineal des Parallelanschlags auf die niedrige Anschlagfläche umstecken. Denken Sie auch immer daran die Absaughaube bis auf das Werkstück abzusenken.

So nicht! Sitzt das Anschlaglineal hochkant, hat der Schiebestock zu wenig Platz.

Mit der niedrigen Anschlagfläche bleibt ausreichend Platz für Schiebestock und Absaughaube.

3. Anwendungsbeispiel: Den Ausriss mit einem Splitterholz minimieren

Wenn der Ablänganschlag kein Splitterholz besitzt (so wie im 2. Anwendungsbeispiel auf der vorherigen Seite), kann es an der rückseitigen Leistenkante zu hässlichen Ausrissen kommen.

Um das zu verhindern, bietet der Hersteller meiner Säge ein passendes Splitterholz (Splitterzunge) für mehr als 150 Euro (!) an. Das war mir dann doch „etwas" zu teuer und so habe ich mir für etwa …

… zwei Euro Materialkosten in knapp einer halben Stunde selbst eines gebaut. Das kann blitzschnell mit nur einer Schraube am Ablänganschlag befestigt und bei Bedarf auch wieder gelöst werden.

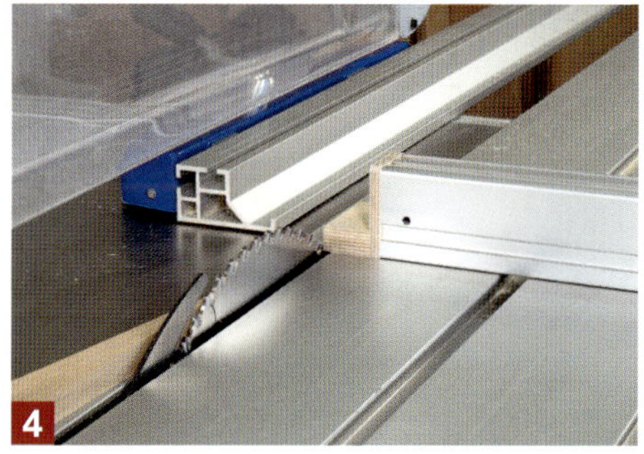

Da ein neues Splitterholz als Erstes mit dem Sägeblatt eingeschnitten oder, besser gesagt, der Überstand abgesägt wird, entspricht das Ende anschließend auch exakt der Schnittlinie des Sägeblatts.

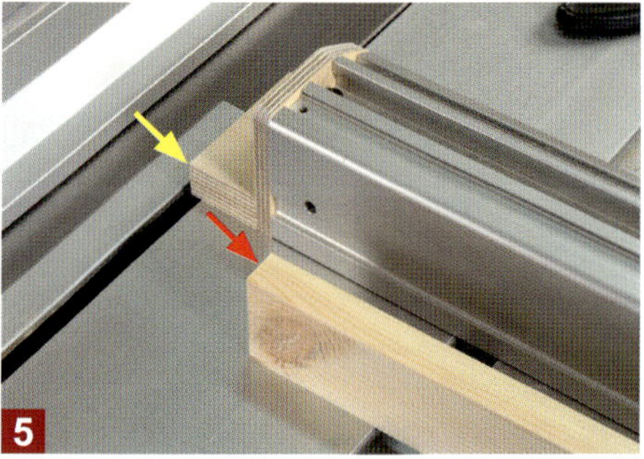

Das bedeutet: Sie können die Kante (gelber Pfeil) des Splitterholzes auch sehr gut zum Anlegen einer Bleistiftmarkierung (Riss) nutzen. Da sich das Splitterholz dabei immer direkt hinter der …

… Leistenrückkante befindet, gibt es dort (rote Pfeile) im Gegensatz zu Bild 1 auch keinen Ausriss mehr. Dieses extrem nützliche Teil ist wirklich ganz einfach nachzubauen (s. Bildfolge unten).

Spartipp: So einfach ist der Selbstbau eines auswechselbaren Splitterholzes

Stellen Sie sich als Erstes ein Kantholz her, das stramm sitzend in die mittlere Hohlkammer des Ablänganschlags Ihrer Formatsäge passt. Wichtig: Das Kantholz darf nicht zu locker sitzen.

Bevor Sie das Kantholz aber in die Hohlkammer einschlagen, bohren Sie zuerst eine Einschraubmutter mit einem M6-Innengewinde exakt mittig ins Stirnholz. Damit das Loch auch exakt …

… senkrecht verläuft, entweder die Langlochbohrmaschine verwenden oder – wie hier zu sehen – einen Bohrständer. Kantholz zuvor in der Vorderzange mit einem Winkel senkrecht ausrichten.

4
Besonders einfach und sehr präzise können Sie die Einschraubmutter mit einer solchen Holzleiste ins Stirnholz eindrehen. Die Leiste hat eine Bohrung für eine Sechskantschraube (M6 x 80) und ist ...

5
unten mit einer entsprechend großen Ausklinkung versehen (30 mm tief x 22 mm hoch), die sowohl die Einschraubmutter als auch eine Sechskantmutter zum Kontern aufnehmen kann.

6
Das Splitterholz besteht aus einem 9 mm dicken (1) und einem 24 mm dicken (2) Stück Multiplex. Beide Brettchen müssen exakt die gleiche Breite (Pfeilbereich) haben wie der Ablänganschlag!

7
Halten Sie beide Teile mit einer Zwinge zu einem Winkel zusammen und befestigen Sie das Ganze einfach mit zwei Spanplattenschrauben. **Wichtig:** Die Schrauben dürfen nicht zu lang sein, damit ...

8
... das Sägeblatt später beim Ablängen des Splitterholzes nicht auf die Schrauben trifft. Je nach Sägeblattdicke werden auch unterschiedliche Splitterhölzer benötigt. Stellen Sie sich daher am ...

9
... besten gleich ein paar mehr her. Bei Verschleiß müssen Sie später nur das 24 mm dicke Brettchen (2) nach Lösen der beiden Spanplattenschrauben ersetzen, die Pos. 1 kann weiter genutzt werden.

4. Anwendungsbeispiel: Ausrissfrei sägen mit einem Schiebeholz

1
Wenn Sie den Ablänganschlag von der Vorder- in die Rückkante des Auslegertisches umstecken und dazu ein breites Schiebeholz benutzen, können Sie die kurzen Abschnitte auch völlig ohne jeglichen Ausriss sicher und präzise zuschneiden.

2
Legen Sie dazu die Holzleiste an den Ablänganschlag und schieben Sie das Ende dann wieder dicht an den Parallelanschlag. Legen Sie jetzt das Schiebeholz an den Parallelanschlag und dicht an die Rückkante der Holzleiste. Während Sie mit ...

3
... der linken Hand die Holzleiste in dieser Position am Ablänganschlag festhalten, schieben Sie die Leiste zusammen mit dem Schiebeholz durch das Sägeblatt. Ist der Abschnitt fertig, ziehen Sie das Schiebeholz am Anschlag anliegend wieder zurück.

4

Das Ergebnis ist wirklich beeindruckend. Diese Abschnitte haben jetzt nicht nur alle exakt die gleiche Länge, sondern besitzen – dank Schiebeholz – auch keinerlei Ausrisse mehr an den Rückkanten. Wenn Sie also auf absolut perfekte ausrissfreie Werkstücke Wert legen, dann sollten Sie neben einem Sägeblatt für Querschnitte (ab 48 Zähnen) unbedingt noch ein Schiebeholz als Splitterschutz einsetzen. Das Schiebeholz sollte dabei aber mindestens die Dicke des zu schneidenden Werkstücks haben.

5. Anwendungsbeispiel: Kurze Leistchen sicher und wiederholgenau ablängen

Mit der Formatsäge können Sie auch problemlos extrem dünne Leistchen (Querschnitt hier nur 10 x 10 mm) präzise und wiederholgenau in gleichlange kurze Stücke (hier 30 mm) abschneiden. Diese Abschnitte könnten beispielsweise später als dekorative kleine Holznägel für eine Schlitz- und Zapfenverbindung genutzt werden (kleines Bild 3). Alles was Sie dazu benötigen, ist wieder das Schiebeholz und zusätzlich noch einen Teil der Sägehilfe von Fritz und Franz. Die besitzt nämlich eine rutschfeste Gummikante, die auch kleinste Werkstücke sicher und unverrückbar an Ort und Stelle hält. Und damit die Finger beim Zuschnitt nicht in Gefahr sind, wird die Leiste dabei nicht mit den Händen festgehalten, sondern einfach mit dem Schiebeholz fest an die Gummikante gedrückt. Das Schiebeholz bietet aber noch zwei weitere Vorteile: Erstens verhindert es wieder Ausrisse an der Leistenrückkante und zweitens sorgt es dafür, dass die kleinen Abschnitte immer weg von den Sägezähnen geschoben werden.

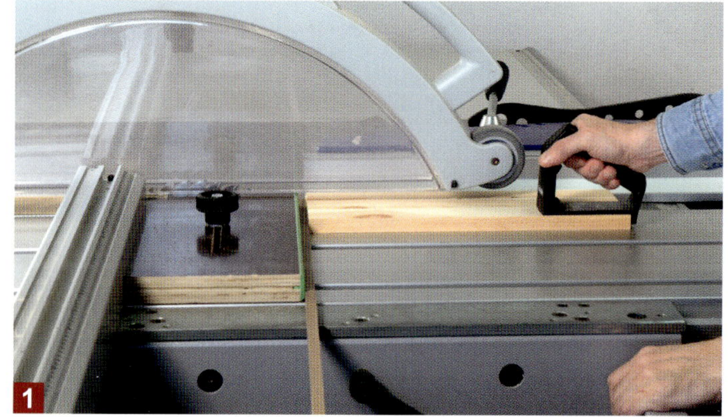
1

Befestigen Sie einen Teil der Sägehilfe (von Fritz und Franz) vor dem Ablänganschlag. Legen Sie anschließend die dünne Leiste an die Gummikante der Sägehilfe und das Leistenende wieder dicht an den Parallelanschlag. Platzieren Sie dann das Schiebeholz am Anschlag und direkt hinter der Leiste.

2

Das dünne Leistchen ist nun sicher und bombenfest zwischen der rutschfesten Gummikante und dem Schiebeholz eingeklemmt. Jetzt müssen Sie nur noch beides zusammen mithilfe des Schiebetisches nach vorne durch das Sägeblatt bewegen und schon erhalten Sie einen exakten 30 mm langen Abschnitt.

3

Nach jedem Abschnitt ziehen Sie den Schiebetisch samt eingeklemmter Leiste wieder zurück vor das Sägeblatt und schieben den Rest der Leiste erneut an den Parallelanschlag. Auf diese Weise erhalten Sie dann im Handumdrehen zahlreiche gleichlange und ausrissfreie Leistenabschnitte.

Formatschnitt von Plattenmaterial

Die Paradedisziplin der Formatkreissägen ist der absolut präzise Zuschnitt von Holzbrettern mit einer Wiederhohlgenauigkeit, die ihresgleichen sucht. Das Wichtigste bei diesem Formatzuschnitt ist eine absolut schnurgerade verlaufende Referenzkante, die meist in Maserrichtung verläuft. Auf einer Formatsäge mit entsprechend langem Rollwagen ist dieser Besäumschnitt am einfachsten herzustellen. Bei einfachen Tischkreissägen reicht der Schiebeweg aber meist nicht über einen Meter hinaus, so dass Sie in diesen Fällen besser die Handkreissäge samt Führungsschiene benutzen sollten. Den Parallelschnitt und das Ablängen können Sie dann wieder bequem auf der Tisch- oder Formatkreissäge erledigen.

Das Wichtigste beim Möbelbau ist ein wiederholgenauer und rechtwinkliger Zuschnitt aller Bauteile. Mit einer Formatsäge ist das Ganze ein Kinderspiel!

Die grundlegende Vorgehensweise beim Formatschnitt

Sägen Sie – wenn nötig – zunächst eine schnurgerade Kante an das Holzbrett. Sie können die Kante bei Massivholzplatten auch auf einer Abrichthobelmaschine gerade hobeln.

Stellen Sie die Werkstückbreite ein und legen Sie diese schnurgerade Kante gegen den Parallelanschlag, um das Brett auf die gewünschte Breite zu sägen.

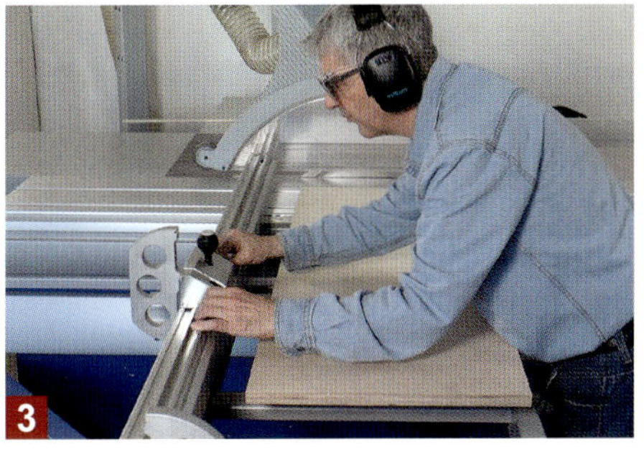

Ist der Breitenzuschnitt erledigt, stellen Sie im nächsten Schritt die gewünschte Brettlänge am Anschlagreiter ein.

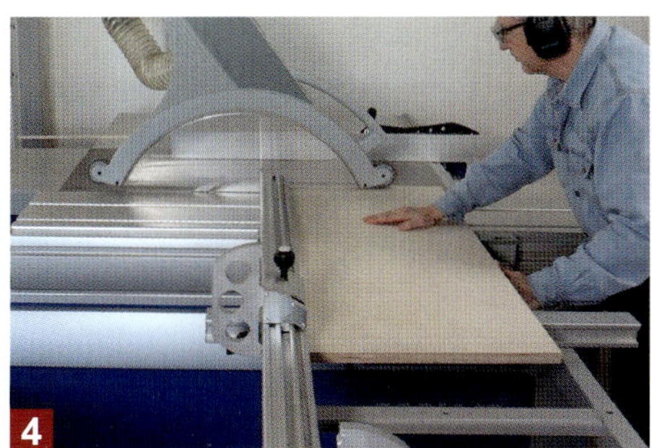

Danach legen Sie das Brett gegen den Ablänganschlag und sägen zunächst nur ein Ende genau rechtwinklig zu. Der Anschlagreiter ist dabei zurückgeklappt.

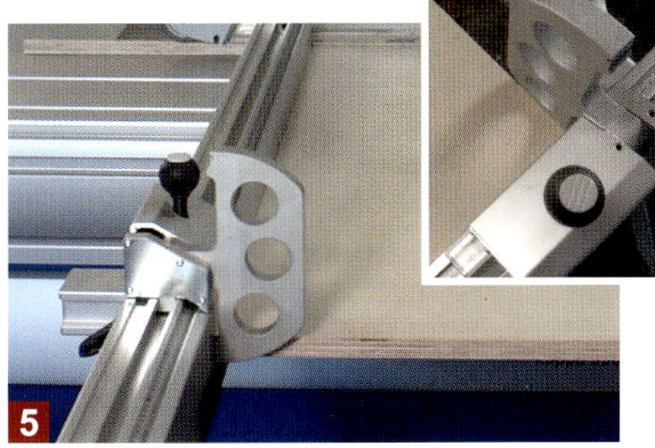

Anschlagreiter wieder nach vorne klappen. Danach die Platte um 180 Grad und das soeben rechtwinklig zugeschnittene Ende dicht gegen den Anschlagreiter legen (s. kleines Bild).

Jetzt wird auch das andere Brettende genau rechtwinklig und in der gewünschten Länge zugeschnitten. Damit erhält das Brett sein endgültiges Format.

1. Anwendungsbeispiel: Zuschnitt eines Korpus mit Mittelwand und innenliegender Rückwand

Ein sorgfältiger, passgenauer Zuschnitt ist die Grundlage für alle weiteren Arbeitsschritte. Ich vermeide hier ganz bewusst den Begriff maßgenau. Denn selbst wenn der rechts abgebildete Korpus später einen Millimeter niedriger, kürzer oder breiter ist, macht das überhaupt nichts, solange alle Bauteile zueinander passen und zusammen einen rechtwinkligen Korpus ergeben. Dazu sollten Sie beim Zuschnitt ein paar Grundregeln beachten:

1. Bauteile zuerst immer auf das meist schmälere Breitenmaß und erst danach auf Länge zuschneiden.
2. Bauteile mit identischen Maßen möglichst immer hintereinander weg zuschneiden, damit man die Anschläge nur ganz selten verstellen muss.
3. Für den Zuschnitt von Innenbauteilen wie Zwischenböden, Mittel- und Rückwänden möglichst nicht die Anschläge verstellen, sondern Materialabschnitte als Distanzhölzer zwischenlegen (s. Schritt 4 und Infokasten nächste Seite).

Wenn Sie diese drei Regeln beherzigen, dann müssen Sie beispielsweise für den Zuschnitt des rechten Korpus lediglich zwei Breiten- und zwei Längenmaße einstellen, bei denen es in keinem Fall auf eine millimetergenaue Einstellung ankommt. Viel wichtiger ist die korrekte Reihenfolge aller Bauteile und deren absolut rechtwinkliger Zuschnitt. Und so sieht die Abfolge aus:

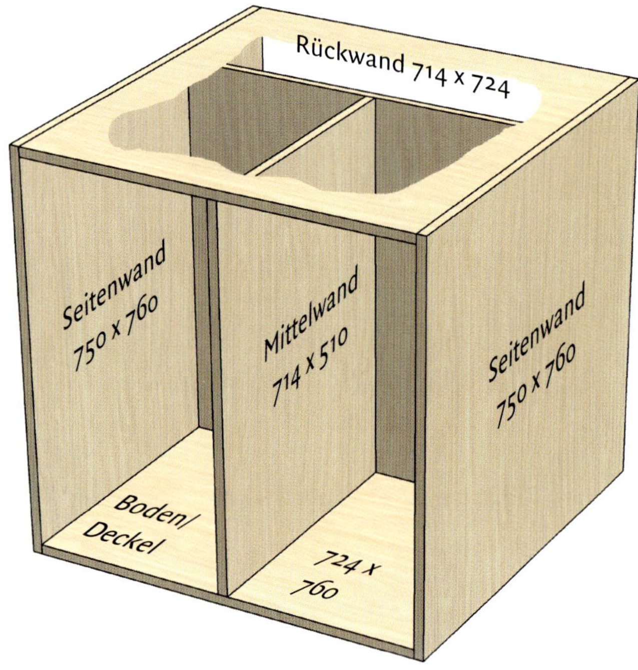

Der Korpus aus stabilem 18 mm Multiplex (750 mm hoch, 760 mm breit und 760 mm tief) soll als Rollunterschrank für einen horizontalen Frästisch dienen.

1. Schritt: Seitenwände, Boden und Deckel auf Breite zuschneiden

Da Außenwände und Außenböden meistens dieselbe Tiefe bzw. Breite haben, sollten Sie immer zuerst diese Bauteile auf Breite zuschneiden. Stellen Sie dazu den Parallelanschlag auf das Breitenmaß ein (hier 760 mm). Danach sägen Sie zunächst auf dem Schiebetisch eine schnurgerade Referenzkante an und führen diese dann beim Breitenzuschnitt am Parallelanschlag vorbei.

2. Schritt: Boden und Deckel auf Länge und mit diesem Maß auch die Rückwand auf Breite zuschneiden

In unserem Korpusbeispiel ist auch die Länge der Außenböden und die Breite der Rückwand identisch. Also stellen Sie als Nächstes den Ablänganschlag auf die gewünschte Bodenlänge ein (hier 724 mm) und längen zuerst Boden und Deckel ab. Danach sägen Sie mit der gleichen Einstellung auch die Rückwand auf Breite zu. Deckel und Böden sind dann schon mal fertig zugeschnitten.

3. Schritt: Mittelwand auf Breite zuschneiden

Da keine Bauteile mehr mit 760 mm Breite zugeschnitten werden müssen, kann der Parallelanschlag jetzt problemlos auf ein anderes (zweites) Maß eingestellt werden und zwar auf die Tiefe bzw. Breite der Mittelwand (hier 510 mm). Auch hier wieder zuerst eine Kante als Referenzkante gerade zuschneiden und anschließend diese Kante an dem Parallelanschlag vorbei führen und die Mittelwand auf Breite zuschneiden.

4. Schritt: Seitenwände, Mittelwand und Rückwand auf Länge zuschneiden

Auch den Anschlagreiter können wir jetzt auf ein neues und letztes Maß einstellen, nämlich die Höhe bzw. Länge der Seitenwände (hier 750 mm). **Wichtig:** Immer ein Ende erst rechtwinklig vorschneiden und dann dieses Ende an den Anschlagreiter legen für den Ablängschnitt.

Mittel- und Rückwand müssen exakt um die Plattenstärke von Deckel und Boden kürzer zugeschnitten werden. Anstatt nun den Anschlagreiter zu verstellen, einfach zwei kurze Abschnitte vom Deckel und Boden zwischen den Anschlagreiter und die Mittelwand legen. Das ist deutlich …

… präziser, weil damit auch gleich mögliche Dickentoleranzen der Multiplexplatten ausgeglichen werden. Denn selten haben die Platten auch tatsächlich die angegebene Stärke von 18 mm. Glauben Sie mir: **Dieser Trick ist wirklich Gold wert und erspart Ihnen jede Menge Frust und Ärger!**

Praxis-Tipp: Präzise Zwischenmaße einfach mit Materialabschnitten einstellen

Das was ich Ihnen oben in Schritt 4 am Ablänganschlagreiter gezeigt habe, funktioniert natürlich auch am Parallelanschlag. Auch den können Sie zum Einstellen von Zwischenmaßen mit Plattenabschnitten viel präziser verschieben, als man es mithilfe der Skala könnte. Dazu legen Sie einfach wieder Abschnitte gegen die Anschlagfläche und stoßen ein Brett dicht dagegen, das Sie in dieser Position mit einer Zwinge fixieren (1). Jetzt entfernen Sie die Abschnitte wieder (2) und schieben den Parallelanschlag bis dicht an das Brett heran und arretieren ihn dort (3). Das Brett wieder entfernen und fertig ist die Einstellung!

2. Anwendungsbeispiel: Großformatige Platten am Parallel- und Ablänganschlag zuschneiden

Je länger der Schiebetisch (Rollwagen) ist, um so größer können auch die Plattenformate sein, die sich darauf besäumen lassen. Der Schiebetisch muss beispielsweise für den Besäumschnitt (Bild 1) einer 250 cm hohen Schrankseitenwand auch mindestens diese Länge haben. Wenn Platz und Finanzen es zulassen, sollte er daher auf keinen Fall kürzer sein. Sind die Platten dann auch noch sehr breit, sollten Sie sich auch eine Tischverlängerung vor dem Sägeblatt gönnen. Auf die werden Sie schon nach kurzer Zeit nicht mehr verzichten wollen (s. a. Seite 88).

1 Auch bei großformatigen Platten ist zunächst ein schnurgerader Besäumschnitt unerlässlich. Dazu die Platte auf den Schiebetisch legen und etwa 10 mm von einer Längskante runterschneiden.

2 Stellen Sie als Nächstes den Parallelanschlag exakt auf die gewünschte Plattenbreite ein. Legen Sie die vorhin gesägte Längskante gegen den Anschlag und versuchen Sie, diese Kante beim gesamten ...

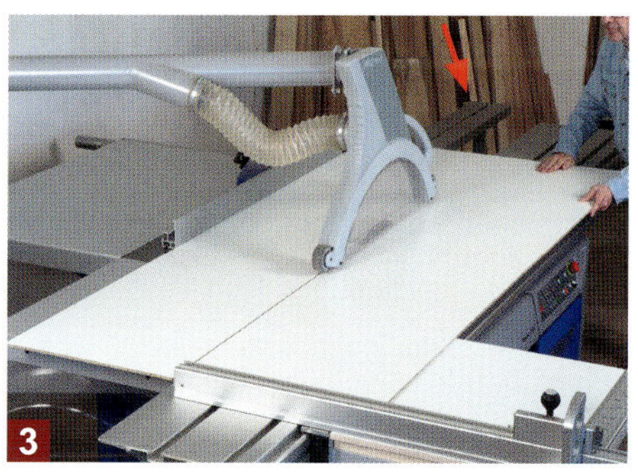
3 ... Sägevorgang immer dicht am Parallelanschlag zu halten. Das klappt am besten, wenn Sie noch eine zusätzliche Tischverlängerung vor dem Sägeblatt anbringen (s. Pfeil).

4 Sind alle Platten exakt auf Breite zugeschnitten, sägen Sie zuerst wieder nur von einem Plattenende etwas ab. Dieses rechtwinklige Ende legen Sie dann als Nächstes gegen den Anschlagreiter ...

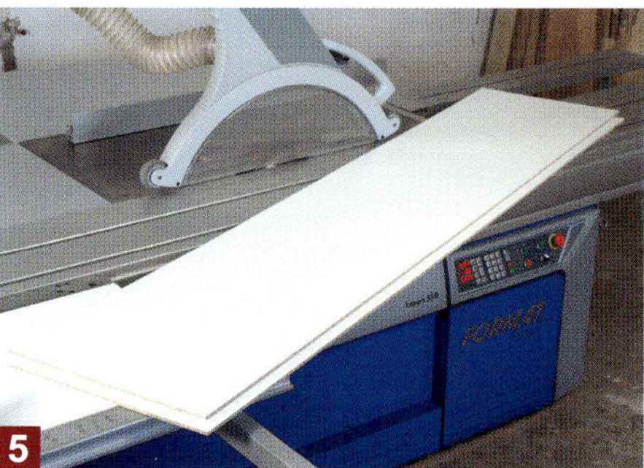
5 ... und erhalten so absolut rechtwinklige sowie wiederhol- und maßgenaue Platten. Das können Sie am besten überprüfen, wenn Sie alle Platten zum Schluss einmal aufeinander legen.

Noch präziser wird es mit einer zusätzlichen Andruck- und Führungshilfe

Das Wichtigste beim Zuschnitt am Paralleanschlag ist, dass das Werkstück permanent dicht am Anschlag anliegt bzw. vorbei geführt wird. Bei langen und breiten Platten ist das oft eine kleine Herausforderung. Abhilfe schafft hier eine zusätzliche Andruck- und Führungshilfe. Deren federgelagerte Rollen drücken nicht nur das Werkstück von oben auf den Sägetisch, sondern durch ihre leichte 5°-Schrägstellung ziehen sie es auch immer dicht an den Parallelanschlag.

3. Anwendungsbeispiel: Großformatige Platten mit der Parallelschneidvorrichtung zuschneiden

Man kann große Platten auch ganz hervorragend auf dem Schiebetisch auf Breite zuschneiden. Damit dabei aber beide Längskanten später auch exakt parallel und maßgenau zueinander verlaufen, benötigen Sie noch zwingend eine zusätzliche Auflagehilfe samt Parallelschneidvorrichtung (s. Bild 1). Je nach Modell und Hersteller sind damit Breitenzuschnitte bis etwa einem Meter möglich. Und wenn man bedenkt, dass eine 19 mm dicke Spanplatte von 250 x 100 cm Größe bereits 30 kg wiegt, ist der Schiebetisch ganz sicher die präzisere Zuschnittlösung.

1 Die Auflagehilfe kann an jeder beliebigen Stelle des Schiebetisches in das seitliche Profil eingehängt und fixiert werden. Die Parallelschneidvorrichtung (Pfeil) ist am Ende der Auflagehilfe …

2 … befestigt und besteht lediglich aus einem verschiebbaren Aluprofilstab mit Skala und Leselupe. Für den ersten Besäumschnitt klappt man das Ende des Aluprofils nach oben.

3 Auch der Anschlagreiter (Pfeil) am Ablänganschlag wird zurück geklappt. Auf diese Weise haben Sie nach dem Besäumschnitt noch genügend Übermaß für den endgültigen Breitenzuschnitt.

4 Anschließend drehen Sie die Platte um 180°, so dass Sie die soeben schnurgerade besäumte Längskante an die Parallelschneidvorrichtung und den Anschlagreiter legen können.

5 Den Anschlagreiter stellen Sie jetzt auf das gewünschte Breitenmaß der Platte ein und klappen ihn nach vorne um.

6 Auch den Profilstab der Parallelschneidvorrichtung stellen Sie mithilfe der Skala und Leselupe auf den gleichen Wert und klappen auch diesen kleinen …

7 … Anschlag (s. Pfeil Bild 6) nach unten. Jetzt haben Anschlagreiter (blauer Pfeil) und Klappanschlag (roter Pfeil) exakt den gleichen Abstand …

8 … zum Sägeblatt. Und genau das sorgt jetzt beim Breitenzuschnitt für exakt parallel verlaufende und abstandsgenaue Längskanten.

4. Anwendungsbeispiel: Zuschnitt mit einer selbst gebauten Parallelschneidvorrichtung

Falls der Hersteller die Auflagehilfe auch einzeln ohne die Parallelschneidvorrichtung anbietet, können Sie sich diese Vorrichtung auch ganz einfach selbst bauen. Allerdings müssen Sie dann auf den Komfort einer Skala und Leselupe verzichten, was aber durchaus zu verschmerzen ist. Die selbstgebaute Version besteht lediglich aus einem einfachen Multiplexbrettchen, das mit zwei Hammerkopfschrauben in den Nuten der Auflagehilfe geführt und fixiert wird. An diesem Brettchen befindet sich dann noch ein weiteres klappbares Brettchen. Am besten stellen Sie sich gleich auch noch eine längere Version her, bei der das Brettchen samt Klappanschlag auch komplett über den Schiebetisch bis zum Sägeblatt reicht.

Klappanschlag selbst bauen

Sie benötigen: Ein 50 mm breites Multiplexbrettchen in der Länge passend zur Breite der Auflagehilfe und eines zum Klappen mit den Maßen 65 x 35 mm (beide 18 mm dick), zwei M8 x 40 mm Hammerkopfschrauben samt U-Scheibe und Flügelmutter sowie ein Scharnier z. B. 60 x 35 mm. Dann nur noch zwei 8er Löcher für die Hammerkopfschrauben bohren und das Scharnier anschrauben – fertig.

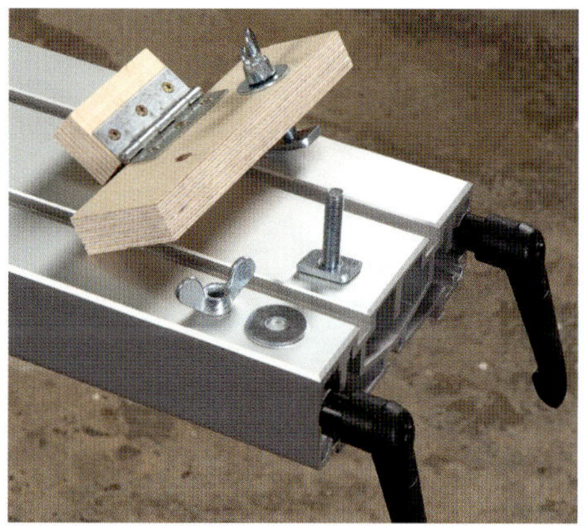

Anschlag mit Meterstab einstellen

Den Klappanschlag können Sie auch sehr gut mit einem Meterstab passend zum Anschlagreiter (Pfeil) einstellen. Dazu den Meterstab an die Außenkante des Sägeblattzahns anlegen (nicht an den Sägeblattgrundkörper) und den Klappanschlag auf das gewünschte Maß verschieben.

Anschlag mit Leiste einstellen

Noch einfacher und präziser lässt sich der Klappanschlag folgendermaßen einstellen: Zuerst den Anschlagreiter auf das gewünschte Maß einstellen, dann eine Leiste exakt auf dieses Maß ablängen und genau diese Leiste anschließend zum Einstellen des Klappanschlags benutzen.

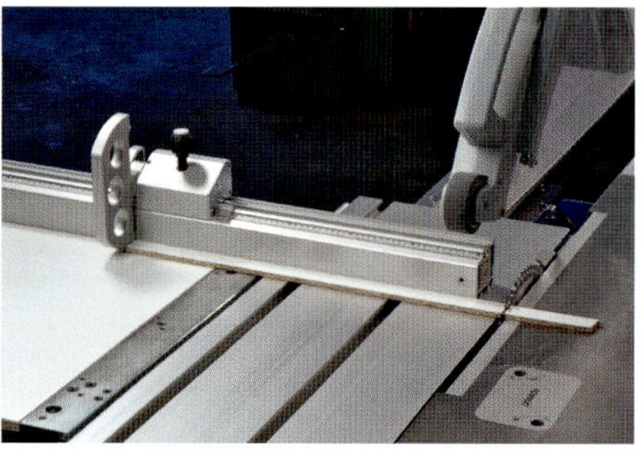

Einsatz des Klappanschlags

Ein großer Vorteil des selbstgebauten Klappanschlags: Er steht selbst bei der maximalen Breiteneinstellung nirgendwo über. Das ist leider bei der Kauflösung etwas anders. Denn das lange Aluprofil kann je nach Einstellung bis zu einem Meter weit über der Auflagehilfe herausstehen. Deshalb nutze ich persönlich das Aluprofil auch nur bei sehr schmalen Breitenzuschnitten von weniger als 40 cm. Beim Zuschnitt von breiten Rückwänden (s. Bildfolge) oder Schiebetüren nutze ich ausschließlich die Selbstbauvariante.

Für den ersten Besäumschnitt klappen Sie zuerst den selbstgebauten Anschlag und auch den Anschlagreiter aus dem Weg. Danach sägen Sie von der Längskante wieder etwa 5-10 mm ab.

Anschließend die Platte einmal um 180° drehen, so dass sich die soeben gesägte Kante jetzt auf der gegenüber liegenden Seite befindet.

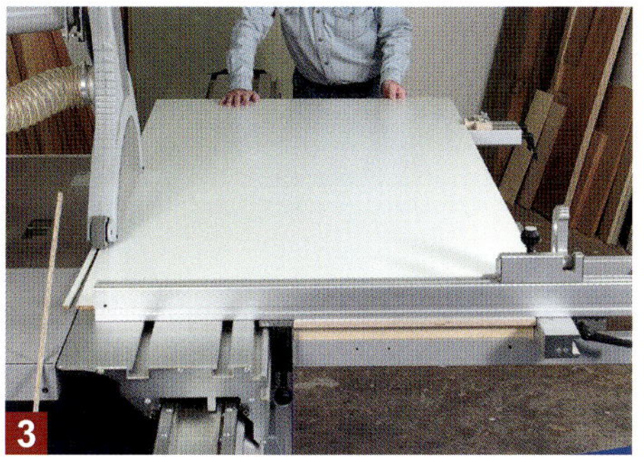

Jetzt Klappanschlag und Anschlagreiter wieder zurückklappen und die gesägte Kante dicht daran anlegen. So wird die Platte dann schon mal exakt parallel in der gewünschten Breite zugeschnitten.

Dann geht es an den Längenzuschnitt. Dazu stellen Sie das gewünschte Längenmaß zuerst am Ablänganschlag ein und schwenken dann noch den äußeren Anschlagreiter nach hinten.

Dann sägen Sie erst mal wieder nur ein Plattenende exakt rechtwinklig. Hier reichen bereits ein paar Millimeter völlig aus. Wichtig ist nur, dass die gesamte Kante durchgehend angeschnitten wird.

Dann klappen Sie den Anschlagreiter wieder nach vorne und legen das soeben rechtwinklig abgelängte Plattenende dicht gegen den Anschlagreiter.

Mit diesem letzten Schnitt sägen Sie dann auch das andere Plattenende exakt rechtwinklig und auf die gewünschte Länge zu. Vor allem großformatige Zuschnitte (z. B. für Rückwände oder Schiebetüren) werden auf dem Schiebetisch in Verbindung mit einer Parallelschneidvorrichtung deutlich präziser als am Parallelanschlag.

Kapitel 6

Verdeckte Sägeschnitte

Verdeckte Sägeschnitte

Von einem verdeckten Sägeschnitt spricht man, wenn das Sägeblatt und dessen Zähne nicht mehr wie sonst üblich aus dem Werkstück herausragen, sondern im Werkstück verdeckt bleiben. Das ist immer dann der Fall, wenn die Sägeblatthöhe geringer eingestellt ist als die eigentliche Werkstückdicke. Auch bei verdeckten Schnitten muss sich immer ein passender Spaltkeil hinter dem Sägeblatt befinden (s. a. Bilder rechts). Der hält auch bei verdeckten Schnitten die Schnittfuge offen und verhindert so ein Zurückschlagen des Werkstücks. Am besten schauen wir uns das mal an konkreten Anwendungsbeispielen an.

Sitzt die Spanhaube bei der Formatsäge direkt am Spaltkeil, müssen Sie – für verdeckte Schnitte – zuerst beides entfernen und gegen einen …

… solchen Spaltkeil für verdeckte Schnitte austauschen. Dessen Spitze muss zudem etwa 2 mm tiefer liegen als der Zahnkranz des Sägeblatts.

1. Falz herstellen

Beim Falzen und Nuten denken viele Holzwerker fast zwangsläufig an die Tischfräse, den Frästisch oder die Oberfräse. Doch gerade, wenn es um besonders tiefe Nuten oder große Falze geht, kann eine Formatkreissäge ihre ganzen Vorzüge ausspielen. So lassen sich je nach Maschine und Sägeblattdurchmesser problemlos bis zu 200 mm tiefe Nuten oder Falze herstellen. Das ist selbst auf sehr großen Tischfräsen nur mit erheblichem Aufwand möglich. Bei derart großen Schnitttiefen sollten Sie dann aber unbedingt ein Längsschnittsägeblatt (Z 16-28) einsetzen. Außerdem ist es wichtig, dass der Spaltkeil richtig eingestellt ist. Er darf mit seiner Spitze auf gar keinen Fall über den Sägezähnen vorstehen, sonst stößt das Werkstück dagegen. Während Sie beim Nuten einfach nur mehrere Sägeschnitte nebeneinander setzen, bis die gewünschte Nutbreite erreicht ist, wird das Werkstück beim Falzen in zwei Arbeitsschritten am Parallelanschlag vorbeigeschoben (s. Bildfolge unten). Dabei ist es besonders wichtig, dass sich beim zweiten Sägeschnitt der Abschnitt bzw. die Leiste nicht zwischen Sägeblatt und Anschlag befindet, sondern frei nach außen auf dem Schiebetisch zu liegen kommt. Diese Leiste könnten Sie dann beispielsweise noch als Glashalteleiste weiter verwenden. Dieser Vorteil ist vor allem bei sehr hochwertigen und teuren Hölzern nicht zu unterschätzen!

Markieren Sie sich zuerst den Falz auf das Stirnholz des Werkstücks. Stellen Sie danach mithilfe der Markierung die Sägeblatthöhe ein.

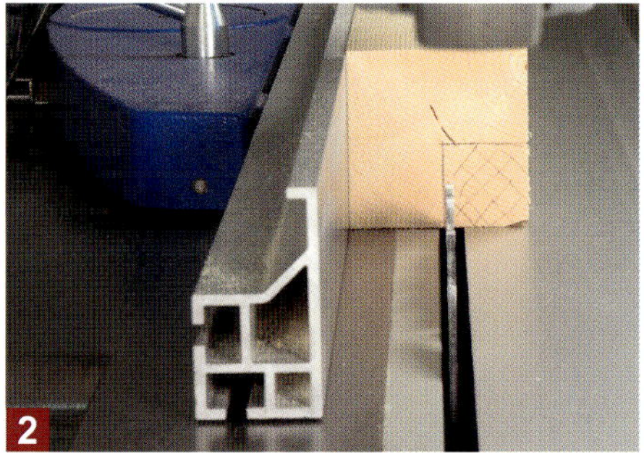

Stellen Sie als nächstes den Parallelanschlag ein. Das können Sie entweder mithilfe der Markierung oder über die Skala am Anschlag erledigen.

Dann Spanhaube auf Werkstückdicke einstellen und Werkstück am Parallelanschlag anliegend mit einem Schiebeholz durch das Sägeblatt führen.

Der zweite Sägeschnitt muss so gewählt werden, dass das Reststück im Bereich des Schiebetisches frei liegend abfällt und nicht zwischen Parallelanschlag und Sägeblatt. Dort könnte sich der Abschnitt verklemmen und zurück geschleudert werden (Bild 4).
Große üppige Falztiefen lassen sich auf der Tischkreissäge schneller und sicherer herstellen als auf der Tischfräse oder einem Frästisch. Zudem spart man erheblich an Material, da die abfallende Leiste, die sonst als Späne im Sauger landet, noch weiter genutzt werden kann (Bild 5).

Noch mehr Sicherheit beim Falzen mit einer zusätzlichen Andruckfeder

Ich muss zugeben, ich nutze Andruckfedern bei der Formatsäge eher selten. Das liegt aber vor allem daran, dass ich am häufigsten auf meiner großen Formatsäge mit frei schwebender Spanhaube arbeite. Dort kann die Spanhaube ja auch bei verdeckten Schnitten immer über dem Werkstück platziert bleiben. Wenn Sie jedoch eine Formatsäge besitzen, bei der die Spanhaube direkt am Spaltkeil montiert ist, dann bietet eine Andruckfeder auf jeden Fall ein deutliches Plus an Sicherheit. Denn ist die Spanhaube erst mal abmontiert, steigt auch die Versuchung, die Hände näher ans Sägeblatt heranzuführen. Befindet sich jedoch die Andruckfeder im Weg, muss man die (linke) Hand automatisch vor der Andruckfeder wegnehmen und nutzt dann nur noch den Schiebestock zum Vorschieben des Werkstücks (was auch völlig ausreicht).

Sicherheitshinweis!

Beim Einsatz einer Andruckfeder muss zwingend der Schiebetisch arretiert werden!

Die Andruckfeder kann schnell und einfach in der Tischnut des Schiebetisches befestigt werden. Ist die Tischnut einmal breiter als die mitgelieferten Spannelemente, legen Sie einfach einen dünnen Holzstreifen zwischen. Wichtig: Die Druckfedern …

… immer ca. 30-50 mm vor dem Sägeblatt platzieren. Es darf kein Druck auf das Sägeblatt oder die Schnittfuge erfolgen. Zudem müssen Sie beim Einsatz von Andruckfedern unbedingt darauf achten, den Schiebetisch zu arretieren!

Die Andruckfeder sollte möglichst keinen Druck auf den Abschnittbereich ausüben, damit dieser später frei neben dem Sägeblatt zu liegen kommt (s. Bild 4). Aus diesem Grund wurde die untere …

… Andruckfeder entfernt. Je nach Werkstück- und Abschnitthöhe können Sie dazu die Andruckfeder bis zur gewünschten Höhe auch mit einem Restholz unterfüttern.

2. Nuten herstellen

Mit der Tischkreissäge kann man selbst schwierigste Holzarten, Maserverläufe oder empfindliche Plattenwerkstoffe extrem sauber und nahezu ausrissfrei nuten. Da das Sägeblatt aber in der Regel nur eine Dicke von gut 3 mm hat, müssen Sie für breitere Nuten mehrere Schnitte nebeneinander setzen, bis die gewünschte Nutbreite erreicht ist. Das ist aber nicht unbedingt ein Nachteil. Denn auf diese Weise können Sie die Schnittfuge genau passend zur Dicke eines Sperrholzbodens oder einer dünnen Spanplattenrückwand erweitern. Sie müssen also nicht lange nach einen passenden Nutfräser suchen oder den Fräser vorher aufwändig auf Plattenstärke einstellen. Den größten Vorteil einer Formatsäge sehe ich jedoch darin, dass man das Werkstück beim Nuten immer flach auf den Schiebetisch auflegen kann. Das ist vor allem bei sehr schweren und großformatigen Werkstücken (z. B. Schrankseitenwände) eine riesige Erleichterung.

Generell können Sie natürlich jedes Sägeblatt – egal welche Zahnform es hat – auch zum Nuten einsetzen. Wenn Sie jedoch einen flachen geraden Nutgrund wünschen, dann wäre ein Sägeblatt mit Flachzähnen die bessere Wahl. Es gibt auch Formatsägen, auf denen Sie sogar Nutfräswerkzeuge einsetzen können. Und müssen Sie entsprechend viele Werkstücke nuten, dann lohnt sich ein solcher Umbau auf jeden Fall (mehr dazu auf S. 191).

1. Anwendungsbeispiel: Schubkastenseiten nuten

Verdeckte Auszugführungen, wie beispielsweise der Quadro V6 Auszug der Fa. Hettich, befinden sich direkt unter dem Schubkastenboden und liegen seitlich dicht an den Seitenwänden an. Der Boden ist dazu in die Schubkastenseiten eingenutet. Den Abstand zwischen Boden und Unterkante Schubkastenseite gibt der Hersteller vor. Den sollte man also genau einhalten, damit später ein einwandfreier und seitenstabiler Lauf gewährleistet ist. Für den Quadro 30 V6 schreibt der Hersteller einen Abstand von 12 bis 15 mm vor. Mit 13 mm liegt man in etwa in der Mitte und genau mit dieser Einstellung wird die erste Nut gesägt (Bild 2). Um die Nut danach mit dem zweiten Sägeschnitt auf 5 mm zu verbreitern, den Abstand zwischen Parallelanschlag und Sägeblatt entsprechend vergrößern (Bild 3).

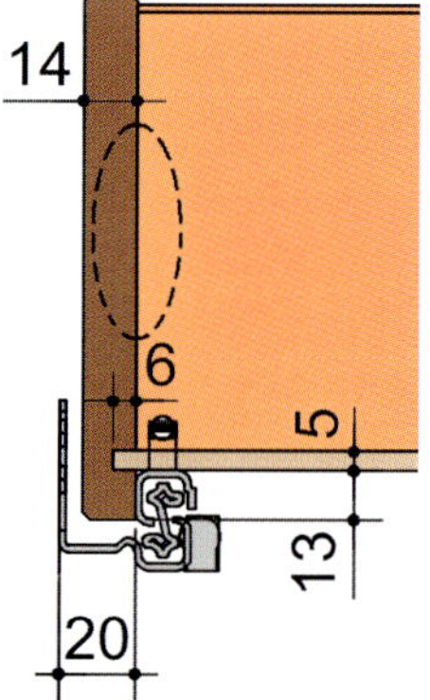

Beachten Sie immer die Angaben und Zeichnungen des Beschlagherstellers zur korrekten Position der Nut für den Schubkastenboden!

Die Höhe des Sägeblatts auf die gewünschte Nuttiefe einstellen und den Parallelanschlag in eine flache Position einstecken. Den Abstand …

… zwischen Anschlaglineal und Sägeblatt auf das zum Schubkastenbeschlag passende Maß einstellen (hier 13 mm) und alle Schubkastenseiten …

… nacheinander nuten. Anschließend den Parallelanschlag in Pfeilrichtung verschieben, um die Nut auf die erforderliche Bodendicke zu verbreitern.

Die sichere Alternative, wenn die Spanhaube abmontiert werden muss

Ist die Spanhaube direkt am Spaltkeil montiert, muss sie für verdeckte Schnitte entfernt werden. Mithilfe dieser Andruckvorrichtung werden schmale Schubkastenseiten aber wieder sicher auf den Sägetisch gedrückt und durch die schräggestellten Andruckrollen auch gleichzeitig an den Parallelanschlag gedrückt. Mit Schiebestock oder Schiebeholz kann man das Werkstück jetzt absolut sicher nach vorne schieben.

2. Anwendungsbeispiel: Lange Schrankseitenwand am Parallelanschlag nuten

Die Andruckvorrichtung der kanadischen Fa. JessEm aus den beiden Bildern oben und unten links ist ein toller Helfer und wirklich jeden Cent wert (s a. Infos auf S. 86). Mit ihr lassen sich nicht nur schmale Werkstücke deutlich sicherer und präziser nuten, sondern auch bei der Bearbeitung langer und dünner Werkstücke sind die Andruckrollen eine große Hilfe (s. Bild unten links). Denn es ist schon sehr ärgerlich, wenn man gerade einen Schrank aufbauen möchte und feststellt, dass die Nut für die Rückwand nicht über eine gleichbleibende Tiefe verfügt.

Während bei der Andruckvorrichtung Präzision und Sicherheit im Vordergrund stehen, können Sie mit einem zur Formatsäge passenden Verstellnutfräser den Zeitkostenfaktor deutlich reduzieren (s. Bild unten rechts und weitere Infos auf Seite 191). Das lohnt sich vor allem bei Nutenbreiten von mehr als 6,4 mm.

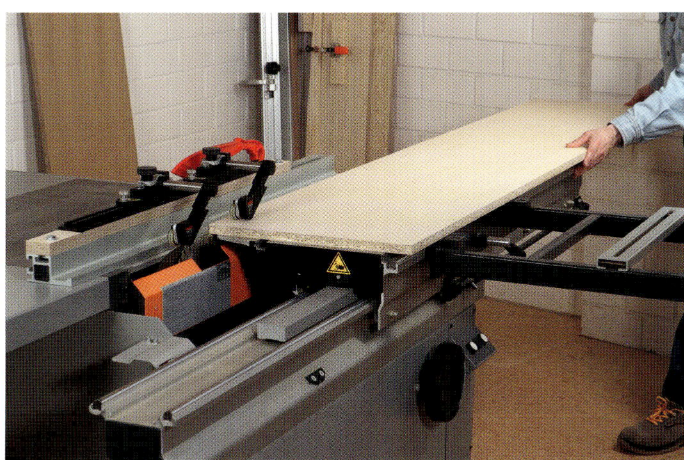

Die Andruckvorrichtung hält das Werkstück nicht nur permanent am Parallelanschlag, sondern die Rollen sorgen auch dafür, dass beispielsweise lange, dünne und leicht verzogene Werkstücke vor und hinter dem Sägeblatt immer dicht auf dem Sägetisch aufliegen. Dadurch erzielt man über die gesamte Werkstücklänge immer eine absolut gleichbleibende und präzise Nuttiefe.

Wenn Bauteil und Position der Nut es zulassen, dann sollte sich die Nut möglichst in der Nähe des Anschlaglineals befinden. Der größere Teil des Werkstücks liegt dann immer sicher auf dem Schiebetisch auf und kann so mühelos und präzise am Parallelanschlag und Sägeblatt vorbeigeschoben werden. Vor allem bei großen und schweren Bauteilen ist das ein wahrer Segen!

3. Anwendungsbeispiel: Lange Schrankseitenwand auf dem Schiebetisch nuten

In den Anwendungsbeispielen eins und zwei haben wir bereits gesehen, dass man mit dem Parallelanschlag in Kombination mit dem Schiebetisch sehr einfach und präzise nuten kann. Benötigt man dazu aber bereits zwei Sägeschnitte – was ja ohne Verstellnuter meistens der Fall ist – muss man alle Werkstücke zunächst mit der ersten Einstellung am Parallelanschlag vorbei schieben, danach den Anschlag neu einstellen, um die Nut zu verbreitern und anschließend noch mal alle Werkstücke nacheinander ein zweites Mal vorbeischieben. Bei kleinen und leichten Werkstücken ist das absolut kein Problem und geht auch relativ fix und entspannt. Was mache ich aber, wenn ich für eine große Schrankwand jede Menge 250 x 60 cm große Seitenwände aus 19 mm Spanplatte mit einem Gewicht von jeweils fast 20 kg nuten muss und das auch noch ohne einen Helfer? Richtig – ich lasse mir was einfallen! Und genau diesen genialen Einfall werde ich Ihnen natürlich auf den beiden folgenden Seiten verraten.

Am besten funktioniert dieser Kniff mit einer zusätzlichen Auflagehilfe und einer Paralleschneidvorrichtung (hier sogar die günstige Selbstbauvariante). Der Clou ist dabei, dass man nicht nach jedem Sägeschnitt das schwere Werkstück wechseln muss, sondern immer erst, nachdem die komplette Nut fix und fertig gesägt wurde. Das spart also jede Menge Zeit und vor allen Dingen Kraft. Verfügt die Formatsäge auch noch über eine digitale und elektromotorische Schnitthöhenverstellung, kann man sogar jede Seitenwand sofort nach dem Breitenzuschnitt nuten. Dazu wird einfach digital über das Bedienfeld präzise und wiederholgenau zwischen den beiden Sägeblatthöhen hin und her gewechselt. Zum Nuten von kunststoffbeschichteten Platten nutze ich persönlich am liebsten die gleichen hochwertigen Dach-Hohlzahn-Sägeblätter (s. a. S. 57), die ich auch für den Formatschnitt einsetze. Die hinterlassen immer absolut saubere ausrissfreie Nutwangen.

Mit einer Auflagehilfe samt Parallelschneidvorrichtung oder einfachem Klappanschlag und mehreren passenden Distanzklötzchen lassen sich auch 8 mm dicke Rückwände schnell und präzise mit einem normalen Sägeblatt (hier mit Dach-Hohlzahn) in lange Seitenwände einnuten.

Das Prinzip ist simpel: Nachdem alle Seitenwände exakt auf Breite zugeschnitten sind, wird das Sägeblatt auf Nuttiefe abgesenkt. Alle sonstigen Anschläge bleiben eingestellt wie gehabt. Mithilfe der Distanzklötzchen wird das Werkstück parallel verschoben und man sägt jetzt mit drei Sägeschnitten die Rückwandnut ein (s. Bildfolge unten und rechte Seite).

1. Sägeschnitt: Nut in Sägeblattstärke einsägen

Das dickste Klötzchen Nr. 1 zwischen Anschlagreiter und Werkstück legen.

An den Klappanschlag ebenfalls Klötzchen Nr. 1 legen und Werkstück dicht anstoßen.

Das Werkstück wandert nun um die Dicke des Klötzchens nach links über das Sägeblatt.

2. Sägeschnitt: Nut um etwa eine Sägeblattstärke erweitern

Klötzchen Nr. 1 entfernen und das etwas dünnere Klötzchen Nr. 2 zwischenlegen.

Auch an den Klappanschlag das Klötzchen Nr 2. zwischenlegen.

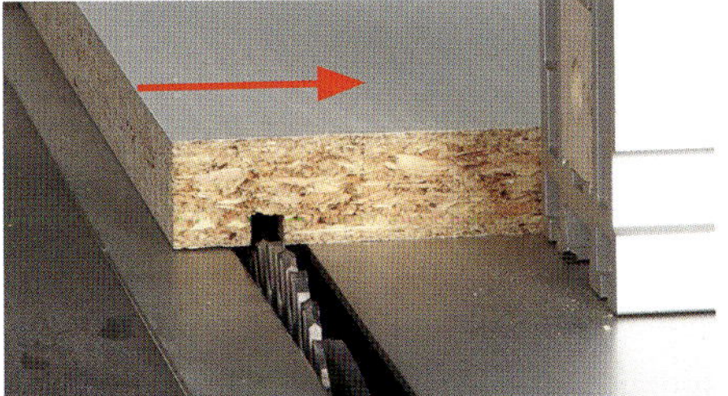

Dadurch wandert das Werkstück wieder um etwa 3 mm zurück nach rechts und verbreitert die Nut nach links auf etwa 6 mm.

3. Sägeschnitt: Fertige Nutbreite

Nun das dünnste Klötzchen Nr. 3 zwischenlegen, um die endgültige Nutbreite herzustellen.

Auch am Klappanschlag die Nr. 3 zwischenlegen. Mit diesem Klötzchen wandert das Werkstück ...

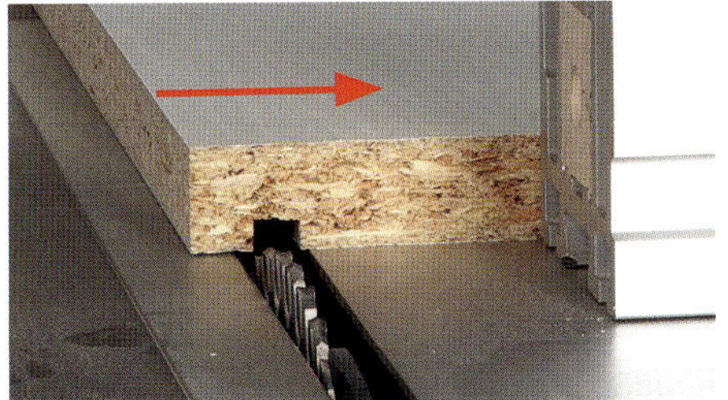

... nochmals um etwa 2 mm nach rechts und die Nut verbreitert sich noch weiter nach links auf die gewünschten 8 mm.

So berechnet man die Dicke der Distanzklötzchen

Das erste und das letzte Distanzklötzchen (hier die Nr. 3) bestimmen die Gesamtbreite der Nut. Das erste legt die Position der rechten Nutwange fest und das letzte die der linken Nutwange. Müssen Nutbreiten von mehr als zwei Sägeblattstärken hergestellt werden, kommt für jede Sägeblattstärke noch ein weiteres Distanzklötzchen hinzu (im Beispiel oben die Nr. 2). Diese Klötzchen sind nur zum Ausräumen der Nutmitte zuständig. Deren Dicke ist also nicht entscheidend für die Nutbreite und sollte in der Dicke ungefähr zwischen dem ersten und letzten Distanzklötzchen liegen. Besonders wichtig ist zum Schluss noch eine eindeutige Nummerierung aller Distanzklötzchen, damit man später beim Nuten nicht den Überblick verliert (s. Bild unten rechts).

Die Dicke des ersten Klötzchens entspricht exakt dem Abstand zwischen Rückkante der Seitenwand und der Innenfläche der Rückwand (s. Bild oben links). Mit der Dicke des ersten Klötzchens, der Dicke der Rückwand und der Sägeblattstärke kann man jetzt im nächsten Schritt auch ganz einfach die Dicke des dritten Klötzchens berechnen. Hier mal ein praktisches Beispiel: Das erste Klötzchen ist 20 mm dick, die Rückwand ist 8 mm dick und das Sägeblatt hat eine Stärke von 3,2 mm. Daraus ergibt sich folgende Rechnung: 20 mm – 8 mm + 3,2 mm = 15,2 mm. Damit man die Rückwand später beim Aufstellen des Schrankes leichter in die Nut bekommt, sollte man die 15,2 mm noch auf 15 mm abrunden, wodurch dann die Nut nicht mehr 8 mm, sondern um exakt 0,2 mm breiter wird.

3. Brett auftrennen im Umschlagverfahren

Füllungen aus Massivholz mit einem schönen gespiegelten Maserverlauf werten jedes Möbelstück auf und zeugen von einer hohen Handwerkskunst. Dieser gespiegelte Maserverlauf ergibt sich, wenn Sie ein dickes Holzbrett in der Mitte auftrennen und anschließend beide Flächen – wie ein Buch – nach außen aufklappen (s. Bild rechts). Das Auftrennen von hohen Brettern ist eigentlich die Paradedisziplin einer Bandsäge (s. a. mein Buch zur Bandsäge). Und wenn Sie eine Bandsäge besitzen, dann sollten Sie dieser Maschine auch immer den Vorzug geben. Sie besitzt nämlich zum einen mehr Schnitthöhe und hat zum anderen einen deutlich dünneren Sägeschnitt. Sie sparen also wertvolles Material. Aber das allerwichtigste: Bei der Bandsäge gibt es keine Rückschlaggefahr!

Diese Rückschlaggefahr besteht aber bei einer Formatsäge. Um Rückschläge zu minimieren, oder besser gesagt zu kontrollieren, sollten Sie das Auftrennen ausschließlich mit einer Sägehilfe (Fritz und Franz) vornehmen. Das ist nicht nur die sicherste, sondern auch die präziseste Methode. Deshalb verzichte ich auch bewusst darauf, noch andere Vorgehensweisen zu zeigen. Genau so wichtig wie eine Sägehilfe, ist auch der Einsatz einer Schutzhaube über dem Sägeblatt. Ist die nämlich auf Werkstückhöhe abgesenkt, hält Sie

das Brett sicher auf dem Schiebetisch. **Arbeiten Sie also nie ohne Schutzhaube!** Und sollten Sie die Schutzhaube bei sehr hohen Brettern einmal nicht einsetzen können, dann nutzen Sie besser die Bandsäge zum Auftrennen.

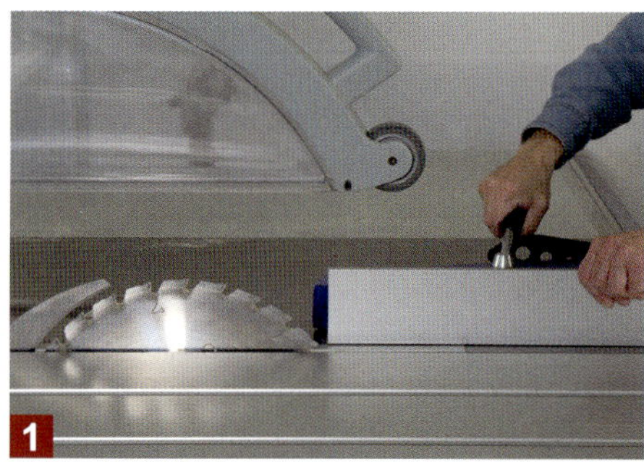

1 Längsschnittsägeblatt mit wenigen Zähnen (Z 16-28) einsetzen. Sägeblatt etwa 2 mm über die halbe Werkstückhöhe einstellen und Parallelanschlag bis kurz vor das Sägeblatt zurückziehen.

2 Werkstück hochkant gegen den Parallelanschlag legen und zwischen die beiden Sägehilfen (Fritz und Franz) einklemmen. **Wichtig:** Schutzhaube auf die Werkstückkante absenken. Mit der ...

3 ... hinteren Sägehilfe permanent Druck auf das Werkstück ausüben. So gesichert das Werkstück mithilfe des Schiebetischs durchs Sägeblatt bis hinter den Spaltkeil führen und dort wegnehmen.

4 Das Werkstück um 180° drehen (Schnittfuge zeigt nach oben) und wieder gegen den Parallelanschlag und die vordere Sägehilfe legen.

5 Mit der hinteren Sägehilfe und der rechten Hand das Werkstück wieder fest gegen die vordere drücken. Die linke Hand am Schiebtisch anlegen.

6 Werkstück komplett bis hinter den Spaltkeil führen. Ist das Werkstück durchtrennt, beide Hälften hinter dem Spaltkeil wegnehmen.

4. Schlitz- und Zapfenverbindung herstellen

Tiefe durchgehende Schlitz- und Zapfenverbindungen können hervorragend auf einer Formatsäge hergestellt werden, da sie über eine enorme Schnitttiefe verfügt. Um die schmalen Werkstücke aber gefahrlos hochkant über das Sägeblatt zu schieben, benötigen Sie unbedingt eine spezielle Vorrichtung, in die Sie das Werkstück sicher einspannen können.

Die erste Vorrichtung können Sie sich ganz leicht aus 18 mm Multiplex selbst herstellen. Sie wird an Materialkosten nicht mal 10 Euro ausmachen. Lediglich der Schnellspanner wird noch mal mit ca. 25 Euro extra zu Buche schlagen. Aber diese Anschaffung lohnt sich in jedem Fall, denn so können die Werkstücke schnell gedreht und im Nu wieder sicher fixiert werden. Durch das Drehen der Werkstücke ist der Schlitz und natürlich auch der Zapfen immer genau in der Kantenmitte. Da die Vorrichtung direkt am Anschlag des Schiebeschlittens befestigt wird, lässt sie sich mitsamt dem Werkstück per Rollwagen sicher über das Sägeblatt schieben, ohne dass sich die Finger im Gefahrenbereich befinden. Mit dem Anschlagreiter können Sie zudem die Vorrichtung sehr gut seitlich justieren.

Bei der zweiten Variante wird die Vorrichtung von Hand am Parallelanschlag vorbeigeführt. Diese Methode eignet sich daher auch perfekt für Tischkreissägen ohne Schiebeschlitten.

Auch eine klassische Schlitz- und Zapfenverbindung oder eine einfache Überblattung lässt sich auf einer Formatkreissäge herstellen. Präzise, schnell und sicher geht das Ganze mit einer Vorrichtung, die wirklich sehr einfach nachzubauen ist.

Variante 1: Schlitz- und Zapfen-Vorrichtung für den Formatschiebetisch

Das Wichtigste beim Einsatz dieser Vorrichtung ist ein kleines Brettchen, das exakt der Sägeblattdicke entspricht (s. Bildfolge 7 bis 9). Dieses Brettchen sorgt dafür, dass Sie den Anschlagreiter nur ein einziges Mal zum Schneiden der Zapfen einstellen müssen (Bild 2). Den passenden Versatz der Vorrichtung zum Schneiden der Schlitze übernimmt dann dieses unscheinbare Brettchen. Es sind also keine aufwändigen Probeschnitte mehr nötig. Das Prinzip funktioniert aber nur, wenn Sie zuerst die Zapfen herstellen. Starten Sie also damit, an ein Werkstück den Zapfen anzureißen (Bild 1). Denn diesen Anriss benötigen Sie zum Ausrichten der Vorrichtung und Einstellen des Anschlagreiters (s. Bild 2).

1

2 Spannen Sie das Werkstück auf die Vorrichtung und richten Sie den Anriss auf den Sägezahn aus. Schieben Sie den Anschlagreiter bis dicht an die Vorrichtung und arretieren Sie ihn dort.

3 Befestigen Sie die Vorrichtung in dieser Position mit Hebelzwingen am Ablänganschlag. **Wichtig:** Den Anschlagreiter erst wieder lösen bzw. verstellen, wenn alle Zapfen und Schlitze gesägt wurden.

4 Stellen Sie im nächsten Schritt die Sägeblatthöhe auf die Zapfenlänge ein. Den Meterstab dazu hochkant auf das Sperrholz der Vorrichtung auflegen und am obersten Sägezahn den Wert ablesen.

Schritt 1: Zapfen einsägen und Distanzbrettchen herstellen

5
Klemmen Sie das Werkstück in die Vorrichtung und sägen Sie die erste Zapfenflanke an. Drehen Sie danach das Werkstück einmal um 180° und fixieren Sie es wieder mit dem Schnellspanner, …

6
… um auch die andere Zapfenflanke zu sägen. Das Werkstück liegt dabei immer auf dem 5 mm Sperrholzüberstand auf und kann so vom Sägeblatt nicht in die Tischöffnung gezogen werden.

7
Stellen Sie sich als nächstes ein dünnes Brettchen her, das exakt und spielfrei in den Sägeschnitt passt. Es sollte sich leicht einstecken lassen und die Schnittfuge nicht auseinander drücken.

Schritt 2: Vorrichtung um Sägeblattdicke versetzen und Schlitze einsägen

8
Dieses dünne Brettchen legen Sie nun zwischen Anschlagreiter und Vorrichtung (s. Pfeil). Damit wird die Vorrichtung um genau eine Sägeblattstärke nach links (näher ans Sägeblatt) verschoben.

9
Klemmen Sie das Werkstück, das den Schlitz bekommen soll, in die Vorrichtung und sägen Sie wieder in zwei Schritten die beiden Schlitzflanken heraus.

10
Ist der Schlitz breiter, als die zweifache Sägeblattdicke, bleibt in der Mitte ein Rest stehen. Verschieben Sie einfach die Vorrichtung etwas nach links und sägen Sie auch diesen Rest heraus.

Schritt 3: Zapfen absetzen (zwei Methoden)

1. Methode: Mit dem Anschlagreiter

Diese Methode ist optimal, wenn alle Querrahmenhölzer die gleiche Länge haben. Denn die Einstellung des Anschlagreiters basiert immer auf einer bestimmten Gesamtwerkstücklänge. Möchten Sie aber mal schnell eine andere Werkstücklänge bearbeiten, dann müssen Sie auch den Anschlagreiter wieder neu einstellen. Das kann bei vielen unterschiedlich langen Querrahmenhölzer sehr lästig sein und im schlimmsten Fall können sich dabei schnell Messfehler einschleichen.

11
Ziehen Sie von der Gesamtwerkstücklänge eine Zapfenlänge ab und stellen Sie den Anschlagreiter genau auf diesen Wert ein. Stellen Sie die …

12
…Sägeblatthöhe bis unter den Zapfen ein und sägen Sie dann nacheinander die vier Flächen unter dem Zapfen ab (Fachsprache: Zapfen absetzen).

2. Methode: Mit einem Winkelbrett

Sollen an vielen unterschiedlich langen Querrahmenhölzern die Zapfen abgesetzt werden, dann lohnt sich der Einsatz eines Winkelbretts. Denn mit dem Winkelbrett stellen Sie lediglich die Zapfenlänge ein. Die Werkstücklänge spielt dabei überhaupt keine Rolle mehr. Alle Zapfen haben später absolut die gleiche Länge. Ein weiterer Vorteil des Winkelbretts: Die Abschnitte können sich nicht zwischen Sägeblatt und Parallelanschlag verklemmen, sondern frei darunter liegen bleiben.

Spannen Sie das Winkelbrett mit Hebelzwingen an den Parallelanschlag. Durch seitliches Verschieben des Parallelanschlags können Sie jetzt sehr präzise die gewünschte Zapfenlänge einstellen.

Wichtig: Die Höhe bzw. den Abstand des Winkelbretts zur Tischfläche so wählen, dass das Werkstückende (Zapfen) noch mindestens zur Hälfte an der Führungskante des Winkelbretts anliegt.

Der Zapfen sollte sich leicht und ohne Kraftaufwand in den Schlitz stecken lassen. Wenn er nicht von alleine wieder abfällt, hat er die optimale Passgenauigkeit.

Sind alle weiteren Zapfen abgesetzt, können Sie auch schon den gesamten Rahmen einmal probeweise ohne Leim zusammenstecken. Das Ergebnis ist jedenfalls beeindruckend (s. Bild rechts)!

Das Winkelbrett – ein vielseitiger Helfer

Das Winkelbrett leistet nicht nur beim Absetzen der Zapfen gute Dienste. Es kann auch hervorragend zum Sägen nach Schablonen oder für komplizierte Gehrungsschnitte genutzt werden (s. dazu S. 183). Die Herstellung ist wirklich kinderleicht und dürfte in weniger als einer halben Stunde erledigt sein. Alles was Sie dazu benötigen, ist ein 70 mm und ein 100 mm schmaler Streifen Multiplex (z. B. 21 mm Birke MPX – kein dünnes Sperrholz nehmen!), die Sie einfach zu einem Winkel miteinander verschrauben.

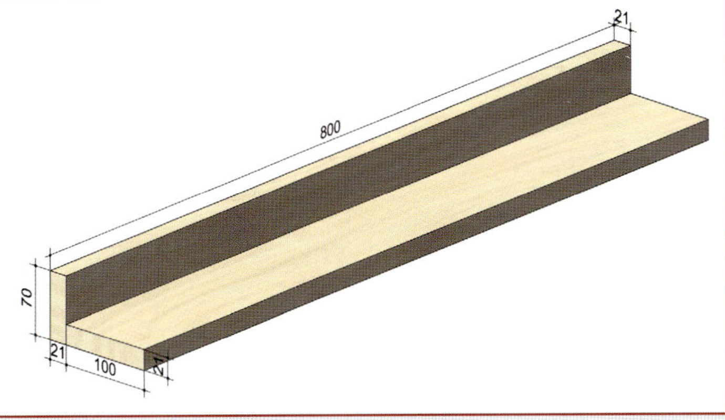

Und so einfach ist der Bau dieser Vorrichtung

Sägen Sie zunächst alle Bauteile exakt und absolut rechtwinklig nach der Materialliste zu. Die Positionen 1 und 5 müssen nicht zwingend schräg geschnitten werden, sondern können auch einfach qudratisch bzw. rechteckig bleiben. In die Pos. 2 bohren Sie anschließend mit einem Forstnerbohrer die beiden 20 mm Löcher für die Hebezwingen (Positionen s. Zeichnung unten). Schrauben Sie dann zunächst die beiden Seiten (Pos. 2 und 3) zu einem Winkel zusammen. In den Winkel legen Sie den Eckwinkel (Pos. 1) ein und verschrauben auch den mit den beiden Seiten. Wenn Sie keine Schrauben mögen, dann können Sie diese Bauteile natürlich auch mit Flachdübeln verbinden und verleimen. Die Positionen 4 und 5 sollten Sie aber auf jeden Fall mit ein paar Schrauben befestigen, damit man Sie bei Bedarf (Beschädigung etc.) wieder leicht austauschen und ersetzen kann.

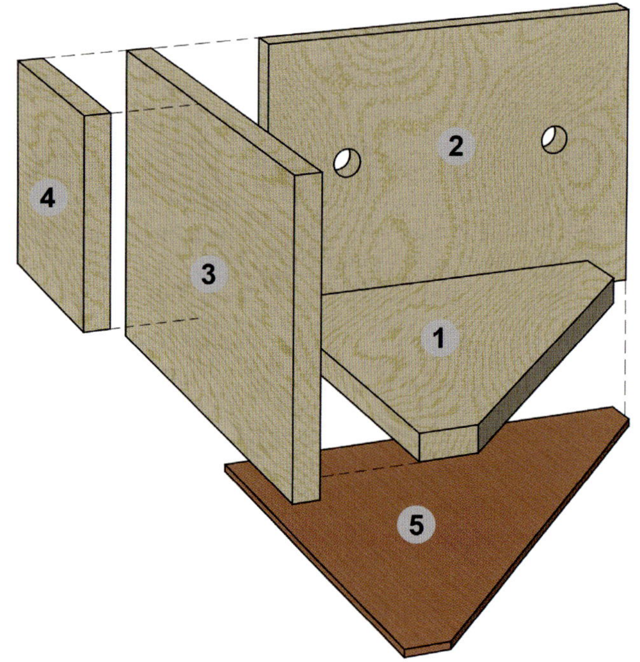

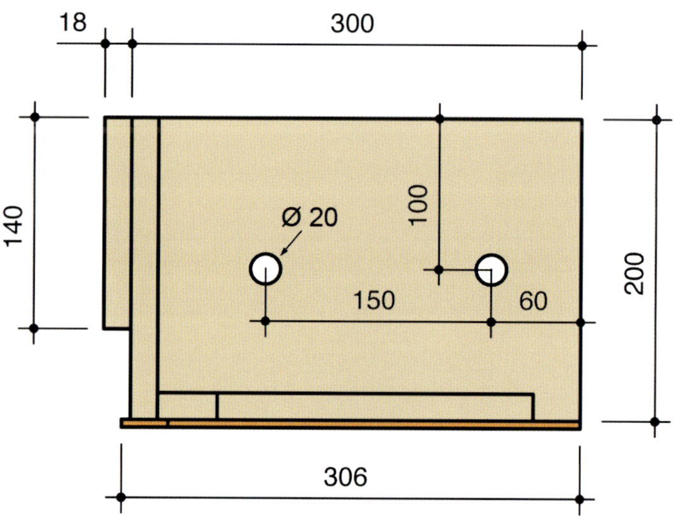

Materialliste: Schlitz-Zapfen-Vorrichtung

Pos.	Anz.	Bezeichnung	Maße (mm)	Material
1	1	Eckwinkel	250 x 250	18 mm Multiplex
2	1	Seite hinten	282 x 200	18 mm Multiplex
2	1	Seite links	300 x 200	18 mm Multiplex
3	1	Spannbrett	140 x 140	18 mm Multiplex
4	1	Grundplatte	306 x 300	5 mm Sperrholz

Sonstiges: Schnellspanner, Flachdübel, Leim, Schrauben

Variante 2: Schlitz- und Zapfen-Vorrichtung zur Führung am Parallelanschlag

Auch bei dieser Variante werden die Rahmenhölzer wieder hochkant über das Sägeblatt geschoben. Diesmal nutzen wir aber den Parallelanschlag als Führungsfläche. Allerdings können Sie die Rahmenstücke dort nur mit einer speziellen Vorrichtung sicher und ohne Kippgefahr vorbei führen. Der Bau dieser Vorrichtung ist aber wirklich sehr einfach (s. Bildfolge) und kann problemlos auf viele Werkstückgrößen angepasst werden.

1 Auf das 450 x 170 mm große und 40 mm dicke Massivholzbrett leimen Sie ein weiteres Brett auf, das exakt die Dicke der zu schlitzenden …

2 … Werkstücke hat. Dieses Brett ist außerdem nur 400 mm lang, so dass am vorderen Brettende ein zum Werkstück passender Falz entsteht.

3 Damit die Vorrichtung immer dicht am Parallelanschlag geführt wird, schrauben Sie auf die Außenfläche noch einen Griff oder Holzklotz auf.

4 Drehen Sie die Vorrichtung um und schrauben Sie oberhalb des Falzes noch einen horizontalen Schnellspanner fest.

5 Jetzt können Sie die Rahmenstücke bequem in den Falz einlegen und mit dem Schnellspanner (Kniehebelspanner) sicher fixieren.

6 Stellen Sie als nächstes den Parallelanschlag auf die Schlitzweite ein. Führen Sie die Vorrichtung mit beiden Händen am Parallelanschlag vorbei. Auch hier wird das Werkstück anschließend gedreht und noch ein weiteres Mal über das Sägeblatt geschoben.

7 Sind alle Schlitze gesägt, stellen Sie den Parallelanschlag neu ein – diesmal auf die Zapfenflanken. Auch in diese Rahmenstücke von zwei Seiten aus je einen Schlitz einsägen. Auf diese Weise befinden sich Schlitz und Zapfen immer exakt mittig in der Rahmenkante.

8 Auch mit dieser recht einfachen Vorrichtung können Sie sehr präzise Schlitz- und Zapfenverbindungen herstellen, ohne dass Ihre Hände in den Gefahrenbereich des Sägeblatts gelangen können.

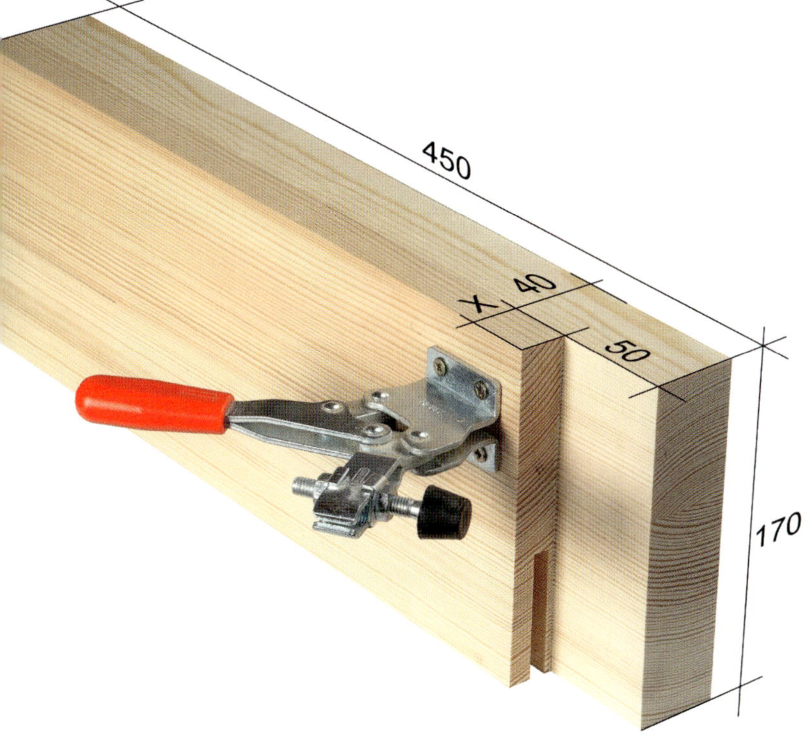

Maße Variante 2

Das Falzmaß „X“ richtet sich nach der Werkstückdicke (in unserem Beispiel 22 mm). Das Werkstück darf darin nicht zurückstehen. Es sollte eher maximal einen Zehntelmillimeter vorstehen, damit es von der Vorrichtung immer fest an den Parallelanschlag gedrückt wird. Die Vorrichtung ist so lang, dass Sie auch an das andere Ende noch einen Falz für eine weitere Werkstückdicke (z. B. 20 mm) anfräsen können. Auch hier reicht eine Falztiefe von 50 mm völlig aus. Dort können auch breitere Rahmenstücke sicher mit dem Schnellspanner fixiert werden.

5. Arbeiten mit einer Zapfen-Einstelllehre

Wenn Sie keine Lust auf Messen und langwierige Testschnitte haben, dann sollten Sie sich die Zapfen-Einstelllehre (Tenonmaker – TM-1) der amerikanischen Fa. Bridge City einmal genauer anschauen (s. Bild rechts außen). Bei dieser Lehre müssen Sie sich nicht selbst ein Distanzbrettchen passend zur Sägeblattstärke herstellen, sondern können das direkt mithilfe der verschiebbaren Profilstücke ganz genau einstellen (s. Schritt 1). Damit nicht genug, besitzt der kleine Helfer auch noch zwei vorstehende bewegliche Zinken, mit denen Sie die Breite eines Zapfenlochs (bis maximal 51 mm) präzise abgreifen können (s. Schritt 2). Auf diese Weise zeigt die Lehre später einen Versatz an, der exakt der Sägeblattstärke plus Zapfenbreite entspricht. Wenn Sie jetzt die Lehre quasi als Distanzstück zwischen Anschlagreiter und Zapfenvorrichtung legen, können Sie durch einfaches Umdrehen (ohne Messen und Testschnitte!) sowohl die linke als auch die rechte Zapfenflanke passgenau einschneiden (s. Schritt 3). Diese absolut geniale, aus massivem Aluminum gefertigte Einstelllehre ist wirklich jeden Cent wert.

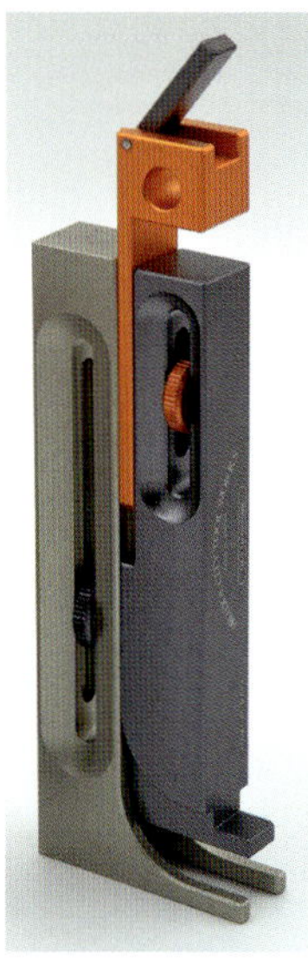

Schritt 1: Sägeblattstärke einstellen

1

Zuerst am Parallelanschlag in ein Restbrett (z. B. 18 mm Leimholz) einen etwa 50 mm kurzen Längsschnitt herstellen (Bild 1). Anschließend aus dem Brett hochkant am Ablänganschlag ein Teilstück davon heraus schneiden (Bild 2). Brett umdrehen und das Teilstück wieder in die Aussparung legen.

2

Dabei ergibt sich oben an der Brettkante ein Versatz, der genau der Sägeblattstärke entspricht. Jetzt die Lehre hochkant auf den Versatz stellen und den orangenen Schieber dicht auf den Abschnitt absenken. In dieser Position den Schieber mit dem orangenen Rädchen arretieren (Bild 3).

3

Schritt 2: Zapfenlochbreite mit der Lehre abgreifen

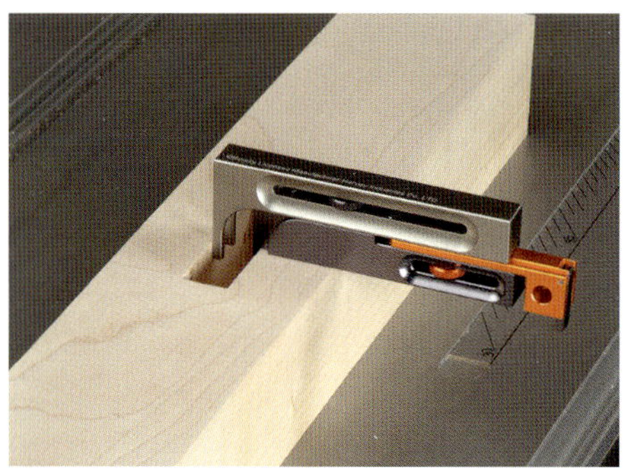

Der orangene Schieberegler ist nun auf Sägeblattstärke eingestellt. Was jetzt noch fehlt, ist die Einstellung der Zapfenlochbreite. Legen Sie dazu die Lehre mit den beiden Zinken in das Zapfenloch. Lösen Sie jetzt das graue Rädchen und schieben Sie die Lehre im Zapfenloch auseinander, bis die beiden Zinken dicht an den Lochflanken anliegen. In dieser Position die Lehre wieder mit dem grauen Rädchen fest arretieren.

Schritt 3: Zapfenschneidvorrichtung ausrichten und fixieren

Zum Anschneiden der Zapfenflanken nutzen Sie wieder die Vorrichtung von den vorherigen Seiten. Außerdem sollten Sie sich einen solchen Anschlagreiter herstellen (s. Zeichnung unten), weil sich die Lehre nicht an die üblichen Klappanschläge …

… anlegen lässt. Zeichnen Sie sich auch die Zapfenpositionen auf ein Werkstück und richten Sie den nach rechts zeigenden Zahn auf die linke Markierung aus. In dieser Position fixieren Sie die Vorrichtung zunächst einmal mit zwei Hebelzwingen.

Jetzt legen Sie die Lehre an die Vorrichtung, stoßen den selbstgebauten Anschlagreiter dicht dagegen und fixieren ihn mit einer Klemme oder Hebelzwinge. Er bleibt die ganze Zeit in dieser Position festgespannt und darf nicht mehr verstellt werden!

Schritt 4: Zapfenflanken anschneiden

Mit dieser Einstellung schieben Sie nun das Werkstück (gesichert mit einer Hebelzwinge) hochkant über das Sägeblatt, um die erste (linke) Zapfenflanke einzusägen. Erst wenn alle linken Zapfenflanken fertig eingeschnitten sind, wird die Vorrichtung auf die rechte Zapfenflanke verschoben.

Dazu die Hebelzwingen an der Vorrichtung lösen. Die Lehre einmal um 180° drehen und den orangenen Schieber an den Anschlagreiter anlegen. Danach die Vorrichtung dicht gegen das andere Ende der Lehre stoßen und wieder mit den beiden Hebelzwingen am Ablänganschlag fixieren.

Damit hat sich das Werkstück samt Vorrichtung exakt um Zapfenstärke plus Sägeblattdicke nach links verschoben und Sie können nun auch alle rechten Zapfenflanken einschneiden. Das Ergebnis sind absolut spielfreie und passgenaue Zapfen ohne langwierige Testschnitte.

Zum Schluss muss der Zapfen nur noch „abgesetzt“ werden (Bild links). Es ist schon beeindruckend, wie einfach und präzise man mit dieser kleinen Lehre einen passgenauen Zapfen herstellen kann – genial!

Aufbau und Maße des Anschlagreiters

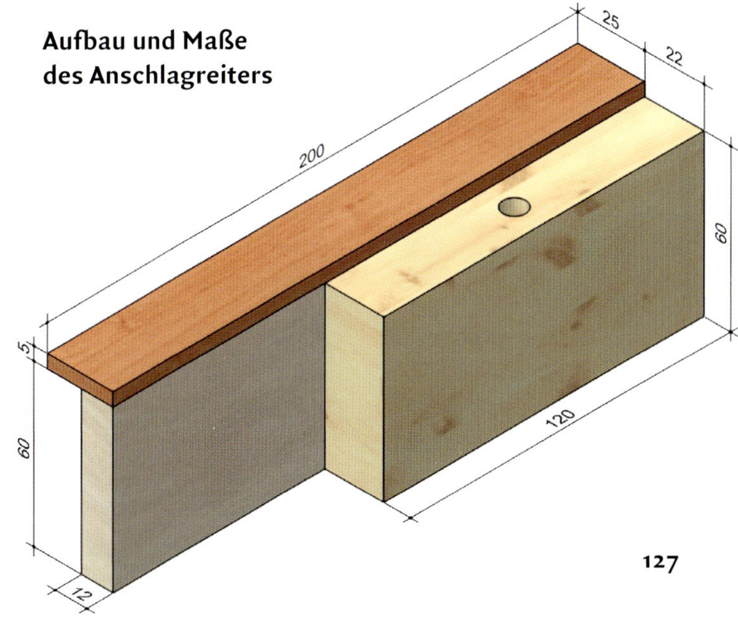

6. Kreuzüberblattungen mit einer Schlitz- und Nuten-Einstelllehre

Bei einer Kreuzüberblattung werden in die Bauteile wechselseitige Schlitze eingesägt oder gefräst, damit man Sie später kreuzförmig zusammenstecken kann. Interessante Anwendungsbeispiele sind u. a. Kreuzsprossen (s. a. S. 194) und dünne Trennwände für Schubkästen (s. Bild rechts). Auf der Formatsäge wird dazu die Schlitzweite zuerst mit zwei passenden äußeren Sägeschnitten begrenzt und der verbliebene Rest in der Mitte mit weiteren Sägeschnitten ausgeräumt. In der Regel sind für die passenden Außenschnitte einige Testschnitte und etwas Hirnschmalz nötig. Wem das zu lange dauert, für den bietet die Fa. Bridge City auch dafür ein interessantes Hilfsmittel mit dem Namen „Kerfmaker" (hier der KM-1) an. Mit etwa 50 Euro ist die Lehre zwar kein Schnäppchen, aber angesichts der makellosen Verarbeitung aller präzisionsgefrästen Aluminiumbauteile durchaus vertretbar. Der hier gezeigte KM-1 kann bis zu einer Rahmenfriesbreite von bis zu 50 mm eingesetzt werden. Die größere Version (KM-2) schafft bis zu 100 mm, kostet mit knapp 100 Euro aber auch das doppelte! Mir reicht der Kleine, den ich ganz sicher nicht

mehr missen möchte. Denn mit diesem genialen Teil gelingen perfekt passende Überblattungen auf Anhieb – ohne langwierige Testschnitte und lautes Fluchen. Aber schauen Sie selbst.

Schritt 1: Sägeblatt- und Materialstärke einstellen

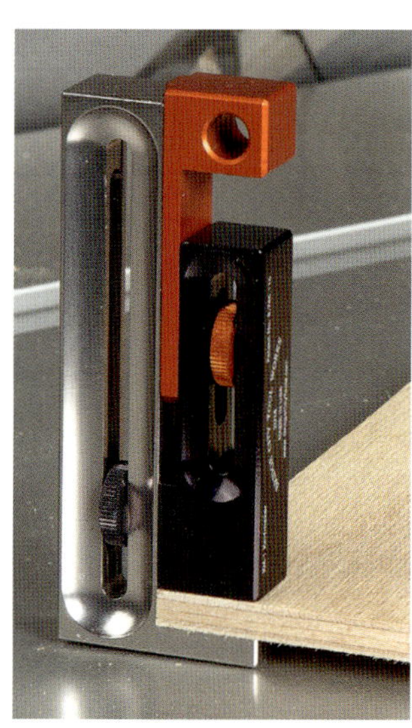

Auch bei der Nuten-Einstelllehre müssen Sie zunächst wieder die Lehre exakt auf die Sägeblattstärke einstellen. Genau so, wie bei der Zapfen-Einstelllehre, sägen Sie dazu einen kurzen Längsschnitt in ein Restbrett, sägen anschließend ein Teilstück davon heraus und legen es, wie im Bild links zu sehen, wieder in die Ausklinkung zurück. Dabei entsteht ein Absatz, der genau der Sägblattstärke entspricht. Stellen Sie jetzt die Lehre hochkant mit dem festen silbernen Ende auf das Teilstück auf und schieben Sie den orangenen beweglichen Anschlag auf die Brettkante und arretieren Sie ihn mit der orangenen Rändelschraube. Damit ist die Sägeblattstärke eingestellt und Sie können jetzt die Trennwanddicke einstellen. Dazu öffnen Sie die graue Rändelschraube und legen ein Sperrholzbrettchen zwischen, aus dem die Trennwände zugeschnitten werden. In dieser Position die Rändelmutter wieder festziehen.

Schritt 2: Anschlagbrett für den Anschlagreiter

Den Anschlagreiter von der vorherigen Seite können Sie auch mit einem Klappanschlag nutzen und sicher in Position halten. Dazu schrauben Sie einfach an die Vorderseite zwei Brettchen, die den Klappanschlag quasi einklemmen.

Es ist dabei extrem wichtig, dass der Klappanschlag absolut spielfrei zwischen den beiden Brettchen sitzt. Das erreichen Sie nur, wenn Sie den Klappanschlag beim Anschrauben der Brettchen mit einer Zwinge fest einklemmen.

Der Klappanschlag kann dann später einfach zwischen die beiden Brettchen umgeklappt werden und schon lässt sich das Ganze wie gewohnt am Ablänganschlag hin und her schieben und mit dem Drehknopf sicher an jeder beliebigen Stelle fest arretieren.

Schritt 3: Kreuzüberblattungen einsägen

Zeichnen Sie sich auf eine Trennwand die Einschnittpositionen an und richten Sie den linken Sägezahn auf die linke Markierung aus (Bild links). Legen Sie jetzt die Lehre an die Trennwand (die silberne Kante liegt am Anschlag an), schieben Sie danach den Anschlagreiter dicht dagegen und fixieren Sie ihn.

Befestigen Sie vor und hinter der Trennwand jeweils einen Sägeblattschutz (mehr infos dazu s. S. 201). Dadurch sind die Hände immer optimal geschützt und können niemals ins Sägeblatt abrutschen. Der Schutz ist bei den folgenden Bildern nur zur besseren Sicht auf den Sägeschnitt entfernt worden!

Und so funktioniert das Ganze: Legen Sie die Lehre zuerst mit der silbernen (kürzeren) Kante an das Ablänglineal und klemmen Sie ihn zwischen Anschlagreiter und Trennwand ein. Auf diese Weise sägen Sie mit dem ersten Schnitt bis dicht an die nach links außen liegende Markierungslinie heran.

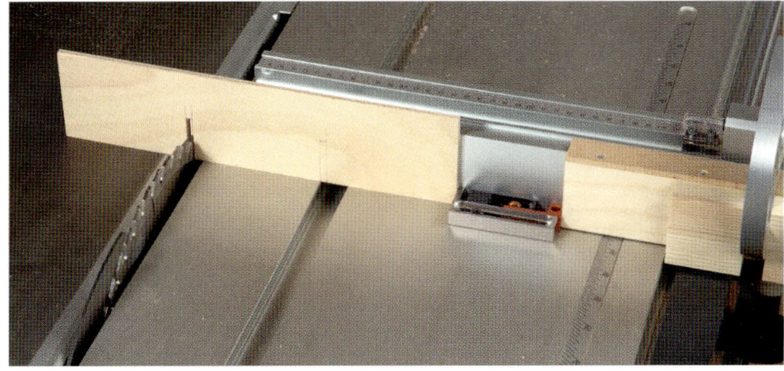

Danach drehen Sie die Lehre um, so dass nun die Kante mit dem orangenen Schieber am Ablänganschlag anliegt. Dadurch verschiebt sich die Trennwand nach links und der Schnitt wird exakt auf die Trennwandstärke verbreitert. Der Anschlagreiter wird zu keiner Zeit verstellt und verbleibt immer in Position!

Stecken Sie einmal probeweise einen Trennwandabschnitt in den Schlitz. Er darf ruhig ein klein wenig fester sitzen. Nach dem Schleifen der Trennwandflächen passen sie dann perfekt.

Es ist immer wieder erstaunlich, wie stabil solche dünnen Sperrholztrennwände sind, wenn Sie präzise zusammen passen. Mit der Nuten-Einstelllehre ist das jedenfalls ein Klacks. Und wenn etwas …

… ohne langwierige Testschnitte direkt auf Anhieb zusammen passt, dann macht es auch noch richtig Spaß. Diese kleine Einstellehre ist jedenfalls jeden Euro wert und begeistert mich immer aufs Neue!

7. Einsetzsägen

Soll der Sägeschnitt nicht – wie sonst üblich – durch die komplette Werkstücklänge, sondern innerhalb des Werkstücks verlaufen, wird das sogenannte Einsetzsägen angewendet. Dabei taucht das Sägeblatt in einem vordefinierten Abstand im Werkstück ein und wieder aus. Da beim Eintauchen des Sägeblatts eine erhöhte Rückschlaggefahr besteht, müssen Sie auf jeden Fall das Werkstück im hinteren Bereich immer durch ein Rückschlagholz sichern. Damit der Schnitt später exakt die gewünschte Länge hat, ist es sinnvoll, auch im vorderen Bereich ein Stopp- bzw. Anschlagholz zu befestigen.

Zwei typische Anwendungsbeispiele für das Einsetzsägen zeige ich Ihnen Schritt für Schritt auf den folgenden Seiten. Dabei handelt es sich einmal um einen Einsetzschnitt, der durch die gesamte Plattendicke geht und einmal um eine eingesetzte Nut für eine Schrankrückwand. Einsetzsägen sollten Sie generell nur mit Schutzhaube durchführen. Deshalb sind Formatsägen, bei denen die Schutzhaube direkt am Spaltkeil montiert wird (s. Bild rechts) für Einsetzschnitte aus Sicherheitsgründen nicht zu empfehlen. Auch auf Maschinen mit einer manuellen Einstellung der Sägeblatthöhe ist kein sicheres und präzises Einsetzsägen möglich. Sollte das auf ihre Formatsäge zutreffen, dann nutzen Sie zum Einsetzsägen besser die Handkreissäge (Tauchsäge!) samt Führungsschiene.

Und ganz wichtig: Sind alle Einsetzschnitte gemacht, den Spaltkeil sofort wieder an die Säge montieren!

1. Anwendungsbeispiel: Einlassen eines Lüftungsgitters

Schritt 1: Vorbereitungen an der Maschine

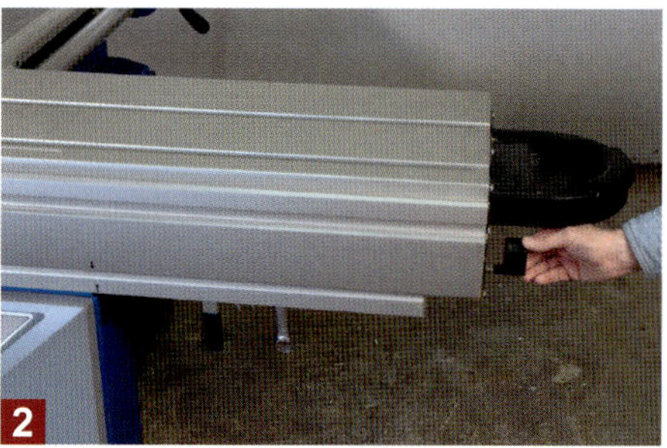

Bild 1: Damit Sie Einsetzschnitte durchführen können, müssen Sie zuerst den Spaltkeil hinter dem Sägeblatt entfernen. Denken Sie auch daran, dass Sie die Spaltkeilaufnahme (Pfeil) wieder richtig festziehen!

Bild 2: Beim Einsetzsägen müssen Sie unbedingt darauf achten, den Schiebetisch sicher zu arretieren. Er darf sich beim Sägen nicht bewegen!

Schritt 2: Ein- und Aussetzpunkte an Werkstück und Maschine festlegen

Legen Sie das Lüftungsgitter in der gewünschten Position auf das Werkstück und markieren Sie sich Anfang und Ende der beiden Stege unterhalb des Gitters.

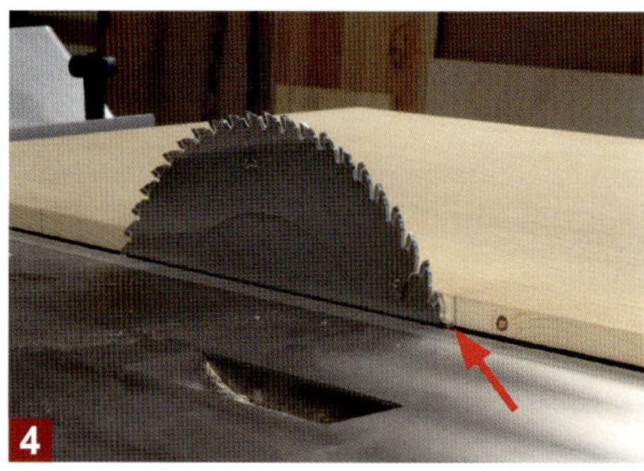

Stellen Sie die maximale Sägeblatthöhe ein und richten Sie die Platte mit der vorderen Bleistiftmarkierung an den hinteren aufsteigenden Zahn (Pfeil) des Sägeblatts aus.

Halten Sie die Platte in dieser Position und befestigen Sie am Werkstückende eine Rückschlagsicherung. Das kann z. B. die Rückseite des Besäumschuhs (Pfeil) oder der Queranschlag sein.

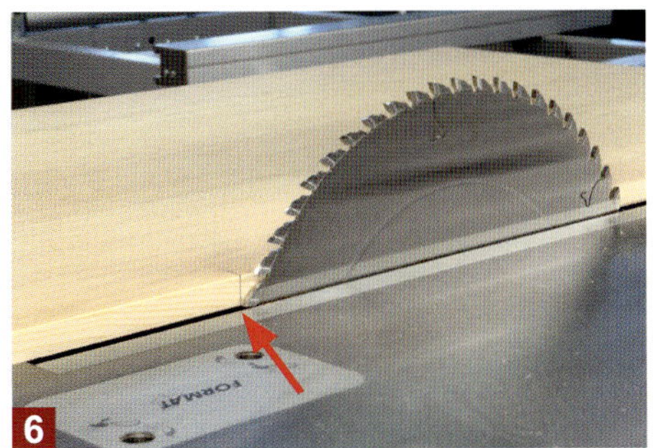

6

Schieben Sie die Platte anschließend nach vorne, bis die hintere Bleistiftmarkierung am vorderen absteigenden Sägezahn (Pfeil) anliegt. Die Platte dann wieder in dieser Position festhalten und …

7

… ein Stoppholz auf dem Schiebetisch befestigen. Dazu kann man auch sehr gut das Anschlagbrett (Queranschlag) der Firma Aigner einsetzen (ist meist im Lieferumfang der Tischverlängerung).

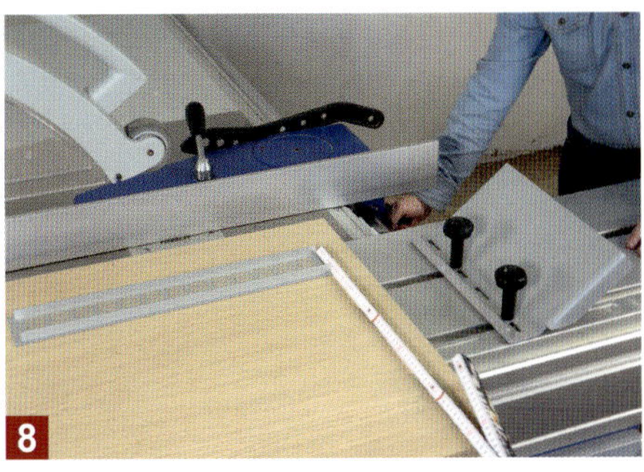

8

Stellen Sie zum Schluss noch den gewünschten Abstand zwischen Parallelanschlag und Sägeblatt ein. Für eine optimale Führung sollte das Anschlaglineal weit hinter das Sägeblatt reichen.

Schritt 3: Einsetzschnitte durchführen

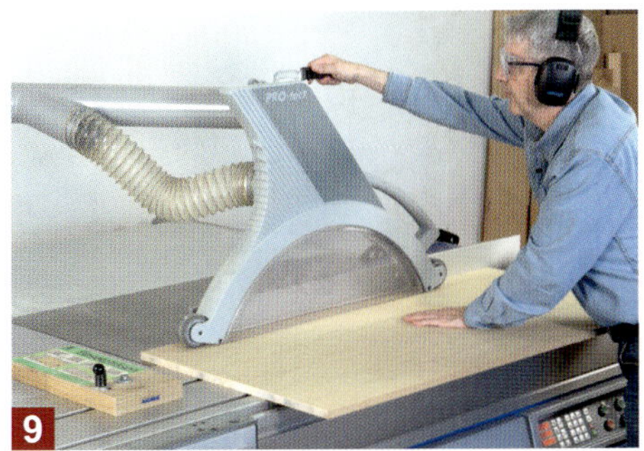

9

Senken Sie das Sägeblatt komplett nach unten und legen Sie die Platte dicht an den Parallelanschlag und die Rückschlagsicherung (Besäumschuh). Zum Schluss die Schutzhaube dicht auf die Plattenfläche absenken und feststellen (arretieren).

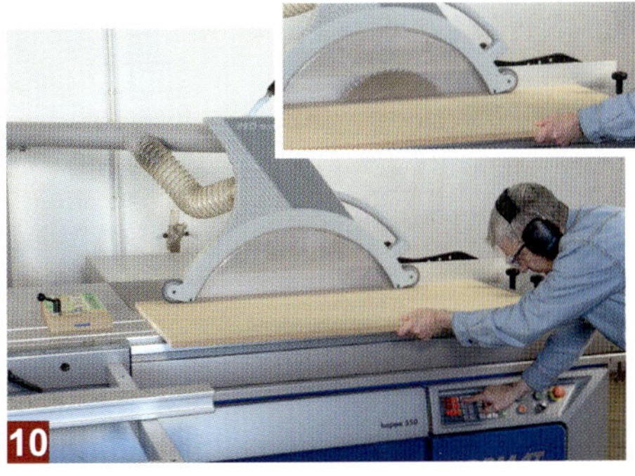

10

Schalten Sie jetzt zuerst die Maschine ein und tippen Sie auf dem Bedienfeld die Sägeblatthöhe ein (hier 120 mm). Warten Sie, bis das laufende Sägeblatt (durch die Platte hindurch) komplett nach oben in die Endstellung fährt (kleines Bild). Erst …

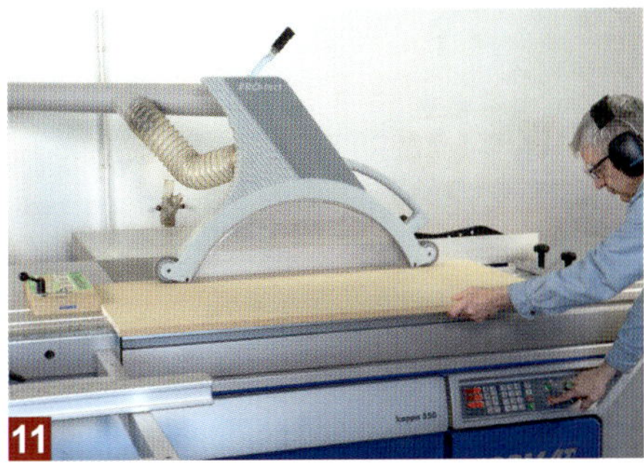

11

… danach schieben Sie die Platte nach vorne, bis sie dicht am Stoppholz anliegt. Senken Sie das Sägeblatt durch Eintippen der Nullstellung wieder komplett ab. Jetzt die Maschine ausschalten und die Schutzhaube vom Werkstück abheben.

12

Parallel zum ersten Schnitt wird auf die gleiche Weise noch ein zweiter Sägeschnitt hergestellt. Dazu wird lediglich der Parallelanschlag in Pfeilrichtung weiter nach außen gerückt.

13

Der Abstand zwischen den beiden Sägeschnitten sollte so gewählt sein, dass die beiden Stege unterhalb des Lüftungsgitters mit leichtem Druck dazwischen passen (kleines Bild).

14

Die kurzen Ausschnittseiten sägen Sie dann einfach mit einer Stichsäge nach. Hier müssen Sie auch nicht so genau arbeiten, weil die Stege nur an den langen geraden Ausschnittseiten anliegen.

Das Lüftungsgitter passt perfekt und hält mit den beiden Stegen, die stramm in der Aussparung sitzen, sogar ohne Kleber oder Schrauben. Solche Gitter sorgen beispielsweise in der Küche beim Kühlschrank für eine optimale Be- und Entlüftung im Schrank. Aber auch in Türen, Arbeitsflächen und Fensterbänken werden diese Gitter gerne für einen besseren Luftaustausch eingesetzt.

2. Anwendungsbeispiel: Ein- und ausgesetzte Nut bei einer Schrankseitenwand

Bei Hängeschränkchen oder kleineren Möbeln sieht es schöner aus, wenn die Nut für die Rückwand von außen nicht sichtbar ist. Das bedeutet, dass Sie die Seitenwände nicht – wie sonst üblich – durchnuten dürfen, sondern die Nut etwa 10 mm vor dem Plattenende ein- und wieder aussetzen müssen (s. a. Bild rechts außen). Also ein typischer Anwendungsfall für das Einsetzsägen, der im Möbelbau auch öfters vorkommt. Allerdings möchte ich auch hier wieder betonen, dass Sie das nur auf Formatsägen mit Oberschutz und motorischer Höhenverstellung des Sägeblatts (per Eingabe) durchführen sollten. Sie können den Einsetzschnitt alternativ aber auch mit einer Tauchsäge samt Führungsschiene herstellen.

Schritt 1: Ein- und Aussetzpunkte an Werkstück und Maschine festlegen

Sägeblatthöhe exakt auf die Nuttiefe und den Parallelanschlag auf den gewünschten Abstand der Nut zur hinteren Plattenkante einstellen.

Mit einem kleinen rechtwinkligen Brettchen die Position des vorderen (Bild 1) und hinteren (Bild 2) Sägezahns auf dem Parallelanschlag anzeichnen.

Den Anfang und das Ende der Nut (hier jeweils 10 mm vom Plattenende) auf die Seitenwand markieren. Sägeblatt wieder auf Null absenken.

Die Seitenwandmarkierung exakt auf die linke Markierung des Parallelanschlags ausrichten (s. Bild 5). Seitenwand in dieser Position festhalten und den Besäumschuh als Rückschlagsicherung dicht am hinteren Ende der Seitenwand befestigen (s. Bild 4). Damit ist der Einsetzpunkt des Sägeblatts genau festgelegt.

6

7

Zum Festlegen des Aussetzpunktes einfach die Seitenwand nach vorne schieben, bis die hintere Seitenwandmarkierung exakt mit der rechten Markierung am Parallelanschlag übereinstimmt (s. Bild 7). In dieser Position am vorderen Ende der Seitenwand ein Stoppholz im Schiebetisch befestigen (s. Bild 6).

Schritt 2: Einsetzschnitte durchführen

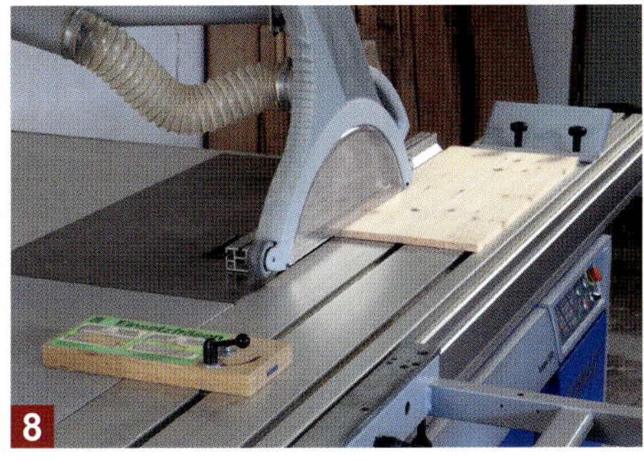
8

Seitenwand wieder dicht gegen den Parallelanschlag und die hintere Rückschlagsicherung legen und die Schutzhaube bis auf die Werkstückfläche absenken. Erst jetzt (!) die Maschine einschalten …

9

… und über das Bedienfeld die Sägeblatthöhe (hier 10 mm) einstellen. Abwarten, bis das Sägeblatt in die vorgewählte Höhe fährt. Dabei die Seitwand immer dicht an den Anschlägen halten.

10

Hat das Sägeblatt die Höhe erreicht, schieben Sie die Seitenwand dicht am Parallelanschlag anliegend nach vorne bis zum Stoppholz. Dann Sägeblatt wieder absenken und Maschine ausschalten.

11

Die Nut ist mit einem Sägeschnitt nicht breit genug für eine 5 mm dicke Sperrholzrückwand. Deshalb wird der Parallelanschlag etwas nach außen verschoben und der gesamte Einsetzschnitt (Bildfolge 8 bis 10) wiederholt. Mit zwei Sägeschnitten können Sie problemlos bis zu 6 mm dicke Rückwände einnuten. Einen kleinen Wermutstropfen gibt es aber: Die beiden Enden der Nut sind aufgrund des runden Sägeblatts natürlich etwas gebogen.

12

Bevor Sie jetzt aber mit dem Stechbeitel oder sonstigem Gerät versuchen, den Nutgrund zu begradigen, sollten Sie besser die Rückwand dieser Rundung entsprechend anpassen. Bei der Arbeit mit Stechbeitel und Co. würde nämlich garantiert etwas von der Seitenwand wegbrechen. Diese Gefahr besteht bei der Rückwand jedenfalls nicht.
Noch ein kleiner Tipp: Die Rückwand sollte nicht zu stramm in der Nut sitzen, sondern ohne Druck von alleine „hinein gleiten“.

Sicherheitshinweis!

Gewöhnen Sie sich unbedingt an, sofort nach Beendigung aller Einsetzsägearbeiten den Spaltkeil wieder richtig zu montieren!

Kapitel 7

Schräg- und Gehrungsschnitte

Schräg- und Gehrungsschnitte

Rechteckige Kisten und Schränke kann jeder! Richtig spannend, aber auch kompliziert, wird es erst, wenn Schrägen ins Spiel kommen. Ein typisches Beispiel dafür sind passgenaue Einbauschränke für den Dachboden. Und da dort üblicherweise keine Standardmöbel aus dem Möbelhaus reinpassen, kommt man an dem Selbstbau solcher Einbauschränke in aller Regel nicht vorbei. Ich habe in den letzten 30 Jahren viele solcher Einbauschränke hergestellt und kann Ihnen aus meiner langjährigen Erfahrung folgenden Tipp geben: Kaufen Sie sich unbedingt einen digitalen Winkelmesser oder eine digitale Wasserwaage mit gradgenauer Neigungsanzeige, damit Sie die exakte Dachschräge ermitteln können. Das ist nämlich die Grundvoraussetzung, damit später alle Bauteilschrägen auch exakt dem Dachschrägenverlauf folgen und dort auch dicht anliegen. Eine weitere Herausforderung kommt hinzu, wenn die Schrankwand zusätzlich noch über Eck präzise zur Dachschräge verlaufen soll (s. Bild rechts). Doch keine Bange, mit den heutigen digitalen Messinstrumenten, den modernen Formatsägen und einem guten CAD-Zeichenprogramm meistern Sie jeden noch so komplexen Schrägschnitt. Daher kann ich Ihnen den Kauf solcher Hilfsmittel nur wärmstens ans Herz legen. Sie erleichtern den Einstellprozess ungemein!

Für die Herstellung von Einbauschränken passend zu einer Dachschräge sind Schräg- und Gehrungschnitte unerlässlich. Dabei unterscheidet man den Schrägschnitt von Brettflächen wie bei den drei rechten Türen oder das Anschrägen von Brettkanten, wie es am oberen Ende der Seitenwände am rechten Schrank zu sehen ist.

Sie haben die Wahl: Ablänganschlag oder Sägeblatt schwenken und manchmal auch beides

Der Ablänganschlag kann nicht nur zum exakten rechtwinkligen Zuschnitt eingesetzt werden, sondern auch für den Schrägschnitt von flächigen Bauteilen. Dazu kann er stufenlos in beide Richtungen geschwenkt (meist bis zu +/- 50°) und an jeder beliebigen Stelle fest arretiert werden. Durch den großen und stabilen Ausleger lassen sich dort auch problemlos großflächige Bauteile (z. B. Plattenwerkstoffe aus Multiplex, MDF oder Spanplatten) sicher und wiederholgenau zuschneiden.

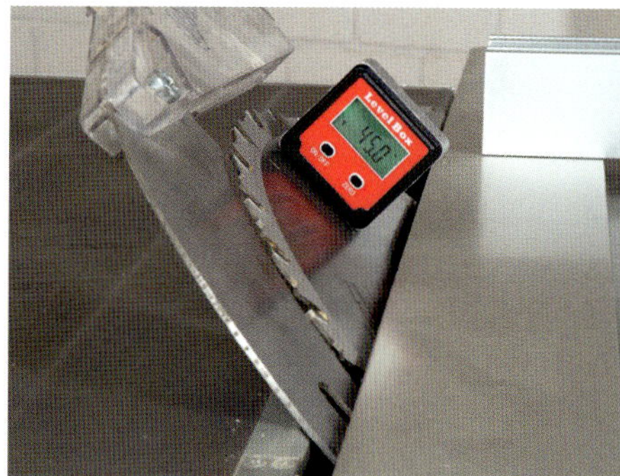

Ein zur Seite geschwenktes bzw. geneigtes Sägeblatt kommt immer dann zum Einsatz, wenn Sie schmale Werkstückkanten anschrägen möchten. Allerdings lässt sich das Sägeblatt bei den meisten Formatsägen nur einseitig zum Parallelanschlag hin schwenken. Nur sehr wenige und extrem teure Maschinen bieten eine beidseitige Schwenkung nach links und rechts an. Wenn Sie keine Digitalanzeige besitzen, hilft ein kleiner Neigungsmesser beim Einstellen der Sägeblattschräge.

Um Doppelgehrungen (auch Schifterschnitte genannt) herzustellen, müssen sowohl Ablänganschlag als auch Sägeblatt geschwenkt werden. Die genaue Berechnung der beiden Winkelschrägen ist sehr aufwändig und kompliziert. Schifterschnitte findet man beispielsweise häufig bei Dachstuhlbalken sowie trichter- und pyramidenförmigen Werkstücken. In guten CAD-Programmen lassen sich solche Werkstücke problemlos konstruieren und die entsprechenden Winkel abgreifen.

Schmale Leisten und Rahmenhölzer exakt auf Gehrung zuschneiden

Die meisten Holzwerker denken bei dem Begriff Gehrung an vier auf 45° zugeschnittene Leisten, die zusammengesetzt einen rechteckigen Rahmen ergeben (z. B. einen Bilderrahmen). Solche „auf Gehrung geschnittene Rahmen" kommen im Möbelbau sehr oft vor und haben schon so manchen Holzwerker (mich eingeschlossen!) zur Verzweiflung gebracht. Denn obwohl man den Anschlag sorgfältig nach Skala exakt auf 45° eingestellt hat, sind die verflixten Gehrungen des Rahmens nicht dicht. Und genau die Skala ist leider auch das Hauptproblem. Es ist nämlich quasi unmöglich, einen Ablänganschlag ausschließlich nach einer solchen Skala exakt und wiederholgenau auf 45° einzustellen.

Deutlich präziser gelingt Ihnen diese Einstellung mit hochwertigen Messinstrumenten wie einem Gehrmaß oder noch besser einer digitalen Schmiege (s. Bild unten rechts). Aber selbst wenn Sie es geschafft haben, den Anschlag exakt auf 45° einzustellen, ist das leider nur die halbe Miete. Denn für einen perfekt auf Gehrung gearbeiteten Rahmen ist es genauso wichtig, darauf zu achten, dass die gegenüber liegenden Rahmenteile exakt die gleiche Länge haben. Es gilt also immer, zwei Dinge zu überprüfen, wenn die Gehrungsfugen nicht dicht sind. Und genau dafür sollten Sie sich aus vier mindestens 250 mm langen und 80 mm breiten MDF-Streifen (19 mm dick) einen Testrahmen auf Gehrung zuschneiden (s. Bildfolge auf der nächsten Seite). Auch wenn das auf den ersten Blick sehr aufwendig erscheint, ist es doch die zuverlässigste Methode, den Anschlag genau auf 45° einzustellen. Denn erst wenn alle vier Ecken zusammengelegt werden, zeigt sich, ob alle Gehrungsfugen auch wirklich dicht schließen und keine Lücke klafft. Den Anschlag nur mithilfe eines Gehrungswinkels oder gar eines Geodreiecks einzustellen, reicht für perfekte geschlossene Gehrungen nicht aus. Erst der Zuschnitt eines Testrahmens bringt die Fehler und Toleranzen ans Licht. Übrigens: Das Gleiche gilt nicht nur für rechteckige, sondern auch für dreieckige, sechseckige oder achteckige Rahmen. Und je mehr Ecken ein solcher Rahmen hat, um so öfter kann sich ein möglicher Längen- oder Winkelfehler wiederholen und die Passgenauigkeit der Gehrungsfugen zunichte machen. Wenn es also wirklich perfekt sein soll oder muss, dann führt kein Weg an einem Testrahmen vorbei!

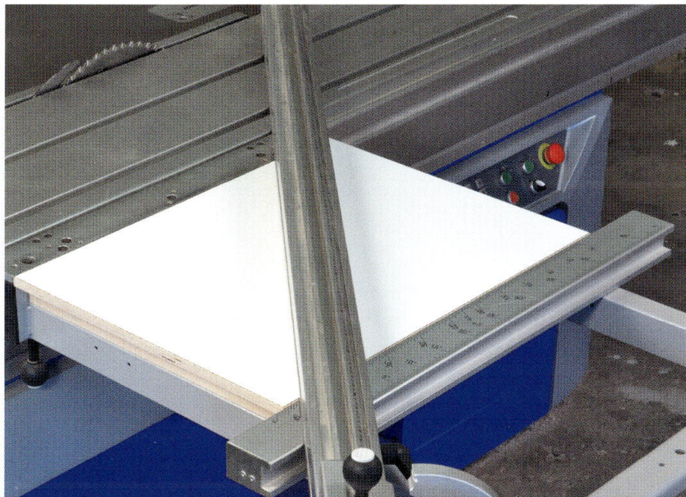

Steht der Ablänganschlag exakt im 90°-Winkel zum Sägeblatt (für rechtwinklige Zuschnitte) zeigen dies fast alle Skalen auf Formatsägen mit 0° an und nicht mit 90°. Möchte man jetzt beispielsweise ein Werkstück auf eine Schräge von 80° zuschneiden, dann sind das exakt 10° weniger als 90° und man muss den Anschlag also auf 10° einstellen. Die Skalen zeigen also immer die Differenz zu 90° an. Das ist Anfangs etwas verwirrend, aber man gewöhnt sich schnell daran. Sie sollten sich aber immer darüber im klaren sein, dass sich ein Anschlag mit einer solchen Skala niemals grad- und wiederholgenau einstellen lässt. Das geht nur, wenn spezielle Endanschläge oder Einrastpunkte …

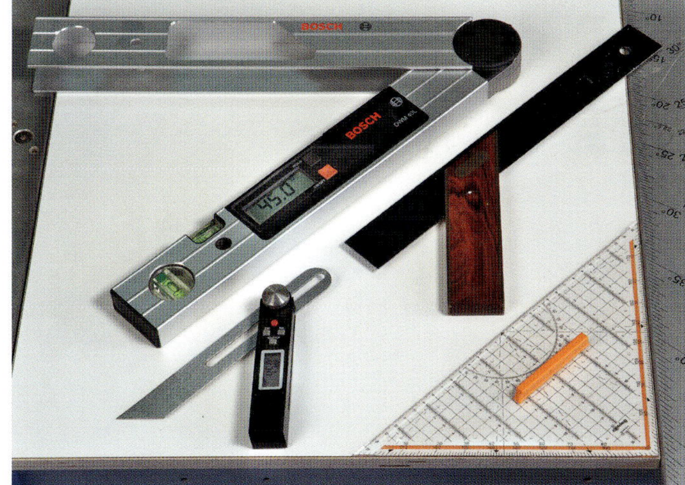

… verbaut worden sind wie beispielsweise ein Gradrasterindex-System (Fa. Felder). Wenn es also genau sein soll, dann kommen Sie nicht umhin, den Ablänganschlag mit zusätzlichen Hilfsmitteln einzustellen. Bereits mit einem einfachen, aber hochwertigen und großen Geodreieck können Sie den Ablänganschlag schon recht genau für eine 45°-Gehrung und den Zuschnitt eines Testrahmens voreinstellen. Möchten Sie auch andere Winkel schnell und unkompliziert einstellen, dann sollten Sie sich unbedingt eine verstellbare Schmiege mit Digitalanzeige zulegen. Das Beste für Gehrungschnitte ist und bleibt jedoch ein spezieller Doppelschnitt-Gehrungsanschlag (s. S. 140).

So einfach stellen Sie einen Testrahmen her

Sägen Sie sich aus 19 mm dickem MDF einen 80 mm breiten und mindestens einen ein Meter langen Streifen zu. Stellen Sie den Ablänganschlag, so gut es geht, auf 45° ein und sägen Sie an die beiden Enden eine Gehrung an.

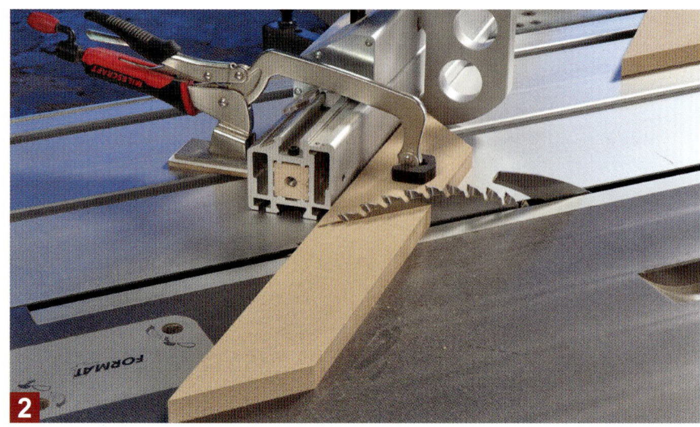

Stellen Sie den Anschlagreiter so ein, dass Sie aus dem MDF-Streifen vier exakt gleich lange Rahmenstücke bekommen, an deren Ende Sie jeweils eine 45°-Gehrung ansägen können.

Testen Sie zuerst, ob alle Rahmenstücke exakt gleich lang sind. Legen Sie danach die Gehrungsspitzen gegeneinander und fixieren Sie sie mit Klebeband. Das hält die Rahmenteile beim Testen besser zusammen.

Legen Sie die Rahmenteile zusammen. Ist ein Spalt in der Gehrung zu sehen, muss der Anschlag minimal nachjustiert werden (s. Infos in Bild 5). Anschließend müssen alle Gehrungen nochmals nachgesägt werden.

Ist die Gehrung zur Außenkante hin offen und innen dicht, ist der Winkel des Anschlags zu „stumpf“ eingestellt. Die Gehrung muss ein wenig spitzer zugeschnitten werden. Dazu den Ablänganschlag mehr in Richtung 45° schwenken, um eine spitzere Gehrung anzuschneiden.

Wichtig: Den Anschlag nur minimal verstellen, weil sich die Veränderung immer auf alle acht Gehrungsschnitte auswirkt! Erst wenn alle Gehrungsfugen am Testrahmen dicht schließen, können Sie sicher sein, dass der Ablänganschlag auch exakt auf 45° eingestellt ist.

Optimierter Anschlagreiter für Gehrungen

Die Anschlagreiter von Formatsägen sind fast immer klappbar konstruiert. Dies kann dazu führen, dass sich das spitze Ende einer Gehrung hinter den Anschlag schiebt und ihn ein wenig anhebt (s. Bild 1). Die Folge ist, dass die Leisten nicht mehr die gleiche Länge haben. Abhilfe schafft hier ein selbst gebauter Anschlagreiter aus Holz, der über eine 45° schräge Anschlagkante verfügt. Er wird entweder einfach nur mit einer Hebelzwinge oder mit einer Klemme (s. Bild 2) direkt am Ablänganschlag befestigt. Die empfindliche Gehrungsspitze kann jetzt sicher und vollflächig angelegt werden. Ein weiterer Vorteil des schrägen Anschlagreiters ist, dass er das Rahmenholz immer dicht am Ablänganschlag hält. Längentoleranzen sind mit einem solchen Anschlagholz jedenfalls nahezu ausgeschlossen.

1

2

Rahmenhölzer mit geschwenktem Sägeblatt auf Gehrung sägen

Ich möchte es nicht unerwähnt lassen, dass man auch mit dem geschwenkten Sägeblatt Gehrungen anschneiden kann. Aufgrund der begrenzten Schnitthöhe und der nicht unerheblichen Ausrissgefahr auf der Rückseite der Werkstücke macht das aber nur bei schmalen Rahmenstücken wirklich Sinn. Denn das Werkstück wird in diesem Fall hochkant vor den Ablänganschlag gestellt. Das bedeutet aber auch konkret: Je breiter das Rahmenholz, um so höher muss das Sägeblatt eingestellt werden. Und mit zunehmender Sägeblatthöhe steigt leider auch das Verletzungsrisiko.

45°-Gehrungen überprüfen – die günstige und schnelle Alternative

Eine 45°-Gehrung kann man auf zwei Arten überprüfen. Entweder mit einem 45°-Gehrungswinkel oder mit einem 90°-Präzisionswinkel. Dazu werden einfach zwei Rahmenhölzer mit je einer Gehrung so zusammen gelegt, dass man den 90°-Winkel an die Schnittkanten anlegen kann. Diese Methode ist genauer als die Überprüfung der Gehrung mit einem 45°-Winkel, weil sich hier eine Ungenauigkeit gleich doppelt auf die Gehrung auswirkt und nach Anlegen des Winkels viel deutlicher zu sehen ist. Liegen die beiden Leisten schon mal zusammen, kann man auch gleich überprüfen, ob sie die gleiche Länge haben.

Arbeiten mit einem Doppelschnitt-Gehrungsanschlag

Ein perfekt auf Gehrung gefertigter Rahmen hängt nicht nur von einem genau auf 45° eingestellten Anschlag ab, sondern genau so wichtig sind absolut gleich lange gegenüberliegende Rahmenstücke. Weichen die Rahmenlängen auch nur geringfügig von einander ab, nützt auch ein präzise eingestellter Anschlag nichts – die Gehrungen sind nicht dicht!

Das Problem mit den gleich langen Rahmenstücken habe ich bei dieser Vorrichtung durch einen verschiebbaren Anschlagreiter gelöst. Damit können Sie die gewünschte Rahmenlänge einstellen. Um die empfindliche Gehrungsspitze beim Anstoßen an den Anschlagreiter nicht zu beschädigen, befindet sich an der Holzkante ein kleiner Falz. Dort liegt immer die robuste Gehrungsfläche, aber niemals die empfindliche Spitze an.

Der eigentliche Clou bei diesem Gehrungsanschlag ist aber, dass man gleich an zwei Anschlagseiten Gehrungen sägen kann, die – wenn sie später zusammenstoßen – genau einen rechten Winkel ergeben. Dazu müssen allerdings beide Anschlagschenkel exakt im Winkel von 90° zueinander stehen. Nur dann können Sie an einem Anschlag eine Gehrung ansägen und am anderen die passende „Gegengehrung" (Komplementärwinkel).

Dieser Trick funktioniert auch, wenn Sie unterschiedliche Rahmenbreiten auf Gehrung verbinden möchten (s. Bild unten links). Dabei verläuft die Gehrung dann nicht mehr exakt im 45° Winkel, weshalb der Fachmann auch von einer „falschen Gehrung" spricht. Bei einer falschen Gehrung müssen Sie nacheinander für jede Rahmenbreite den passenden Winkel einstellen und gleichzeitig darauf achten, dass später beide Gehrungen zusammen wieder einen rechten Winkel ergeben. Mit einem einfachen schwenkbaren Ablänganschlag ist das nicht nur sehr mühsam, sondern meist auch nicht von Erfolg gekrönt. Mit einem Doppelschnitt-Gehrungsanschlag müssen Sie jedoch nur den Drehteller auf einen der beiden Winkel einstellen und schon ist an der anderen Anschlagbacke automatisch der passende Gegenwinkel eingestellt. Das geht nicht nur viel schneller, sondern die beiden Gehrungen stoßen später auch immer hundertprozentig in einem 90°-Winkel zusammen – einfach magisch!

Das Anwendungsprinzip ist denkbar einfach: Zunächst ein Ende des Rahmenstücks auf Gehrung sägen. Danach den Anschlagreiter auf das gewünschte Maß einstellen. Zum Schluss die gesägte Gehrung an den Anschlagreiter legen und das Rahmenstück auf das Fertigmaß ablängen. Am besten schauen Sie sich das einmal im Video auf der beiliegenden DVD an. Sie werden staunen, wie einfach das geht. Vor allen Dingen bei der Herstellung von „falschen Gehrungen" bei unterschiedlich breiten Rahmenhölzern (s. Bild links) ist der Doppelschnitt-Gehrungsanschlag eine große Hilfe, auf die Sie ganz sicher nie mehr verzichten wollen.

Drehplatte und Anschläge herstellen

Der sprichwörtliche Dreh- und Angelpunkt unserer Vorrichtung ist eine viertelkreisförmige Drehplatte, an deren Winkelkanten sich zwei Anschlagbacken befinden. Der Winkel der Drehplatte sollte etwas geringer als 90 Grad zugeschnitten werden. So bleibt genügend Spielraum, um später die beiden Anschlagbacken genau auf die geforderten 90° zueinander einzustellen und zu befestigen. Die viertelkreisförmige Nut und die Außenkontur der Drehplatte fräsen Sie mithilfe der Oberfräse und einer selbst gebauten Zirkelplatte in Form eines einfachen 9 mm dicken Multiplexbrettes. Diese extrem günstige Methode funktioniert mit jeder Oberfräse, in die man eine Kopierhülse einsetzen kann. Der Kopierhülsendurchmesser sollte aber mindestens 5 mm größer sein als der eingesetzte Fräser, damit weder Hülse noch Fräser beschädigt werden.

Die Anschlagbacken werden aus einem Hartholz (z. B. Buche, Eiche, Esche etc.) hergestellt. Dazu sollten Sie eine Mittelbohle mit stehenden Jahresringen verwenden, um den Verzug der Backen auf ein Minimum zu beschränken.

Die Drehplatte wird nicht genau rechtwinklig zugeschnitten, sondern ca. 0,5° spitzer. Dazu wird einfach ein Flachdübel (Pfeil) zwischengelegt.

Zeichnen Sie sich den Drehpunkt für die Zirkeleinrichtung laut Bauplan auf und fräsen Sie in drei Frässchritten von je 6 mm Tiefe mit einem 10 mm Nutfräser eine durchgehende kreisförmig verlaufende Nut ein.

Die Fräse wird dabei einfach in dem 9 mm dicken Multiplexzirkel mithilfe einer Kopierhülse geführt. Ein Nagel reicht als Drehachse völlig aus.

Zum Schluss den Nagel im Zirkelbrett um 90 mm nach außen versetzen (s. Pfeil Bild 2) und in der gleichen Einstichstelle im Multiplexbrett wieder einsetzen. Auch die Außenkontur des Bretts wieder in drei Fräsetappen ausfräsen.

5 Genau in der Einstichstelle des Nagels bohren Sie als nächstes mit dem Bohrständer und einem 10 mm Holzbohrer ein senkrechtes Loch.

6 Anschlagleiste und Anschlagbacke werden mit vier Flachdübeln verbunden. Dazu zuerst die Anschlagleiste flach auflegen und vier Schlitze fräsen.

7 Zum Fräsen der Gegenschlitze stellen Sie die Anschlagbacke hochkant. Vergessen Sie nicht – für die richtige Schlitzhöhe – die Drehplatte (Pos. 1) und das Befestigungsbrett (Pos. 3) unter die Maschine zu legen.

8 Die Anschlagleiste an einem Ende abrunden (Pfeil) und anschließend mit Flachdübeln an die Anschlagbacke leimen. **Wichtig:** Sie benötigen eine rechte und eine linke Anschlagfläche – also zwei **spiegelgleiche** Werkstücke!

9 Achten Sie darauf, dass die Anschlagleiste genau rechtwinklig auf die Anschlagbacke geleimt wird. Durch Versetzen der Zwinge sind kleine Korrekturen problemlos möglich.

10 Nachdem der Leim getrocknet ist, wird ein Ende der Anschlagbacke auf 45° abgeschrägt und zwar das Ende an der gerundeten Anschlagleiste. Wichtig: Zwischen Rundung und Sägeblatt sollte noch etwas Luft sein (ca. 3-5 mm).

Anschlagreiter herstellen

Der Anschlagreiter sieht auf den ersten Blick komplizierter aus, als er tatsächlich ist. Beginnen Sie zuerst damit, in die aufrechte Kante des Vorderstücks (5) einen 6 x 15 mm tiefen Falz zu fräsen. Danach bohren Sie in das Vorderstück (5) mit einem 20 mm Forstnerbohrer zuerst ein 6 mm tiefes Sackloch für den Kopf der Schlossschraube und anschließend ein 6 mm Durchgangsloch für das Gewinde. In das hintere Klemmstück (8) wird ebenfalls ein 6 mm Loch für die Schlossschraube gebohrt (alle wichtigen Maße s. Zeichnung rechts). Wenn die Teile später miteinander verschraubt werden, ergibt sich ein winkelförmiges Anschlagstück mit einer 80 mm langen 6er-Schlossschraube, auf die einfach ein Klemmstück lose aufgesteckt wird und mittels Flügelmutter für den nötigen Druck sorgt – einfach, aber sehr effektiv und praktisch.

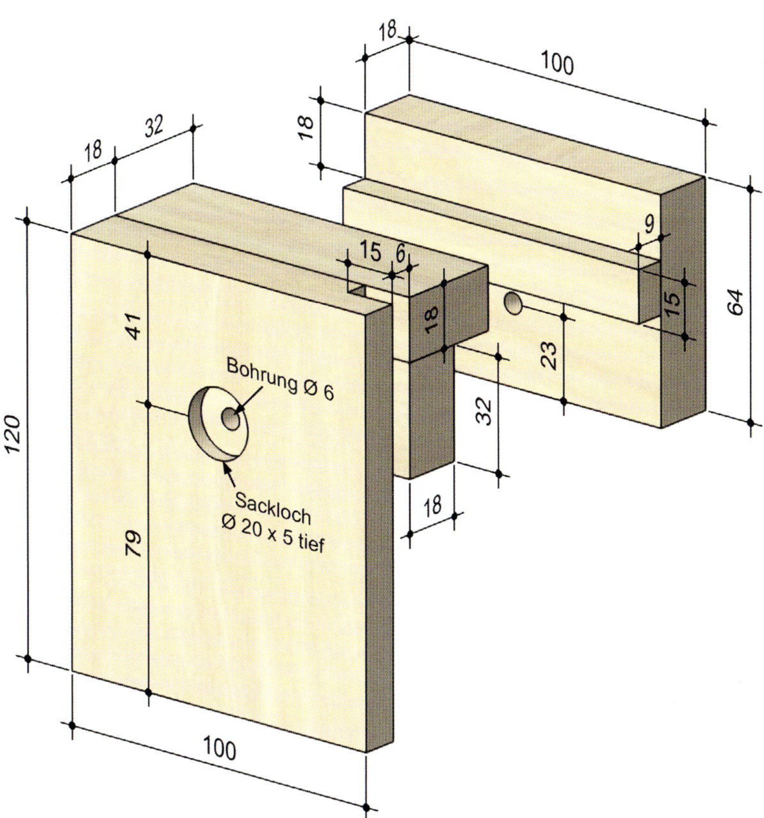

Bild 1: Schrauben Sie das Vorderstück (5) mit dem Deckelstück (6) zu einem Winkel zusammen. Anschließend in den Winkel das Auflagestück (7) mit der Aussparung für die Schlossschraube aufschrauben. Zum Schluss auf das hintere Klemmstück (8) den schmalen 9 mm dicken Multiplexstreifen (9) schrauben.

Der Anschlagreiter lässt sich leicht über der Anschlagbacke hin und her schieben und mit nur einer Flügelmutter sicher fixieren. **Wichtig:** Sie benötigen spiegelgleiche Anschlagreiter – je einen für jede Anschlagbacke!

Cleveres Detail mit großer Wirkung: Der 15 mm tiefe Falz bietet ausreichend Platz für die Gehrungsspitze. Dadurch kann die Spitze nicht beschädigt werden und der Rahmen liegt automatisch immer dicht an der Anschlagbacke an.

Befestigung am Formatschiebetisch

Die Kopplung des Gehrungsanschlags an den Formatschiebetisch ist bei dem ganzen Projekt eine der größten Herausforderungen. Denn es gibt zu viele unterschiedliche Ausführungen und Hersteller, so dass ich Ihnen hier keine allgemein gültige Befestigungsmethode anbieten kann. Da aber nahezu jeder Hersteller zu seiner Säge auch einen Besäumschuh anbietet, der in aller Regel in der Nut des Formatschiebetisches befestigt wird, sollten Sie versuchen, mit dessen Befestigungsschrauben und Mutter den vorderen Teil des Befestigungsbretts (Pos. 3) mit dem Schiebetisch zu verbinden. Besonders wichtig ist dabei, dass alle Schrauben und Muttern im Befestigungsbrett versenkt sind und nicht hervorstehen. Der hintere Teil des Befestigungsbretts, der unter der Drehplatte hervorsteht, kann dann zur Not auch einfach mit Hebelzwingen am Auslegertisch befestigt werden.

Das Ende des Befestigungsbretts abrunden und mittig zunächst mit dem 30er-Forstnerbohrer ein 7 mm tiefes Sackloch für den Schlossschraubenkopf bohren. Danach mit einem 10er-Bohrer durchbohren. Nutzen Sie die …

… Befestigungsteile, die der Hersteller für seinen Besäumschuh vorsieht, um das Brett am Schiebetisch zu fixieren. Die Befestigungsmutter darf dabei auf keinen Fall hervorstehen und muss ebenfalls in einem Sackloch versenkt sein.

Bei dieser Formatsäge (Altendorf WA 6) lässt sich das hintere Ende einfach mittels Schlossschraube am Auslegertisch befestigen. Zur Not reicht aber auch eine Hebelzwinge. Alle Schlossschrauben haben ein M10 Gewinde.

Hilfreich ist, wenn das Befestigungsbrett rechtwinklig zur Tischnut fixiert wird. Dann kann man sich auf der Drehplatte eine Skala aufzeichnen und den Winkel am Befestigungsbrett ablesen.

Montage und Einstellen der Anschlagbacken

Sie werden sich wahrscheinlich schon gefragt haben, wieso der Winkel der Drehplatte nicht exakt rechtwinklig zugeschnitten wurde. Dann hätte man die Anschlagbacken auch gleich dort mit Flachdübeln befestigen können und man hätte sich eine Menge Mehrarbeit erspart. Soviel zur Theorie – die Praxis sieht aber leider anders aus. Erstens ist fraglich, ob die Säge, mit der Sie die Drehplatte zuschneiden, tatsächlich hundertprozentig rechtwinklig arbeitet (99,9 % ist nicht genau genug!) und zweitens lassen sich durch die Modulbauweise leicht mal die Anschlagbacken austauschen, ohne die komplette Drehplatte zu erneuern. Aber das Wichtigste ist und bleibt die Möglichkeit, beide Anschlagbacken wirklich absolut präzise auf 90° zueinander einzustellen. Hier ist einzig und allein ihre Geduld und Sorgfalt ausschlaggebend dafür, wie genau ihr Anschlag später funktioniert. Und das kann ich Ihnen schon jetzt versichern: Das Einstellen erfordert eine Menge Geduld und einige Probestücke.

Dazu benötigen Sie nämlich zunächst gleich breite Leisten, die Sie dann auf Gehrung zu einem Rahmen verbinden. Dabei ist es extrem wichtig, dass die Rahmenstücke, die später gegenüber liegen, auch exakt die gleiche Länge haben. Mit unserem tollen Anschlagreiter dürfte das aber kein Problem sein. Bevor Sie den aber einsetzen können, müssen Sie zuerst an alle Rahmenstücke ein Ende auf Gehrung sägen. Diese Gehrung können Sie dann im nächsten Schritt in den Falz des Anschlagreiters einlegen und so die endgültige Rahmenlänge zuschneiden. Damit Sie die exakte rechtwinklige Position der beiden Anschlagbacken zueinander überprüfen können, müssen Sie auch darauf achten, dass eine Gehrung, die am hinteren Anschlag gesägt wurde, mit einer Gehrung zusammenstößt, die am vorderen Anschlag gesägt wurde. Diese Vorgabe erfüllen Sie, wenn Sie einfach die jeweils gegenüber liegenden Rahmenstücke immer an der gleichen Anschlagbacke anlegen z. B. die beiden langen vorne, die beiden kurzen hinten. Überprüfen Sie dann die Gehrungen, indem Sie den Rahmen mit einem Spanngurt zusammenspannen. Minimale Änderungen können Sie dann über die hintere, noch nicht endgültig fixierte Anschlagbacke vornehmen (s. Bild 3). Das heißt: Zwinge etwas lösen, Anschlagbacke minimal verschieben, Zwinge wieder festziehen und den gesamten Rahmen nochmals mit dieser Einstellung nachschneiden. Erst wenn alle Gehrungen am Rahmen absolut dicht sind, schrauben Sie auch die hintere Anschlagbacke fest. Wie schon gesagt, ein wenig Geduld und Zeit braucht man schon dazu. Aber Sie müssen das nur ein einziges Mal machen. Danach freuen Sie sich immer wieder über perfekte Gehrungen – versprochen!

1 Drehplatte auf die Schlossschrauben aufstecken und mit Unterlegscheiben, Muttern und Flügelmutter befestigen.

2 Die vordere bzw. linke Anschlagbacke an die Kante der Drehplatte legen und dort mit drei Schrauben befestigen.

3 Die hintere Anschlagbacke wird mithilfe eines großen Winkels ausgerichtet, aber diesmal nur im vorderen Bereich mit einer Schraube fixiert. Hinten wird der Anschlag zunächst nur mit einer Zwinge gehalten.

Als nächstes richten Sie die Drehplatte mithilfe eines Geodreiecks genau auf 45° zum Sägeblatt aus. Sägen Sie probeweise einen kompletten Rahmen auf Gehrung (s. a. begleitendes Video auf der DVD).

Spannen Sie die Rahmenteile mit einem Spanngurt zusammen und überprüfen Sie ob alle Gehrungsfugen dicht sind. Falls nicht, den hinteren Anschlag minimal verstellen und alle Gehrungen noch mal nachschneiden.

Sind alle Gehrungen dicht, können sie auch die hintere Anschlagbacke mit zwei weiteren Schrauben endgültig befestigen.

Besonders einfach können Sie mit dem Gehrungsanschlag unterschiedliche Rahmenbreiten präzise und schnell auf Gehrung miteinander verbinden.

Zeichnungen und Materialliste

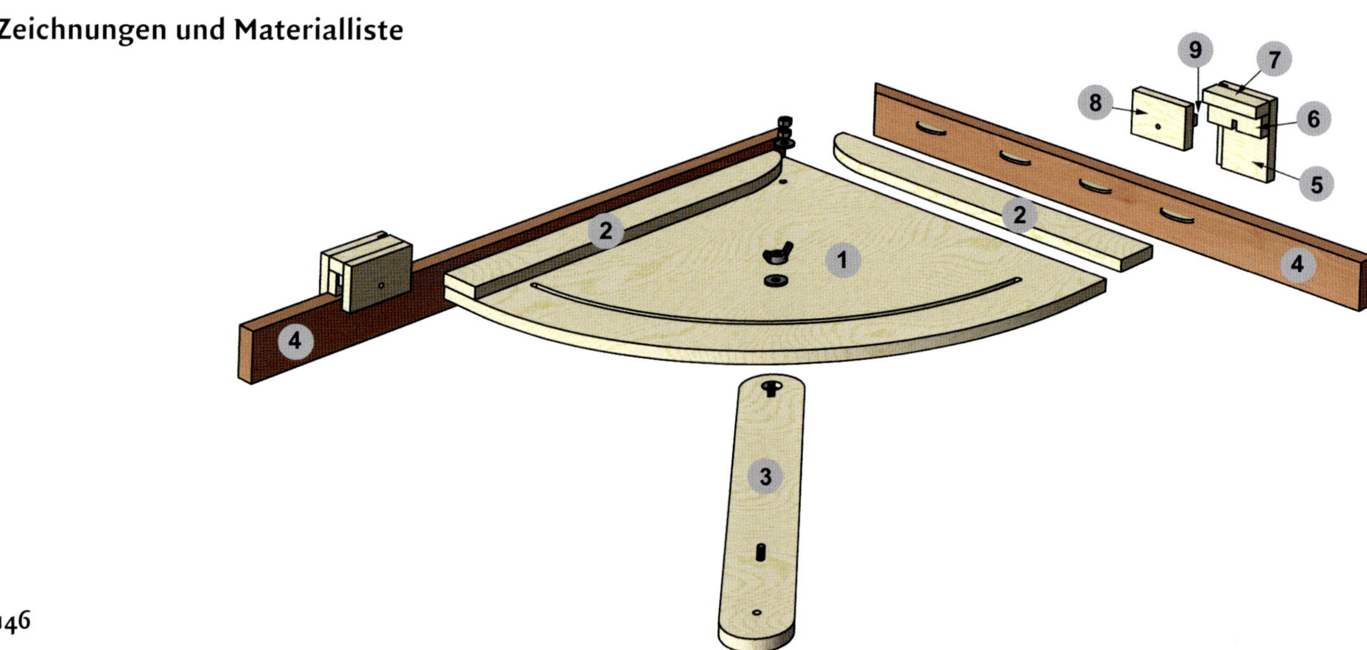

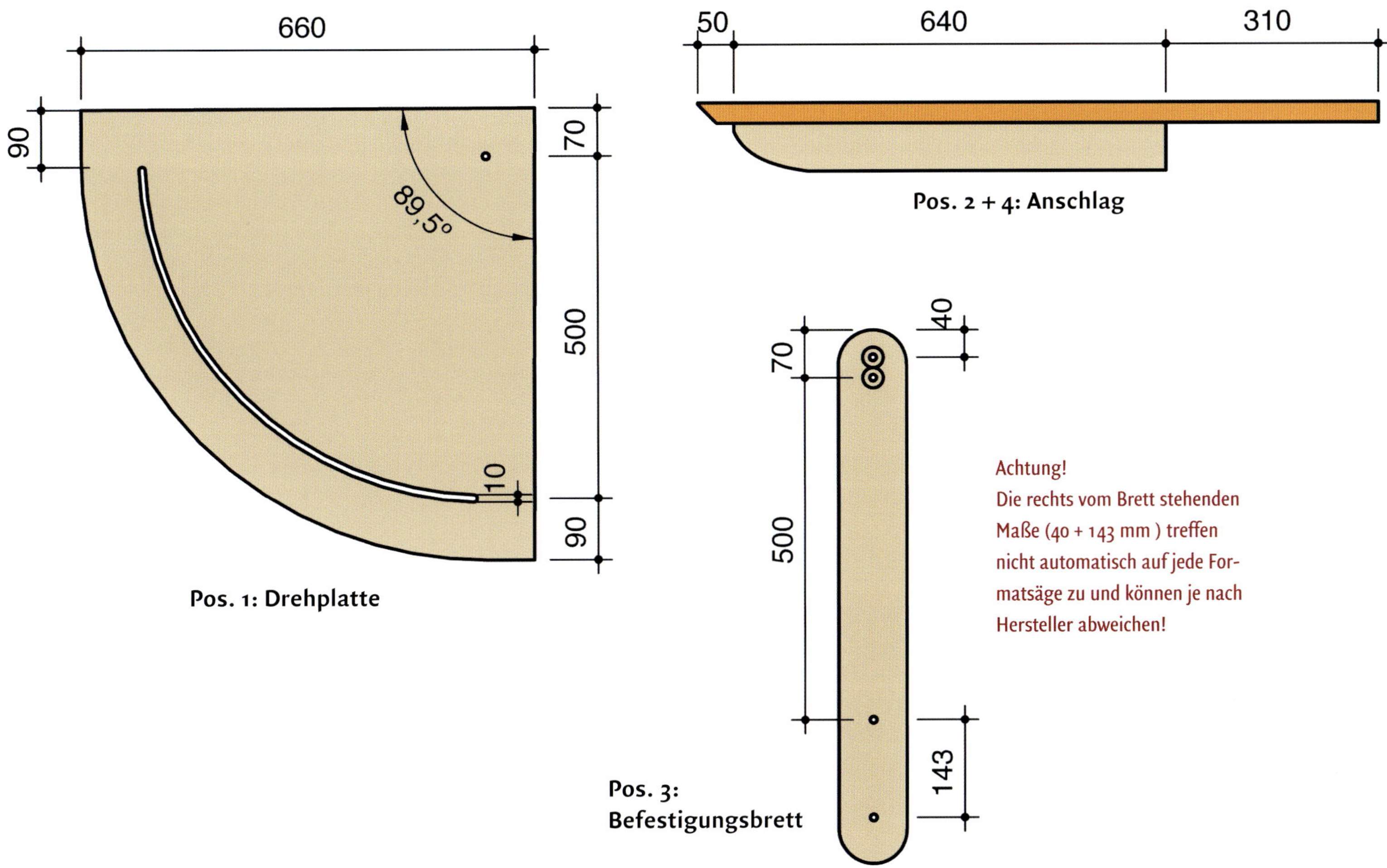

Pos. 1: Drehplatte

Pos. 2 + 4: Anschlag

Pos. 3: Befestigungsbrett

Achtung!
Die rechts vom Brett stehenden Maße (40 + 143 mm) treffen nicht automatisch auf jede Formatsäge zu und können je nach Hersteller abweichen!

Materialliste: Doppelschnitt-Gehrungsanschlag

Pos.	Anz.	Bezeichnung	Maße (mm)	Material
1	1	Drehplatte	660 x 660	18 mm Birke-Multiplex
2	2	Anschlagleiste	640 x 60	18 mm Birke-Multiplex
3	1	Befestigungsbrett	780 x 100	18 mm Birke-Multiplex
4	2	Anschlagbacke	1000 x 70	30 mm Buche Massiv.
5	2	Anschlagreiter Vorderstück	100 x 120	18 mm Birke-Multiplex
6	2	Anschlagreiter Auflagestück	100 x 32	18 mm Birke-Multiplex
7	2	Anschlagreiter Deckelstück	100 x 32	18 mm Birke-Multiplex
8	2	Anschlagreiter Klemmstück	100 x 65	18 mm Birke-Multiplex
9	2	Anschlagreiter Streifenstück	100 x 15	9 mm Birke-Multiplex

Sonstiges:

2 Schlossschrauben M 10 x 50 mit Scheibe, Flügelmutter und 2 Muttern M 10

2 Schlossschrauben M 6 x 80 mit Scheibe + Flügelmutter

Je nach Sägemodell entsprechende Schrauben und Muttern zur Befestigung von Pos. 3 am Formatschiebetisch

Flachdübel Gr. 20, Holzleim, Spanplattenschrauben

Die Luxusausführung mit Anschlagflächen aus Aluminiumprofilen

Anschlagbacken aus Holz sind zwar günstig, haben aber den Nachteil, dass sie sich bei Feuchtigkeitsschwankungen etwas verziehen können. Deshalb habe ich bei dieser Version die Anschlagbacken aus formstabilen Aluprofilen hergestellt. Damit belaufen sich zwar die Gesamtkosten dieser Premium-Version auf etwa 100 Euro, trotzdem ist der Selbstbau immer noch deutlich günstiger als ein fertiger Gehrungsanschlag, der mit mindestens 500 Euro zu Buche schlägt. Ein weiterer Vorteil der Alu-Version: Sie ist deutlich einfacher und schneller gebaut als die vorhin gezeigte Holzvariante. Denn Sie müssen lediglich die Drehplatte und das Befestigungsbrett herstellen (s. Bildfolge rechte Seite). Wie man einen Doppelschnitt-Gehrungsanschlag richtig einstellt und benutzt, zeige ich Ihnen dann ausführlich im Anschluss ab Seite 153.

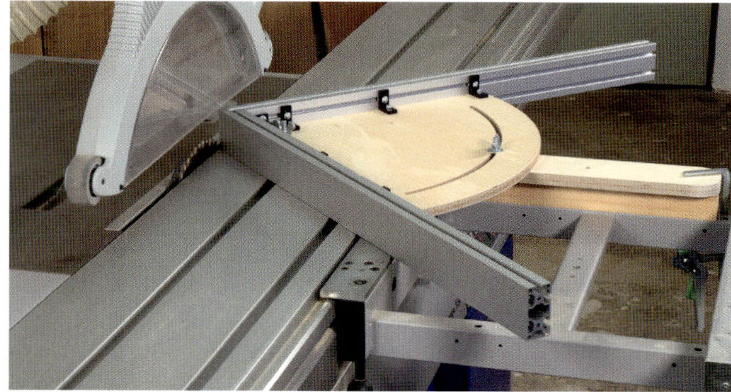

Dieser Doppelschnitt-Gehrungsanschlag ist nicht nur ein optischer Genuss, sondern kann aufgrund der T-Nuten in den formstabilen Aluprofilen auch sehr gut mit zusätzlichen Anschlägen und Auflagen erweitert werden (s. unten).

Clevere Details für mehr Präzision und Sicherheit

Ich setzte auch bei dieser Version bewusst keine klappbaren Anschlagreiter ein. Zu groß ist die Gefahr, dass sich beim Anlegen der Gehrungsspitze der Anschlag etwas anhebt und so unterschiedlich lange Bauteile entstehen.

Den gleichen Anschlagreiter kann man auch sehr gut als zusätzliche Auflagenstütze für lange Werkstücke einsetzen. Dazu wird er einfach in das hintere Ende der Aluprofile eingeschoben und mit einem Nutenstein festgeschraubt.

Noch sicherer und präziser schneiden Sie die Gehrungen, wenn Sie das Werkstück zuvor mit einem solchen Kniehebel- bzw. Schnellspanner fixieren. Dazu benötigen Sie lediglich eine zur Tischnut passende Vierkantmutter mit einem M8 Gewinde (meist als Zubehör für den Besäumschuh erhältlich) und eine Zylinderkopfschraube mit Innensechskant. Zusätzlich können Sie sich noch ein 10 mm dickes Sperrholzbrettchen mit einem Langloch herstellen, das unter dem Schnellspanner positioniert wird. Das hält das Werkstück dann dicht am Aluprofil, während der Schnellspanner Druck von oben ausübt.

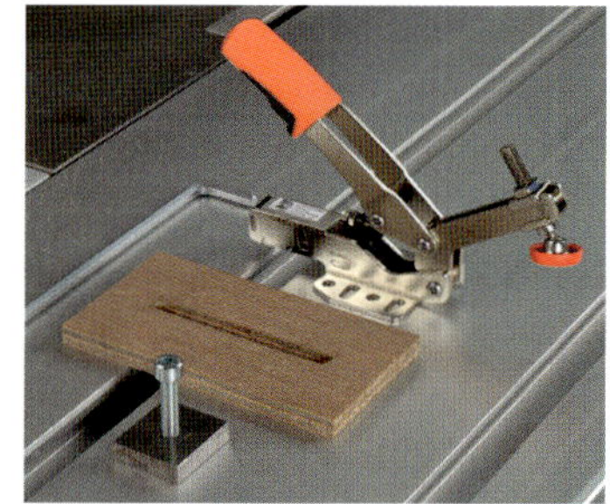

So einfach ist der Bau des Premium-Doppelschnitt-Gehrungsanschlags

1

2

Als erstes sägen Sie an jeweils einem Ende der beiden 1 Meter langen Aluprofile eine 45°-Gehrung an. Die beste Schnittgüte bei Aluminium (s. Bild 2) erzielen Sie mit einem Sägeblatt mit Trapez-Flachzahnung (hier mit 68 Zähnen). Denken Sie daran, dass Sie ein Profil mit einer „linken" und eines mit einer „rechten" Gehrung benötigen. Beachten Sie beim Zuschnitt auch die Positionen der drei T-Nuten im Aluprofil!

3

Das Befestigungsbrett bekommt auf der Unterseite zwei versenkte 10er-Schlossschrauben. Dazu bohren Sie zuerst mit einem 25er-Forstnerbohrer ein 7 mm tiefes Sackloch und anschließend mit einem 10 mm Bohrer ein Durchgangsloch.

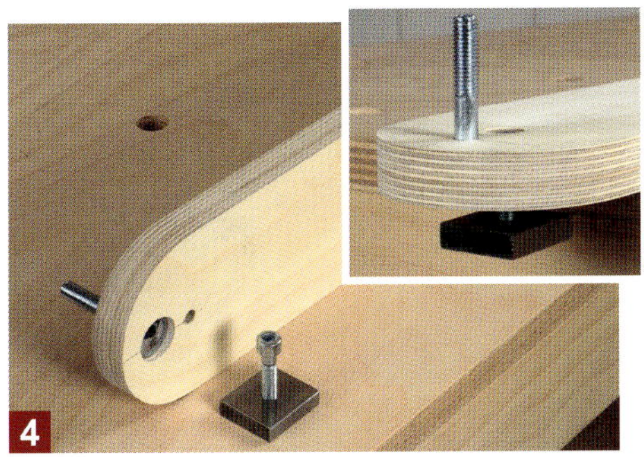

4

Um das Brett in der Tischnut des Schiebetischs zu befestigen, wird auf der Oberseite noch eine 8 x 30 mm Zylinderkopfschraube eingelassen. Auch dazu zuerst mit einem 15er-Forstnerbohrer ein 11 mm tiefes Sackloch für den Schraubenkopf und …

5

… anschließend ein 8 mm Durchgangsloch für das Gewinde bohren. Ganz zum Schluss schrauben Sie noch ein ca. 36 mm breites Kantholz unter das Befestigungsbrett. Die Dicke (hier 52 mm) richtet sich nach dem Auslegertisch (s. a. Bild 8).

6

Und so befestigen Sie das Brett sicher auf dem Schiebetisch: Die Vierkantmutter, die auch zur Befestigung des Besäumschuhs genutzt wird, schieben Sie als erstes in die T-Nut des Schiebetisches ein. Anschließend schrauben Sie die Zylinderkopfschraube in das 8er-Gewinde ein.

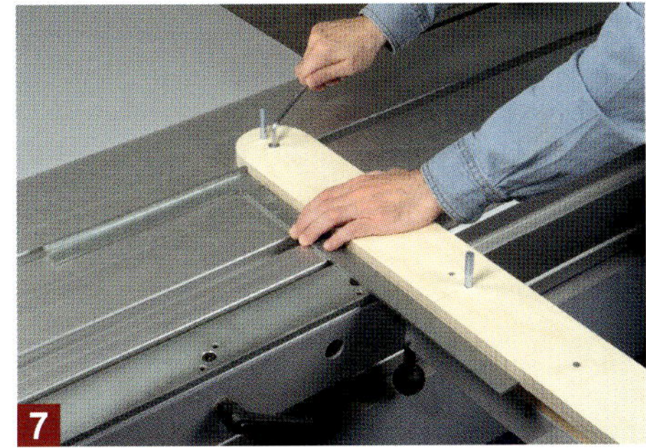

7

Mit einem großen Winkel richten Sie jetzt das Befestigungsbrett rechtwinklig zur Tischnut aus und ziehen dann die Zylinderkopfschraube endgültig fest. Wichtig: Das Brett sollte dabei mittig über dem vorderen Rahmenarm des Auslegertisches laufen (s. a. Pfeil Bild 8).

8

Jetzt können Sie das Befestigungsbrett auch hinten sicher und fest mithilfe einer Hebelzwinge am Auslegertisch befestigen. Die Dicke des Kantholzes (aus Bild 5) muss dazu exakt auf den Auslegertisch abgestimmt sein und kann je nach Säge und Hersteller etwas variieren.

9

Stellen Sie als nächstes die Drehplatte her (s. a. S. 141). Wenn Ihre Säge genau arbeitet, können Sie die beiden Schenkel diesmal auch exakt auf 90° zuschneiden (alle Maße s. Zeichnung unten).

10

Nachdem Sie auch die jeweils drei Einschraubmuttern an den Schenkelkanten eingebohrt haben (s. a. Bild 14), können Sie die Drehplatte bereits auf die beiden Schlossschrauben aufstecken.

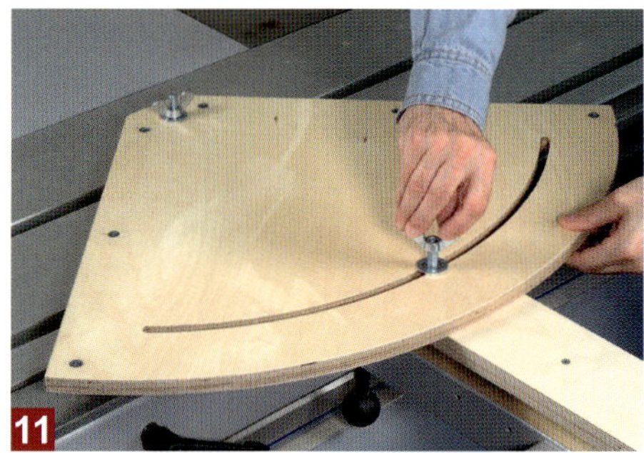

11

Mit großen U-Scheiben (Ø 30 mm) und Flügelmuttern (deutsche Form!) fixieren Sie die Drehplatte zum Schluss auf dem Befestigungsbrett.

12

Als nächstes verbinden Sie die beiden Aluprofile an den Gehrungen mithilfe von zwei Winkeln, vier Hammermuttern M6 und vier Linsenflanschschrauben M6 x 18 (Art.-Nr. s. Materialliste).

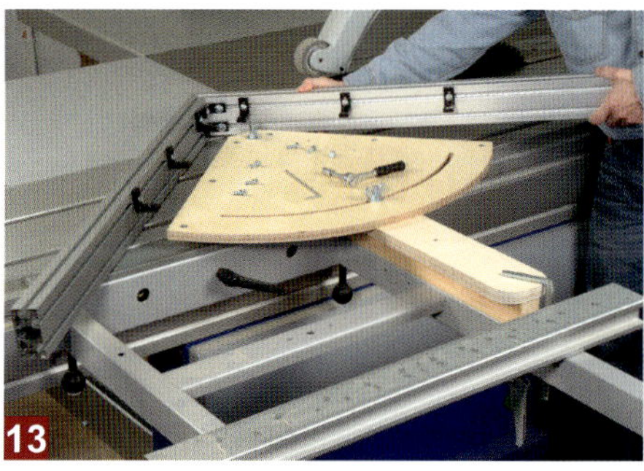

13

Die gleichen Winkel, Hammermuttern und Linsenflanschschrauben nutzen Sie auch, um die Aluprofile anschließend mit der Drehplatte zu verbinden. Anstelle von Linsenflanschschrauben können Sie …

14

… auch normale Sechskantschrauben mit Scheibe einsetzen. Das Langloch in den Winkeln bietet ausreichend Spielraum zur Positionierung der Schrauben.

15

Die Anschlag- und Auflagenreiter werden einfach aus zwei Multiplexbrettchen zu einem Winkel verschraubt. Das aufrechte Brettchen erhält vorher noch einen Falz (15 x 5 mm) zur Aufnahme der Gehrungsspitze. Das obere Brettchen bekommt eine 8 mm Bohrung für die Flügelschraube M8. In der Profilnut wird das Ganze dann einfach mit einem Nutenstein M 8 geführt und geklemmt.

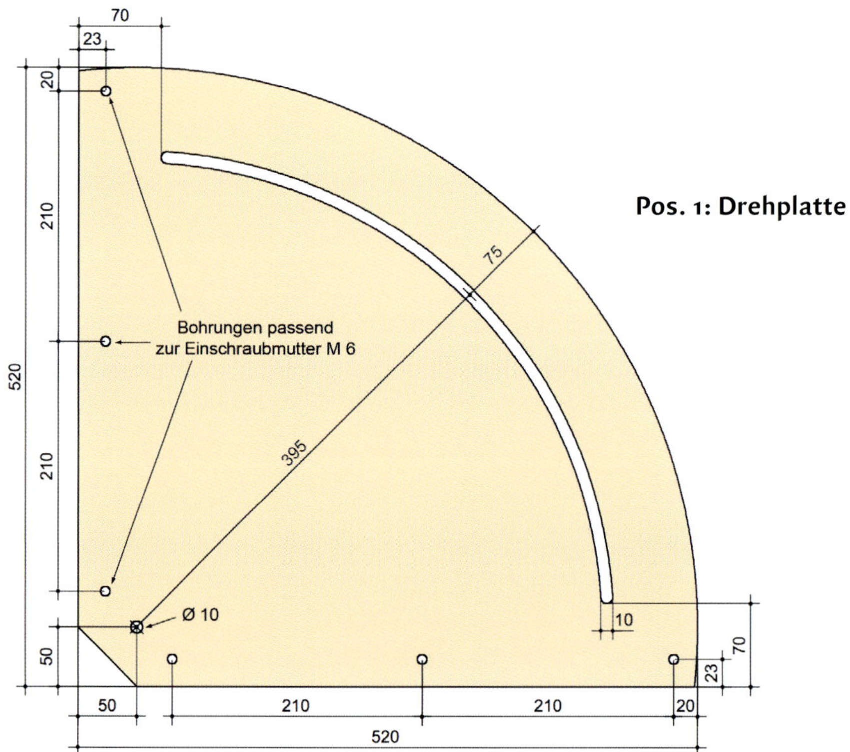

Pos. 1: Drehplatte

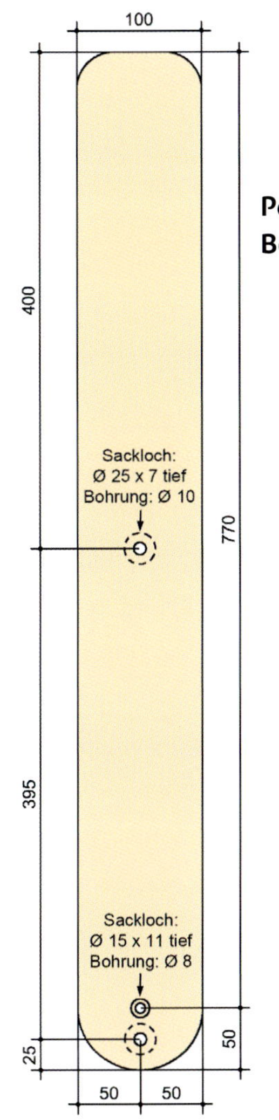

Pos. 2: Befestigungsbrett

Materialliste: Premium-Doppelschnitt-Gehrungsanschlag

Pos.	Anz.	Bezeichnung	Maße (mm)	Material
1	1	Drehplatte	520 x 520	18 mm Birke-Multiplex
2	1	Befestigungsbrett	820 x 100	21 mm Birke-Multiplex
3	1	Kantholz-Aufdopplung	450 x 52 x 36	Massivholz
4	4	Anschlag- und Auflagenreiter	79 x 60	18 mm Birke-Multiplex
5	4	Anschlag- und Auflagenreiter	57 x 60	18 mm Birke-Multiplex
6	2	Anschlagschienen	1000 x 80 x 40	Aluminiumprofil s. u.

- **Aluprofil für Anschlagschienen:**
  Fa. Item: Profil X 8, 80 x 40, 3N90 leicht, natur (Item Art. Nr. 0.0.666.75)
- **Zur Befestigung von Aluprofil an Drehplatte:**
  8 Befestigungswinkel 40 x 40 x 20 (Item Art. Nr. 0.0.474.60)
  16 Linsenflanschschrauben M6 x 18 (Item Art. Nr. 8.0.003.47)
  10 Hammermuttern M6, verzinkt (Item Art. Nr. 0.0.626.06)
  6 Einschraubmuttern M 6
- **Für Anschlag- und Auflagenreiter:**
  4 Flügelschrauben M 8 x 30 mit Scheibe
  4 Nutensteine M8 (Item Art. Nr. 0.0.480.48)
  Spanplattenschrauben 3,5 x 40
- **Für Befestigungsbrett und Drehplatte:**
  2 Schlossschrauben M 10 x 50 mit Scheibe und Flügelmutter
  1 Zylinderkopfschraube (Innensechskant) M 8 x 30,
  Achtung: Je nach Sägemodell kann diese Schraube zur Befestigung von Pos. 2 am Formatschiebetisch etwas variieren.

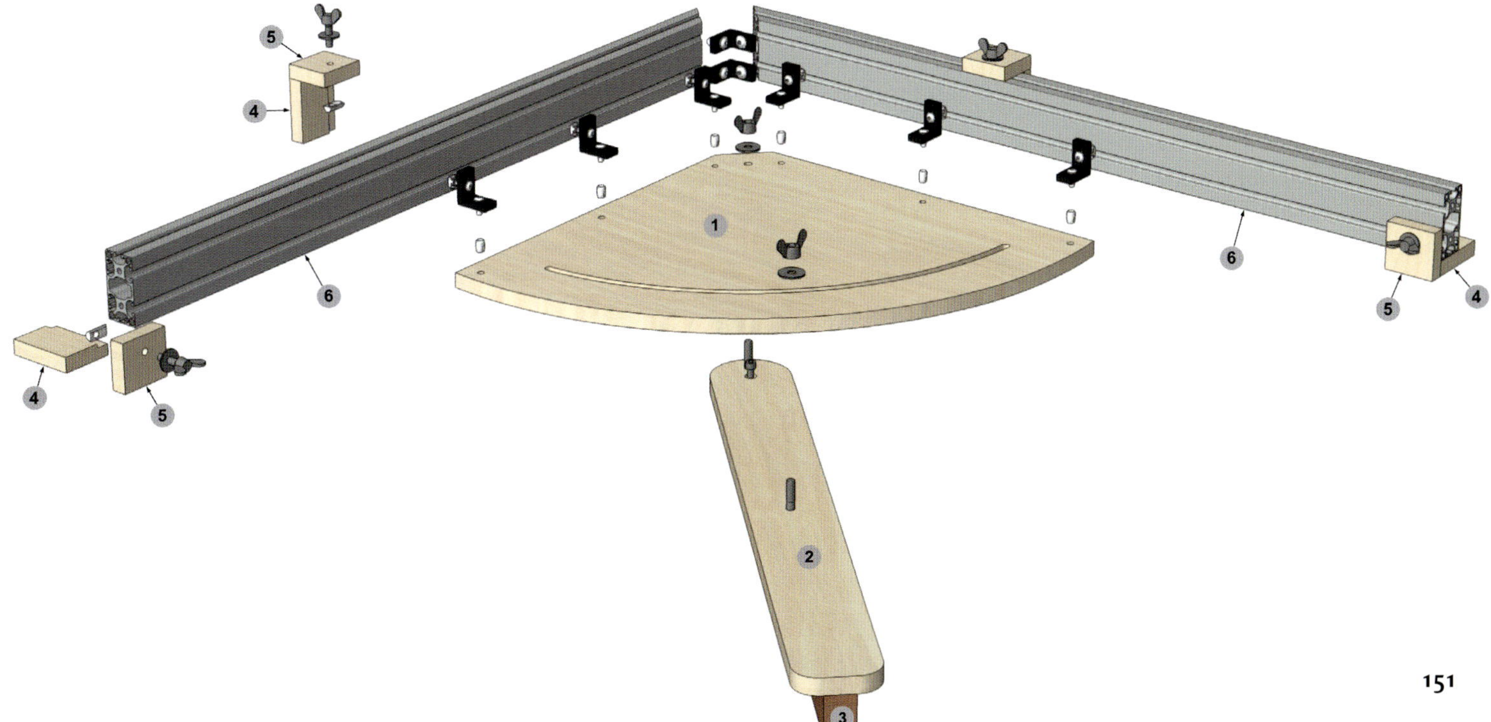

Alternative Befestigung des Doppelschnitt-Gehrungsanschlags an einer Auflagenhilfe

Auf den Seiten 89 und 109 habe ich Ihnen bereits ausführlich die Vorzüge einer Tischverbreiterung bzw. Auflagenhilfe für den Schiebetisch erklärt. Diese Auflagenhilfe ist auch die beste Methode, um den Doppelschnitt-Gehrungsanschlag am Schiebetisch zu befestigen. Im vorderen Bereich (zum Sägeblatt hin) wird das Befestigungsbrett (ohne Kantholz-Aufdopplung!) wieder, wie gehabt, mit der Vierkantmutter und der Zylinderkopfschraube befestigt (kleines Bild unten). Im hinteren Bereich können Sie das Brett diesmal einfach und schnell mit einer Hammerkopfschraube (M8 x 50 mm) samt U-Scheibe und Flügelmutter direkt in den T-Nuten der Auflagenhilfe fixieren (kleines Bild oben). Dazu müssen Sie lediglich noch ein passendes 8 mm Loch ins Befestigungsbrett bohren. Je nach Formatsäge und Auflagenhilfe kann hier die Befestigung aufgrund unterschiedlicher T-Nut-Größen etwas variieren.

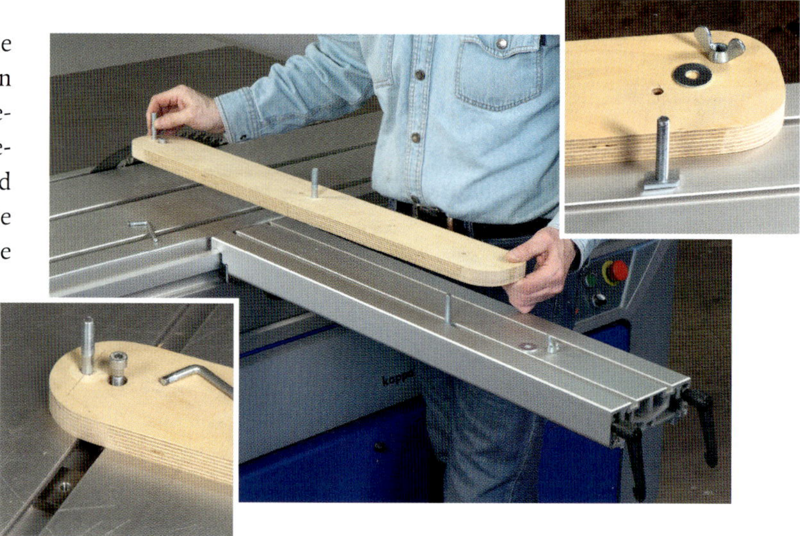

Normalerweise sitzt die Auflagenhilfe bereits automatisch im rechten Winkel zum Schiebetisch, wenn sie korrekt montiert wurde. Trotzdem sollten Sie die rechtwinklige Ausrichtung des Befestigungsbretts (Pos. 2) nochmals mit einem großen Winkel überprüfen. Die Zylinderkopfschraube (Pfeil) mit einem …

… Innensechskantschlüssel festziehen und im hinteren Bereich das Befestigungsbrett mit der Hammerkopfschraube und Flügelmutter fixieren. Anschließend den Gehrungsanschlag, wie gehabt, auf die beiden M10er-Gewinde aufstecken und ebenfalls mit U-Scheiben und Flügelmuttern befestigen.

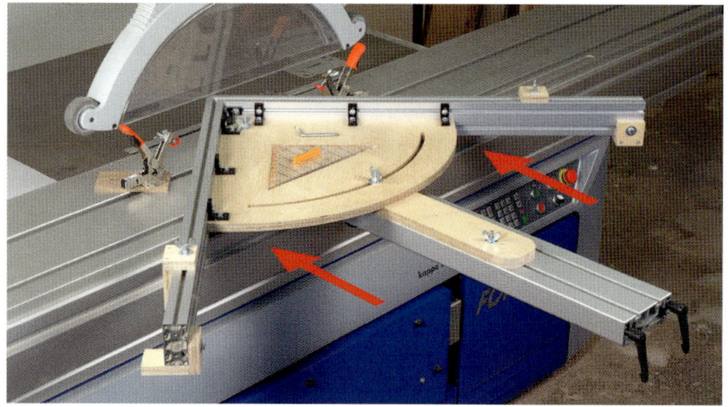

Wenn Sie eine solche Auflagenhilfe für Ihre Formatsäge besitzen, dann sollten Sie zuallererst die zur Befestigung des Gehrungsanschlags benutzen und nicht den Auslegertisch (s. kleines Bild unten). Sie sparen sich damit nämlich nicht nur das sonst nötige Unterfüttern des Befestigungsbretts mit einem Kantholz, sondern können sich sowohl rechts als auch links neben die Auflagenhilfe (s. Pfeile) stellen. Beim Auslegertisch können Sie sich nur rechts vor den Gehrungsanschlag platzieren, was je nach Körpergröße den Blick auf das linke Anschlaglineal erschwert.

Und so benutzen Sie einen Doppelschnitt-Gehrungsanschlag

Bei dem Vertiko unten sind die Rahmen der beiden Türen sowie die Schubkastenfront auf Gehrung gearbeitet. Ein perfektes Beispiel also, um Ihnen einmal den praktischen Einsatz und Nutzen eines Gehrungsanschlags zu demonstrieren. Eine Besonderheit gibt es aber: Damit man bei der schmalen Schubkastenblende noch eine optisch ansprechende Füllung verbauen kann, sind die beiden Querrahmen nicht mehr 60 mm, sondern nur noch 40 mm breit. Und wenn zwei unterschiedliche Rahmenbreiten aufeinander treffen (hier 60 mm auf 40 mm), dann beträgt die Gehrungsschräge bei einem rechteckigen Rahmen nicht mehr automatisch 45°. In der Fachsprache nennt man das eine falsche Gehrung. In zwei Anwendungsbeispielen zeige ich Ihnen daher neben einer einfachen 45°-Gehrung auch die Vorgehensweise beim Zuschnitt einer falschen Gehrung.

1. Anwendungsbeispiel: 45°-Gehrungen

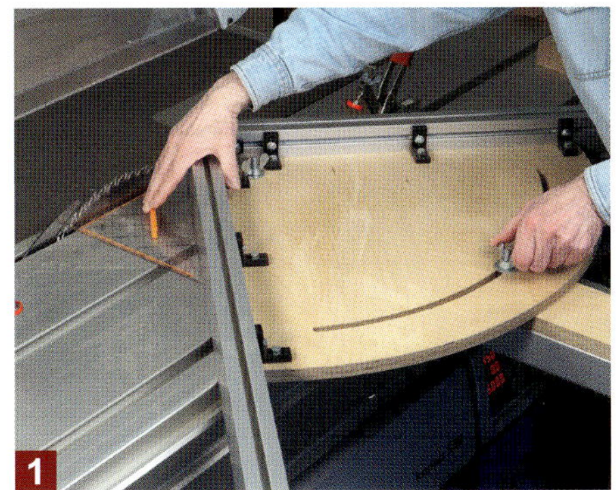

1 Um den Gehrungsanschlag exakt auf 45° einzustellen, eignet sich am besten ein großes hochwertiges Geodreieck, das einfach an den Sägeblattkörper (nicht die Zähne!) und das Alu-Profil angelegt wird.

2 Am besten fixieren Sie die Werkstücke mit einem Kniehebelspanner, dann können die Hände immer weit aus dem Gefahrenbereich des Sägeblatts platziert werden (s. dazu auch S. 80).

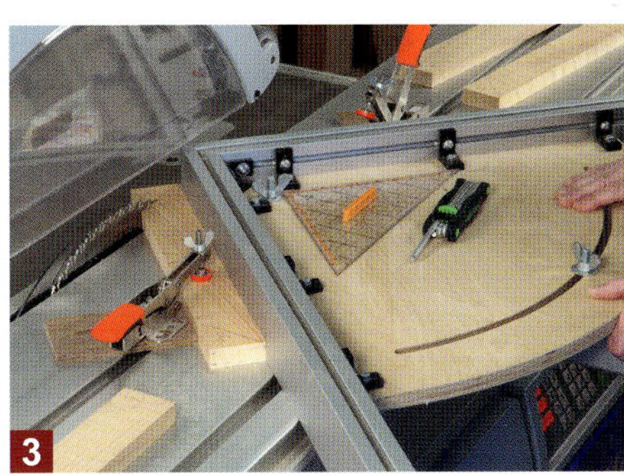

3 Beginnen Sie jetzt zuerst damit, an alle kurzen Querrahmenstücke ein Rahmenende auf 45° abzusägen. Nutzen Sie für die kurzen Rahmenstücke ausschließlich das vordere Aluprofil!

4 Erst wenn an alle Querrahmen ein Ende auf Gehrung geschnitten wurde, stellen Sie mit dem Anschlagreiter die gewünschte Rahmenlänge ein. Den Anschlagreiter danach nicht mehr verstellen.

Jetzt sägen Sie auch an alle gegenüberliegenden Rahmenenden die 45°-Gehrung an. Achten Sie darauf, dass die Rahmenstücke immer dicht am Anschlagreiter anliegen.

Überprüfen Sie zum Schluss, ob alle Querrahmen auch tatsächlich die gleiche Länge haben. Dazu legen Sie einfach zwei Querrahmenstücke mit den Außenkanten zusammen.

Jetzt geht es an die aufrechten Längsrahmenstücke. Auch dort zunächst alle nur mit einer Gehrung versehen. Wichtig: Alle Längsrahmenstücke ausschließlich am hinteren Alu-Profil zuschneiden!

Erst wenn Sie an alle Längsrahmen ein Ende auf Gehrung gesägt haben, stellen Sie wieder die Rahmenlänge mithilfe des verschiebbaren Anschlagreiters ein. **Wichtig:** Der Anschlagreiter besitzt …

… einen kleinen Falz, in dem die empfindliche Gehrungsspitze Platz hat. Dadurch hat der Anschlagreiter nur Kontakt mit der robusten Gehrungsfläche. Berücksichtigen Sie das bei der …

… Einstellung des Anschlagreiters, sonst sind die Rahmenteile später zu lang. Am besten das erste Rahmenstück sofort nachmessen und bei Bedarf den Anschlagreiter etwas nachjustieren.

Nur wenn Sie den gesamten Rahmen einmal probeweise mit einem Spanngurt fixieren, können Sie genau feststellen, ob alle Gehrungen auch tatsächlich dicht sind. Dazu müssen Sie erstens beim Bau des Doppelschnitt-Gehrungsanschlags darauf geachtet haben, dass die beiden Anschlagschenkel (hier Aluprofile) auch wirklich hundertprozentig rechtwinklig zueinander stehen, zweitens, dass alle gegenüberliegenden Rahmenstücke beim Zuschnitt immer am selben Anschlagschenkel anliegen und drittens (ganz wichtig!) auch die exakt gleiche Länge haben. Offene Gehrungsfugen sind fast immer auf genau diese drei Faktoren zurückzuführen.

2. Anwendungsbeispiel: Falsche-Gehrungen jenseits von 45°

Zeichnen Sie sich eine Rahmenecke auf das Werkstück und verbinden Sie zwei Eckpunkte zu einer Diagonalen. Stellen Sie jetzt eine Schmiege exakt auf die Diagonale ein. Bei einer digitalen Schmiege können Sie den aus einem CAD-Programm ermittelten Winkel (s. Grafik rechts) über das Display …

… auf das Zehntelgrad genau einstellen. Stellen Sie mithilfe der Schmiege den Gehrungsanschlag ein. Nutzen Sie möglichst den größeren Winkelwert (hier 56,3°) um das vordere Aluprofil einzustellen. Das hintere Aluprofil hat dann automatisch den passenden Gegenwinkel (hier 33,7°).

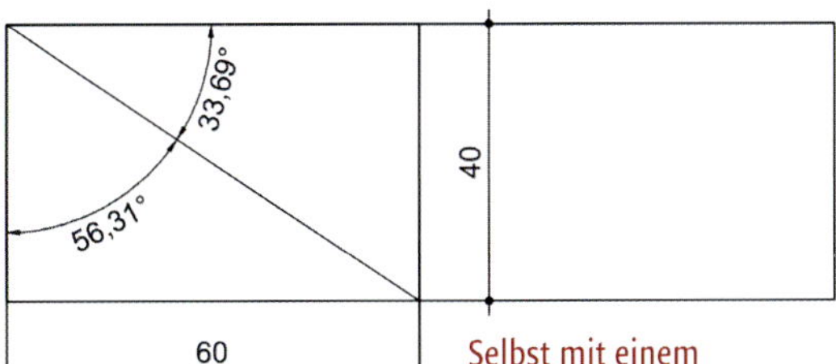

Selbst mit einem einfachen CAD-Zeichenprogramm sind die beiden Winkel in knapp zwei Minuten auf das hundertstel Grad genau ermittelt.

Alle breiten Rahmenstücke (hier 60 mm) werden nun am vorderen Aluprofil auf Gehrung zugeschnitten. Da sie nur eine Länge von 160 mm haben, müssen sie unbedingt festgespannt werden (z. B. mit einem Werktischspanner s. a. S. 81).

Alle schmalen Rahmenstücke (hier 40 mm) bekommen die spitzere Gehrung am hinteren Aluprofil angeschnitten. Aufgrund der Länge von 700 mm lassen sie sich wieder sehr gut mit den Kniehebelspannern fixieren.

Extrem wichtig! Kontrollieren Sie zum Schluß unbedingt die Länge aller Rahmenteile, in dem Sie die jeweiligen Außenkanten zusammenlegen. Die gegenüberliegenden Rahmenstücke müssen immer exakt gleich lang sein!

Wenn der Gehrungsanschlag bei 45°-Gehrungen dichte Gehrungsfugen abliefert, dann macht er das auch bei einer falschen Gehrung. Hier ist es viel wichtiger, darauf zu achten, dass alle Gehrungsflächen, die zusammenstoßen, auch exakt gleich lang sind. Das können Sie leicht überprüfen, wenn Sie eine Gehrung mal probeweise zusammenlegen. Ungenauigkeiten können Sie durch minimales Schwenken des Gehrungsanschlags wieder ausgleichen. Aber Vorsicht: Hier entscheiden bereits Korrekturen von wenigen Zehntelgrad über Erfolg und Misserfolg (vergl. Grafiken oben und unten)!

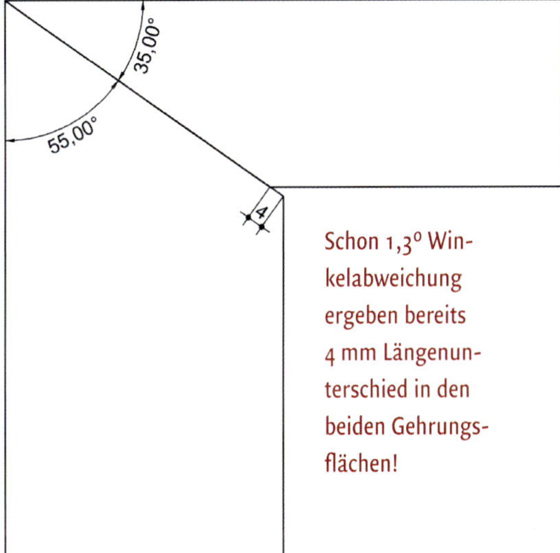

Schon 1,3° Winkelabweichung ergeben bereits 4 mm Längenunterschied in den beiden Gehrungsflächen!

Arbeiten mit geschwenktem Ablänganschlag und Sägeblatt

Für den Einbauschrank in einer Dachschräge müssen sowohl große Werkstückflächen (z. B. Seitenwände oder Türen) als auch schmale Werkstückkanten (z. B. Deckelplatten) angeschrägt werden. Beides können Sie auf Ihrer Formatsäge in einer Präzision herstellen, die ihresgleichen sucht. Deshalb zeige ich Ihnen auf den folgenden Seiten zunächst im ersten Anwendungsbeispiel, wie Sie die exakt zur Dachschräge passenden Seitenwände zuschneiden und im zweiten Anwendungsbeispiel kommt dann noch der darauf abgestimmte Schrägschnitt der Deckelkanten hinzu. Mit diesen beiden Techniken sind Sie in der Lage, jede Dachschräge mit passgenauen Schränken auszubauen.

1. Anwendungsbeispiel: Anschrägen von Werkstückflächen (hier eine Schrankseitenwand)

1

Eine digitale Wasserwaage mit Neigungsmesser (ab 100 Euro), auf der die Dachschräge auf das Zehntelgrad genau angezeigt wird, ist eines der wichtigsten Hilfsmittel bei der Planung von Einbauschränken im Dachgeschoss.

2

Die perfekte Ergänzung dazu ist ein großer digitaler Winkelmesser (ab 50 Euro). Damit können Sie dann den Ablänganschlag schnell und extrem präzise auf den ermittelten Wert der Dachschräge einstellen.

3

Nachdem die Seitenwand exakt auf Breite zugeschnitten wurde, beginnen Sie zuerst damit, die nötigen Schrägen anzusägen. Je nach Werkstückgröße alles gut festspannen und den Überstand mit einer Tischverlängerung (Pfeile) …

4

… abstützen. Optimal ist es, wenn die Platte so lang ist, dass sie gleich zwei Seitenwände daraus zuschneiden können. Die Schnittschräge (s. rote Linie Bild 3) teilt die Platte dann mittig in zwei Hälften. Der Verschnitt ist minimal.

Ist die Platte geteilt, sägen Sie an beide nochmals eine saubere und präzise Schräge an. Setzen Sie auch hier besser wieder zwei Werktischspanner ein, damit die Platte nicht verrutschen kann. Erst wenn alle Schrägen fertig sind, …

… schwenken Sie den Ablänganschlag zurück auf 90° und stellen die gewünschte Länge mithilfe des Anschlagreiters ein. Verfügt der Klappanschlag über eine Kerbe (s. Pfeil), die in eine Nut des Ablänganschlags eingreift, …

… besteht keine Gefahr, dass die Werkstückspitze den Klappanschlag anhebt. Ansonsten wäre ein fester Anschlag aus Holz eine bessere Alternative. Auf diese Weise können dann alle Seitenwände rechtwinklig und wiederholgenau …

… abgelängt werden. **Kleiner genereller Tipp:** Stellen Sie immer zuerst den komplizierteren Schnitt – also hier den Schrägschnitt – her. Falls dabei etwas schief gehen sollte, kann man immer noch mal etwas nachschneiden.

2. Anwendungsbeispiel: Anschrägen von Werkstückkanten (hier die passende Schrankdeckelplatte)

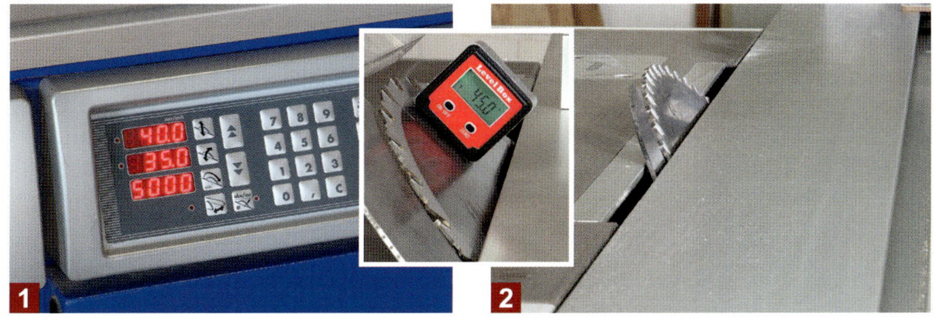

Passend zur Seitenwandschräge bekommen jetzt auch die Kanten des Schrankdeckels eine Schräge angeschnitten (hier 35°). Sollte ihre Formtsäge …

… keine digitale Winkelanzeige besitzen, dann kann eine solche Neigungsbox eine große Hilfe sein. Die ist magnetisch und hält sicher auf dem …

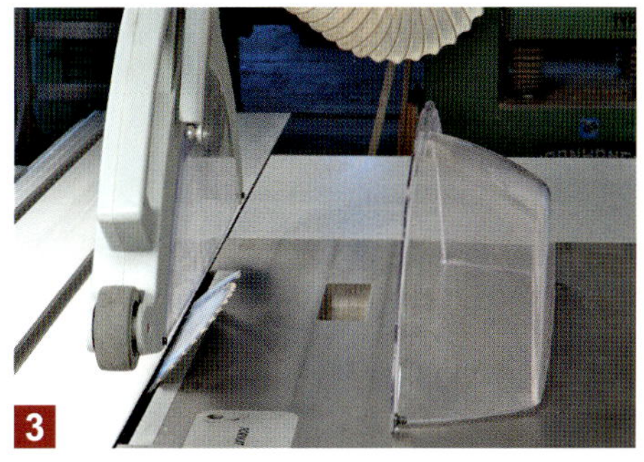

… Sägeblatt. Damit auch das zur Seite geneigte Sägeblatt geschützt ist, muss man bei Maschinen mit Oberschutz eine größere Haube montieren.

4

Es ist sinnvoll, zunächst einmal alle Böden und Deckel exakt rechtwinklig und präzise auf Länge zu schneiden. Die Deckelbreite bzw. -tiefe aber 20 bis 30 mm größer zuschneiden, denn dort sollen ja noch die Kanten angeschrägt werden. Dazu legen Sie die Deckelplatte dicht an den Ablänganschlag, sichern ihn …

5

… mit zwei Werkstattspannern (s. auch Infokasten nächste Seite) und sägen zunächst nur an einer Kante die Schräge an. Dann stellen Sie den Deckel einmal probeweise auf die Seitenwand und überprüfen, ob die Kantenschräge passt. Dabei können Sie dann auch gleich die exakte Deckelbreite (Tiefe) anzeichnen.

6

Den jetzt folgenden Breitenzuschnitt können Sie natürlich am Parallelanschlag herstellen. Aufgrund von mehr oder weniger starkem Verzug bei Leimholzplatten kann es hier aber wieder zu Ungenauigkeiten kommen, die später ärgerlich sein können. Sind die Deckel nicht zu lang (hier z. B. etwa 500 mm), …

7

… dann sollten Sie auch den Breitenzuschnitt besser am Ablänganschlag durchführen. Das setzt allerdings bereits exakt rechtwinklig zugeschnittene Deckelplatten voraus, da in diesem Fall die Stirnkante als Anlagefläche genutzt wird. Als Anschlagreiter ein angeschrägtes Restholz einsetzen (s. Pfeil).

8

Zum Schluss legen Sie nochmals die Deckelplatte auf die Seitenwand und kontrollieren, ob alle Kanten sauber und bündig zueinander abschließen und der Deckel nirgends übersteht.

9

Sind die Schränke nicht zu groß für den Transport ins Dachgeschoss, können Sie einen Teil davon auch fest mit Flachdübeln verleimen. Den restlichen Teil verbinden Sie einfach lösbar mit Exzenterverbindern (s. kleines Bild).

Nutzen Sie auf keinen Fall den Anschlagreiter!

Der klappbare Anschlagreiter ist wirklich praktisch und rechteckige Kanten lassen sich dort auch sicher und präzise anlegen. Problematisch wird es aber, wenn Sie dort spitze und angeschrägte Kanten anlegen möchten. Die können sich nämlich schnell unbemerkt unter den Klappanschlag schieben und ihn dabei etwas anheben. Wiederholgenaue Werkstücke werden so zum Glücksspiel. Abhilfe schaft hier ein selbstgebauter Anschlag aus Restholz, den Sie einfach mit einer Klemme oder Hebelzwinge am Ablänganschlag befestigen.

Ein solches Anschlagholz ist schnell aus einem rechteckig ausgehobelten Restholz hergestellt. Dazu schwenken Sie das Sägeblatt auf die Schräge der Werkstückkante, die Sie dort anlegen möchten. Danach stellen Sie das Anschlagholz hochkant an den Ablänganschlag und sichern es mit einer Hebelzwinge. Das ist je nach Länge des Anschlagholzes unerlässlich! So gesichert sägen Sie jetzt an einem Ende die Schräge an.

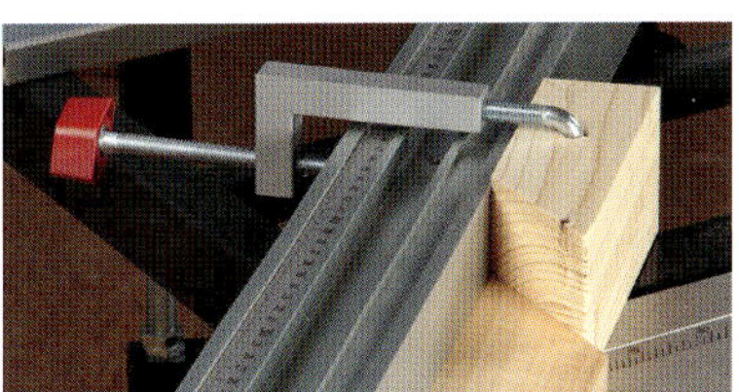

Anschlaghölzer lassen sich noch komfortabler mit einer Klemme (s. kleines Bild) anstatt mit einer Hebelzwinge befestigen.

Mit Werktischspannern arbeiten Sie nicht nur sicherer, sondern auch deutlich präziser!

Leimholzplatten sind nie hunderprozentig eben und liegen selten satt auf dem Schiebetisch auf (s. Pfeil). Das kann beim Anschrägen von Brettkanten schnell zu Ungenauigkeiten führen. Abhilfe schaffen hier zwei einfache und günstige Werktischspanner, die man problemlos in jeder Schiebetischnut einsetzen kann (s. a. S. 81). Werden die Spannarme seitlich bis dicht an die Spanhaube positioniert (Bild rechts), halten sie auch stark gewölbte Leimholzplatten immer sicher und dicht auf dem Schiebetisch.

Korpus aus Leimholz auf Gehrung zuschneiden

Das Wichtigste hierbei – neben einem präzise auf 45° geschwenkten Sägeblatt – sind zwei Werktischspanner und eine Druckleiste. Vor allem beim Zuschnitt von Massivholzplatten sind diese Hilfsmittel quasi unverzichtbar (s. Bild 1 und 2). Zur Kontrolle des exakten 45°-Schnittwinkels empfehle ich Ihnen auch hier zuerst den Zuschnitt eines kleinen Testkorpus. Dazu stellen Sie sich vier etwa 300 mm lange, 100 mm breite und 19 mm dicke MDF-Streifen her, die Sie dann an den Stirnkanten auf Gehrung zuschneiden. Fügen Sie die vier Teile mit Klebeband zu einem kleinen Korpus mit 100 mm Tiefe zusammen. Jetzt können Sie bereits vorab sehr gut erkennen, ob die Gehrungen alle dicht schließen oder die Maschine noch etwas nachjustiert werden muss.

Ein sauber und präzise auf Gehrung gefertigter Schrankkorpus ist nicht nur eine handwerkliche und maschinentechnische Herausforderung, sondern auch ein optischer Leckerbissen. Bei entsprechender Planung ist es sogar problemlos möglich, das Maserbild fortlaufend um den gesamten Schrankkorpus zu führen. Das setzt dann jeder Gehrungsoptik nochmals die Krone auf. Mit einer guten Formatsäge jedenfalls alles machbar!

1 Massivholzplatten sind quer zur Maserung immer mehr oder weniger stark verzogen (geschüsselt). Wenn sie beim Ansägen der Gehrung nicht dicht auf dem Schiebetisch aufliegen, werden die Korpusecken später Fugen aufweisen.

2 Abhilfe schaffen hier wieder die genialen Werktischspanner in Kombination mit einer leicht bauchig ausgehobelten Leiste. Dadurch wird auch die Brettmitte mit nur zwei Spannern absolut dicht auf den Schiebetisch gedrückt.

3

4

Für eine optimale Druckverteilung sollte die Leiste eine Höhe von mindestens 60 mm haben (s. a. Bild 4). So gesichert können Sie nicht nur gefahrlos, sondern auch absolut präzise über die gesamte Werkstückbreite eine perfekte 45°-Gehrung ansägen. Auch die Schnittfläche wird durch die Fixierung des Werkstücks mit den Spannern deutlich sauberer ausfallen, als wenn Sie das Massivholzbrett nur mit den Händen am Ablänganschlag festhalten.

Mit einem hochwertigen Gehrmaß kann man zwar den 45°-Winkel an Maschinen nicht gut kontrollieren, dafür eignet er sich aber perfekt, um den Winkel am fertigen Werkstück zu überprüfen. Dazu …

… kann er entweder von unten in die Gehrungsspitze gelegt werden (s. Bild 5) zur Überprüfung der 45° oder auch auf die spätere Innenfläche des Korpus zur Überprüfung der 135°.

Passt alles, stellen Sie als nächstes den Anschlagreiter auf die gewünschte Brettlänge ein. Doch Vorsicht: Durch die seitliche Sägeblattschwenkung zeigt die Skala nicht den korrekten Wert an!

Da die Gehrungsspitze nach oben zeigt kann sie auch sicher und dicht am Anschlagreiter angelegt werden. Üben Sie aber keinen allzu starken Druck aus, um die Spitze nicht zu beschädigen.

Das ist auch gar nicht nötig, da wir zur Fixierung der Massivholzplatte auch hier wieder unsere genialen Werktischspanner einsetzen. Die halten alles dicht am Anschlag und auf dem Schiebetisch.

Das Ergebnis ist ein maßgenauer und rechtwinkliger Zuschnitt mit spitzen Gehrungen (Bild 10), sowie sauberen und präzisen Schnittflächen ohne jegliche Brandspuren (Bild 11).

Je nach Schrankgröße und -tiefe sollten Sie die Gehrungen noch mit zusätzlichen Flachdübeln stabilisieren. Schlitz nach unten von der Gehrungsspitze weg platzieren, damit Sie nicht durchfräsen.

Bei Schränken auf Gehrung vor dem Verleinem unbedingt einen Testversuch ohne Leim starten. So können Sie schon mal alles, was Sie zum Verleimen benötigen (z. B. Spanngurte und Zulagen), bereit …

… halten. Erst wenn alle Gehrung auch dicht werden, geben Sie Leim in die Flachdübelschlitze und auf die Gehrungsflächen und spannen alles mit Spanngurten (und falls nötig Zwingen) zusammen.

Schmale Bretter und Platten exakt parallel auf Gehrung zuschneiden

Möchten Sie schmale Bretter auf Gehrung zuschneiden, dann sollten Sie hier besser auf die Führungsqualitäten des Schiebetisches vertrauen und dazu auf keinen Fall einen Parallelanschlag einsetzen (s. Bild rechts). Wenn Sie bereits eine Parallelschneideinrichtung für Ihre Formatsäge besitzen (s. S. 89), dann können Sie solche Arbeiten natürlich auch damit ausführen. Für alle anderen zeige ich im folgenden Anwendungsbeispiel eine ebenso gut funktionierende aber deutlich günstigere Lösung, für die man lediglich ein einfaches Restholz und die modifizierte Variante von „Fritz und Franz“ (s. S. 77) benötigt. Auch die wirklich genialen und meiner Meinung nach unverzichtbaren Werktischspanner kommen wieder zum Einsatz. Die sorgen nicht nur für mehr Sicherheit, sondern Sie erzielen damit auch eine unübertroffen hohe Schnittflächenpräzision, weil sie die Bretter während des gesamten Sägeschnitts immer bombenfest auf den Schiebetisch drücken und an den Anschlägen halten.

Schmale Bretter am Parallelanschlag auf Gehrung zu schneiden ist keine gute Idee. Spätestens beim Breitenzuschnitt wird sich die Gehrungsspitze unter das Anschlaglineal schieben. Präzise Zuschnitte sind auf diese Weise unmöglich!

Stellen Sie als erstes die Schnittbreite am Ablänganschlag ein. Wenn der Anschlagreiter bei schmalen Werkstücken nicht eingesetzt werden kann, nutzen Sie einfach ein Restholz als Anschlag zusammen mit einer Klemme oder Hebelzwinge. Mit einem zweiten Brettabschnitt, den Sie dicht ans Werkstück anlegen, können Sie die Breite exakt auf den Sägeblattzahn ausrichten (s. kleines Bild). Dadurch erhalten Sie scharfkantige Gehrungsspitzen, ohne dass Sie zuviel von der Brettkante absägen und sich dadurch dann auch die Brettbreite verändert.

Ist der Anschlag eingestellt, greifen Sie den Brettüberstand mit einem Anschlaglineal, Streichmaß oder einem Kombiwinkel ab. Dazu den Anschlag an die Brettkante und das Stahllineal an die Schiebetischkante anstoßen.

Mithilfe des arretierten Anschlaglineals können Sie jetzt auch den hinteren Brettüberstand exakt parallel zur Schiebetischkante einstellen. Als hintere Anlagekante nutze ich hier einfach einen Teil von „Fritz und Franz“ (s. S. 77).

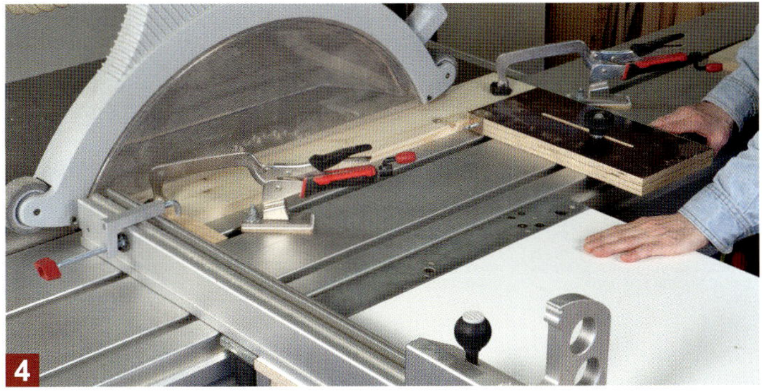

4

Zusätzlich sollten Sie das Brett noch mit zwei Werktischspannern sichern. Jetzt können Sie ganz entspannt, sicher und abolut präzise den ersten Gehrungsschnitt herstellen. Dabei liegt das Werkstück einmal vorne am Anschlagholz mit Klemme und einmal hinten an der Kante von „Fritz und Franz“ an.

5

Danach drehen Sie das Brett und legen jetzt die Gehrungsspitze vorsichtig und dicht an. Auch hier wieder das Brett mit den Werktischspannern sichern, damit es beim Sägen nicht verrutschen kann. Diese für die Schiebetischnut modifizierten Werkstischspanner sind wirklich Gold wert (Infos dazu s. S. 81).

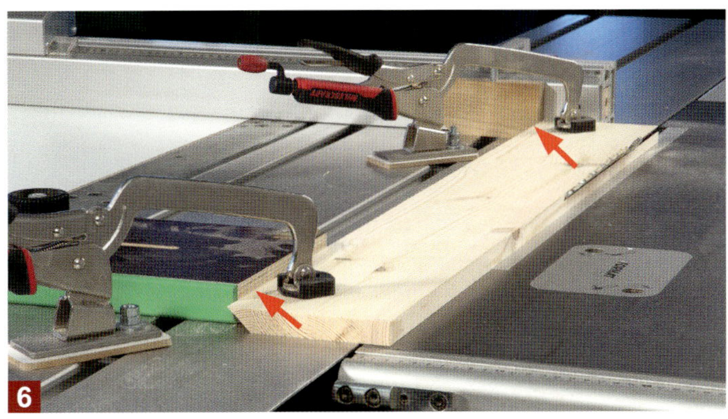

6

Mit dieser Technik und den genialen Werkstischspannern können Sie selbst an sehr schmale Werkstücke sicher und präzise eine Gehrung ansägen. Für die Parallelität (oder falls gewünscht auch Schräge) sorgen dann die beiden unabhängig voneinander frei einstellbaren Anschlagpunkte (Pfeile).

7

8

Zum Schluss ziehen Sie auch über die letzte Gehrungsfuge mit etwas Druck das Klebeband. Wenn alle Bretter die gleiche Breite und präzise 45° Gehrungen haben, dann sind auch alle Gehrungsfugen dicht geschlossen (s. Bild rechts).

Zum Testen der Passgenauigkeit aller Bauteile und Gehrungen legen Sie die Bretter mit den Gehrungsspitzen dicht zusammen und kleben ein paar Streifen Klebeband quer über die Fugen. Danach falten Sie die Fläche zu einer quadratischen Säule zusammen.

Spitze Gehrungen und Schrägen anschneiden

Das Sägeblatt einer Formatsäge lässt sich in aller Regel nur bis maximal 45° zur Seite neigen bzw. schwenken. Wenn Sie das Werkstück flach auf den Schiebetisch auflegen, dann können Sie auf diese Weise nur Kantenschrägen von 90° (rechtwinklig) bis 45° zuschneiden. Müssen spitzere Gehrungen hergestellt werden, dann greifen viele Profis zur Tischfräse und einem Schwenkmesserkopf. Aber auch auf einer Formatsäge kann man mit einem erstaunlich geringen Aufwand dank Schiebetisch extrem spitze Gehrungen sicher und präzise anschneiden.

Alles was Sie dafür benötigen, sind zwei einfache 90°-Eckwinkel, die man fest auf dem Schiebetisch arretiert. An diesen Winkeln können Sie jetzt das Werkstück hochkant mit Hebelzwingen befestigen und die Brettkante je nach Schrägstellung des Sägeblatts von 0° bis 45° anschrägen. Sobald Sie also spitzere Gehrungeskanten als 45° benötigen, müssen Sie lediglich das Werkstück von der üblichen flach aufliegenden Position in eine Hochkantposition bringen. Und wie diese Eckwinkel genau funktionieren, zeige ich Ihnen in zwei Anwendungsbeispielen.

Zwei typische Anwendungsbeispiele: Links im Bild eine extrem flach angeschrägte Plattenkante (hier 20°), die in der Fachsprache auch oft als Schweizer Kante bezeichnet wird. Rechts im Bild eine auf Gehrung zugeschnittene gleichseitige Dreiecksäule mit 30° spitzen Gehrungskanten.

Diese einfache Kreiskantenvorrichtung (Eckwinkel) für die Tischfräse reicht bereits aus

Materialliste: Kreiskantenvorrichtung

Pos.	Anz.	Bezeichnung	Maße (mm)	Material
1	2	Führungsbrett	250 x 250	21 mm Multiplex
2	2	Befestigungsbrett	220 x 130	
3	2	Stabilisierungswinkel	100 x 125	

Sonstiges: 12 Schrauben 4 x 45 mm

Der Zusammenbau ist kinderleicht und schnell erledigt. Nach dem Zuschnitt aller Bauteile (lt. Materialliste links), schrauben Sie als Erstes das schräge Führungsbrett an das rechteckige Befestigungsbrett. Anschließend legen Sie den Stabilisierunsgwinkel ein, fixieren ihn mit einer Zwinge und befestigen ihn ebenfalls mit ein paar Schrauben an Führungs- und Befestigungsbrett.

1. Anwendungsbeispiel: Deckel- bzw- Tischplatte mit Schweizer Kante

Ziehen Sie das Anschlaglineal des Parallelanschlags bis kurz vor das Sägeblatt zurück. Anschlaglineal und Parallelanschlag werden nur zur Ausrichtung des Werkstücks und der Vorrichtung benötigt.

Zeichnen Sie sich die gewünschte Schräge und seine Position auf ein Restholz gleicher Stärke an. Stellen Sie dann die Sägeblattschräge ein und verschieben Sie den Parallelanschlag so, dass sich die äußeren Sägezähne am Strich befinden.

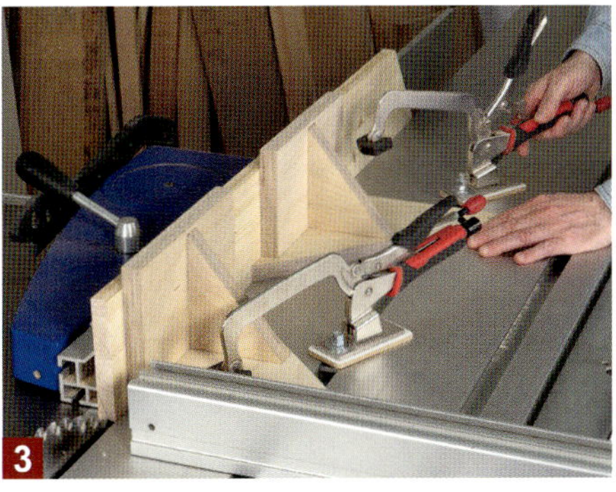

Stellen Sie jetzt die beiden Vorrichtungen dicht gegen das Restholz und fixieren Sie beide mit einem Werktischspanner oder einem ähnlichen Niederhalter. Das Restholz ist jetzt fest zwischen Anschlaglineal und Vorichtungen eingeklemmt.

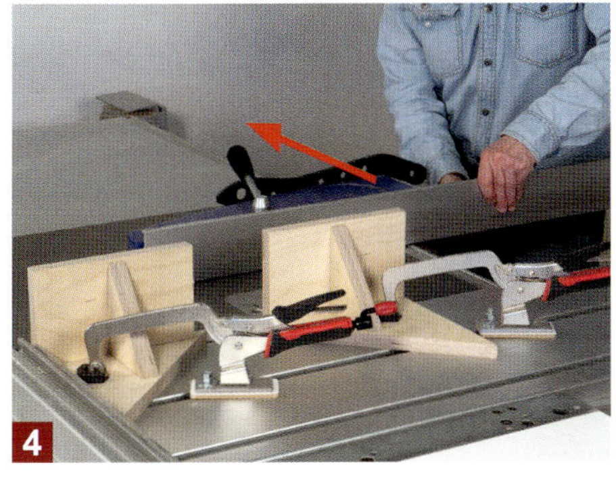

Die beiden Vorrichtungen sind jetzt genau parallel zum Sägeblatt und passend zur gewünschten Schräge eingestellt. Der Parallelanschlag wird jetzt nicht mehr benötigt und kann zur Seite weggeschoben werden.

Stellen Sie jetzt die Deckelplatte hochkant vor die beiden Winkelvorrichtungen und fixieren Sie die Platte mit zwei Hebelzwingen. Bitte gut festspannen und dazu ausschließlich Hebelzwingen und keine normalen Schraubzwingen einsetzen.

So gesichert können Sie die Deckelplatte mithilfe des Schiebetischs hochkant über das Sägeblatt bewegen. Die Hände befinden sich dabei weit aus dem Gefahrenbereich. Daher macht es auch nichts aus, dass man ohne Schutzhaube arbeiten muss.

Sägen Sie auf diese Weise nacheinander an alle vier Deckelkanten die gewünschte Schräge an. Das A und O ist dabei ein mit Hebelzwingen gesichertes Werkstück und gut festgespannte Winkelvorrichtungen.

Die fertig angeschrägten Kanten sind absolut präzise und gleichmäßig gesägt. Lediglich die minimalen Sägespuren müssen Sie zum Schluss noch etwas nachschleifen.

2. Anwendungsbeispiel: Gleichseitige Dreiecksäule mit 30°-Gehrungen

Stellen Sie sich zuerst drei gleich breite Bretter her. Die Breite entspricht dabei der Seitenlänge des Dreiecks. Sägeblatt auf 30° Schräge einstellen und die Winkelvorrichtungen mithilfe des Parallelanschlags so platzieren, dass die Brettkanten spitz zulaufend und scharfkantig angeschnitten werden.

Ist die erste Kante spitz zulaufend auf Gehrung zugeschnitten, drehen Sie das Werkstück und sägen auch die gegenüberliegende Kante exakt auf eine 30°-Schräge zu. Wichtig ist wieder die sichere Fixierung des Werkstücks mit zwei Hebelzwingen.

Überprüfen Sie vorab, ob alle Bretter exakt die gleiche Breite haben. Dazu die Bretter einfach mit den Außenflächen kurz zusammenlegen. Nur wenn alle Bretter die gleiche Breite haben und der Winkel an den Schnittkanten exakt 30° beträgt, werden später auch alle Gehrungsfugen dicht sein.

Für den endgültigen Test oder zum Verleimen der Dreiecksäule legen Sie einfach alle drei Bretter mit den Gehrungsspitzen dicht zusammen und kleben über die Fugen ein paar Streifen Klebeband. Neben starkem Paketklebeband können Sie dazu auch ein solches Putzklebeband einsetzen. Das lässt sich …

… weiter dehnen und erzeugt somit etwas mehr Pressdruck auf die Gehrungsfugen. Wenn alles sauber und präzise zugeschnitten wurde, können Sie sich auch über perfekte und absolut dichte Gehrungsfugen freuen. Weitere Zwingen oder Spanngurte sind dann jedenfalls nicht mehr notwendig. Das fertige Ergebnis (s. rechts) und die Präzision der Gehrungen sind jedenfalls sehr beeindruckend!

Doppelgehrungen (Schifterschnitte) sägen

Eine Pyramide oder ein Trichter (z.B. beim Bau von Lautsprecherboxen) sind typische Anwendungsbeispiele für eine Doppelgehrung. Auch beim Dachstuhlbau kommen Doppelgehrungen oder Schifterschnitte, wie sie vom Fachmann genannt werden, sehr häufig vor. Es handelt sich dabei meist um mindestens zwei geneigte Bauteile die an einer „schiefen Gehrung“ zusammenstoßen. Schifterschnitte gehören zu den schwierigsten und komplexesten Zuschnitten, die man auf einer Formatsäge herstellen kann. Das liegt jetzt jedoch nicht am Schnitt selbst, sondern an der aufwändigen und präzisen Einstellung der Maschine. Hier können bereits Abweichungen von nur ein bis zwei Zehntelgrad über Erfolg und Misserfolg oder, besser gesagt, über dichte oder offene Gehrungsfugen entscheiden. Bei Schifterschnitten müssen Sie nämlich neben der Schräge des Sägeblatts auch immer die Schräge des Ablänganschlags im Blick behalten. Denn mit jeder Änderung der Neigung der Seitenwände eines Trichters oder einer Pyramide ändert sich auch gleichzeitig die Schräge für Sägeblatt und (!) Ablänganschlag (s. a. Tabelle unten).

Am Beispiel einer Pyramide mit quadratischer Grundfläche und einer Neigung von 45° zeige ich Ihnen auf der folgenden Seite einmal Schritt für Schritt, wie Sie beim Zuschnitt der vier gleichseitigen Dreieckflächen (s. a. Bild unten) am besten vorgehen. Dabei ist es egal, ob es sich um eine spitz zulaufende Pyramide oder einen offenen Pyramidenstumpf (Trichter) handelt, die Winkeleinstellungen und Vorgehensweise unterscheiden sich nicht. Auch wenn Pyramide oder Trichter anstelle einer quadratischen eine rechteckige Grundfläche haben sollen, können Sie alle Winkelwerte aus der Tabelle genau so übernehmen.

Schifterschnitt – Winkeleinstellungen

Neigungswinkel der Seitenwand	Schräge des Sägeblatts	Schräge des Ablänganschlags
0° (senkrecht)	45,00°	90° (0°)
5°	44,78°	85,02° (4,98°)
10°	44,14°	80,15° (9,85°)
15°	43,08°	75,49° (14,51°)
20°	41,64°	71,12° (18,88°)
25°	39,86°	67,09° (22,91°)
30°	37,76°	63,43° (26,57°)
35°	35,40°	60,16° (29,84°)
40°	32,80°	57,27° (32,73°)
45°	30,00°	54,74° (35,26°)

In der Tabelle finden Sie alle wichtigen Winkeleinstellungen für eine Pyramide oder einen Trichter (Pyramidenstumpf) mit quadratischer bzw. rechteckiger Grundfläche je nach Neigung der Seitenwände. Der Wert in Klammern entspricht dem Skalenwert am Ablänganschlag.

Bei solchen dreieckigen Pyramidenseiten kommt es vor allem auf eine extrem hohe Schnitt- und Wiederholgenauigkeit an. Dies ist eine wichtige Voraussetzung, damit später alle Schnittkanten und Gehrungen auch perfekt zusammenpassen und keine Ritzen entstehen. Die Schräge der Schnittkante wird dabei über die Schrägstellung des Sägeblatts und die Schräge des Dreiecks mit der Schrägstellung des Ablänganschlags eingestellt. Beides ist voneinander abhängig und wird von der gewünschten Neigung der Pyramidenseite oder des Trichters bestimmt (s. Tabelle links). Das ist jedoch nur die halbe Miete, denn genau so wichtig ist es, dass am Ende des Zuschnitts alle gegenüber liegenden Pyramidenseiten auch exakt gleich groß sind. Dies ist im übrigen bei allen Kästen, die auf Gehrung gearbeitet sind, besonders wichtig. Denn nur dann werden alle Gehrungskanten später auch wirklich dicht sein.

Schritt 1: Anschlagschräge und Sägeblattschräge einstellen

Für eine Pyramide (s. vorherige Seite) mit einer um 45° geneigten Seitenwand stellen Sie als erstes den Ablänganschlag auf 54,74° ein. Mit einer großen digitalen Schmiege geht das bis auf ein Zehntelgrad genau. Zur Kontrolle: Auf der Skala am Ausleger steht der Anschlag dann auf 35,26° – also etwa 35°.

Die dazu passende Sägeblattschräge beträgt exakt 30° und kann ebenso in der Tabelle auf der vorherigen Seite abgelesen werden. In der Holzbearbeitung reicht es völlig aus, wenn Sie die Einstellungen jeweils nur auf ein Zehntelgrad genau vornehmen (auf eine Stelle hinter dem Komma auf- bzw. abrunden).

Schritt 2: An alle Werkstücke zunächst nur eine Gehrung anschneiden

Als nächstes sägen Sie nacheinander an alle vier Seitenwände der Pyramide eine Gehrung an. Sichern Sie dabei die Platte möglichst gegen Verrutschen. Nutzen Sie dazu als Niederhalter am besten zwei günstige Werktischspanner (s. a. S. 81). Auf diese Weise können Sie schon mal sicher sein, dass die Doppelgehrung auch absolut präzise und gerade verläuft. Schöner Nebeneffekt: Selbst eine leicht gewölbte Platte wird mit den Werktischspannern immer schön dicht auf den Schiebetisch gedrückt. Zudem befinden sich die Hände zu keiner Zeit im Gefahrenbreich des Sägeblatts.

Schritt 3: Queranschlag umbauen und mit der zweiten Gehrung die exakte Werkstückgröße festlegen

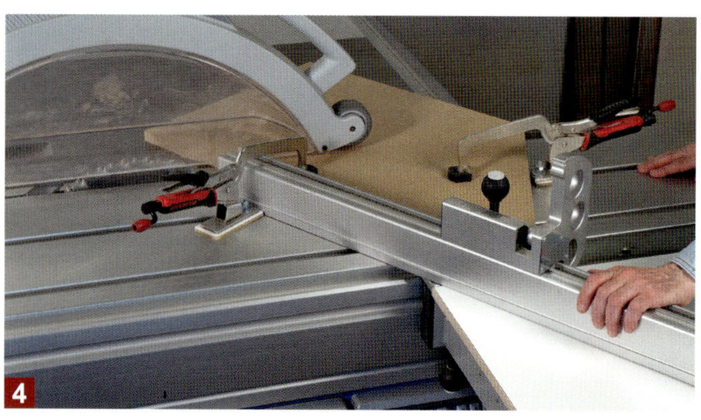

Um die zweite gegenüberliegende Gehrung anzusägen, muss der Ablänganschlag in die andere Richtung geschwenkt werden. Dazu wird er von der vorderen Position abgebaut und an die hintere Position des Auslegers montiert. Danach den Anschlag wieder exakt auf 54,7° (35,3°) schwenken und mit dem Anschlagreiter die gewünschte Grundlänge der Pyramide einstellen. Die vorhin spitz angesägte Gehrung legen Sie jetzt vorsichtig bis dicht an den Anschlagreiter heran und fixieren die Platte wieder mit den Werktischspannern. So gesichert sägen Sie dann auch die zweite Gehrung ans Werkstück.

Weitere Hilfsmittel und Vorrichtungen für Schrägschnitte

Bestimmte schräge Werkstückformen und -größen lassen sich nicht ohne zusätzliche Hilfsmittel und Vorrrichtungen sicher und letztlich auch präzise und wiederholgenau zuschneiden. Im nächsten Kapitel gehe ich daher besonders detailliert auf die Einsatzmöglichkeiten und die Herstellung verschiedener Schneidladen ein. Ganz besonders möchte Ihnen aber den Bau eines Winkelbretts für Ihre Formatsäge ans Herz legen. Denn dieses sehr einfach zu bauende Hilfsmittel gehört – zusammen mit „Fritz und Franz“ (s. S. 74) – zu den wichtigsten und vielseitigsten Vorrichtungen, wenn Sie komplexe und schwierige Schrägschnitte herstellen möchten. Es lohnt sich also, diese Techniken frühzeitig zu erlernen, damit man später bei Bedarf auf dieses Wissen (oder dieses Buch) zurück greifen kann.

Bilder oben: Schmale konisch verlaufende Tisch- und Möbelfüße lassen sich präzise und wiederholgenau mit einer einfachen Schneidlade für den Schiebetisch herstellen (mehr Infos ab S. 174).

Bild links: Mit einer Keilschneidlade können Sie nicht nur Keile sicher zuschneiden. Diese Technik eignet sich auch für viele andere keilförmige Kleinbauteile die maß- und wiederholgenau hergestellt werden müssen (mehr Infos ab S. 172).

Das Winkelbrett – ein Schrägschnitt-Tausendsassa – darf in keiner Werkstatt fehlen!

Schrägschnitte exakt nach Anriss, lassen sich mit Winkelbrett, Führungsleiste und doppelseitigem Klebeband absolut sicher ausführen (s. S. 181).

Komplexe Werkstücke können mit einem Winkelbrett oftmals sicherer und präziser angeschrägt werden als am Parallelanschlag. Zumal die ...

... (in der Regel) nur einseitige Schwenkung des Sägeblatts bei vielen Formatsägen gar keine andere Bearbeitungsmöglichkeit zulässt (s. a. S. 223).

Auch für präzise und „scharfkantige“ Gehrungsschnitte kann man ein Winkelbrett sehr gut einsetzen. Vor allem bei schmalen Werkstücken ist diese Methode dem Parallelanschlag vorzuziehen. Denn beim zweiten Gehrungsschnitt würde sich die Spitze unter das Anschlaglineal schieben. Zwei parallel verlaufende Gehrungskanten sind mit einem Parallelanschlag jedenfalls ein Glücksspiel!

Kapitel 8

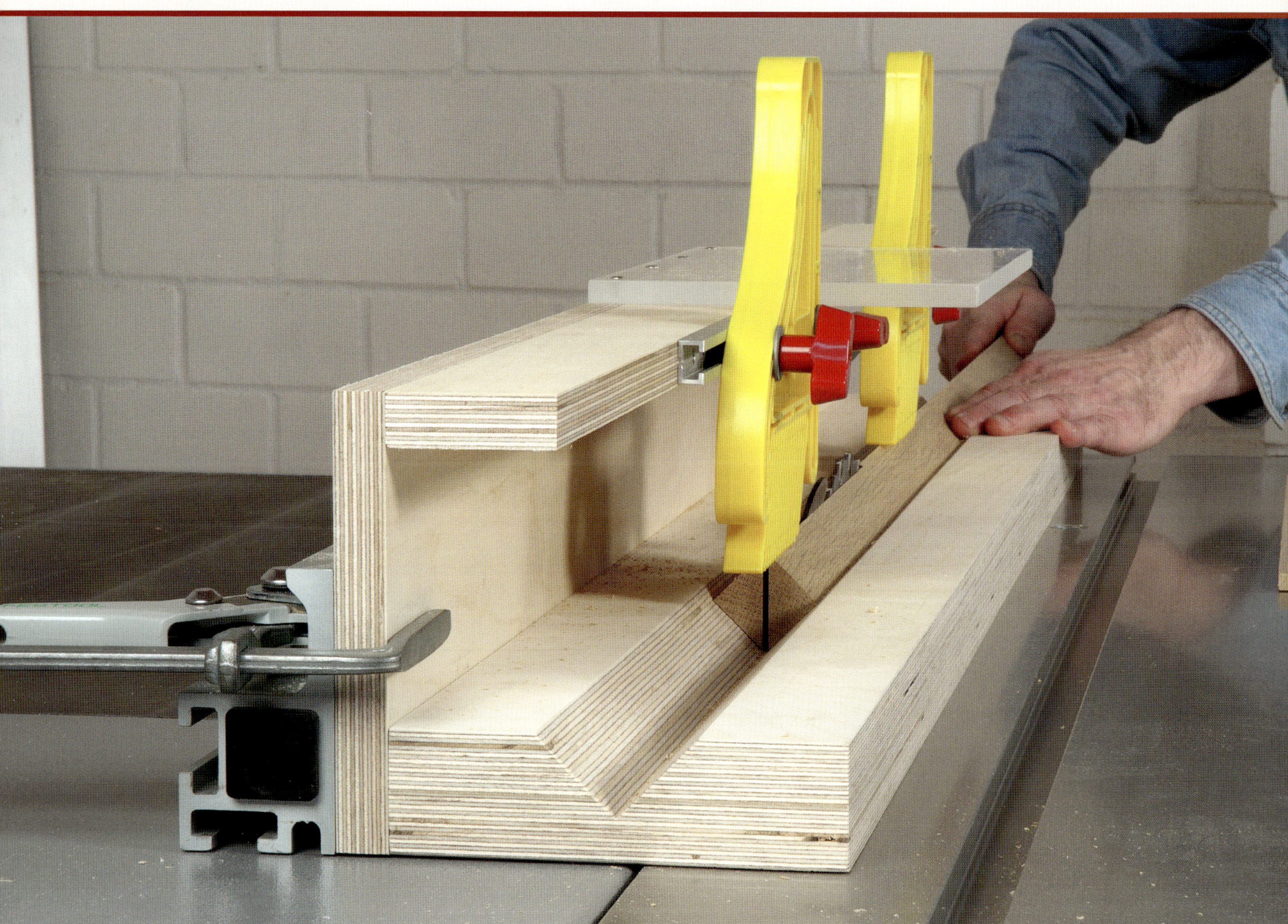

Vorrichtungen und Schneidladen

1. Schneidlade zur Herstellung von Keilen und kleinen Schrägbauteilen

Mit einer einfachen selbstgebauten Schneidlade (s. Bild rechts) können Keile und kleine schräge Bauteile gefahrlos und präzise auf einer Formatsäge zugeschnitten werden. Dazu benötigen Sie zunächst ein Holzbrett in der gleichen Stärke wie das Brett, aus dem die Keile gesägt werden sollen. Die Form des Keils sägen Sie mit einer Stich- oder Bandsäge in die Längskante des Bretts. Achten Sie unbedingt darauf, dass die Keilspitze nach vorne in Richtung des Sägeblatts zeigt, sonst kann sich der Keil beim Sägen zwischen Schablone und Sägeblatt festklemmen. Auf diese Ausklinkung schrauben Sie anschließend noch ein Sperrholzbrettchen, damit der Keil während des Sägevorgangs nicht von den hinteren aufsteigenden Zähnen des Sägeblatts heraus geschleudert wird. Ein weiterer aufgeschraubter Holzklotz dient als Handauflage zum Vorschieben der Schneidlade.

Und so geht's: Stellen Sie als Erstes den Parallelanschlag der Formatsäge genau auf die Breite der Schneidlade ein (s. a. Bild rechts). Benutzen Sie beim Sägen auf jeden Fall die Sägeblatthaube Ihrer Formatsäge, auch wenn die Sperrholzabdeckung ein Zurückschleudern des Keils verhindert. Legen Sie dann das Brett, aus dem Sie die Keile zuschneiden möchten, in die Ausklinkung und schieben Sie es zusammen mit der Schneidlade am Parallelanschlag vorbei. Der aufgeschraubte Holzklotz erleichtert das Vorsschieben der Schneidlade. Erst wenn die komplette Schneidlade am Sägeblatt vorbei geschoben wurde, dürfen Sie den Keil auf der anderen Seite entnehmen. Niemals die Schneidlade samt Keil am Parallelanschlag zurückziehen!

Hier noch mal zur besseren Sicht das Sägeprinzip ohne Schutzhaube (wurde nur für das Foto entfernt!). Die Brettlänge (Pfeilrichtung) sollte der Aussparungs- bzw. Keillänge entsprechen. Nach jedem Schnitt wenden Sie einmal das Brett auf die andere Brettfläche und sägen den nächsten Keil heraus. Auf diese Weise sind später alle Keile aus Langholz.

Mit einer leicht veränderten Schneidlade können Sie auf die gleiche Weise auch diese kleinen schrägen Füße für einen CD-Ständer gefahrlos und absolut präzise zuschneiden.

2. Schneidlade zum Auftrennen von Quadratleisten und Rundstäben

Mit dieser Schneidlade (s. Bild rechts) können Sie quadratische Leisten exakt diagonal auftrennen und erhalten so perfekte Dreikantleisten. Dazu befindet sich in der Grundplatte eine große V-Nut. Dort wird die Quadratleiste spielfrei geführt und mit je einer Andruckfeder vor und hinter dem Sägeblatt immer dicht in der V-Nut gehalten. In der V-Nutspitze befindet sich ein passender Schlitz für das Sägeblatt und den Spaltkeil. So kann die Schneidlade einfach von oben über das Sägeblatt gestülpt und blitzschnell mit zwei Hebelzwingen direkt am Parallelanschlag befestigt werden. Neben quadratischen Leisten können Sie in der V-Nut aber auch Rundstäbe sicher führen und genau mittig in zwei Halbstäbe auftrennen.

Und so einfach ist der Bau: Für die Grundplatte leimen Sie zuerst zwei 21 mm dicke Multiplexplatten zusammen. Danach sägen Sie mit dem auf 45° schräg gestellten Sägeblatt eine V-förmige Nut ein (s. dazu S. 141). An die Grundplatte schrauben Sie als Nächstes die Winkelplatte (Pos. 2) und die Andruckplatte (Pos. 3) an. Nachdem Sie in die V-Nut den Schlitz für Sägeblatt und Spaltkeil einge-

sägt haben, schrauben Sie noch ein Stück Acrylglas als Schutz über den Bereich des Sägeblatts. Direkt vor und hinter dem Acryglas befestigen Sie zum Schluss noch die beiden T-Nutschienen für die Andruckfedern.

So sägen Sie den Sägeblattschlitz in die Schneidlade: Spaltkeil abmontieren und Sägeblatt komplett absenken. Dann Schneidlade am Parallelanschlag befestigen und das laufende Sägeblatt komplett nach oben drehen. Um den Schlitz zu verlängern, Sägeblatt wieder absenken, Schneidlade etwas verschieben und mit Sägeblatt erneut einsägen.

Und so benutzen Sie die Schneidlade: Quadratleiste einlegen und vordere Andruckfeder auf die Leistenkante absenken. Aufgrund des Sägeschnitts, verliert die Leistenkante etwas an Höhe, daher die hintere Andruckfeder etwa 2 mm tiefer einstellen. Dann die Quadratleiste auf der V-Nut liegend durch das Sägeblatt schieben. Die Leiste nur bis …

… zur vorderen Andruckfeder von Hand vorschieben. Ab dort mit einer mindestens 600 mm langen Restholzleiste die Quadratleiste bis hinter das Sägeblatt schieben.

Materialliste: Auftrenn-Schneidlade

Pos.	Anz.	Bezeichnung	Maße (mm)	Material
1	2	Grundplatte	1200 x 150	21 mm Multiplex
2	1	Winkelplatte	1200 x 250	18 mm Multiplex
3	1	Andruckplatte	1200 x 56	18 mm Multiplex

Sonstiges: 1 Plexiglas 300 x 170 x 10 mm; 2 x T-Nutschienen 200 mm lang (Querschnitt: 17 x 11 mm); Schrauben; Leim

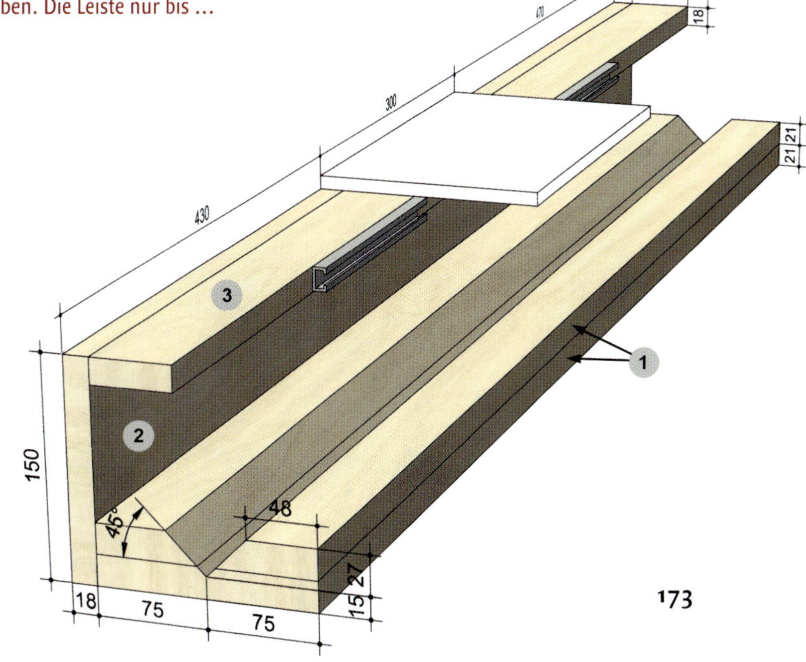

3. Schneidlade für schräge und konische Werkstücke

Tisch- oder Stuhlbeine wirken filigraner und optisch ansprechender, wenn sie zum Ende hin konisch zulaufen. Auch bei Schrankfüßen wird dieser Effekt sehr oft eingesetzt, damit sie nicht zu klobig aussehen. Während bei Tisch und Stuhlbeinen meist alle vier Seiten schräg verlaufen, sind es bei Schrankfüßen auch häufig nur zwei benachbarte Seitenflächen (s. Bild rechts).

Beide Varianten lassen sich schnell und äußerst präzise auf der Formatkreissäge zuschneiden, wenn Sie sich dazu eine einfache Schneidlade für den Schiebetisch bauen. Eine ähnliche Schneidlade habe ich schon mal in meinem Handbuch Elektrowerkzeuge für die Tischkreissäge (ohne Schiebtisch) vorgestellt. Dort wird sie am Parallelanschlag geführt. Mit dem Schiebetisch einer Formatsäge lässt sich diese Schneidlade jedoch deutlich präziser und vor allem sicherer am Sägeblatt vorbei führen. Wenn Sie also schon eine Formatsäge mit einem tollen Schiebetisch besitzen, dann sollten Sie sich auch unbedingt diese Schneidlade gönnen. Die Maschine wird es Ihnen danken – versprochen!

Und so einfach ist der Bau dieser Schneidlade

Zur Befestigung der Anschlagplatte werden auf der Rückseite der Grundplatte zuerst Löcher (Sackloch und Durchgangsloch) für die Schlossschrauben gebohrt. Um die Grundplatte auf dem Schiebetisch …

… zu fixieren, bohren Sie noch zwei 10er-Löcher. Deren genaue Position richtet sich nach der T-Nut in Ihrem Schiebetisch. Zum Schluss schrauben Sie noch den Klotz (Visierhilfe Pos. 3) fest.

Die Grundplatte ist fertig. Jetzt gehts weiter mit der Anschlagplatte. Die bekommt zunächst an den Enden zwei 15 mm breite Langlöcher. Die können Sie am besten mit der Oberfräse einfräsen.

Ein unscheinbares, aber extrem wichtiges Bauteil ist diese Zylinderkopfschraube (M8 x 40). Mit der können Sie später den konischen Versatz einstellen, ohne die Anschlagplatte verstellen zu müssen. Dafür bohren Sie in die Kante der Anschlagplatte zuerst mit einem 14er- (oder 15er-) Forstnerbohrer ein 10 mm tiefes Sackloch für den Schraubenkopf. Erst danach bohren Sie exakt durch den Mittelpunkt ein weiteres Loch für das M8er-Schraubengewinde. Benutzen Sie dafür unbedingt einen 7,5 mm Bohrer, damit sich das Gewinde in die Bohrung einschneidet. Dadurch sitzt die Schraube auch bei Vibrationen sicher im Bohrloch und kann trotzdem noch Zehntelmillimeter genau verstellt werden.

6 Die Grundplatte wird an den Enden mit je einem T-Nutenstein und einer Flügelschraube auf dem Schiebetisch befestigt. **Wichtig:** Die Grundplatte sollte danach etwas nach links zum Sägeblatt …

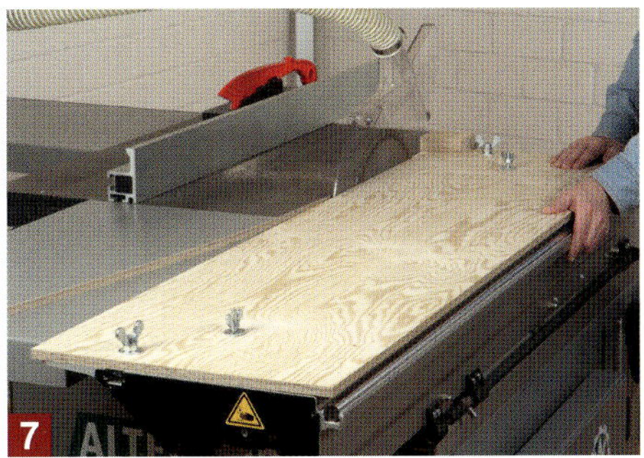

7 … vorstehen, damit man sie beim ersten Einsatz genau auf die Schnittlinie des Sägeblatts einschneiden kann. Nur dann können Sie später auch die Anrisse auf ihrem Werkstück genau an …

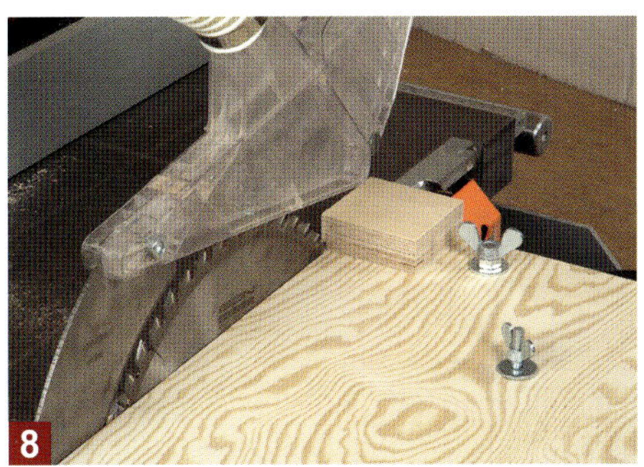

8 … dieser Schnittkante ausrichten. Auch der hintere Klotz wird dabei exakt auf Schnittlinie eingesägt. Den können Sie dann später noch als „Visierhilfe" für den hinteren Anriss am Werkstück nutzen.

9 Die Langlöcher in der Anschlagplatte sind deutlich breiter als die 8er-Schlossschraubengewinde. Dadurch ist genügend Platz, um die Platte auch in eine schräge Position zu schwenken.

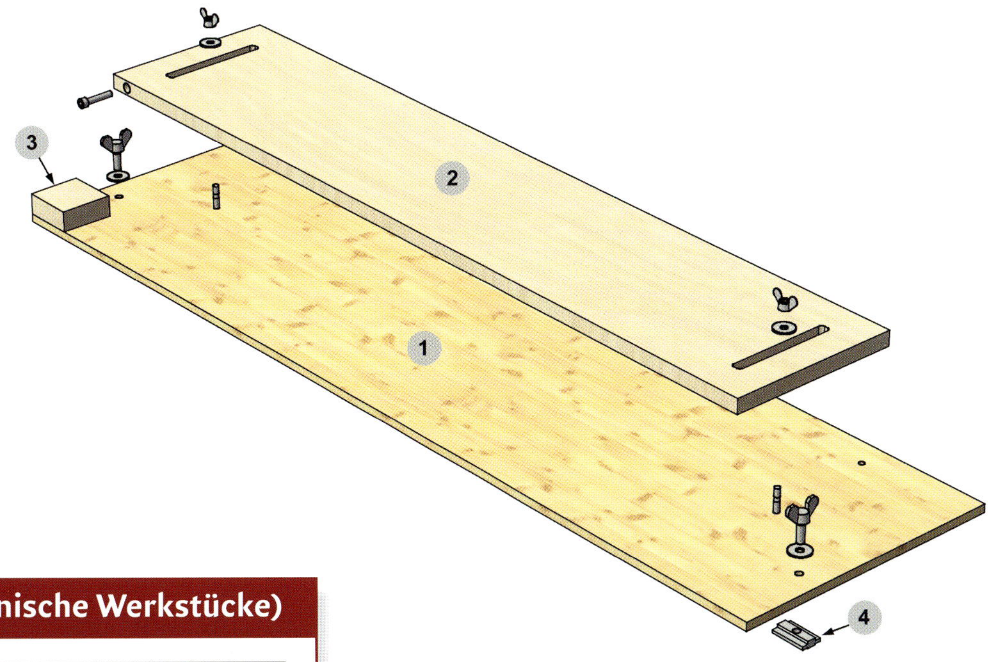

Materialliste: Schneidlade (konische Werkstücke)

Pos.	Anz.	Bezeichnung	Maße (mm)	Material
1	1	Grundplatte	1400 x 400	12 mm Multiplex
2	1	Anschlagplatte	1200 x 250	21 mm Multiplex
3	1	Klotz (Visierhilfe)	75 x 75	30 mm Multiplex
4	2	T-Nutenstein (z. B. Mutter der Fa. Aigner Art-Nr: A212187000172)		

Sonstiges:
2 Schlossschrauben M 8 x 40 mit großer Scheibe und Flügelmutter
2 Flügelschrauben M 10 x 30 mit großer Scheibe (für T-Nutmutter Pos. 4)
1 Zylinderkopfschraube M8 x 40; Spanplattenschrauben; Schnellspanner

Die Schneidlade ist sehr einfach, aber funktionell aufgebaut. Sie besteht lediglich aus einer Grundplatte (Pos. 1) und einer variabel schrägstellbaren Anschlagplatte (Pos. 2). Später bei der Anwendung entscheiden aber drei auf den ersten Blick recht unscheinbare Bauteile über Erfolg und Misserfolg:

1. Der hintere Holzklotz (Pos. 3), der als Visierhilfe für den Anriss dient.
2. Die Zylinderkopfschraube in der Kante der Anschlagplatte.
3. Mindestens ein Schnellspanner, der für eine sichere Fixierung des Werkstücks sorgt.

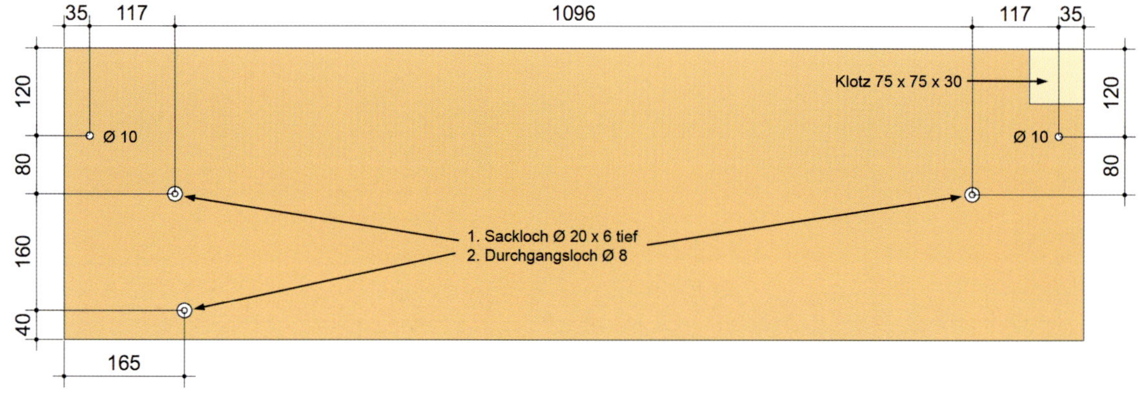

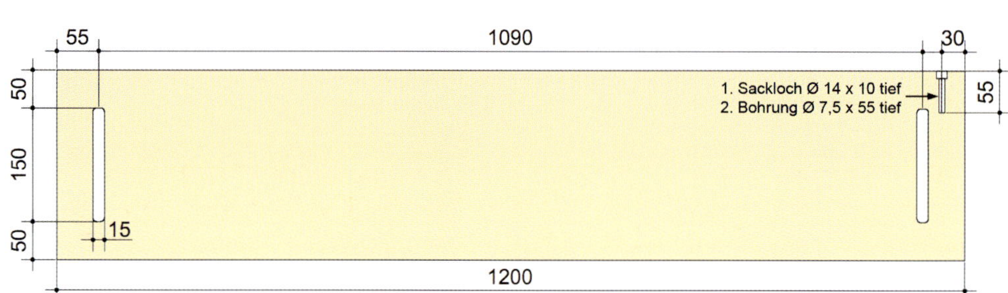

Die Länge der Vorrichtung richtet sich nach der maximal zu bearbeitenden Werkstücklänge und kann beliebig abgeändert werden .... Sollte die Schräge nicht reichen, kann die vordere Schlossschraube noch in ein weiteres Loch versetzt werden.

Schwenken Sie immer so, dass die Spitze des Abschnitts nach vorne zum Sägeblatt hin zeigt.

1. Anwendung: Bauteil nach Anriss schräg schneiden

Es reichen zwei kurze Anrisse an den Werkstückenden, die der gewünschten Schräge bzw. Verjüngung entsprechen.

Den vorderen Anriss (Pfeil) richten Sie auf die Kante der Grundplatte aus. Die entspricht ja exakt der Schnittlinie des Sägeblatts.

Den hinteren Anriss richten Sie auf den hinteren Klotz aus. Jetzt müssen Sie nur noch die Anschlagplatte dicht ans Werkstück heran schieben und in dieser Stellung mit den Flügelmuttern fixieren.

Das wars auch schon mit den Einstellungen und Sie können das Werkstück jetzt mit dem Schnellspanner auf der Grundplatte sichern. Dann schalten Sie die Maschine ein und bewegen den Schiebeschlitten samt Werkstück am Sägeblatt vorbei (Bild 4). Das Ergebnis ist ein schneller, absolut präziser und beliebig oft wiederholbarer Schrägschnitt Ihrer Werkstücke (Bild 5) – genial einfach!

2. Anwendung: Pfosten allseitig konisch zuschneiden

Werden die Pfosten am oberen Ende mit Querzargen verbunden, wird dieser Bereich in der Regel nicht angeschrägt. Die Höhe der Querzarge wird dann zuerst auf dem Pfosten angezeichnet.

Am unteren Ende des Pfostens zeichnen Sie sich anschließend noch an, wie stark sich der Pfosten nach unten hin verjüngen soll. In unserem Beispiel um jeweils 10 mm – ringsum.

Diese Markierung können Sie jetzt ganz bequem am hinteren Klotz der Schneidlade ausrichten. Danach schieben Sie einfach die verstellbare Anschlagplatte gegen den Pfosten.

Den Querzargenanriss aus Bild 1 richten Sie jetzt noch auf die Kante der Grundplatt aus und schieben auch dort die Anschlagplatte bis dicht gegen den Pfosten. Damit ist die Schräge für die ersten beiden Schnitte eingestellt und Sie können den …

… Pfosten mit dem Schnellspanner fixieren. Dann sägen Sie von zwei benachbarten Pfostenflächen nacheinander zwei keilförmige Stücke ab. Soll der Pfosten jetzt noch allseitig abgeschrägt werden, kommt die Zylinderkopfschraube ins Spiel.

Mit der können Sie nämlich diesen keilförmigen Abschnitt aus Bild 5 wieder auffüllen. Dafür drehen Sie die Zylinderkopfschraube einfach um etwa 10 mm (Wert der Verjüngung) aus der Kante heraus.

Überprüfen Sie das, indem Sie den Pfosten gegen die Zylinderkopfschraube stoßen. Die Markierung sollte sich jetzt exakt an der Klotzkante befinden. Falls nicht, justieren Sie die Schraube ein wenig nach. Eine präzise und sehr effektive Methode!

Jetzt können Sie auch die letzten beiden Pfostenflächen nacheinander anschrägen. **Wichtig:** Achten Sie darauf, dass Sie immer die zuvor angeschrägten Pfostenflächen (aus Bild 5) gegen die Zylinderkopfschraube anlegen. Das kann man …

… sehr gut an den Sägeschnittflächen erkennen, die das Längschnittsägeblatt hinterlässt. Und genau diese Sägespuren gilt es ganz zum Schluss noch mit eine paar Hobelzügen zu entfernen.

4. Arbeiten mit dem Winkelbrett: Eckige Formen nach Schablone sägen

Mit einem einfachen Winkelbrett, das mit Zwingen am Parallelanschlag befestigt wird, können Sie im Handumdrehen nahezu jedes regelmäßige (z. B. Drei-, Sechs-, oder Achteck) und unregelmäßige Vieleck mithilfe einer Musterschablone auf einer Tischkreissäge kopieren. Gerade bei dekorativen Aufdopplungen von Türfüllungen oder Decken- und Wandverkleidungen können solche geometrische Elemente besondere Akzente setzen. Aber auch für die Anfertigung von mehreren gleichförmigen Tischplatten ist diese Lösung hervorragend geeignet. Auf jeden Fall ist es verblüffend, wie einfach, präzise und schnell diese Kopiermethode ist.

Einzige Bedingung: Die Form muss gerade Kanten besitzen und darf keine Innenecken beinhalten wie beispielsweise bei einem Stern. Wird die Kante der Holzleiste genau in die Flucht der Sägezähne gebracht, können Sie genaue 1: 1 Kopien der Schablone erstellen. Aber auch Vergrößerungen oder Verkleinerungen der Schablonenform sind problemlos möglich.

1. Eine exakte 1:1 Kopie herstellen

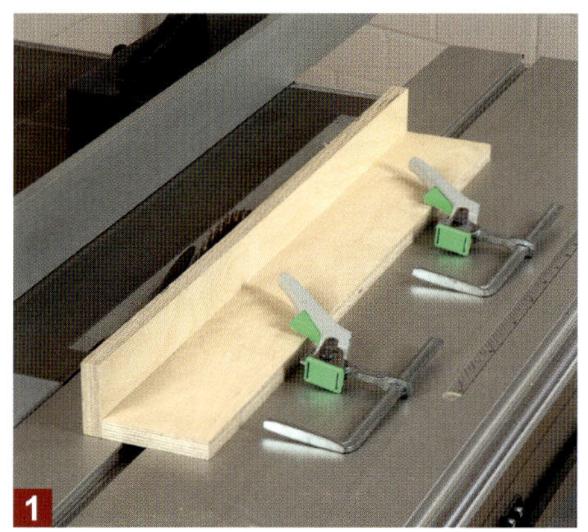

1 Alles, was Sie dazu benötigen, ist ein solches Winkelbrett aus stabilem Multiplex (kein dünnes Sperrholz nehmen – Maße s. S. 123) und zwei Hebelzwingen. Die können sich im Gegensatz zu Schraubzwingen auch bei stärkeren Vibrationen nicht lösen. Außerdem müssen Sie bei dieser Formatsäge die Spanhaube entfernen. Auf keinen Fall dürfen Sie dabei vergessen, den Spaltkeil für verdeckte Schnitte zu montieren. Bei diesen Arbeiten niemals ohne Spaltkeil sägen!

2 Befestigen Sie das Winkelbrett mit den beiden Hebelzwingen am Parallelanschlag der Kreissäge. Dabei sollten zwischen Winkelbrett und Werkstück etwa 3 bis 5 mm Luft bleiben. Die Höhe des Sägeblatts stellen Sie bis knapp unter das Winkelbrett ein. Das Sägeblatt sollte das Winkelbrett nicht berühren oder gar beschädigen. Um genügend Ein- und Auslauffläche zu haben, sollte das Winkelbrett mindestens 800 mm lang sein.

3 Fertigen Sie zunächst eine genaue Schablone Ihrer gewünschten Vieleckform an (z. B. aus 16-19 mm starken MDF-Platten). Die Bretter, die Sie anschließend mit dieser Schablone kopieren möchten, sollten ca. 10-20 mm größer sein. Diese Bretter können einfach „grob" mit der Stichsäge zugeschnitten werden. Danach befestigen Sie die Schablone mittels doppelseitigem Klebeband auf dem Werkstück. Nehmen Sie dazu nicht zu große und vor allen Dingen nicht zu stark klebende Streifen, damit Sie die Teile später wieder bequem trennen können.

4

Um exakte 1:1 Kopien zu erhalten, muß die Kante des Winkelbretts genau mit dem Sägeblatt übereinstimmen. Dazu schieben Sie das Winkelbrett mithilfe des Parallelanschlags so über das Sägeblatt, dass seine Kante genau mit der Seitenflanke der Sägezähne abschließt. Das können Sie am besten mit einer rechtwinklig zugeschnittenen Leiste überprüfen (s. kleines Bild).

5

Das Prinzip des Kopierens ist so simpel wie genial: Während Sie die Schablone an der Kante des Winkelbretts vorbei schieben, wird vom darunter laufenden Sägeblatt der Überstand des Bretts exakt auf das Maß der Schablone zugeschnitten. Dadurch können Sie alle Arten von gerade verlaufenden Außenecken perfekt kopieren, ohne jedes Brett neu anzeichnen zu müssen. Innenecken und geschweifte Kantenverläufe können nicht nach dieser Methode kopiert werden. Da helfen nur die Oberfräse oder Tischfräse weiter.

6

Besonders wichtig ist, dass Sie die Schablone mit seitlichem Druck immer dicht an der Winkelbrettkante entlang führen. Nutzen Sie dabei auch den Schiebeschlitten und stellen Sie ihn nicht fest. Sollte die Werkstückkante dennoch einmal nicht so präzise sein, wie Sie es sich vorstellen, brauchen Sie nur ein weiteres Mal an der Winkelbrettkante vorbei zu fahren. Solange die Schablone auf dem Werkstück befestigt ist, lässt sich dieser Vorgang beliebig oft wiederholen.

7

Dieses Bild zeigt eindrucksvoll, wie präzise diese Kopiermethode funktioniert. Wenn Sie die Winkelbrettkante exakt bündig zu den Sägeblattzähnen eingestellt haben (s. Bild 4), verlaufen später auch die Schablonen- und Werkstückkanten absolut bündig zueinander und Sie erhalten eine exakte 1:1 Kopie der Achteckschablone. Für mich ist diese Präzision immer wieder beeindruckend!

8

Erst wenn Sie mit dem Ergebnis völlig zufrieden sind, sollten Sie auch die Schablone wieder vom Werkstück lösen. Haben Sie erst einmal die Schablone für Ihre Form hergestellt, benötigen Sie lediglich zwei Minuten, um eine exakte Kopie davon zu sägen. Selbstverständlich ist auch jedes weitere Brett eine exakte Kopie der Schablone. Dies führt zu einer Genauigkeit, die mit keiner anderen Methode in solch kurzer Zeit erreicht werden kann.

2. Werkstücke verkleinern oder vergrößern

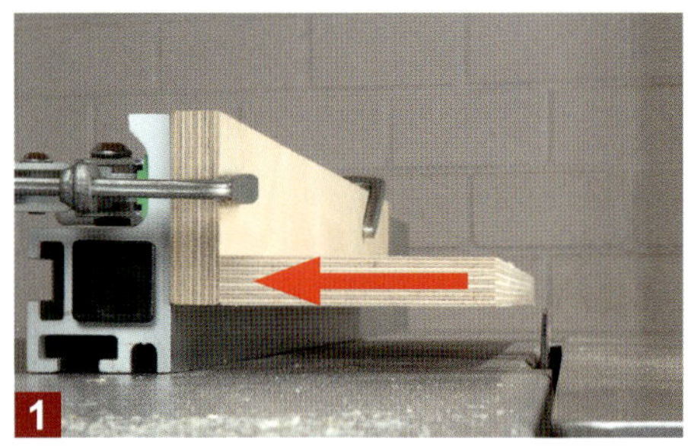

Um kleinere Werkstücke als die Schablone herzustellen, müssen Sie nur den Parallelanschlag samt Winkelbrett vom Sägeblatt in Pfeilrichtung wegschieben. Der Abstand zwischen Führungsleiste und Außenseite des Sägeblatts bestimmt dabei den Wert der Verkleinerung.

Beträgt der Abstand zum Sägeblatt beispielsweise 15 mm, wird jede Kante mit einem Versatz von 15 mm kopiert. Da unser Achteck ringsum bearbeitet wird, ergibt sich eine Gesamtverkleinerung von exakt 30 mm (s. a. Bild 4). Auch gut zu erkennen, dass das Sägeblatt etwas in die Unterseite der …

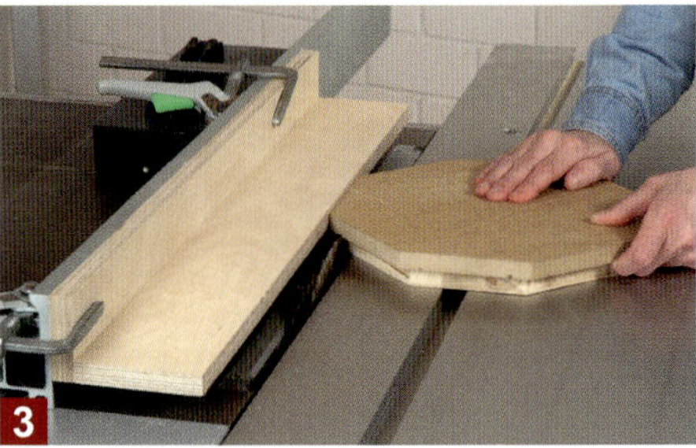

… Schablone hineinsägt. Das ist unvermeidlich und auch nicht weiter schlimm. Allerdings sollten Sie beim Vorbeischieben der Schablone jetzt ganz besonders darauf achten, dass sie immer dicht an der Winkelbrettkante entlang geführt wird, sonst kann es zu Rucklern und Brandspuren kommen.

Daher sollte der Sägeschnitt in der Schablone auch nicht tiefer als 3 mm sein. Das Ergebnis ist dann eine um 30 mm verkleinerte Kopie der Grundschablone.

Auch eine Vergrößerung der Schablone ist möglich. Schieben Sie dazu das Winkelbrett einfach mithilfe des Parallelanschlags über das Sägeblatt in Pfeilrichtung hinweg.

Auf diese Weise können Sie dann – ohne weitere Schablonen anfertigen zu müssen – eine präzise Vergrößerungen der Grundschablone herstellen.

3. Kleine Werkstücke kopieren

Man kann mit dem Winkelbrett natürlich auch sehr gut kleinere Werkstücke kopieren. Damit Ihre Hände bzw. Finger dabei aber genügend Abstand zum Sägeblatt haben, benötigen Sie eine entsprechend große Schablone (z. B. aus MDF). Denn nur eine gleichmäßige Führung der Schablonenkante dicht am Winkelbrett gewährleistet später exakte Kopien. Und hier ist der Handvorschub immer noch das Beste, denn mit Schiebeholz und Schiebestock gelingt das in aller Regel nicht.

Bei diesem kleinen Werkstück befinden sich die Finger eindeutig zu nah am Sägeblatt. Rutschen sie beim Vorschieben des Werkstücks ab, können sie unter das Winkelbrett ins Sägeblatt gelangen.

Stellen Sie sich daher eine größere Schablone her, in die Sie das Werkstück einlegen können. Damit die Schablone später nicht kippelt, schrauben Sie noch ein Füllstück in Werkstückdicke drunter.

Wenn die Schraubenlöcher im Werkstück nicht stören, können Sie das Werkstück – alternativ zum doppelseitigen Klebeband – auch einfach unter der Schablone festschrauben. Mit dieser …

… vergrößerten Schablone sind Ihre Finger bzw. Hände wieder weit genug aus dem Gefahrenbereich des Sägeblatts entfernt. Auch das Vorschieben geht deutlich entspannter. Nach etwa 30 …

… Sekunden halten Sie dann auch schon eine perfekte Kopie dieser simplen, aber überaus nützlichen Höheneinstelllehre in Händen. Lediglich noch beidseitig falzen und auf beide Falzflächen eine selbstklebende Skala anbringen – fertig!

4. Werkstücke exakt nach Anriss zuschneiden

Alles, was Sie dazu benötigen, ist ein schnurgerader Multiplexstreifen (etwa 21 mm dick und 60 mm breit), der mindestens genau so lang ist wie das Werkstück, das Sie bearbeiten möchten. Jetzt müssen Sie sich nur noch einen Anriss in der gewünschten Schräge auf ihr Werkstück zeichnen und den Multiplexstreifen exakt auf diesen Anriss ausrichten und fixieren (Bild 1). Danach das Ganze am Winkelbrett vorbei schieben und schon haben Sie einen perfekten schnurgeraden Schrägschnitt exakt nach Ihrem Anriss.

Kleben Sie zwei kurze Stücke doppelseitiges Klebeband unter den Multiplexstreifen. Richten Sie seine Kante exakt auf den Anriss des Werkstücks aus und drücken Sie ihn dann fest.

Schalten Sie die Maschine ein und führen Sie die Kante des Multiplexstreifens dicht am Winkelbrett vorbei. Das Sägeblatt unter dem Winkelbrett durchtrennt das Werkstück nun exakt am Anriss.

Kleiner Tipp: Anstatt das Werkstück durchzusägen, können Sie mit dieser Methode in die Unterseite auch einfach nur eine schräg verlaufende Nut einsägen – genial einfach, schnell und sicher!

Diese Methode funktioniert natürlich auch mit geschweiften Werkstücken wie dieser ellipsenförmigen Platte. Allerdings gibt es eine Einschränkung: Sie können nur so viel absägen, wie unter das …

… Winkelbrett passt (hier maximal 120 mm). Für die meisten Arbeiten wird dieser Bereich aber sicher ausreichen. Ansonsten können Sie das Winkelbrett bei Bedarf auch breiter herstellen.

5. Mit dem Winkelbrett (hier der Sägeboy der Fa. Aigner) Überstände bündig sägen

Wenn Sie häufig mit einem Winkelbrett arbeiten, dann kann sich möglicherweise auch diese kommerzielle Lösung der Fa. Aigner lohnen. Vor allem im gewerblichen Bereich, wo die Zeitersparnis eine große Rolle spielt, kann der „Sägeboy“ mit einer blitzschnellen Montage und einer sehr einfachen Höheneinstellung punkten (s. Bild 1 bis 4). Diesen Komfort bieten selbstgebaute Winkelbretter in aller Regel nicht. Zudem ist der Führungswinkel des Sägeboys (Länge etwa 940 mm) aus massivem eloxiertem Aluminum gefertigt und so dünn, dass er auch sehr gut als Anlaufkante zum Absägen von Überständen geeignet ist (s. Bildfolge unten).

Mit einem Preis ab 200 Euro (je nach Ausführung) mag der Sägeboy auf den ersten Blick recht teuer erscheinen. Angesichts der massiven und extrem hochwertigen Bauart dieser Präzisionsvorrichtung ist der Preis jedoch gerechtfertigt. Vor allem gewerbliche Holzwerker dürften am Sägeboy ihre Freude haben.

Der Sägeboy wird einfach von oben in den Parallelanschlag eingehängt (1) und von hinten mit zwei Rändelschrauben gesichert (2).

Nach Lösen der vorderen Rändelmutter kann der Anschlagarm in der Höhe verstellt werden (3). Den Wert kann man bequem an einer Skala ablesen (4).

Zum bündigen Absägen stellen Sie die Anlaufkante des Sägeboys mit einer rechtwinkligen Leiste exakt auf die Außenfläche der Sägezähne ein.

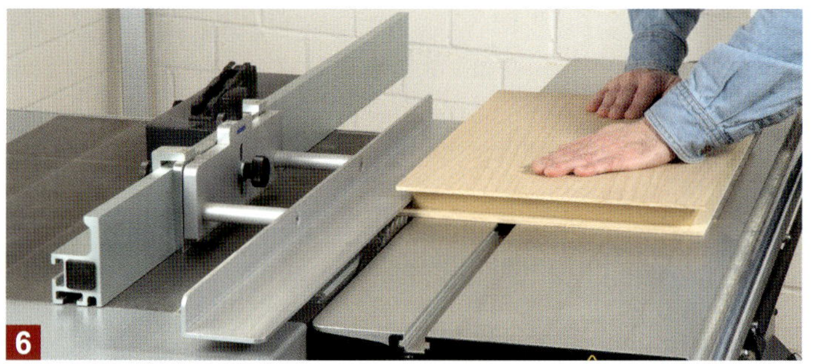

Jetzt können Sie den Überstand der beiden aufgeleimten Sperrholzplatten genau bündig zur mittleren MDF-Platte zuschneiden. Dazu wird die Kante der ...

... MDF-Platte dicht an der Anlaufkante des Sägeboys vorbei geführt. Dabei trennt das darunter laufende Sägeblatt den Sperrholzüberstand exakt bündig bis zur MDF-Kante ab.

6. Mit dem Winkelbrett (hier der Sägeboy der Fa. Aigner) präzise Gehrungen und Fasen ansägen

Wenn Sie auf den Sägeboy die als Zubehör erhältliche Führungsleiste aufstecken, dann können Sie auch spitz zulaufende Gehrungen ansägen. Dazu ist es nämlich notwendig, dass die Sägezähne etwas in die Führungleiste hinein reichen. Die Führungsleiste wird also bei dieser Anwendung etwas eingesägt (s. Bild 4). Da die Leiste aus beschichtetem Multiplex besteht, ist das aber kein Problem. Den Spaltkeil sollten Sie am besten so einstellen, dass er 5 mm tiefer als der Zahnkranz des Sägeblatts sitzt. Dann können Sie tiefer in die Leiste einsägen.

1 Die Führungsleiste wird mit der Nut einfach auf die Alukante des Sägeboys aufgesteckt. Damit die Führungleiste nicht wegrutscht, befindet sich am Ende der Nut je ein Dübel als Anschlag.

2 Sägeblatt auf 45° schwenken, einen Plattenrest hochkant vor die Führungsleiste legen und Parallelanschlag so verschieben, dass der absteigende Zahn (Pfeil) exakt an der Plattenkante ausläuft.

3 Danach legen Sie den Plattenrest flach gegen die Führungsleiste und stellen die Höhe des Sägeboys so ein, dass etwa noch 5 mm Plattenkante an der Führungleiste anliegen.

4 Schalten Sie jetzt die Maschine ein und drehen Sie das laufende Sägeblatt so weit nach oben, bis die Sägezähne etwas in die Führungsleiste einschneiden. Der Spaltkeil darf die Leiste nicht berühren!

5 Besonders sicher und präzise arbeiten Sie, wenn Sie noch eine Andruckvorrichtung (Fa. Aigner) auf dem Werkstück platzieren. Zum Schluss sollten Sie die gesamte Einstellung zunächst mit einem …

6 … Plattenrest überprüfen, bevor Sie die Originalwerkstücke bearbeiten. Wichtig ist dabei, dass die Gehrung exakt spitz zulaufend angesägt wird. Achten Sie darauf, dass die Gehrungsspitze dabei immer Kontakt zur Führungsleiste hat.

7 Jetzt können Sie an die bereits auf Fertigmaß zugeschnittenen Platten je eine 45°-Gehrung ansägen. Mit einem scharfen Sägeblatt (mind. Z 48 WZ besser Z 60 DH) erhalten Sie dabei exakte und ausrissfreie Gehrungsspitzen.

8 Auch die Gehrungsfläche und die Plattenunterseite sind nahezu ausrissfrei. Das ist eine Grundvoraussetzung für einen perfekt auf Gehrung gefertigten Möbelkorpus.

Kapitel 9

Fräswerkzeuge auf der Formatkreissäge

Einsatz von Fräswerkzeugen auf der Formatsäge

Dass man auf vielen Formatsägen neben handelsüblichen Kreissägeblättern auch ein paar interessante Fräswerkzeuge einsetzen kann, wissen nur wenige Holzwerker. Selbst die Profis nutzen diese Möglichkeit relativ selten, weil sie oftmals den Umbauaufwand scheuen oder nicht genügend Übung darin haben. Dabei dauert das Aufspannen eines Fräswerkzeugs lediglich fünf bis allerhöchstens zehn Minuten länger als bei einem normalen Sägeblatt. Die anschließende Zeitersparnis bei der jeweiligen Anwendung ist aber derart hoch, dass sich dieser Mehraufwand selbst bei sehr wenigen Werkstücken fast immer rechnet.

In diesem Kapitel werde ich Ihnen daher nicht nur wichtige Tipps und Tricks zum richtigen Umgang mit den unterschiedlichsten Fräswerkzeugen verraten, sondern auch ausführlich auf den korrekten Umbau der Formatsäge eingehen. Sie werden dabei jedenfalls schnell feststellen: Fräswerkzeuge auf der Formatsäge einzusetzen ist absolut kein Hexenwerk, sondern richtig span(n)end. Denn wo wir mit den Sägeblättern bisher eigentlich nur Sägemehl produziert haben, lassen wir auf den folgenden Seiten mal so richtig die Späne fliegen. Und sollten Sie bisher noch keine Erfahrung mit Fräswerkzeugen auf der Formatsäge haben, bin ich mir sicher, dass Sie die vielfältigen Möglichkeiten (s. Bilder unten) begeistern werden. Denn einen Nutfräser oder eine Kehlfrässcheibe einmal in Aktion zu erleben, lässt jedes Holzwerkerherz höher schlagen – versprochen!

Die typischen Einsatzbereiche für Fräswerkzeuge

Sollen tiefe Schlitz- und Zapfenverbindungen hergestellt werden, kommt das sogenannte Schlitzsägeblatt mit 5 mm Flachzahnbreite zum Einsatz.

Das Herstellen von breiten Nuten in nur einem Arbeitsgang ist die Domäne eines Verstellnuters. Dieser Fräser eignet sich aber auch sehr gut zum Falzen.

Mit dem Verstellnuter und einer speziellen Vorrichtung gelingen Ihnen auf der Formatsäge auch präzise Fingerzinken in dicke Bretter und Plattenwerkstoffe.

Mit einer speziellen Kehlfrässcheibe können Sie auf der Formatsäge deutlich größere Hohlkehlen herstellen als auf einer Tischfräse.

Die drei wichtigsten Fräswerkzeuge für die Formatsäge

Wenn Ihre Formatsäge den Einsatz von Fräswerkzeugen zulässt, ist in den technischen Daten auch die maximal erlaubte Fräsergröße angegeben. Das kann je nach Hersteller recht unterschiedlich sein. Bei meiner kleinen Altendorf WA 6 sind das beispielsweise Fräser bis maximal 300 mm Durchmesser und einer Schneidenbreite von bis zu 15 mm. Bei der großen Formatsäge der Fa. Format4 (Kappa 550) können zwar laut Bedienungsanleitung Fräswerkzeuge mit bis zu 20 mm Schneidenbreite eingesetzt werden, die dürfen aber nur einen Durchmesser von maximal 250 mm haben. Logisch, dass alle Fräser in der Mitte auch eine zur Formatsäge passende Aufnahmebohrung von exakt 30 mm haben müssen. Sollen die Fräser dann auf der Altendorf WA 6 eingesetzt werden, müssen sie zusätzlich auch noch über die passenden Nebenbohrungen verfügen (s. a. S. 188 Bild unten links). Und genau diese Nebenbohrungen fehlen leider bei vielen Nutfräswerkzeugen für die Tischfräse (s. Verstellschlitzfräser unten rechts). Formatsägen, bei denen keine Nebenbohrungen benötigt werden wie beispielsweise die Format4-Kappa 550, sind hier natürlich etwas im Vorteil. Schlitzsägeblätter (s. Bild unten links), die ich hier einfach mal mit zu den Fräswerkzeugen zähle, und Kehlfrässcheiben (s. nächste Seite) besitzen in aller Regel die passenden Nebenbohrungen. Zu guter Letzt sollten Sie auch beim Einsatz von Fräswerkzeugen die maximal zulässige Drehzahl immer im Blick behalten. Hier gilt das Gleiche wie bei den Sägeblättern: Die auf dem Fräser angegebene maximale Drehzahl dürfen Sie auf gar keinen Fall überschreiten, aber problemlos unterschreiten. Und noch ein Hinweis: Es gibt Maschinen, bei denen dürfen Fräswerkzeuge nicht geschwenkt werden.

1. Das Schlitzsägeblatt

Mit einem Durchmesser von 300 mm und einer Flachzahnbreite von 5 mm eignet sich dieses Schlitzsägeblatt optimal für die Herstellung tiefer Schlitz- und Zapfenverbindungen. Der massive Blattkörper sorgt dafür, dass es schwingungsfrei und ruhig läuft. Zusätzliche Nebenbohrungen lassen den Einsatz auf nahezu jeder Formatsäge zu. Schlitzsägeblätter gibt es in unterschiedlichen Durchmessern und Dicken. Sie können sowohl auf Tischkreissägen als auch auf Tischfräsen eingesetzt werden (dort jedoch nur mit zusätzlichem Spannflansch!).

2. Der Verstellschlitzfräser (Verstellnuter)

Dieses Fräswerkzeug setzt sich aus zwei Schlitzscheiben zusammen. Jede Scheibe hat Hauptschneiden und Vorschneider. Zwei Stifte und die dazu exakt passenden Bohrungen sorgen dafür, dass man die Scheiben präzise aufeinander stecken kann. Mit unterschiedlich dicken Zwischenringen lässt sich dabei der Abstand zwischen den Scheiben verändern und so die gewünschte Schlitzbreite auf den Zehntelmillimeter genau einstellen. Mit dem oben abgebildeten Verstellschlitzfräser sind Schlitzbreiten von 8 bis 15 mm möglich, was für die Formatsäge auch völlig ausreicht.

3. Die Kehlfrässcheibe

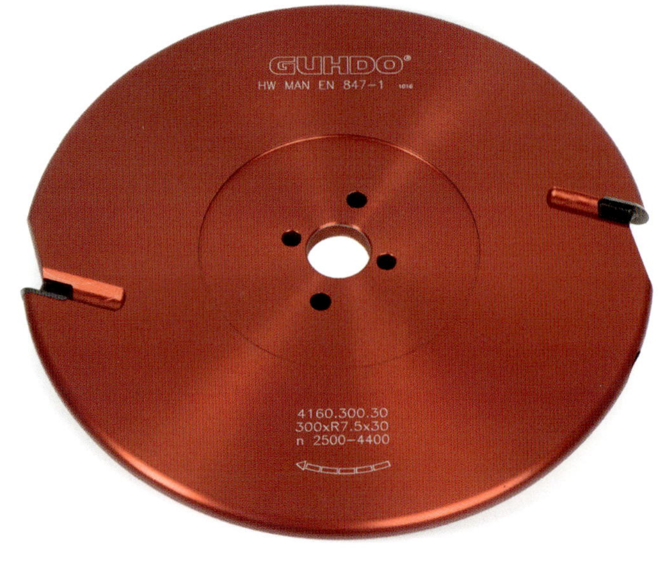

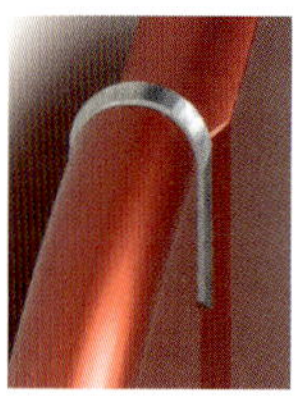

Kehlfrässcheiben gibt es in 300 und 350 mm Durchmesser. Der Grundkörper kann entweder aus einer hochwertigen Leichtmetall-Legierung oder aus Stahl gefertigt sein. Die zwei halbrunden Wechselschneidplatten aus Hartmetall (s. kleines Bild oben) sind stirn- und flankenschneidend. Je nach Hersteller beträgt deren Radius zwischen 6 und 7,5 mm (= 12 bzw. 15 mm Schneidenbreite). Bei einer Scheibengröße von 300 mm Durchmesser lassen sich damit etwa bis zu 75 mm und bei 350 mm Durchmesser sogar bis zu 100 mm tiefe Hohlkehlen herstellen. Neben der Fa. Guhdo (s. Bild links) bietet nach meinen Informationen auch noch die Fa. Brück in Freudenberg eine Kehlfrässcheibe an.

Arbeiten mit dem Schlitzsägeblatt

Das Schlitzsägeblatt ist streng genommen gar kein Fräser, sondern ein ganz normales Flachzahnsägeblatt mit deutlich weniger Zähnen (4 bis 6) und massiverem Blattkörper. Mit etwas mehr als 100 Euro (je nach Dicke und Durchmesser) liegen Sie auch preislich eher im Bereich der Sägeblätter. Auch in der Handhabung (s. Bilder unten) sind sie den Kreissägeblättern sehr ähnlich. Sie sind also blitzschnell einsatzbereit und erfordern, bis auf die Entfernung des Spaltkeils, keine zusätzlichen Umbauarbeiten. Wie der Name schon verrät, liegt der Haupteinsatzweck bei der Herstellung von tiefen und schmalen Schlitzen. Aber auch zum Nuten können Sie ein solches Sägeblatt problemlos einsetzen und beides zeige ich Ihnen in drei kleinen Anwendungsbeispielen.

Bei einer Schneidenbreite von lediglich 5 mm und einer Blattkörperdicke von 4 mm kann man beim Einsetzen eines Schlitzsägeblatts genauso vorgehen wie bei einem normalen Kreissägeblatt. **Wichtig:** Zuvor muss aber der Spaltkeil …

… unbedingt entfernt werden. Auch die beiden Tischleisten (Pfeile) können in aller Regel montiert bleiben, wenn die Schneide noch etwa 2 mm Luft dazu hat. Spannflansch und Mutter können ebenfalls weiter genutzt werden.

1. Anwendungsbeispiel: Schlitz- und Zapfenverbindung

Auf der Seite 121 hatte ich Ihnen bereits eine sehr einfach zu bauende Vorrichtung zur Herstellung einer Schlitz- und Zapfenverbindung vorgestellt. Diese Vorrichtung können Sie natürlich auch mit einem Schlitzsägeblatt nutzen. Die Vorgehensweise ist dabei absolut identisch. Der große Vorteil: Das Schlitzssägeblatt ist dicker und massiver als ein normales 3,2 mm dünnes Sägeblatt. Daher können Sie damit nicht nur schneller, sondern auch noch etwas präziser arbeiten. Vor allem dann, wenn Sie besonders tiefe Schlitze herstellen möchten.

Mit der 5 mm Schnittbreite der Flachzähne können Sie bereits durch wechselseitiges Anlegen (drehen) der Werkstücke bis zu 10 mm breite Schlitze komplett ausräumen. Selbstverständlich lassen sich …

… mit mehr als zwei Sägeschnitten auch breitere Schlitze erzeugen. Bei einem Blattdurchmesser von 300 mm erreichen Sie dabei (je nach Formatsäge) Schlitztiefen von bis zu 80 mm.

2. Anwendungsbeispiel: Nuten von Massivholz und Plattenwerkstoffen

Auch das Nuten ist mit einem Schlitzsägeblatt problemlos möglich. Aufgrund der geringen Schneidenzahl und den fehlenden Vorschneidern sollten Sie ein Schlitzsägeblatt aber nur längs zur Maserung einsetzen. Hier gelingen Ihnen in Massivholz und vielen furnierten Plattenwerkstoffen saubere und ausrissfreie Nuten. Auf diese Weise können Sie beispielsweise mit einem 5 mm dicken Schlitzsägeblatt in nur einem Arbeitsgang schnell und präzise Nuten für Schrankrückwände oder Schubkastenböden herstellen. Passend dazu finden Sie im Handel auch fertig furnierte 5 mm dicke Sperrholzplatten.

Quer zur Maserung werden Sie mit einem Schlitzsägeblatt jedoch keine zufriedenstellenden Nuten herstellen können. Vor allem bei furnierten Platten müssen Sie hier mit mehr oder weniger starken Ausrissen rechnen. Auch wenn es länger dauert und Sie mehrere Schnitte nebeneinander setzen müsssen, sollten Sie in diesen Fällen besser ein herkömmliches Feinschnittsägeblatt mit mindestens 60 Zähnen einsetzen.

Nicht nur Massivhölzer, sondern auch viele Plattenwerkstoffe wie beispielsweise Tischlerplatten (unten im Bild) oder Multiplex (oben) lassen sich nahezu ausrissfrei nuten.

Kunststoffbeschichtete Spanplatten lassen sich jedoch nicht zufriedenstellend nuten. Mit nur sechs Flachzähnen und ganz ohne zusätzliche Vorschneider ist das aber auch kein Wunder.

Stellen Sie beim Nuten den Parallelanschlag immer so ein, dass der größere Teil des Werkstücks auf dem Schiebetisch aufliegt. Vor allem große und schwere Werkstücke können Sie auf diese Weise viel sicherer, bequemer und letztlich auch noch präziser über den Fräser schieben. Also warum sich mehr anstrengen als nötig?

3. Anwendungsbeispiel: Sperrholzfeder in eine Gehrungskante einnuten

Je nach Hersteller und Maschine dürfen Sie Fräswerkzeuge nur senkrecht nutzen und nicht zur Seite schwenken. Ein dünnes Schlitzsägeblatt mit lediglich 5 mm Schnittbreite kann aber in vielen …

… Fällen noch problemlos bis zu 45° geschwenkt werden, ohne dass die Tischleiste beschädigt wird. Auf diese Weise können Sie beispielsweise in nur einem Arbeitsgang eine 5 mm breite Nut in die …

… Gehrungskante einsägen, in die Sie anschließend eine 5 mm dicke Sperrholzfeder präzise und spielfrei einstecken können. Als Alternative können Sie natürlich auch ein paar Flachdübel einfräsen.

Die Formatsäge für den Einsatz breiter Fräswerkzeuge umbauen

Bei einigen Formatsägen (z. B. Format4 Kappa 550) benötigen Sie zum Einsatz von Nutwerkzeugen einen speziellen Spannflansch (1) und einen Zwischenring (2). Der Zwischenring kommt nur bei dünneren Blattkörpern unter 10 mm zum Einsatz und muss dann als Erstes auf die Sägewelle gesteckt werden. Damit sich der Spannflansch beim Abbremsen der Maschine nicht lockert, besitzt er innen noch zwei kleine Bolzen, die exakt in zwei Bohrungen am Stirnende der Sägewelle eingreifen. Daher sind bei dieser Maschine auch keine Bolzen neben der Sägewelle nötig und das Werkzeug muss auch keine dazu passenden Nebenbohrungen besitzen.

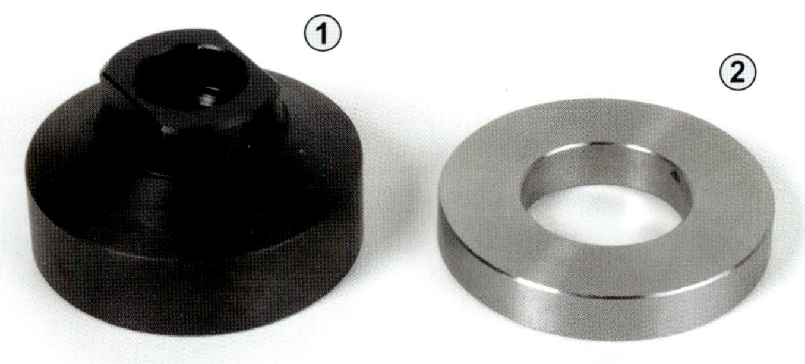

Nachdem Sägeblatt und Spaltkeil ausgebaut wurden, entfernen Sie als Nächstes die lange Tischleiste aus Alu (Pfeil). Das Vorritzsägeblatt muss nicht zwingend mit ausgebaut werden, sollte sich aber in der Parkposition befinden.

Auch den hinteren Sägeblattflansch von der Sägewelle abziehen. Jetzt können Sie bei Bedarf (Blattkörper unter 10 mm) zuerst den Zwischenring aufstecken, dann das Nutwerkzeug und zum Schluss den Flansch für Nutwerkzeuge.

Verstellschlitzfräser richtig auf die Sägewelle montieren (hier mit 10 mm Nutbreite – daher kein Zwischenring nötig)

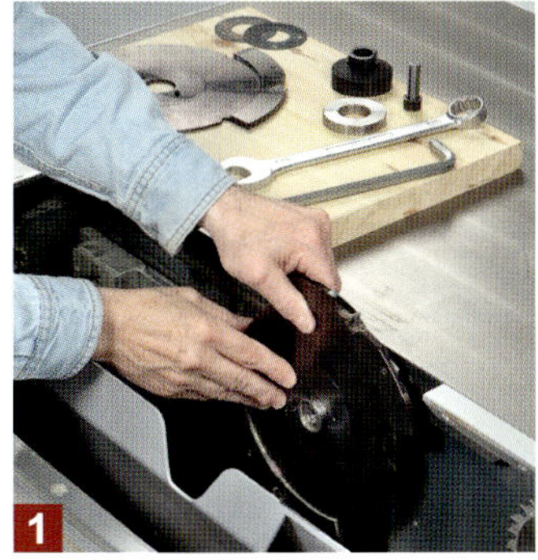

Achten Sie auf die Laufrichtung der Säge und stecken Sie die erste Scheibe mit nach rechts zeigenden Zähnen auf die Sägewelle.

Stecken Sie als Nächstes die für die gewünschte Nutbreite nötigen Zwischenringe auf die Sägewelle. Achten Sie auf saubere Spannflächen.

Jetzt die zweite Frässcheibe auf die Welle stecken und darauf achten, dass die beiden Positionierstifte in den Bohrungen der Scheiben sitzen.

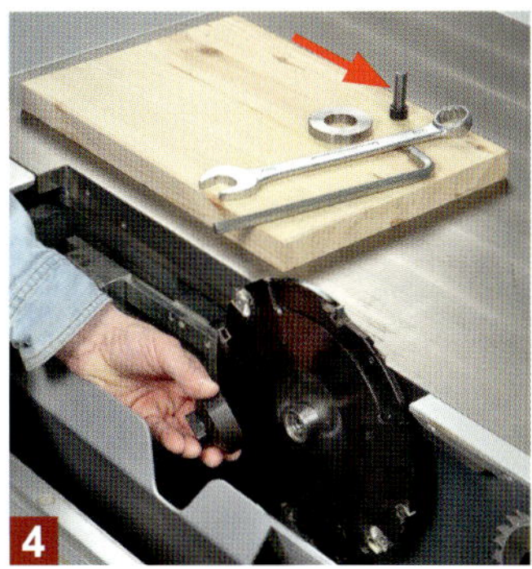

Zum Schluss wird der Spannflansch auf das Ende der Sägewelle aufgesteckt und mit der Inbusschraube (Pfeil) festgezogen.

1. Anwendungsbeispiel: 8,2 mm breite Nut für eine 8 mm Spanplattenrückwand herstellen

Bei kunststoffbeschichteten Spanplatten werden gerne auch die im Dekor passenden 8 mm dicken Rückwände verbaut. Bei großen Einbauschränken müssen diese Spanplatten in aller Regel in Böden und Seitenwände eingenutet werden. Das kann man mit einem normalen Sägeblatt in drei Arbeitsgängen machen (s. a. S. 118) oder mit einem hochwertigen Verstellnuter samt Vorschneidern in nur einem einzigen. Und das Beste: Diese Vorschneider hinterlassen absolut saubere und ausrissfreie Nutkanten – selbst in weiß beschichteten Spanplatten (s. Bild unten links). Damit sich die Rückwand später bequem in die Nuten einstecken lässt (s. Bild 2 unten), sollten Sie Rückwandnuten etwa 0,2 mm breiter herstellen als die Rückwanddicke. Mit den Zwischenringen (s. Bild 2 oben) können Sie dazu einen Verstellnuter problemlos auf den Zehntelmillimter genau einstellen.

Schieben Sie das Werkstück, aufliegend auf dem Schiebetisch, dicht am Parallelanschlag vorbei. Die Schutzhaube fungiert hier zusätzlich als Niederhalter. Ist die Nut durchgefräst, das Werkstück hinter dem Fräser vom Anschlag wegziehen und niemals über den laufenden Fräser zurückziehen!

2. Anwendungsbeispiel: Mit dem Verstellnuter einen Falz herstellen

Beim Falzen macht es Sinn, den Verstellnuter auf eine möglichst hohe Nutbreite einzustellen. Überschreiten Sie dabei aber keinesfalls die für Ihre Maschine maximal zulässige Nutbreite (je nach Hersteller zwischen 15 und 20 mm). Für die meisten Anwendungen (z. B. Falzen einer Schrankseitenwand) dürfte man mit einer Nutbreite von 15 mm problemlos auskommen. Damit wären dann Falzbreiten von bis zu 15 mm in einem Arbeitsgang möglich. Und sollte das einmal nicht ausreichen, kann man den Parallelanschlag samt Winkelbrett versetzen und mit weiteren Frässchritten die Falzbreite beliebig

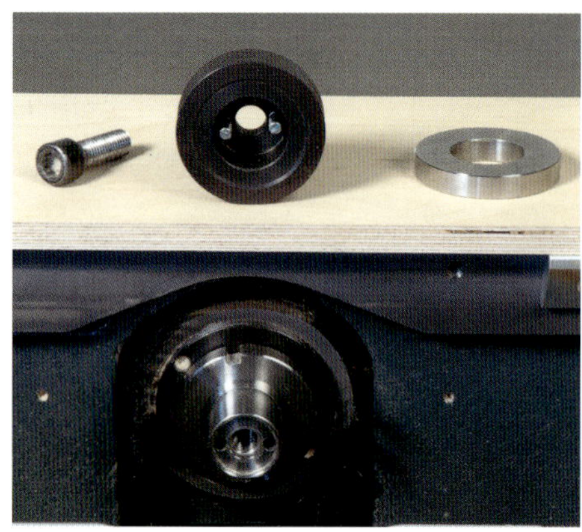

Hier noch mal ein detaillierter Blick auf die beiden Löcher in der Sägewelle und die dazu passenden dünnen Bolzen im Spannflansch (oben im Bild).

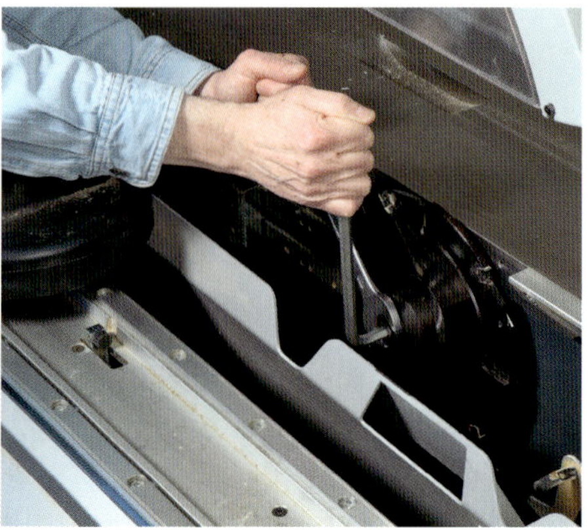

Daher lassen sich auf dieser Formatsäge auch Verstellnuter ohne Nebenlöcher bis zu einer Stärke des Werkzeugkörpers von 20 mm einsetzen.

Einfach, sicher und präzise: Falzen mit der Winkelbrettvariante aus Holz

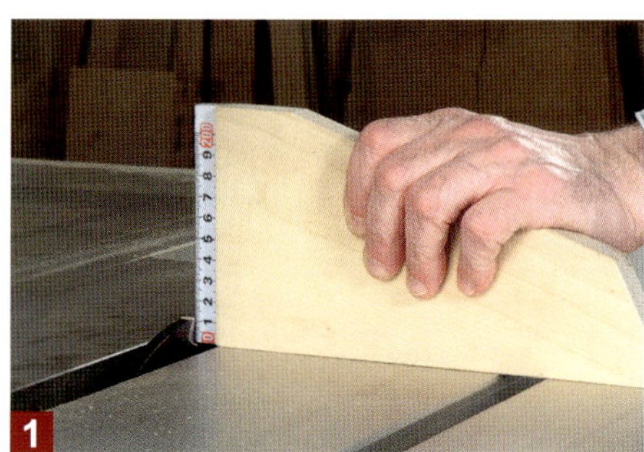

Stellen Sie als Erstes die genaue Fräserhöhe ein (hier z. B. 12 mm). Die Fräserhöhe bestimmt bei unserer 19 mm dicken Seitenwand die Falzbreite.

Spannen Sie als Nächstes das Winkelbrett am Parallelanschlag fest. Für die korrekte Höhe einfach ein 12 mm dickes Brett unterlegen.

Parallelanschlag zum Fräser hin schieben. Der Abstand zwischen Winkelbrettkante und nach außen zeigendem Vorschneider ergibt die Falztiefe.

Werkstück auf den Schiebetisch auflegen und am Winkelbrett entlang über den Verstellnuter führen. Je länger die Winkelbrettkante ist, um so besser …

… ist die Werkstückführung. Wenn Sie keinen Oberschutz besitzen, sollten Sie zur Sicherheit auf das Winkelbrett (Pfeil) noch ein Stück …

… Acrylglas zur Werkzeugabdeckung schrauben. Der Falz ist jedenfalls absolut präzise und dank der Vorschneider auch nahezu ausrissfrei.

erweitern. Falzen sollten Sie möglichst nur mit einem Winkelbrett (s. a. Infokasten unten). Das ist ein wahrer Tausendsassa, der in wenigen Minuten nachgebaut ist und neben „Fritz und Franz“ in keiner Werkstatt fehlen darf (s. a. S. 178). Für das Falzen sollten Sie ein möglichst langes Winkelbrett von etwa einem Meter herstellen. Mittig zum Fräswerkzeug platziert, ergibt sich so eine schöne lange Ein- und Auslaufkante von jeweils 500 mm. Soll die Führungskante besonders gleitfähig sein, können Sie dort zusätzlich noch einen Kunststoffumleimer aufbringen. Alternativ dazu können Sie auch einen Streifen beschichtetes Multiplex (s. Führungsleiste beim Sägeboy) aufleimen. In jedem Fall sollte die Führungleiste aus einem Holzwerkstoff sein, damit man dort auch bei Bedarf reinfräsen kann.

Die Highend-Lösung: Sägeboy, Befestigungssäule und Druckrollen

Der Sägeboy (s. a. S. 182) ist mit nur zwei Schrauben blitzschnell am Parallelanschlag befestigt. Dann noch die dazu passende weiß beschichtete Führungsleiste aus Multiplex auf die Alukante aufstecken und schon hat man eine perfekte Führungskante für das Werkstück. Setzt man die schwarze magnetische Befestigungssäule ...

... zusammen mit den Druckrollen ein, dann wird das Werkstück dabei auch gleich fest auf den Schiebetisch gedrückt. Kleiner Tipp: Wenn man das Fräswerkzeug etwas in die weiße Führungsleiste reinragen bzw. reinfräsen lässt, ergibt sich eine größere Anlauffläche für die Werkstückkante, denn 4 mm sollten dort mindestens anliegen.

Vorsicht beim Falzen ohne Winkelbrett direkt am Parallelanschlag!

Wenn Sie ohne Winkelbrett mit einem Verstellnuter falzen möchten, sollte ihre Formatsäge unbedingt mit einer über dem Fräser frei schwebenden Schutzhaube (Oberschutz) ausgestattet sein. Denn nur so ist eine ausreichende Abdeckung des Fräswerkzeugs gewährleistet. Die Hände können also erst gar nicht in den Gefahrenbereich des Fräsers gelangen. Aber selbst, wenn Sie einen solchen Oberschutz besitzen, besteht beim Falzen ohne Winklbrett immer noch ein enorm hohes Fehlerrisiko. Denn vor allem beim Falzen von langen Werkstücken (z. B. Schrankseitenwand siehe Bild unten links) kann es schnell zu Ungenauigkeiten kommen, wenn man nicht penibel darauf achtet, das Werkstück immer dicht am Anschlaglineal zu führen. Schon ein leichtes Wegdriften vom Anschlag (s. Pfeil Bild rechts) würde sich gandenlos in der Falzkante abzeichnen und später sichtbar sein. Das kann Ihnen beim Winkelbrett nicht passieren. Hier können Sie nur zu wenig wegfräsen und da kann man ja bekanntlich problemlos noch mal nachfräsen. Also mein Tipp: Beim Falzen mit einem Verstellnuter immer ein Winkelbrett einsetzen!

3. Anwendungsbeispiel: Mit dem Verstellnuter Kreuzüberblattungen in schmale Sprossen herstellen

Japanische Schiebetüren (auch Shoji genannt) ziehen aufgrund ihrer schlichten Eleganz jeden Betrachter sofort in ihren Bann. Mit ihren vielfältigen geometrischen Sprossenmustern und der hellen beruhigend wirkenden Optik des Japanpapiers lassen sie sich in nahezu jedem Wohnstil verbauen. Optisch sind Shoji aber nur dann eine Augenweide, wenn alle Sprossen abstandsgenau und präzise überblattet wurden. Da die Sprossen mit nur 10 mm Dicke und 19 mm Höhe jedoch sehr filigran sind, bedarf es schon einer gewissen Sorgfalt bei der Herstellung eines kompletten Sprossengitters. Aber zum Glück gibt es ja die Formatsäge und den Verstellnuter. Denn mit diesem Duo und einem einfachen Balken samt Anschlagleiste verlieren selbst die komplexesten Sprossenmuster ihren Schrecken. Aber das Beste: Mit dieser Methode können Sie mehrere Sprossen gleichzeitig nuten! Und wenn Ihnen rechteckige Sprossengitter zu langweilig sind, dann schwenken Sie doch einfach mal den Ablänganschlag um beispielsweise 30° und schon lassen sich im Handumdrehen herrliche rautenförmige Sprossengitter herstellen.

Kirschbaum-Kommode mit japanischem Flair: Zwei Shoji-Schiebetüren mit Kreuzsprossen flankieren den mittleren Schubkastenbereich.

Türen zu und aufgeräumt! Unschöne Aktenordner und sonstige Büroutensilien versteckt hinter drei wunderschönen japanischen Schiebetüren.

Genial einfach: Überblattete Kreuzsprossen mit Balken, Anschlagleiste und Verstellnuter

Bohren Sie in einen 1,20 Meter langen rechtwinklig ausgehobelten Balken (Querschnitt ca. 75 x 44 mm) ein paar 8,5 mm Löcher, um ihn mit zwei Anschlagklemmen (z. B. Milescraft-FenceClamps) …

… am Ablänganschlag zu fixieren. Lassen Sie den Balken dabei links etwa 300 mm überstehen. Mit dem Verstellnuter (Nutbreite 10 mm) fräsen Sie jetzt eine 8 mm tiefe Nut in den Balken (kl. Bild).

Stellen Sie sich für diese Nut eine passende Anschlagleiste mit einer Länge von 120 mm her. Die Leiste sollte spielfrei, aber nicht zu stramm in der Nut sitzen (evtl. Kanten leicht anfasen).

Jetzt den Balken samt Anschlagleiste auf den gewünschten Abstand zu den Fräserschneiden ausrichten (hier 130 mm) und wieder mit den beiden Klemmen am Ablänganschlag fixieren.

Anschlagleiste aus der Nut herausziehen, alle Sprossen dicht an den Balken anlegen und von oben mit einem Brettchen und einem Werktischspanner (s. a. S. 81) sichern. Die Fräserhöhe …

… auf die halbe Sprossenhöhe einstellen (hier 9,5 mm) und die erste Nut einfräsen. Beginnen Sie die erste Nut möglichst in der Sprossenmitte und arbeiten sie sich dann nach außen zu den …

… Sprossenenden vor. Haben alle Sprossenleisten in der Mitte die erste Nut bekommen, stecken Sie die Anschlagleiste wieder in den Balken hinein. Die dient jetzt als Abstandshalter für alle weiteren …

… Nutfräsungen. Dazu werden die Sprossen einfach mit der Nut von oben auf die Anschlagleiste gesteckt. Mehr als sechs Sprossen pro Arbeitsgang sollten es jedoch nicht sein. Die lassen sich …

… wieder sicher mit dem Brettchen und dem Werktischspanner fixieren. Auf diese Weise fräsen Sie jetzt nacheinander alle Nuten bis zum Sprossenende ein.

Dann drehen Sie alle Sprossen einmal um 180° (die fertigen Nuten zeigen jetzt alle nach rechts) und stecken alle mit der mittleren Nut wieder auf die Anschlagleiste. So können die noch fehlenden Nuten am anderen Sprossenende eingefräst werden.

Mit keiner anderen Methode lassen sich solche Sprossengitter schneller und vor allem präziser herstellen. Wird der Ablänganschlag z. B. um 30° geschwenkt, lassen sich auch rautenförmige Sprossengitter herstellen (s. Grafik rechts).

4. Anwendungsbeispiel: Nuten für Böden, Trennwände oder auch CD- bzw. DVD-Hüllen

In die Schlitze können Sie nicht nur CD-Hüllen, sondern beispielsweise auch Einlegeböden aus Acrylglas einschieben. Darauf lassen sich dann auch CD-Boxen oder Audiokassetten stellen.

Die auf den letzten beiden Seiten gezeigte Technik mit dem Balken und der Anschlagleiste können Sie auch ganz hervorragend zum Einfräsen von abstandsgleichen Nuten in Regalwände oder Schubkastenseiten nutzen. Dort lassen sich dann Böden, Trennwände oder – wie in unserem Beispiel – CD-Hüllen einschieben (s. Bild links). Auch hier übernimmt der Balken zusammen mit der Anschlagleiste wieder die wiederholgenaue Positionierung aller Werkstücke in einem beliebigen Rastermaß. Auf diese Weise können Sie eine Abstandspräzision erreichen, die problemlos mit jeder CNC-Maschine mithalten kann. Da die Kosten für Balken und Anschlagleiste allerhöchstens 10 Euro ausmachen dürften, sollten Sie diese Rastertechnik unbedingt einmal an Resthölzern ausprobieren. Ich bin mir ganz sicher, dass Sie danach genau so begeistert davon sein werden wie ich. Und das ist noch stark untertrieben, denn Sie werden nachts von den unzähligen Möglichkeiten, die Ihnen diese Technik bietet, träumen und morgens mit vielen neuen Ideen aufwachen. Genug geschwärmt – schauen wir uns das Ganze mal genauer an.

So einfach gelingen Ihnen abstandsgleiche Nuten in jedem beliebigen Raster

1 Zeichnen Sie sich auf alle Regalseiten zuerst die Position der mittleren Einschubnut an. Richten Sie diese Markierung exakt zu den Nutfräserschneiden aus und fräsen Sie zuerst nur die mittlere Nut ein.

2 Sind alle mittleren Nuten eingefräst, stellen Sie den Abstand zwischen Balkenende und Anschlagreiter auf exakt 21 mm ein. Dieser Wert ergibt sich aus der Nutbreite von 11 mm und dem Abstand …

3 … von 10 mm zwischen den jeweiligen Nuten. Sie brauchen jetzt also nur die beiden Klemmen am Balken zu lösen, ihn bis dicht an den Anschlagreiter zu verschieben und wieder fest zu arretieren.

4 Stellen Sie sich als Nächstes wieder ein Anschlagleistchen her, das absolut spielfrei in die vorhin gefräste Nut des Balkens passt. Es reicht, wenn die Leiste nur etwa 15 mm aus dem Balken vorsteht.

5 Schieben Sie jetzt die Regalseite mit der Nut auf das Anschlagleistchen. Wenn die Regalseite dabei dicht am Balken anliegt, ist sie perfekt gegen Verrutschen gesichert.

Auf diese Weise können Sie jetzt sicher und präzise die nächste Nut in die Regalseite einfräsen. Dann diese gefräste Nut auf das Anschlagleistchen stecken und eine weitere Nut einfräsen.

So entsteht Nut für Nut, die jeweils immer exakt den gleichen Abstand zueinander aufweisen. Die letzte Nut sollte etwa 40 mm Abstand zum Ende der Regalseite haben.

Um auch die restliche Hälfte der Regalseite zu nuten, drehen Sie das Brett einfach um 180° und stecken es wieder mit der mittleren Nut (s. Bild 5) auf das Anschlagleistchen.

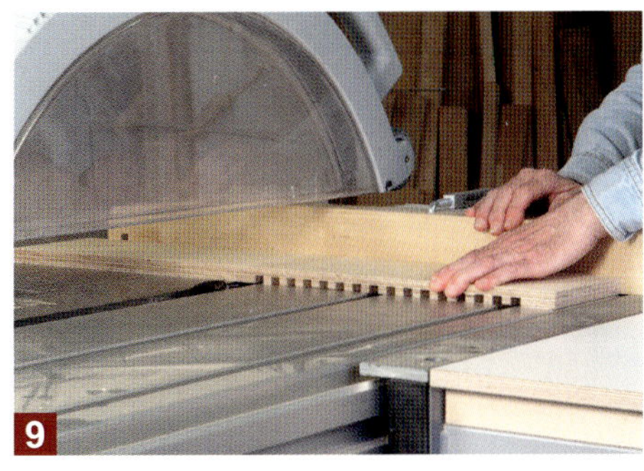

Da alle Nuten immer von der Mitte ausgehend zum Brettende hin eingefräst werden, liegt die Seitenwand immer sicher am Balken an und kann gefahrlos mit der Hand festgehalten werden.

Saubere und nahezu ausrissfreie Nuten sogar in harten Multiplexplatten sind mit einem Verstellnuter samt Vorschneider überhaupt kein Problem. Und der Balken mit Anschlagleiste sorgt für eine Abstandspräzision, die Sie sonst nur mit einer CNC-Fräse erreichen können. Das sollten Sie unbedingt einmal ausprobieren!

5. Anwendungsbeispiel: Kreuzüberblattungen für ein Steckspielhaus

Angelehnt an die großen Gartenhäuser in Blockbohlenbauweise lassen sich mit diesem einfachen steckbaren System auch Kinderspielhäuser realsieren. Damit man die Bretter (hier 12 mm Kiefer-Sperrholz) zusammenstecken kann, werden sie an den Enden genutet. Die Nuttiefe beträgt dabei ein Viertel der Brettbreite und die Nutweite sollte etwa einen halben Millimeter mehr als die tatsächliche Brettdicke betragen, damit die Kinder die Bauteile auch leicht zusammenstecken können. Wie das Nuten genau funktioniert, zeige ich Ihnen in der Bildfolge auf der nächsten Seite. Werden die genuteten Bauteile später an den Enden kreuzweise zusammengesteckt (Kreuzüberblattung), treffen Sie sich in der Brettmitte (s. Grafik rechts). Das bedeutet, dass man für den Anfang eines solchen Spielhauses in jedem Fall auch zwei Bretter in der halben Breite benötigt (s. Pfeil rechts).

Auch hier kommt wieder der vielseitige Balken zum Einsatz, diesmal als Splitterholz. Den Nutfräser (kleines Bild) auf die Holzstärke zuzüglich etwa einen halben Millimeter Luft einstellen.

Den Parallelanschlag auf den gewünschten Abstand zum Fräser einstellen (hier 40 mm) und etwa sechs bis sieben Bauteile hintereinander mit einer Hebelzwinge am Anschlag befestigen. Jetzt …

… die erste 25 mm hohe Nut in alle 100 mm hohen Bauteile einfräsen. Jedes Ende bekommt zwei Nuten eingefräst. Dabei immer darauf achten, dass alle Bauteile gleichmäßig und dicht an den …

… Anschlägen anliegen und mit einer Hebelzwinge gesichert sind. Die Hände müssen die Werkstücke also niemals festhalten und können immer weit aus dem Gefahrenbereich platziert werden.

Sind die Enden aller Bauteile fertig genutet, muss der Parallelanschlag für die mittleren Nuten der langen Bauteile neu eingestellt werden. Dazu einfach einen kurzen Streifen in die Nut des …

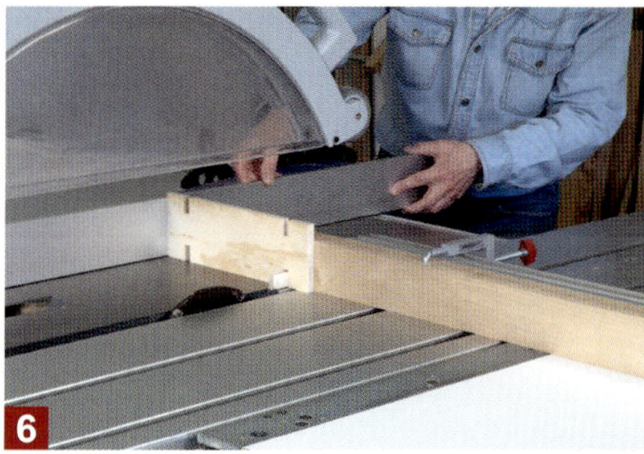

… Balkens einstecken und eines der kürzeren Bauteile mit der Nut auf den Streifen stecken. Jetzt den Parallelanschlag bis dicht an das Bauteil heran schieben und arretieren.

Auch hier wieder nicht mehr als sieben lange Bauteile vor den Anschlag und dicht an den Parallelanschlag anlegen. Das gesamte Paket dann mit einer Hebelzwinge sichern und nacheinander die vier mittleren Nuten in die Bretter einfräsen. Das 12 mm starke Sperrholz lässt sich mit dem Nutfräser absolut sauber und ausrissfrei nuten.

Das gesamte Steckspielhaus basiert auf nur drei verschiedenen Brettlängen: 92 mm lange Bretter mit mittig jeweils zwei Nuten, 312 mm lange Bretter mit vier Nuten und 1000 mm lange Bretter mit acht Nuten. Für den Anfang am Fußboden benötigt man noch zwei halb so breite Bretter mit nur vier Nuten.

Fingerzinken auf der Formatsäge herstellen

Fingerzinken kann man sehr gut mit einer Oberfräse samt Zinkenvorrichtung herstellen. Im Gegensatz zur Oberfräse bietet die Formatsäge jedoch einige Anwendungsvorteile, die ich Ihnen natürlich nicht vorenthalten möchte. Während man mit den Fräsern einer Oberfräse nur Massivhölzer sauber und aussrissfrei zinken kann, lassen sich auf einer Formatsäge auch Plattenwerkstoffe wie beispielsweise Multiplex absolut ausrissfrei mit Fingerzinken versehen. Auch Werkstückdicken von mehr als 25 mm sind auf einer Formatsäge überhaupt kein Problem. Und die können sogar bei Bedarf mit extrem dünnen Fingerzinken (z. B. ab 3,2 mm = Sägeblattdicke) versehen werden. Allerdings birgt das Fingerzinken auf einer Formatsäge ein recht hohes Unfallrisiko, wenn man hier nicht mit einem vernünftigen Sägeblattschutz vorsorgt. Und – Sie ahnen es schon – auf den nächsten zwei Seiten zeige ich Ihnen, wie man sich eine solche Fingerzinken-Vorrichtung mit Sägeblattschutz ganz leicht selbst bauen kann. Also los geht's!

Möbeltür mit Fingerzinkenscharnier – ein handwerkliches und optisches Highlight!

Die meisten denken bei Fingerzinken an eine dekorative Eckverbindung für kleine Kästchen, Transportkisten oder auch einen größeren Schrankkorpus. Die gerade steckbare Form der Fingerzinken eignet sich aber auch ganz hervorragend zur Herstellung hölzerner Scharniere. Die sehen nicht nur beeindruckend aus, sondern sind bei Verwendung eines Hartholzes (z. B. Esche) auch äußerst robust und stehen ihren metallenen Kollegen in nichts nach. Der unten abgebildete Schuhschrank ist in unserem Haushalt schon seit über 8 Jahren täglich im Gebrauch und die Türen lassen sich immer noch leichtgängig öffnen und schließen. Auch die Spaltmaße zwischen den Türen haben sich über die Jahre nicht verändert. Meine Frau ist jedenfalls begeistert!

Die beiden großen grifflosen Spiegeltüren mit Fingerzinkenscharnieren öffnen sich bei Gegendruck. Der nur 23 cm tiefe Schrank bietet dann Stauraum für etwa 30 paar Schuhe.

Damit sich die Türen später leichtgängig öffnen lassen, dürfen die Fingerzinken nicht zu stramm hergestellt werden. Außerdem müssen die normalerweise eckigen Zinkenenden, abgerundet werden. Die Drehachse bildet später ein runder Stahlstift, der mittig durch die Zinken gesteckt wird (Pfeil).

Das Abrunden der Zinkenenden geht hervorragend auf einem Frästisch samt Queranschlag. Der Radius des Abrundfräsers muss exakt die halbe Holzstärke betragen.

1. Variante: Selbstgebaute Vorrichtung in Kombination mit der Schlitzsäge (5 mm Flachzahnbreite)

In die Klemmplatte bohren Sie in eine Längskante zuerst zwei 8,5 mm Löcher für die beiden Klemmen. Damit befestigen Sie die Klemmplatte als Nächstes am Ablänganschlag.

Danach stellen Sie die Frontplatte davor, fixieren sie mit einer Hebelzwinge und sägen mit dem 5 mm dicken Schlitzsägeblatt hochkant eine 10 bis 11 mm tiefe Nut für die Anschlagzunge ein.

Hobeln Sie sich eine 5 mm dünne und 10 mm breite Hartholzleiste (z. B. aus Eiche) zurecht und sägen Sie davon etwa 70 mm ab. Diese Anschlagzunge muss absolut spielfrei in der Nut sitzen.

Auf die Unterkante der Frontplatte schrauben Sie im nächsten Schritt eine 6 mm dünne und 40 mm breite Auflageleiste. Schrauben gut versenken, sonst gibt es später Kratzer auf dem Schiebetisch.

Legen Sie die Frontplatte wieder hochkant vor die Klemmplatte und fixieren Sie beides mit einer Zwinge. Schrauben Sie jetzt die Frontplatte mit zwei bis drei Schrauben an die Klemmplatte.

Lösen Sie die beiden Klemmen wieder. Front- samt Klemmplatte lassen sich jetzt seitlich verschieben. Einen Rest der Anschlagzunge zwischen Sägezahn und fester Anschlagzunge legen (kleines Bild) ...

... und beide Klemmen wieder festziehen. In dieser Position sägen Sie jetzt einen weiteren Schlitz in die Frontplatte. Die Höhe richtet sich nach der späteren Werkstückdicke (plus ca. 0,5 mm).

Auf einen Sägeblattschutz sollten Sie keinesfalls verzichten. Hinten besteht er aus einem einfachen Sperrholzbrettchen, das Sie mit einem Kantholz an der Rückseite der Frontplatte festschrauben.

Je nachdem, wie dünn oder lang Sie das Sperrholzbrettchen wählen, sollten Sie unter die linke Kante (Pfeilbereich) noch mit eine passende Leiste als Stütze festschrauben.

10

Genauso simpel aber effektiv ist auch der vordere Sägeblattschutz. Einfach zwei 18er Plattenreste zusammenschrauben und obendrauf noch eine weitere Platte mit 70 mm Versatz nach links über das Sägeblatt. Mit zwei Flügelschrauben und zwei zur Schiebetischnut passenden Gleitmuttern ist dieser Schutz sogar verschiebbar und natürlich blitzschnell eingebaut.

Noch ein wichtiger Tipp: Lassen Sie die obere Platte nicht nur seitlich nach links überstehen, sondern auch etwa 20 mm zur Vorrichtung hin. Auf diese Weise können Sie die Platte auch bei dünnen Werkstücken bis dicht an die Werkstückfläche heran schieben und die Finger sind perfekt vor dem Sägeblatt geschützt.

Materialliste: Fingerzinken-Vorrichtung

Pos.	Anz.	Bezeichnung	Maße (mm)	Material
1	1	Klemmplatte	390 x 62	24 mm Multiplex
2	1	Frontplatte	650 x 130	18 mm Multiplex
3	1	Auflageleiste	650 x 40	6 mm Hartholz
4	1	Sägeblattschutz	360 x 160	5 mm Sperrholz
5	3	Sägeblattschutz	250 x 130	18 mm Leimholz
6	1	Anschlagzunge aus Hartholz passend zur Schnittbreite		

Sonstiges:

2 Befestigungsklemmen (z. B. Milescraft FenceClamps)

2 Gleitmuttern passend zur Schiebetisch-Nut samt Flügelschrauben und U-Scheiben

Spanplattenschrauben

Da es sehr viele unterschiedliche Formatsägen gibt, ist sehr wahrscheinlich, dass Sie die eine oder andere Bohrung etwas versetzen müssen. Auch die Schlitze in der Frontplatte können je nach gewünschter Fingerzinken- bzw. Fräserbreite variieren. Die Außenmaße der einzelnen Bauteile können Sie aber in aller Regel übernehmen. Es geht in der Explosionszeichnung hauptsächlich darum, wie eine Fingerzinkenvorrichtung richtig aufgebaut sein muss, um damit sicher und erfolgreich arbeiten zu können.

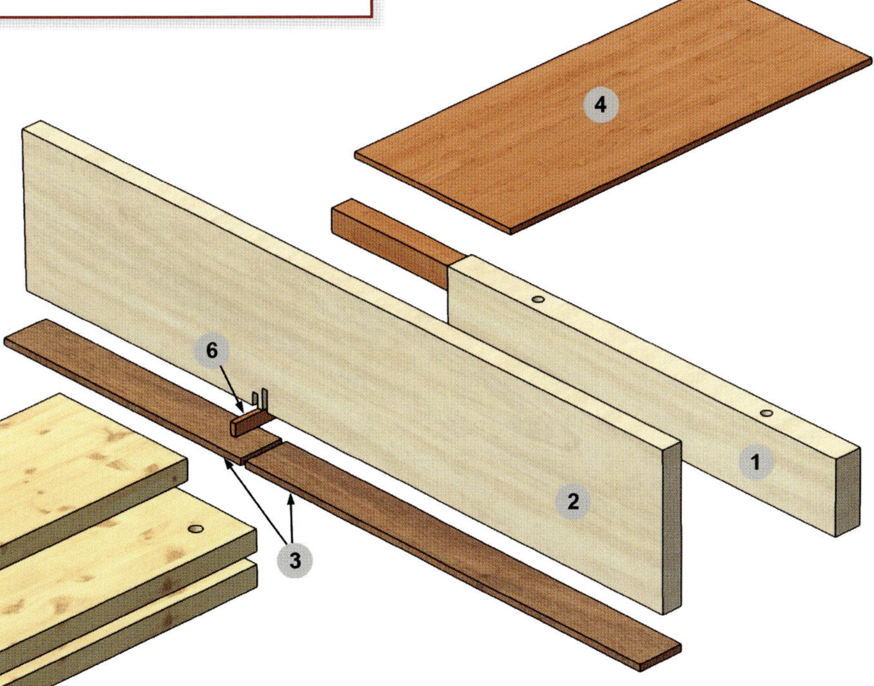

Der grundlegende Einsatz der selbstgebauten Fingerzinken-Vorrichtung

Das Werkstück wird einfach hochkant vor die Frontplatte und dicht auf die Auflageleiste gelegt. Da sich sowohl vor als auch hinter dem Werkstück ein Sägeblattschutz bzw. eine Sägeblattabdeckung befindet, kann das Werkstück gefahrlos mit den Händen an der Frontplatte gehalten werden. Liegt das Werkstück dicht an oder auf der Anschlagzunge (s. Bildfolge unten), wird es langsam über das laufende Schlitzsägeblatt geschoben.
Wichtig: Der vordere Schutz ist später in der Bildfolge nur zur besseren Sicht auf die Zinken entfernt worden. Er muss natürlich bei der Bearbeitung ständig in Position bleiben!

Schritt 1: Zinkenfestigkeit überprüfen und einstellen

Sägen Sie einfach in zwei Restbretter je eine Nut ein (s. Bild 1). Lassen sich beide Fingerzinken spielfrei und leicht zusammenstecken, ist die Passgenauigkeit perfekt (s. Bild 2). Falls nicht, können Sie mit dem Anschlagreiter und etwas Papier die Vorrichtung präzise nach links oder rechts um Papierstärke verschieben. In Bild 1 zeigen die Pfeile an, in welche Richtung man die Vorrichtung verschieben muss.

Schritt 2: In das erste Brett Fingerzinken einsägen

Bei einer Fingerzinkung greifen immer zwei Bretter mit einem Versatz um Fingerzinkenbreite zusammen. Zuerst bearbeitet man immer das Brett, das mit einem Fingerzinken beginnt. Dazu wird das Brett einfach dicht gegen die Anschlagzunge gelegt und die erste Nut eingesägt (1). Diese Nut stecken Sie dann auf die Anschlagzunge und sägen die nächste Nut in die Brettkante (2). Diesen Schritt wiederholen Sie jetzt so oft, bis die gesamte Brettkante mit Nuten und Fingerzinken eingesägt wurde (3-8). **Wichtig:** Fingerzinken sollten Sie aus Stabilitätsgründen nur im Stirnholz einsägen. Fingerzinken quer zur Holzfaser brechen bereits bei geringer Belastung ab!

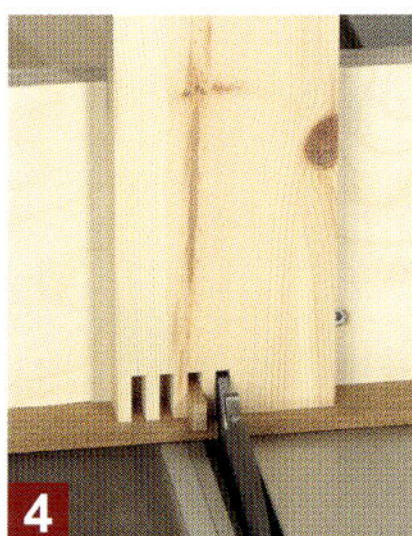

Schritt 3: In das Gegenbrett die Fingerzinken einsägen

Weil das erste Brett mit einem Fingerzinken beginnt, muss das Gegenbrett mit einer dazu passenden Aussparung beginnen. Diesen Versatz erreicht man am einfachsten, indem man das erste Brett als Anschlaghilfe einsetzt (s. Bild 1-3). Absolut simpel und super präzise! Der Rest (s. Bild 4-7 etc.) ist dann wieder identisch mit dem Einsägen der Fingerzinken im ersten Brett. Als Brettbreite sollten Sie immer ein Vielfaches der Schnittbreite (hier 5 mm Schlitzsägenbreite) wählen. Optisch am schönsten ist dabei eine symmetrische Zinkenaufteilung. Das bedeutet: Das erste Brett beginnt und endet jeweils mit einem Fingerzinken. Dazu wird die Schnittbreite (hier 5 mm) einfach mit einer ungeraden Zahl multipliziert (Beispiel: 15 x 5 mm = 75 mm Brettbreite). Aber auch eine unsymmetrische Zinkenteilung wie in der Bildfolge (16 x 5 mm = 80 mm) ist problemlos möglich und hat überhaupt keinen Einfluss auf die Stabilität der Eckverbindung.

1 Ist das erste Brett fertig gezinkt, drehen Sie es einmal um 180°. Die Rückseite zeigt nach vorne.

2 Rechte Nut auf die Anschlagzunge stecken und Gegenbrett dicht dagegen schieben.

3 In dieser Postion die erste Aussparung ins Gegenbrett sägen. Danach erstes Brett entfernen.

4 5

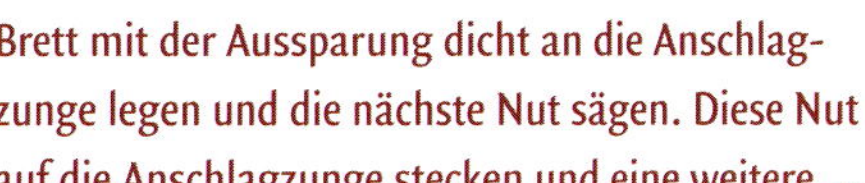

Brett mit der Aussparung dicht an die Anschlagzunge legen und die nächste Nut sägen. Diese Nut auf die Anschlagzunge stecken und eine weitere …

6 7

… Nut sägen. Auf diese Weise wieder nach und nach alle Nuten bis zum Brettende in die Kante einsägen.

Selbst bei einer hohen Anzahl von Fingerzinken sollten sich beide Werkstücke noch leicht von Hand (ohne Hammer!) zusammenstecken lassen. Sind die Zinken zu stramm oder zu locker können Sie die Vorrichtung, wie in Schritt 1 (s. Pfeile Bild 1) beschrieben, minimal um Papierstärke nach links oder rechts verschieben. So erreichen Sie absolut saubere und präzise Fingerzinken!

2. Variante: Fingerzinken mit dem Zinkenexakt der Fa. Aigner in Kombination mit einem Verstellnuter

Die Firma Aigner bietet mit dem Zinkenexakt auch eine fertige Vorrichtung zur Herstellung von Fingerzinken an. Das hochwertig verarbeitete Gerät aus massivem Aluminium kostet knapp 240 Euro. Es lässt sich ganz einfach und blitzschnell mit nur einem Klemmbügel sicher am Ablänganschlag befestigen (s. Bildfolge). Dazu muss der Ablänganschlag lediglich an die Vorderkante des Auslegertisches montiert werden. Der größte Vorteil gegenüber der Selbstbauvariante ist die variable und stufenlose Einstellung der Fingerzinkenbreite von 5 bis 28 mm. Das reicht völlig, denn dickere Fräser als 20 mm lassen sich in aller Regel sowieso nicht aufspannen. Eine feste hintere und eine mittels Rändelschraube stufenlos verschieb- und arretierbare vordere Werkzeugverdeckung (Sägeblattschutz) sorgen für ein sicheres Arbeiten und verhindern wirkungsvoll, dass die Hände beim Festhalten des Werkstücks in den Gefahrenbereich des Fräswerkzeugs gelangen können. Alles Weitere im Umgang mit dem Zinkenexakt erfahren Sie Schritt für Schritt auf den folgenden Seiten.

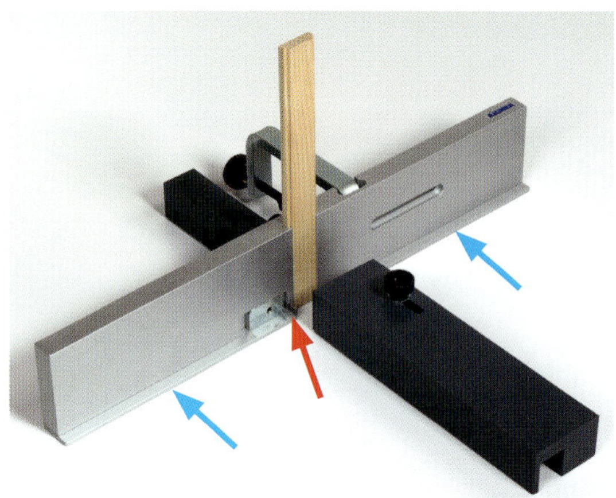

Vorderseite des Zinkenexakt:
Herzstück der Vorrichtung sind die beiden stufenlos einstellbaren Anschlagzungen (roter Pfeil). Mittels Klemmhebel auf der Rückseite lassen sich so schnell und präzise alle Zinkenbreiten von 5 bis 28 mm einstellen. Eine Werkstückauflage (blaue Pfeile) links und rechts neben dem Splitterholz sorgt zusammen mit der massiven Alufront für eine sichere Führung der Bretter. Die vordere Werkzeugabdeckung kann bis dicht ans Werkstück geschoben werden.

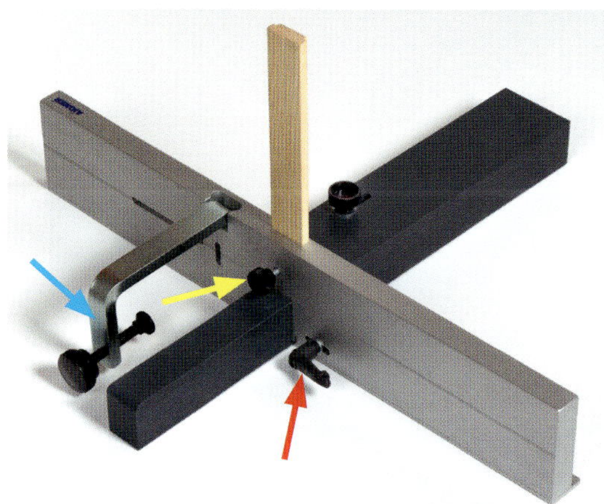

Rückseite des Zinkenexakt:
Auf der Rückseite befindet sich der Klemmhebel zur Einstellung der Zinkenbreite (roter Pfeil). Mit nur einer Schraube am Klemmbügel (blauer Pfeil) wird die Vorrichtung blitzschnell am Ablänganschlag befestigt. Das Splitterholz wird über eine Rändelschraube (gelber Pfeil) in Position gehalten und ist ebenfalls blitzschnell gewechselt oder gedreht. Die hintere Werkzeugabdeckung ist fest montiert.

Schritt 1: Ende des Ablänganschlags bündig zur Schiebetischkante einstellen

1 Der Abstand zwischen Ablänganschlag und Fräswerkzeug (Pfeilbereich) darf nicht zu groß sein, sonst lässt sich der Zinkenexakt nicht vernünftig am Anschlag befestigen. Optimal ist es, wenn das Ende des Ablänganschlags exakt mit der Kante des Schiebetisches abschließt.

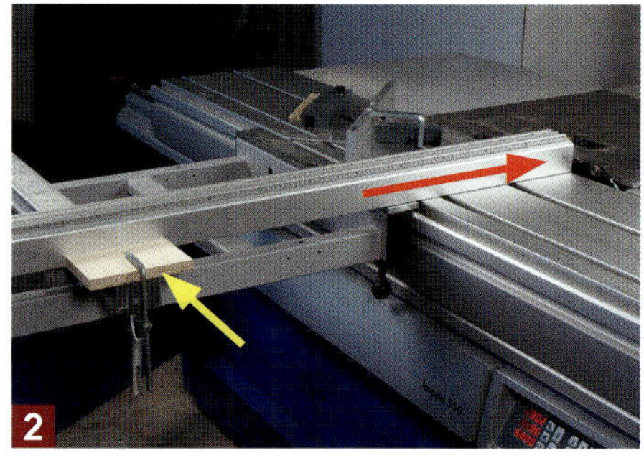

2 Damit der Anschlag beim Verschieben in Pfeilrichtung seine rechtwinklige Einstellung behält, spannen Sie bei dieser Formatsäge zuerst eine Platte mit einer Hebelzwinge dicht hinter den Anschlag (gelber Pfeil). Danach verschieben Sie den Ablänganschlag, bis sein Ende bündig mit der rechten …

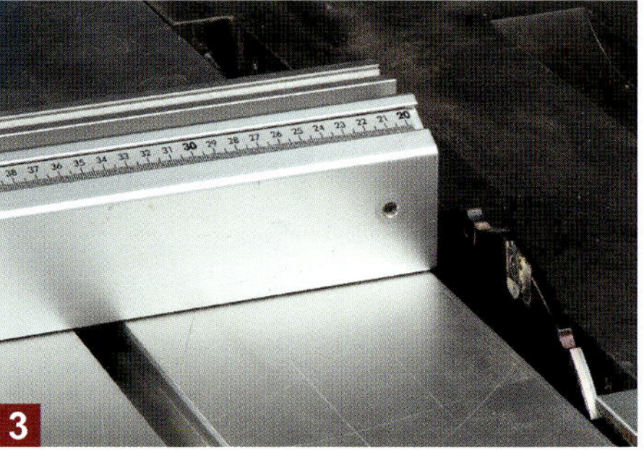

3 … Schiebetischkante abschließt. In dieser Position arretieren Sie den Ablänganschlag wieder. Die Platte aus Bild 2 lassen Sie am besten auch in der festgespannten Position. Rechtwinklige Kisten und Fingerzinken setzen jedenfalls einen präzise rechtwinklig eingestellten Ablänganschlag voraus.

Schritt 2: Zinkenexakt am Ablänganschlag befestigen, Fräserhöhe einstellen und Anschlagzungen justieren

1 Jetzt können Sie den Zinkenexakt vor den Ablänganschlag stellen und von hinten mit dem Klemmbügel fixieren. Auch das seitliche Verschieben der Vorrichtung ist auf diese Weise möglich.

2 Im nächsten Schritt stellen Sie die Fräserhöhe auf Werkstückdicke plus zwei bis drei Zehntelmillimeter Maßzugabe, damit die Zinken später minimal über der Werkstückfläche vorstehen. Das geht …

3 … z. B. sehr gut mit einem selbstgebauten Winkelbrett mit aufgeklebter Skala, das Sie dazu einfach auf die Werkstückauflage stellen. Zum Schluss montieren Sie noch den vorderen Sägeblattschutz.

4 Mit irgendeinem rechtwinklig abgelängten Restbrettchen überprüfen Sie jetzt als Erstes die eingestellte Fräserhöhe. Dazu legen Sie das Brettchen hochkant an die Front und die Werkstückauflage.

5 Das Brettchen stoßen Sie auch gleich gegen die rechte feste Anschlagzunge. In dieser Position sägen bzw. fräsen Sie jetzt eine Nut in die Stirnkante des Restbrettchens. Der Schutz wurde nur zur …

6 … besseren Sicht für das Foto entfernt! Danach stellen Sie das Brettchen hochkant auf den Schiebetisch und schieben eine Werkstückecke in die Nut. Sie sollte noch minimal Luft nach oben haben.

7 Am besten hobeln Sie sich jetzt noch eine zur Nut passende Leiste aus. Die Dicke der Leiste sollte so gewählt werden, dass sie möglichst spielfrei und nicht zu stramm in die Nut passt. Lösen Sie jetzt die Schraube im Klemmbügel etwas, damit …

8 … sich der Zinkenexakt seitlich in Pfeilrichtung verschieben lässt. Legen Sie die Leiste dicht an den linken Vorritzer des Fräswerkzeugs und verschieben Sie den Zinkenexakt mit der festen Anschlagzunge bis dicht an die Leiste heran. Zinkenexakt …

9 … in dieser Position wieder mit dem Klemmbügel fixieren. Zum Schluss noch die Nut über die beiden Anschlagzungen stecken. Klemmhebel lösen und die linke Zunge verschieben. Beide Anschlagzungen müssen dicht an den Nutseiten anliegen.

Schritt 3: Splitterholz einschieben, Festigkeit überprüfen und falls nötig nachjustieren

Das mitgelieferte Splitterholz einschieben und von der Rückseite mit der Rändelschraube sichern. Es ist so lang, dass man es bei einer Änderung der Nutbreite mehrmals abschneiden und sogar drehen kann. Zur Überprüfung der Festigkeit einfach wieder zwei Restbretter nuten und ineinander …

… schieben. Wenn sie sich spielfrei und leicht zusammenschieben lassen, ist die Festigkeit perfekt. Sollte es nicht passen, können Sie mit dünnem Papier und dem Anschlagreiter präzise nachjustieren. Beispiel: Sollen die Zinken lockerer sein, eine Lage Papier zwischen Zinkenexakt und Anschlagreiter …

… legen. Dann Zinkenexakt lösen, Papier entfernen, Zinkenexakt dicht an den Anschlagreiter heran schieben und wieder fixieren. Damit wurde der Zinkenexakt genau um eine Papierstärke nach rechts verschoben. Die Fingerzinken werden so um eine Papierstärke dünner.

Schritt 4: Werkstücke mit dem Schreinerdreieck markieren und die ersten Fingerzinken einfräsen

Bevor Sie loslegen, sollten Sie unbedingt die Werkstücke an den Längskanten mit einem Schreinerdreieck eindeutig markieren, sonst verlieren Sie später den Überblick beim Fingerzinken.

Da die Werkstückauflage im Bereich des Fräswerkzeugs geteilt sein muss, gibt es dort eine relativ große Lücke, in die man bei der Herstellung der ersten Nut abkippen kann – also Vorsicht!

Aus diesem Grund sollten Sie beim Fräsen der ersten Nut immer nur auf die rechte Kante des Werkstücks Druck ausüben. Und danach beim Fräsen der letzten Nut jedoch nur links Druck ausüben!

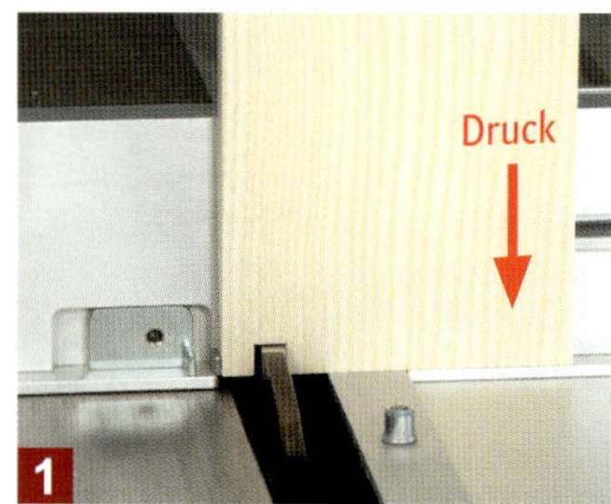

Kante mit dem Schreinerdreieck dicht gegen die feste Anschlagzunge legen und die erste Nut einfräsen.

Diese Nut jetzt auf beide Anschlagzungen aufstecken und die nächste Nut einfräsen.

Auf diese Weise Schritt für Schritt eine Nut nach der anderen in das Stirnende einfräsen.

Nur beim Fräsen der ersten (Bild 1) und letzten Nut kann die Werkstückkante in die Lücke abkippen.

Schritt 5: Zinkenversatz (Aussparung) für das Gegenbrett festlegen

Drehen Sie das fertig gezinkte Brett mit dem Schreinerdreieck nach rechts. Die Rückseite des Bretts zeigt jetzt nach vorne.

Stecken Sie die erste rechte Nut auf die beiden Anschlagzungen.

Legen Sie das Gegenbrett mit dem Schreinerdreieck gegen das bereits gezinkte Brett. Beide Schreinerdreieckkanten liegen jetzt zusammen.

Halten Sie beide Bretter in Position und sägen Sie jetzt die erste Aussparung in das Gegenbrett.

Schritt 6: In das Gegenbrett die weiteren Fingerzinken einfräsen

Danach die erste Ausparung dicht an die feste Anschlagzunge legen und eine Nut einfräsen.

Diese Nut kann man wieder auf beide Anschlagzungen aufstecken und die nächste Nut einfräsen.

Auf diese Weise wieder eine Nut nach der anderen in das Stirnende des Werkstücks einfräsen.

Auch hier und in Bild 1 auf den korrekten Druck von oben achten, um ein Abkippen zu vermeiden.

Wichtiger Hinweis: Die vordere Werkzeugverdeckung (roter Pfeil) muss natürlich beim Fräsen der Fingerzinken immer montiert bleiben (Bild 5) und wurde nur zur besseren Sicht bei den vorherigen Fotos entfernt! Wenn Sie den Zinkenexakt sorgfältig justiert haben, passen auch die Bauteile perfekt und spielfrei zusammen (Bild 6). Ein farblicher Holzkontrast und eine symmetrische Zinkenteilung machen die Verbindung noch reizvoller (Bild 7).

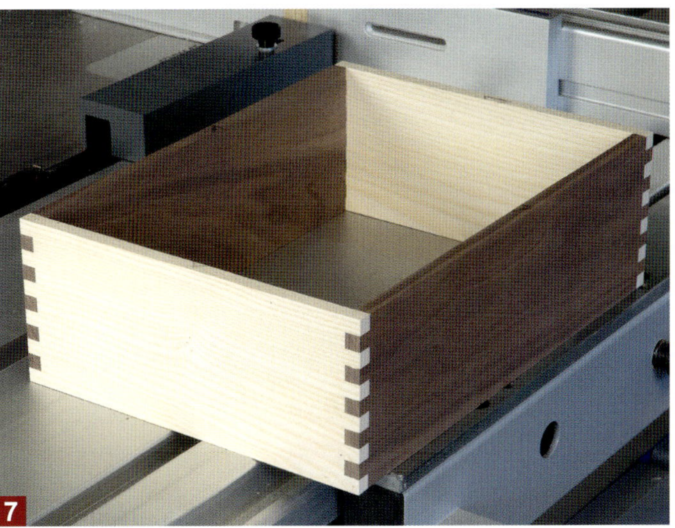

Präzise und ausrissfreie Fingerzinken in dicke Massivhölzer und Multiplexplatten herstellen

Auf einem Frästisch lassen sich in aller Regel nur Fingerzinken in Werkstückdicken bis maximal 25 mm sinnvoll herstellen. Außerdem sollte man dort derart tiefe Nuten in mindestens zwei oder mehr Fräsetappen herausarbeiten. Also ein ganz schöner Kraftakt, für den man auch noch eine entsprechend stark motorisierte Oberfräse benötigt. Auch darf man nicht vergessen, dass bei einer solchen Schwerstarbeit auch die Standzeit (Schärfe) des Fräsers recht schnell abnimmt. Kurzum: Bei mehr als 15 mm Holzstärke sollten Sie wenn möglich immer der Formatkreissäge den Vorzug geben. Denn mit einem passenden Fräswerkzeug von beispielsweise 250 mm Durchmesser können Sie auf einer Formatsäge sogar in bis zu 50 mm dicke Bretter in einem Arbeitsgang schnell und sehr präzise Fingerzinken einfräsen. Und im Gegensatz zum Frästisch ist selbst bei diesen extrem tiefen Fingerzinken nur ein sehr geringer Schnittdruck zu erwarten. Das erklärt auch, warum man sogar in Multiplexplatten präzise und ausrissfreie Fingerzinken einfräsen bzw. einsägen kann. Wie beim Frästisch auch, werden die Werkstücke immer hochkant über das Fräswerkzeug geschoben. Sie dürfen daher nicht zu groß sein, sonst besteht eine erhöhte Kippgefahr. Zwei Meter lange Bettseiten zu zinken, ist also keine gute Idee. Aber für viele andere Anwendungen ist die Formatsäge genau das Richtige.

Fingerzinken in 30 mm dickes Massivholz einzufräsen ist mit einer Formatkreissäge und passendem Fräswerkzeug überhaupt kein Problem.

Sogar das ausrissfreie Fingerzinken von dicken Multiplexplatten (hier 18 mm) gelingt mit einem Verstellnuter dank hochwertige Vorschneider auf Anhieb.

Dicke Massivholzbretter zinken – so gehts!

1 Die Brettbreite sollte möglichst ein Vielfaches der Nutbreite betragen. Damit eine symmetrische Zinkung entsteht (= Fingerzinken am Brettanfang und -ende) muss die Nutbreite mit einer ungeraden …

2 … Zahl multipliziert werden. Aufgrund des großen Fräserdurchmessers können selbst tiefe Fingerzinken ohne nennenswerten Schnittdruck in nur einem Arbeitsgang in die Kante gefräst werden.

3 Dabei ist nicht nur die Rückseite mit dem Splitterholz absolut ausrissfrei (was ja logisch ist), sondern auch die Vorderseite. Die Schnitt- und Abstandspräzision der Zinken ist absolut überragend.

Das fertig gezinkte Brett wieder um 180° drehen und die erste Nut auf die beiden Anschlagzungen stecken. Jetzt das Gegenbrett dicht anlegen und die erste Aussparung ins Gegenbrett fräsen.

Das erste Brett entfernen und die in Bild 4 gefräste Aussparung dicht an die rechte (feste) Anschlagzunge legen. Brett mit beiden Händen gut festhalten und die erste Nut in die Kante einfräsen.

Auf diese Weise wieder alle Nuten nacheinander in die Brettkante einfräsen. (Die vordere Abdeckung wurde hier nur für das Foto entfernt und muss natürlich ständig montiert bleiben!)

Bei einer großen Anzahl von Fingerzinken sollten Sie noch mehr darauf achten, dass die Zinken nicht zu stramm in den Nuten sitzen. Denn je mehr Zinken eine Eckverbindung hat, um so schwieriger wird es später die Bretter auch dicht zusammen zu stecken. Und da die Verbindung ja zusätzlich noch verleimt werden muss, wird dabei auch wieder extrem viel Leim neben den einzelnen Zinken herausgedrückt. Das ist dann nicht nur eine Riesensauerei, sondern bei zu wenig Leim zwischen den Fingerzinken verringert sich natürlich auch die Stabilität der Eckverbindung. Aus diesem Grund sollten Sie im Zweifel lieber die Zinken etwas lockerer als zu fest herstellen. Die komplette Eckverbindung sollte man jedenfalls immer leicht von Hand zusammenstecken können. Wenn Sie dazu einen Hammer benötigen, ist sie definitiv zu stramm!

Die I-BOX Fingerzinkenvorrichtung der Fa. Incra – Präzision durch Feineinstellung

Wer unter dem Namen I-BOX eine App für das Smartphone vermutet, mit der man auf Knopfdruck perfekte Fingerzinken herstellen kann, den muss ich leider enttäuschen. Vielmehr handelt es sich dabei um eine wirklich geniale und extrem hochwertig verarbeitete Fingerzinkenvorrichtung der amerikanischen Firma INCRA (s. Bild rechts). Die kann sowohl auf einem Frästisch als auch auf einer Tischkreissäge einsetzt werden. Das Geniale und Einzigartige an dieser Vorrichtung ist die Feineinstellung der beiden beweglichen Anschlagzungen. Und genau das unterscheidet die I-Box von dem vorhin

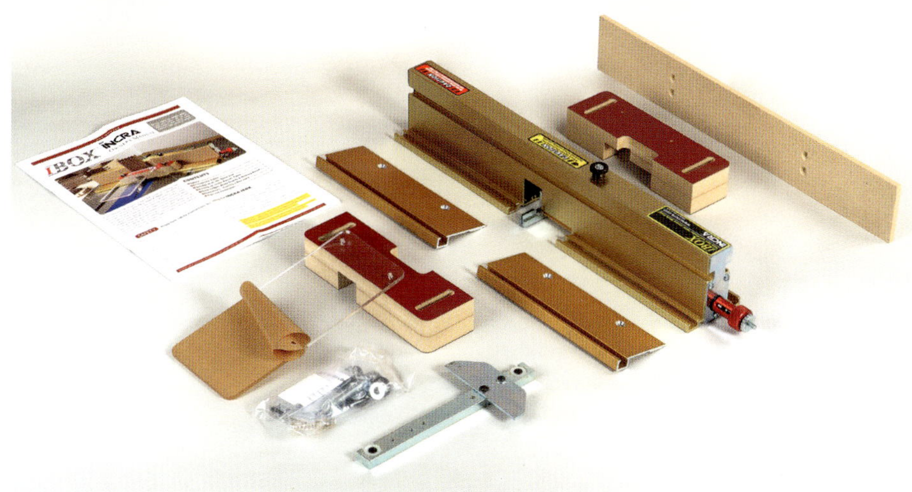

gezeigten Zinkenexakt der Fa. Aigner. Mit etwa 210 Euro ist die I-BOX mit Feineinstellung (erhältlich bei www.feinewerkzeuge.de) auf einem ähnlichen Preisniveau wie der Zinkenexakt ohne Feineinstellung. Das einzige Problem bei der I-BOX: Sie ist für die in den USA üblichen Tischkreissägen und ihre 19 mm (3/4 Zoll) breiten Tischnuten konzipiert und kann leider nicht ohne ein paar Modifikationen auf einer Formatsäge montiert werden (s. Bildfolge auf der nächsten Seite). Ich kann Ihnen aber schon jetzt versichern, dass sich dieser wirklich minimale Aufwand mit Sicherheit für Sie lohnen wird. Denn bereits nach dem ersten Einsatz werden Sie die I-BOX lieben und nicht mehr hergeben wollen, da bin ich mir hundertprozentig sicher!

Grund dafür ist die absolut geniale Feineinstellung der beiden Anschlagzungen. Dafür hat sich der Hersteller INCRA nämlich etwas ganz besonderes einfallen lassen. Die beiden Anschlagzungen lassen sich synchron per Gewinde und rotem Drehknopf zusammen und auseinander bewegen. Der Clou ist, dass man damit nicht nur die Nutbreite exakt auf die Schneidenbreite abstimmen kann, sondern die I-BOX auch gleich den korrekten Abstand zu den Schneiden aufweist. Und sollten doch noch kleinste Feinheiten in der Festigkeit der Verbindung nötig sein, gibt es dafür hinter dem roten Drehknopf noch eine dünne silberne Drehscheibe. Mit der kann man die fertig auf Abstand eingestellten Anschlagzungen noch präzise seitwärts bewegen.

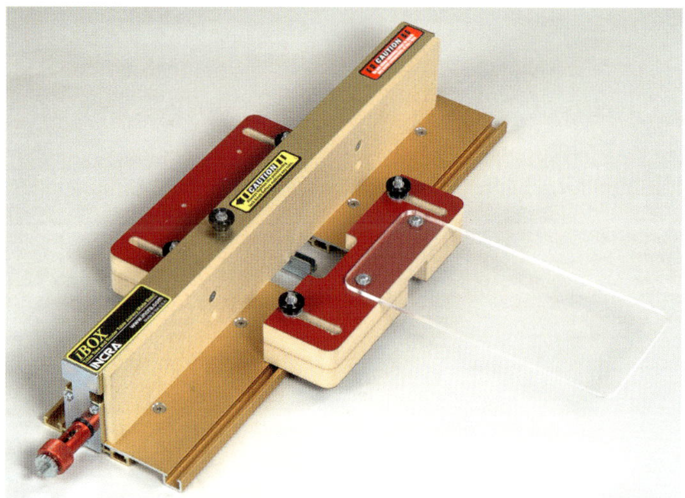

So sieht die I-BOX fertig montiert mit den im Lieferumfang befindlichen Sicherheitseinrichtungen aus. Für den Einsatz auf einem Frästisch ist jetzt lediglich noch eine passende Tischnut von etwa 19 mm Breite nötig.

Damit man die I-BOX sicher und präzise auf einer Formatsäge einsetzen kann, braucht es jedoch ein paar kleine Umbaumaßnahmen: Ein gefälztes Kantholz und zwei Sägeblattabdeckungen zum Schutz der Finger.

Schritt 1: Ein Kantholz für die Befestigung der I-BOX am Ablänganschlag herstellen

Die Schnittstelle zwischen der I-BOX und einer Formatsäge ist ein einfach herzustellendes Kantholz (590 x 55 x 47 mm). In dieses Kantholz fräsen Sie als Erstes einen 22 mm tiefen und 9,5 mm hohen Falz. Das Falzmaß sollte exakt zur überstehenden T-Nut auf der Rückseite der I-BOX passen. Anschließend bohren Sie mit einem 6,5 mm Bohrer die vier Befestigungslöcher für die 1/4 Zoll Sechskantschrauben. Für die Klemmen bohren Sie danach mit einem 8,5 mm Bohrer zwei 38 mm tiefe Sacklöcher (unbedingt Bohrständer oder Säulenbohrmaschine benutzen). Ganz zum Schluss sägen Sie noch die rückseitige Ausklinkung ins Kantholz (s. Zeichnung).

30 130 13,5 135 130 215 220 37 50 40 55 23 320 9,5 22 47

Das fertige Kantholz lässt sich schnell und einfach mit den vier mitgelieferten zölligen Sechskantschrauben (6,35 x 57 mm) an der Rückseite der I-BOX befestigen.

Das Kantholz muss dabei dicht an der Rückseite der I-BOX anliegen, wenn die Viertelzoll-Rändelmuttern angezogen werden (U-Scheiben zwischenlegen!).

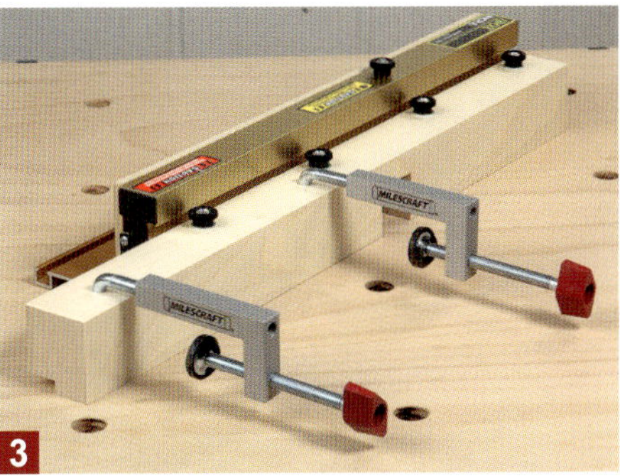

Auch die I-BOX kann jetzt mit zwei Klemmen (z. B. Milescraft-FenceClamps oder ähnlichen Tischklemmen) problemlos an nahezu jedem Ablänganschlag einer Formatsäge sicher befestigt werden.

Schritt 2: Die I-BOX vorne und hinten mit Sägeblattabdeckungen versehen

Die zur I-BOX mitgelieferten Schutzabdeckungen sind für den Einsatz auf einem Frästisch wirklich hervorragend geeignet. Beim Einsatz der I-BOX auf einer Formatsäge halte ich jedoch stabile selbstgebaute Sägeblattabdeckungen für sicherer. Ähnliche Abdeckungen habe ich bereits bei der selbstgebauten Fingerzinkenvorrichtung von S. 200 eingesetzt. Für die I-BOX habe ich diese Abdeckungen noch ein klein wenig optimiert und stabilisiert. So wurde die 5 mm dünne Sperrholzplatte für die hintere Abdeckung (Bild 1 und 2) noch mit einer seitlichen Massivholzleiste verstärkt und unterfüttert. Die vordere Abdeckung (Bild 3 und 4) wurde mit einer zur I-BOX hin überstehenden Deckelplatte aus 18 mm Multiplex modifiziert. Durch diesen Überstand von 70 mm kann die Deckelplatte jetzt immer dicht an das Werkstück herangeschoben werden. Dadurch wird auch verhindert, dass das Werkstück nach vorne wegkippen kann. Von der Original-Abdeckung übernommen und für den späteren Einsatz sehr hilfreich ist eine Aussparung an der Kante, die eine optimale Sicht auf Anschlagzungen und Sägeblatt gewährleistet.

Ein 445 mm langes und 100 mm breites Sperrholz (5 mm dick), das einfach an eine 400 mm lange und 55 mm hohe Massivholzleiste …

… geschraubt wird, bilden die hintere Abdeckung. Mit dem 45 mm langen Überstand des Sperrholzes wird die Abdeckung an das Kantholz geschraubt.

Die vordere Sägeblattabeckung ist bis auf die obere Platte mit der Selbstbaulösung von Seite 200 identisch. Die 320 mm lange und 180 mm breite Deckplatte besitzt nämlich an der Vorderkante …

… eine etwa 50 x 13 mm tiefe Aussparung für die Sicht auf die beiden Anschlagzungen und das Sägeblatt bzw. Fräswerkzeug. Dieses Feature bietet auch die Original-Schutzabdeckung von INCRA.

Schritt 3: I-BOX auf Fräser- bzw. Sägeblattstärke und Zinkenbreite einstellen (Fingerschutz nur für Fotos entfernt!)

Klemmschraube lösen (Pfeil) und roten Drehknopf gegen den Uhrzeigersinn drehen bis die beiden Anschlagzungen dicht zusammenstoßen. I-BOX verschieben, bis die Zunge dicht an der Schneide …

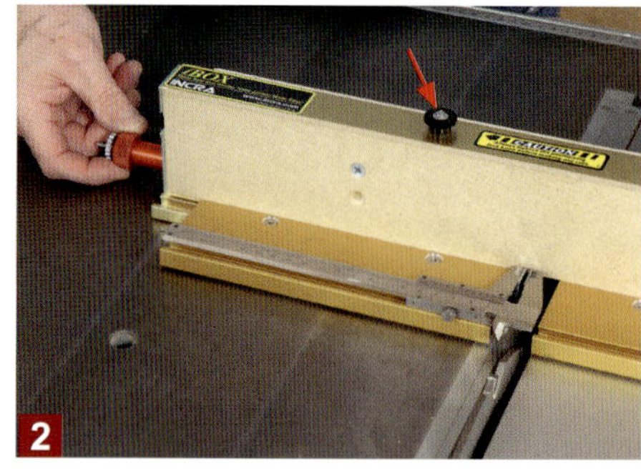

… anliegt. I-BOX in dieser Position mit den beiden Klemmen am Ablänganschlag fixieren. Messschieber auf Schneidenbreite einstellen und die beiden Anschlagzungen wieder auseinander bewegen, …

… bis sie dicht an den Messschenkeln anliegen. Klemmschraube (Pfeil Bild 2) wieder festziehen. Jetzt das Fräswerkzeug oder Sägeblatt auf Werkstückdicke einstellen.

Die vordere Schutzabdeckung in die Tischnut des Schiebetisches einstecken. Werkstück zwischen I-BOX und Schutzabdeckung legen und die Abdeckung mit den beiden Flügelmuttern fixieren.

Jetzt mit zwei Probebrettchen Passgenauigkeit und Festigkeit der Fingerzinken überprüfen. Um bei Multiplex die Festigkeit besser beurteilen zu können, sollten mindestens drei Nuten in die beiden …

… Brettchen gesägt werden. Anschließend die beiden Brettchen mit den Fingerzinken ineinander schieben. Das sollte leicht und trotzdem möglichst spielfrei gehen.

Schritt 4: Werkstücke markieren und Fingerzinken einsägen

Wichtig zur korrekten Positionierung: Werkstücke immer zu Beginn eindeutig mit dem Schreinerdreieck markieren, sonst verlieren Sie später den Überblick beim Fingerzinken. Legen Sie die …

… Werkstücke für die erste Nut immer hochkant mit der Markierungskante (s. Pfeil) dicht an die Anschlagzunge. Sägen Sie so nach und nach alle Fingerzinken in die Brettkante (hier Multiplex).

Damit das Gegenbrett mit einer Nut beginnt, das fertig gezinkte Brett um 180° drehen, auf die Anschlagzungen stecken und das Gegenbrett anlegen (Schreinerdreiecke liegen gegeneinander!).

Hier noch mal ein Blick auf die Anschlagzungen ohne Schutzabdeckung. Wichtig: Brett mit der ersten Nut aufstecken und darauf achten, dass sich das Schreinerdreieck jetzt rechts befinden muss.

Jetzt das Gegenbrett dicht anlegen (beide Dreieckmarkierungen stoßen zusammen) und beide Bretter gleichzeitig über das laufende Sägeblatt schieben (Schutzabdeckung nur für das Bild entfernt).

Achten Sie generell darauf, dass sich das laufende Sägeblatt immer weit vor der I-Box befindet, wenn Sie die Werkstücke zwischen Schutzabdeckung und I-BOX anlegen.

Ist die Ecknut im Gegenbrett gesägt, wird das erste Brett wieder entfernt. Dann das Brett mit der Ecknut dicht an die Anschlagzunge legen und die nächste Nut einsägen.

Diese Nut dann wieder auf beide Anschlagzungen aufstecken und die dritte Nut einsägen. Auf diese Weise jetzt Schritt für Schritt alle weiteren Fingerzinken herstellen.

Wenn die Brettbreite auf die Schneidenbreite abgestimmt und die Schneidenbreite mit einer ungeraden Zahl multipliziert wurde, sind die beiden äußeren Ecknuten absolut identisch.

Selbst mit einem einfachen Schlitzsägeblatt mit nur 6 Flachzähnen (ohne Vorschneider!) können Sie bereits präzise und ausrissfreie Fingerzinken in schwierigem Multiplex herstellen (s. Bild links). Dabei sind mit der I-BOX Fingerzinken bereits ab einer Breite von nur 3,2 mm möglich. Das bedeutet, dass man die I-BOX sogar mit einem einfachen Flachzahnsägeblatt mit mindestens 3,2 mm Schnittbreite einsetzen kann. Und da man dickere Fräswerkzeuge als 20 mm in aller Regel sowieso nicht auf die Formatsäge aufspannen kann, wäre das auch die maximal mögliche Fingerzinkenbreite. Die Fingerzinkenlänge bzw. Nuttiefe kann bei der I-Box bis zu 22 mm betragen, sonst drohen Beschädigungen am Gerät. Damit ist auch die maximale Brettdicke bei der I-BOX auf 22 mm beschränkt. Das dürfte aber für die meisten Möbelbauprojekte völlig ausreichen. Und muss es doch mal etwas mehr sein, kann man sich für diesen Zweck ja immer noch eine Selbstbau-Variante herstellen (s. a. S. 200).

Arbeiten mit der Kehlfrässcheibe

Auf einer Tischfräse lassen sich mit einem großen Universalmesserkopf und den Standardprofilmessern lediglich Hohlkehlen bis zu einem Radius von etwa 50 mm herstellen. Werden größere Hohlkehlen verlangt, beispielsweise für Treppenpfosten und Krümmlinge oder sehr üppige und große Kranzprofile, dann ist eine sogenannte Kehlfrässcheibe in Kombination mit einer Formatsäge oftmals die letzte Rettung. Für ein solches Fräswerkzeug müssen Sie allerdings je nach Ausführung und Hersteller mit mindestens 400 Euro rechnen. Für den gelegentlichen Einsatz oder den Hobbybereich ist diese Investition sicher kaum zu rechtfertigen. Trotzdem ist es wichtig, dass man in einem umfassenden Buch zur Formatsäge auch auf den sicheren und korrekten Einsatz einer Kehlfrässcheibe ausführlich eingeht. Angesichts dieser sehr hohen Werkzeugkosten möchte ich an dieser Stelle aber auch eindringlich davor warnen, das Kehlen mit einem normalen Kreissägeblatt zu versuchen (s. Sicherheitshinweis unten!). Und wenn Sie es schon nicht aus Sicherheitsgründen lassen können, dann kann ich Ihnen aus meiner Lehrzeit Anfang der 80er Jahre folgendes versichern: Das Rausschleifen der tiefen Sägespuren in der Hohlkehle eines Treppenkrümmlings war mit die größte „Folter“, die man einem Lehrling antun konnte!

Das eigentliche Arbeitsprinzip beim Kehlen ist jedenfalls einfacher, als es auf den ersten Blick aussieht. Das Werkstück wird lediglich mithilfe zweier Führungsleisten in einem bestimmten Winkel schräg über die Frässcheibe geschoben. Durch die Schräge bzw. Winkeländerung der Führungsleisten kann man die Breite der Hohlkehle bestimmen. Das ist auch der komplizierteste Teil der gesamten Einstellung, denn die Hohlkehltiefe wird einfach durch die Höhe der Frässcheibe über dem Sägetisch festgelegt. Doch keine Bange, ich werde Ihnen alle wichtigen Einstellungen anhand von drei unterschiedlichen Anwendungsbeispielen ganz genau erklären.

Wichtiger Sicherheitshinweis!

Auch wenn es in vielen amerikanischen Videos im Internet immer wieder praktiziert wird, sollten Sie zum Kehlen auf gar keinen Fall ein herkömmliches Kreissägeblatt einsetzen. Im gewerblichen Bereich ist das schon seit vielen Jahren aus gutem Grund verboten, denn normale Sägeblätter sind nicht auf diese einseitig und schräg wirkenden Kräfte ausgelegt.

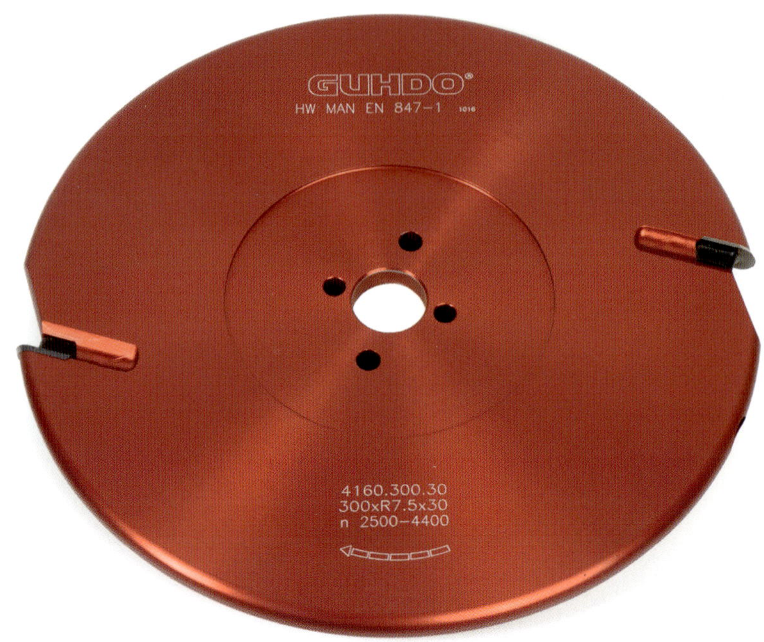

Mit einem Durchmesser von 300 mm lassen sich Hohlkehltiefen von bis zu 75 mm herstellen. Die 30 mm Hauptbohrung und die vier Nebenbohrungen lassen den Einsatz auf vielen Formatsägen zu. Bleiben Sie dabei aber unbedingt in dem Drehzahlbereich, der auf dem Werkzeug angegeben ist.

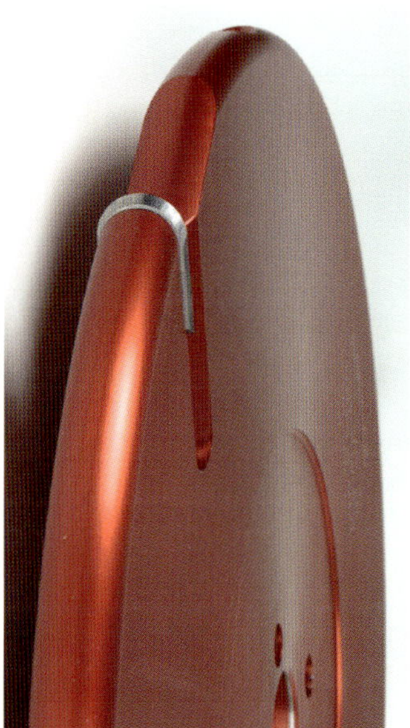

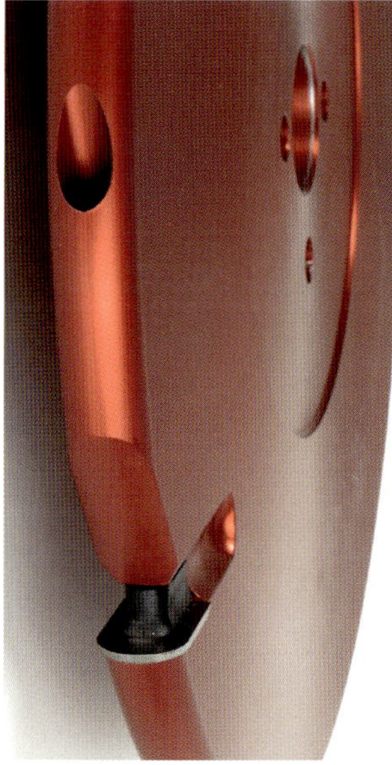

Die beiden 15 mm breiten und halbrunden (R = 7,5 mm) Schneidplatten aus Hartmetall sind sowohl stirn- als auch flankenschneidend. Sind die Schneiden einmal stumpf geworden, können sie schnell und einfach mit dem mitgelieferten Innensechskantschlüssel gegen Neue getauscht werden.

Einbau der Kehlfrässcheibe in eine Formatsäge (hier eine Altendorf WA6)

Nicht jede Formatsäge lässt den Einbau dicker Fräswerkzeuge zu. Daher sollten Sie vorher unbedingt einen Blick in die technischen Daten und die Bedienungsanleitung der Maschine werfen. Außerdem gibt es Maschinen mit wechselbaren Tischeinlagen aus spanbarem Material, bei denen man zunächst eine neue ungebrauchte Tischeinlage einbauen muss. Diese Tischeinlage wird dann anschließend durch Hochfahren des laufenden Fräswerkzeuge passend eingeschnitten. Das erhöht die Sicherheit, weil kein Spalt zwischen Fräser und Sägetisch ist.

1 Als Erstes entfernen Sie den Spaltkeil, schieben die Spaltkeilhalterung ganz nach hinten und arretieren sie dort. Danach entfernen Sie die Tischleiste und bewahren die Schrauben gut auf.

2 Damit Sie dickere Fräswerkzeuge wie z. B. die Kehlfrässcheibe aufspannen können, müssen Sie bei fast allen Maschinen noch eine Zwischenscheibe von der Sägewelle abziehen.

3 Jetzt können Sie die Frässcheibe auf die Sägewelle aufstecken. Der Spalt zwischen Sägetisch und Schneiden sollte möglichst nicht größer als 5 mm sein (s. kleines Bild).

4 **Wichtig:** Der Scheibenkörper darf auf keinen Fall in den Bereich des Gewindes der Sägewelle hineinragen. Dann lässt sich der vordere Flansch noch sicher auf die beiden Nebenbolzen aufstecken.

5 Zum Schluss drehen Sie die Mutter auf das Wellengewinde auf (Achtung Linksgewinde!) und ziehen sie mit dem großen Ringschlüssel gut fest. Prüfen Sie danach noch kurz den Freilauf der Scheibe!

Vorsicht beim Schwenken einer Kehlfrässcheibe!

Breite Fräswerkzeuge wie eine Kehlfrässcheibe sollten Sie generell nur in der 90°-Stellung betreiben (s. Bild links). Bei vielen Formatsägen ist das sogar vorgeschrieben, da sonst Beschädigungen in und an der Maschine drohen. Wird die Frässcheibe beispielsweise bei der Altendorf WA 6 lediglich um knapp 20° zur Seite geneigt, kommt die Fräserschneide bereits gefährlich nahe an den Sägetisch heran (s. Bild rechts). Bei einer Kehlfrässcheibe mit halbrunden Schneiden bringt das Schwenken ohnehin kaum Vorteile.

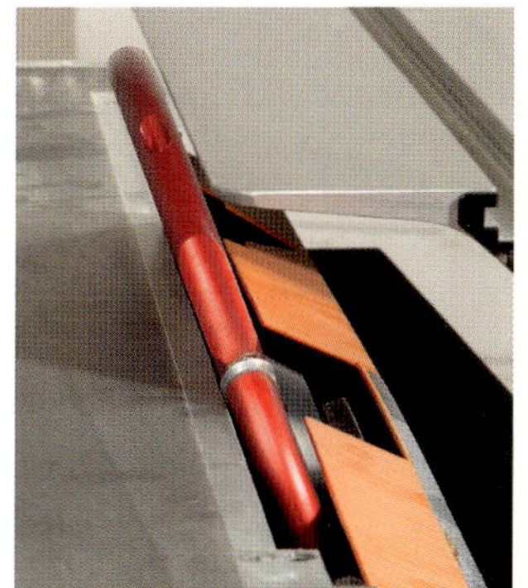

1. Anwendungsbeispiel: Hohlkehle einfräsen

Schritt für Schritt zeige ich Ihnen in diesem Beispiel, wie einfach Sie mit der Kehlfrässcheibe beispielsweise eine 90 mm breite und 30 mm tiefe Hohlkehle in ein Brett aus Kiefernholz einfräsen können. Wie Sie auf dem rechten Bild sehr gut erkennen können, bleiben aber leider auch beim Einsatz einer hochwertigen Kehlfrässcheibe mit HW-Schneiden minimale schräg verlaufende Fräsrillen in der Hohlkehle zurück. Die gilt es in jedem Fall zum Schluss noch sauber rauszuschleifen. Von Hand geht das relativ schnell, wenn Sie das Profil zuerst mit einer Schwanenhalsziehklinge bearbeiten und erst danach mit Schleifpapier. Oder Sie setzen einen Linearschleifer mit passendem Schleifschuh ein (z. B. Festool LS 130 – s. kleines Bild oben rechts).

Schritt 1: Höhe des Fräswerkzeugs einstellen und Schräge der Führungsleisten ermitteln

Als Erstes zeichnen Sie sich die komplette Hohlkehle auf das Stirnende des Werkstücks auf. Anschließend arretieren Sie den Schiebetisch Ihrer Formatsäge und stellen die Höhe der Kehlfrässcheibe auf die Tiefe der Hohlkehle ein – in unserem Beispiel also auf 30 mm (s. Bild rechts). Denn nur mit der exakt auf Endhöhe eingestellten Frässcheibe können Sie im nächsten Schritt die Schräge der beiden seitlichen Führungsleisten ermitteln (s. Bildfolge). Am einfachsten geht das mit einem verstellbaren Parallelogramm, das man sich aus vier dünnen Holzleisten oder Aluflachstangen auch schnell selbst herstellen kann. Aber auch ohne ein solches Parallelogramm können Sie die Schräge recht einfach ermitteln. Beide Varianten zeige ich Ihnen auf den folgenden Bildern.

Schräge der Führungsleisten mit einem Parallelogramm ermitteln

1 Stellen Sie das Parallelogramm auf die Hohlkehlbreite ein (hier 90 mm) und legen Sie es über die Frässcheibe. Drehen Sie es so, dass die aus dem Sägetisch austretenden Schneiden vorne und ...

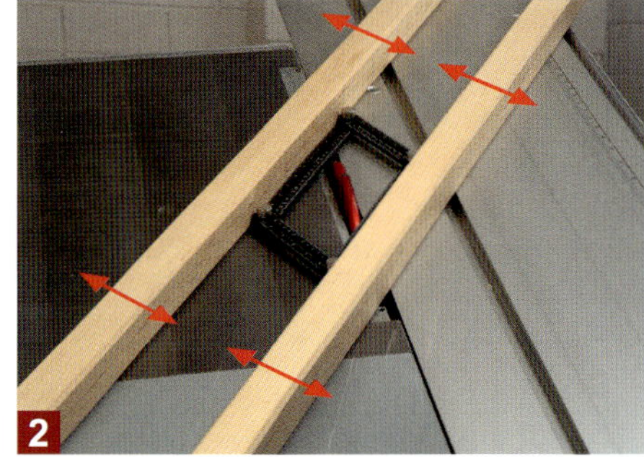

2 ... hinten an den Längsstangen des Parallelogramms anliegen. Jetzt zeigen die beiden Längsstangen exakt die nötige Schräge der beiden Führungsleisten an. Je nach Werkstückbreite kann ...

3 ... es sein, dass Sie die Führungsleisten noch parallel zur Schräge verschieben müssen (s. Pfeile Bild 2). Zum Schluss beide Führungsleisten an den Enden mit einer Hebelzwinge sicher fixieren.

Schräge der Führungsleisten ohne Parallelogramm ermitteln

In diesem Fall benötigen Sie nur ein gerades Holzbrett (1) und eine Holzleiste (2) in der passenden Dicke (s. Bild 2). Das Holzbrett liegt dabei dicht am Werkstück (evtl. festzwingen) und steht vorne über. Jetzt schwenken Sie beides solange, bis die Frässchneiden mit der Hohlkehlkontur und der Leiste fluchten.

Die hintere aufsteigende Schneide sollte dazu mit der linken Kante möglichst präzise mit dem linken Ende der Hohlkehlkontur abschließen (Bild 2). Die vordere Schneide sollte dann beim Eintritt in den Sägetisch mit der rechten Kante an der Holzleistenfläche anliegen.

Schritt 2: Schrittweises Fräsen der Hohlkehle

Tiefe Hohlkehlen werden immer schrittweise in mehreren Arbeitsgängen herausgefräst. Die maximal mögliche Spanabnahme pro Arbeitsgang geben die Hersteller mit bis zu 15 mm an. Aus Sicherheitsgründen würde ich jedoch nur maximal 10 mm abnehmen, das reduziert die Rückschlaggefahr. Außerdem sollten Sie unbedingt noch eine Andruckfeder über der Frässcheibe platzieren, die zusätzlich noch als Rückschlagschutz dient. Und ganz wichtig: Benutzen Sie immer zwei Führungsleisten, denn beides – Andruckfeder und Führungsleisten – sorgen so für eine sichere Zwangsführung ausschließlich in Vorwärtsbewegung. Genau das sollten Sie dabei vorab mit komplett abgesenkter Frässcheibe und ausgeschalteter Maschine einmal durchspielen (s. Bild 1).

Nehmen Sie beim letzten Fräsgang nur noch maximal einen Millimeter Material ab. Dadurch erhalten Sie eine sehr saubere Fräsfläche, die Sie deutlich weniger nachschleifen müssen.

Selten befindet sich die Hohkehle danach exakt in der Brettmitte. Wenn Sie das wünschen, sollten Sie das Brett um 180° drehen. Jetzt zeigt das hintere Ende nach vorne und in dieser Position …

… schieben Sie es ein weiteres Mal über die Frässcheibe. Auf diese Weise hat die Hohlkehle exakt den gleichen Abstand zu beiden Längskanten und sitzt somit auch exakt mittig im Brett.

Wenn Sie bei der letzten Fräsetappe nur noch ganz wenig abgenommen haben, dann erhalten Sie bereits ein recht sauberes Fräsergebnis, das Sie nur noch wenig nachschleifen müssen. Wenn Sie Harthölzer wie beispielsweise Eiche bearbeiten, lohnt sich das ganz besonderes. Auch durch den vorherigen Einsatz einer Schwanenhals Ziehklinge können Sie die nachfolgende Schleifarbeit erheblich reduzieren (s. a. S. 223)

Schiebestock zum Kehlen (Rastermaß: 50 x 50 mm)

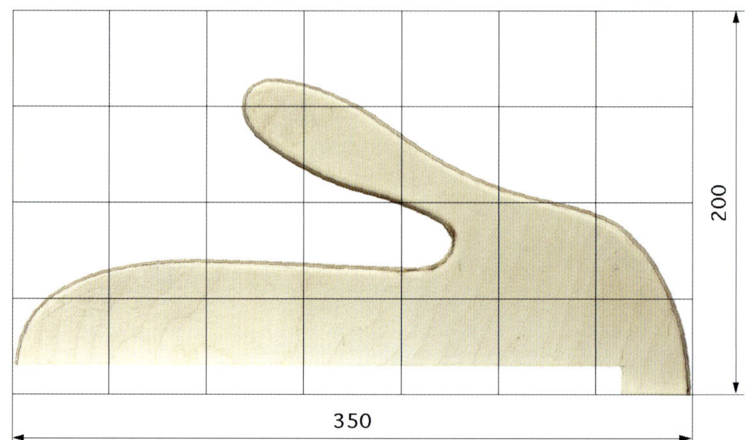

Beim Kehlen mit einem Fräswerkzeug ist es wichtig auch Druck von oben auf das Werkstück auszuüben. Die Andruckfeder leistet hier schon mal gute Dienste und als Ergänzung dazu wäre noch ein solcher modifizierter Schiebestock aus 18 mm dickem Multiplex zu empfehlen. Damit können Sie das Werkstück immer kraftvoll und sicher nach vorne schieben.

Praxistipp: Bei tiefen Hohlkehlen erst mal sägen statt fräsen!

Eigentlich logisch: Was bereits weggesägt wurde, muss nicht mehr zerspant werden. Das schont wiederum die Fräserschneiden und verlängert somit auch die Standzeit des Fräswerkzeugs. Außerdem spart es bei einer entsprechend großen Anzahl an Werkstücken mit Sicherheit auch noch wertvolle Arbeitszeit. Daher kann es sich durchaus lohnen, einen Teil (1) der Hohlkehle vorab erst mal V-förmig auf der Formatsäge herauszusägen (s. Bild rechts und Grafik unten links). Der verbliebene Rest (2) lässt sich dann deutlich schneller in nur ein bis zwei Etappen mit der Kehlfrässcheibe herausfräsen (Grafik unten rechts).

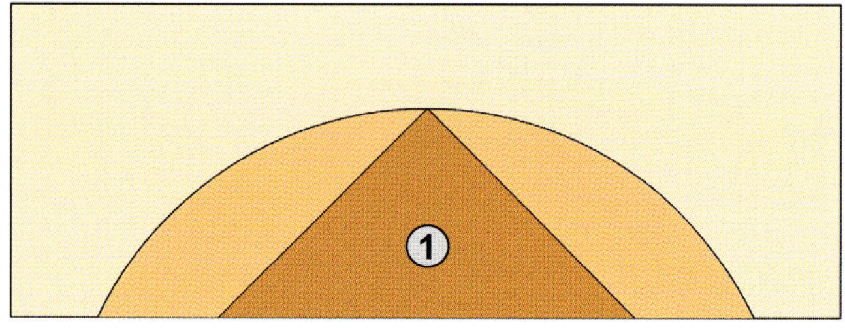

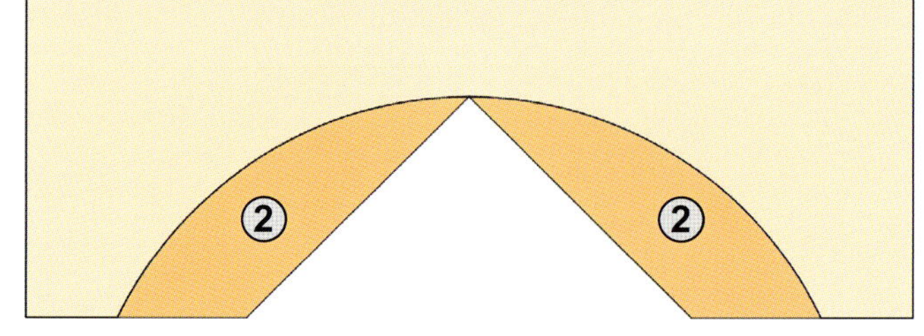

2. Anwendungsbeispiel: Hohlkehlen für üppige Kranzprofilleisten herstellen

Aus Sicherheitsgründen sollten Sie in das Werkstück immer eine halbrunde Kehlung einfräsen. Das Werkstück kann dann immer satt auf dem Sägetisch aufliegen und wird dabei sicher von den beiden Führungsleisten in der Spur gehalten. Aber was mache ich, wenn ich anstelle einer halbrunden nur eine viertelrunde Hohlkehle benötige? Die Antwort ist ganz einfach: Durchsägen! Haben Sie nämlich erst mal eine halbrunde Hohlkehle sicher ausgefräst, ist es anschließend ein leichtes daraus zwei Viertel-Hohlkehlen im gewünschten Maß zu schneiden (s. Bild rechts).

Mit solchen Viertel-Hohlkehlen können Sie anschließend ausgezeichnet große und weit ausladende Kranz- und Sockelprofile herstellen. Dazu wird die Hohlkehle einfach mit weiteren profilierten Leisten zu einem großen Kranzgesims zusammengesetzt. Drei sehr schönes Beispiele für klassische und zeitlose Kranzprofile finden Sie unten und auf der nächsten Seite. Die sind von der Profilform alle ähnlich aufgebaut und unterscheiden sich lediglich in Ausladung und Höhe des Profils. Alle Kranzprofile setzen sich aus vier Einzelprofilen zusammen, wobei die Hohlkehle jeweils über die Weite der Ausladung entscheidet.

Eine besonders einfache Variante, die sich auch für den Möbelbau klassischer Schränke anbietet, finden Sie im ersten Beispiel (s. unten). Dabei wird unten mit einer kleinen Hohlkehlleiste begonnen, gefolgt von einer leicht überstehenden Halbstableiste. Darauf sitzt die aufgetrennte Viertel-Hohlkehle aus dem Bild rechts. Den Abschluss nach oben bildet dann wieder ein dickeres und breiteres Brett mit einer Halbrundung (Halbstab).

Die halbrunde Hohlkehle wird einfach in der Mitte aufgetrennt. Die Viertel-Hohlkehle dient dann als Teilstück für ein üppiges Kranzprofil (s. u. Beispiel 1). Wenn die Viertel-Hohlkehle eine bestimmte Größe haben muss, sollten Sie auch den Sägeschnitt (Sägeblattstärke) mit berücksichtigen.

Beispiel 1: Kranzprofil mit einer Ausladung von 64 mm und einer Höhe von 105 mm

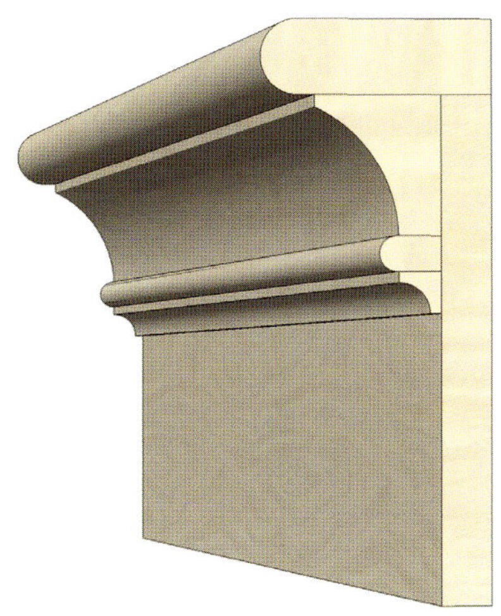

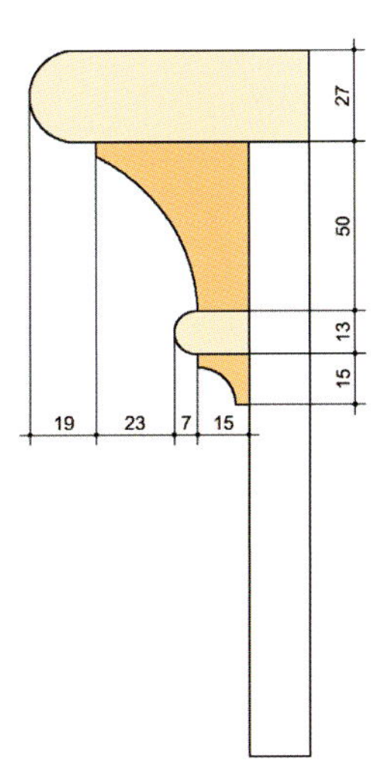

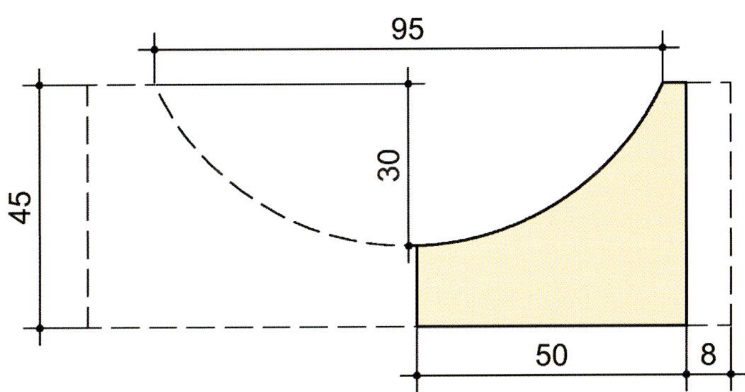

Anhand einer Zeichnung können Sie schnell festlegen, wie groß die komplette Hohlkehle und somit das Werkstück sein muss, damit Sie daraus später zwei passende Viertel-Hohlkehlen zuschneiden können.

Beispiel 2: Kranzprofil mit einer Ausladung von 84 mm und einer Höhe von 108 mm

Für die nächsten beiden Beispiele 2 und 3 wird aus der halbrunden Hohlkehle ein bestimmter Teil mit schräg gestelltem Sägeblatt herausgeschnitten. Bei diesen Varianten fällt allerdings einiges an Abfall an, weil man aus dem Rest kein zweites Hohlkehlprofil mehr bekommt. Mit einem dickeren Brett und einer tieferen Hohlkehle lassen sich aber auch wieder zwei Profile aus einem Brett heraussägen. Und dieser Aufwand lohnt sich, denn mit der Schrägstellung des Hohlkehlprofils erreichen Sie eine deutlich größere Ausladung des gesamten Kranzprofils. Am besten spielen Sie in einem CAD-Zeichenprogramm mal ein paar Varianten durch.

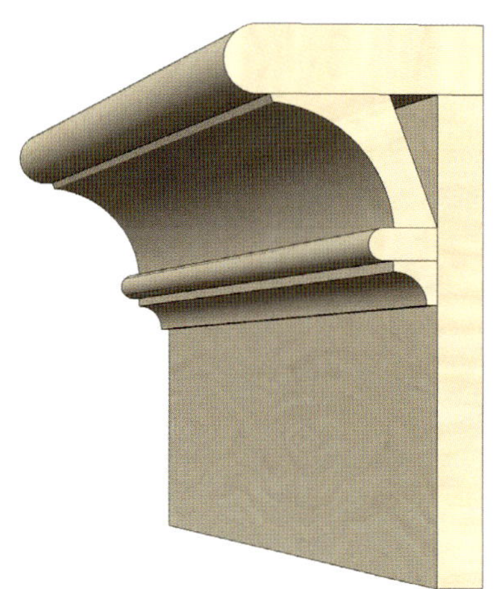

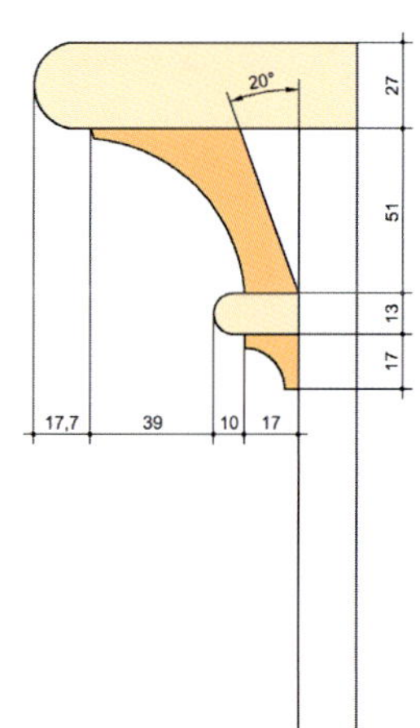

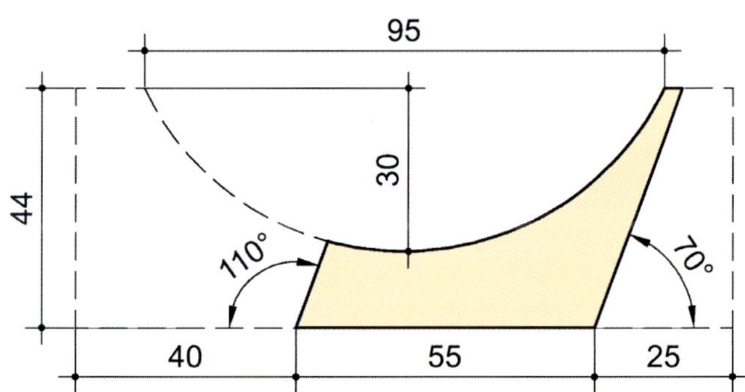

Mit einer um 20° geneigten Hohlkehle erreichen Sie bereits eine um 20 mm weitere Profilausladung. Auch hier gilt: Vorher immer eine passende Zeichnung zum Profil machen!

Beispiel 3: Kranzprofil mit einer Ausladung von 107 mm und einer Höhe von 115 mm

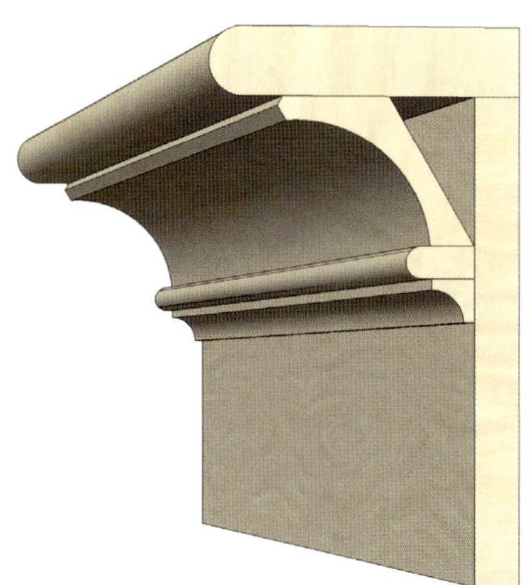

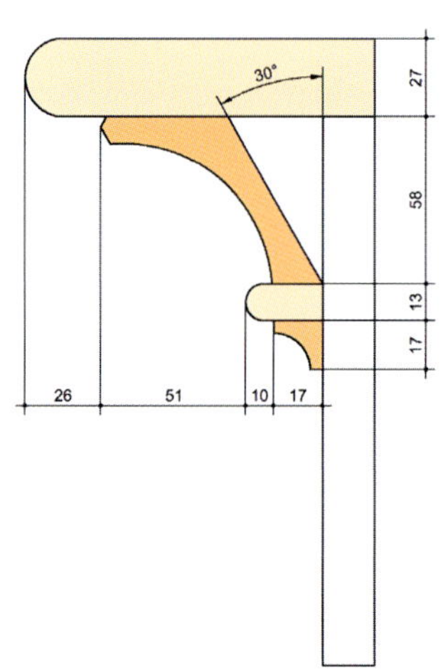

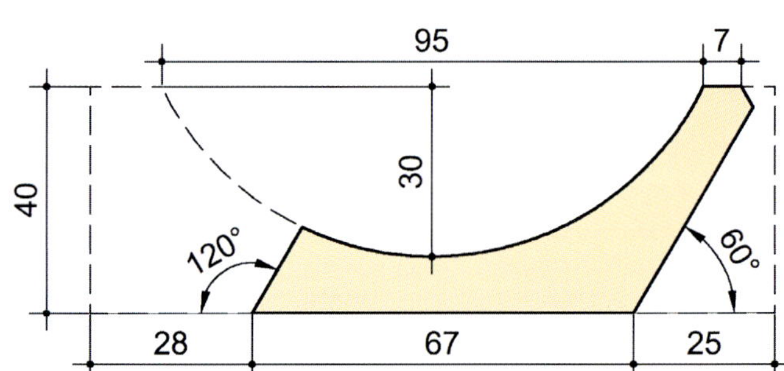

Bei einer 30° geneigten Hohlkehle ergibt sich bereits eine um 43 mm weitere Ausladung als in Beispiel 1 und 23 mm mehr als in Beispiel 2. Zusätzlich wurde die Hohlkehlkante zum oberen Brett hin noch leicht angeschrägt. Das ergibt einen noch schöneren Übergang.

3. Anwendungsbeispiel: Gebogene Eckpfosten mit Hohlkehle herstellen

„Wenn's rund sein muss, hört der Verdienst auf!" Ein Spruch den sicher viele professionelle Holzwerker kennen. Denn es ist in der Tat so, dass gerundete Werkstücke fast immer einen höheren Aufwand bedeuten als geradlinige. Während beim Profi genau deshalb solche Werkstücke auch eine gewisse Bewunderung auslösen, ist für den Laien erst mal nur die außergwöhnliche Optik entscheidend. Und dass beispielsweise das rechts abgebildete Bett mit seinen nach außen wunderschön gebogenen Eckpfosten einen gewissen Reiz versprüht, ist sicher verständlich.

Die üppige Außenrundung mit einem Radius von 60 mm lässt sich mit einer Tischfräse jedenfalls nicht mehr herstellen. Solche Radien kann man in aller Regel nur mit dem Handhobel herausarbeiten (dazu später mehr). Dafür kann man jedoch die Herstellung der Hohlkehle (R = 20 mm) im Eckpfosten wieder problemlos einer Maschine überlassen. Da sich diese Hohlkehle etwa 53 mm tief in der Pfostenecke befindet, ist sie wieder ein perfektes Beispiel für den Einsatz unserer Kehlfrässcheibe, mit der man bis zu 75 mm Frästiefe erreichen kann. Auf gar keinen Fall sollten Sie auf diese Hohlkehle bei ihren Möbelbauprojekten verzichten, denn gerade die macht die Optik einer gebogenen Ecke erst perfekt. Also stellen Sie sich dieser Herausforderung und geben Sie sich nicht mit weniger zufrieden. Und keine Angst, denn so, wie Sie es aus meinen Büchern gewohnt sind, zeige ich Ihnen nicht nur ausführlich, wie Sie die Hohlkehle mit einer Kehlfrässcheibe herstellen können, sondern am Ende des Beispiels verrate ich Ihnen auch noch eine Methode, die komplett ohne den Einsatz einer teuren Kehlfrässcheibe funktioniert. Also für jeden was dabei, ob mit oder ohne Kehlfrässcheibe.

Dieses Bett besteht aus vier langen Seitenbrettern, die einfach mit passenden Einhängebeschlägen (Zargenverbinder DUO der Fa. Knapp) in die vier nach außen gerundeten Eckpfosten eingehängt werden. Optisch sind die 200 mm hohen Eckpfosten ein Genuss, weil sie auch innen eine zur Außenrundung passende Hohlkehle aufweisen. Dadurch sehen die Pfosten aus, als wären sie aus einem Stück gebogen worden. Diese gebogenen Eckpfosten setzen auch bei vielen anderen Möbelbauprojekten optisch reizvolle Akzente.

Schritt 1: Eckpfosten verleimen

1 Zwei sauber gehobelte 450 mm lange und 40 mm dicke Eichenbretter (einmal 127 und einmal 87 mm breit) werden zu einem Winkel verleimt.

2 Damit später in der Winkelecke eine Hohlkehle angefräst werden kann, wird noch eine quadratische Leiste (22 x 22 mm) eingeleimt. Die Leiste dicht …

3 … von beiden Seiten mit Zwingen in die Ecke pressen. Soll alles in einem Rutsch verleimt werden, sind mindestens 10 (besser 12) Zwingen nötig.

Schritt 2: Führungleisten festspannen, sowie Andruckvorrichtung und Fräserhöhe einstellen

Ich habe dieses Anwendungsbeispiel bewusst ausgewählt, um Ihnen zu verdeutlichen, dass ausschließlich der Hohlkehlbereich für die Schräge der Führungsleisten verantwortlich ist. Ein Blick auf die rechte Grafik zeigt, dass man die korrekte Schräge nur mit den Maßen der kleinen Hohlkehle in der Innenecke ermitteln kann (Höhe 6 mm und Weite 28 mm). Das bedeutet in der Praxis: Die Kehlfrässcheibe darf dazu erst mal nur diese 6 mm aus dem Sägetisch herausragen. Dann stellt man die Weite von 28 mm auf einem Parallelogramm ein (s. S. 216 Bild 1) und markiert sich die Schräge auf dem Sägetisch (in unserem Beispiel etwa 15,5°). Erst danach wird die Frässcheibe auf die spätere Endhöhe von 53 mm angehoben. Jetzt gilt es noch die Hohlkehle einigermaßen mittig in der Werkstückecke einzufräsen. Dazu werden die Führungsleisten so platziert, dass sie links und rechts zur Frässcheibe den gleichen Abstand aufweisen. Am einfachsten lassen sich alle nötigen Maße vorab in einem CAD-Programm ermitteln.

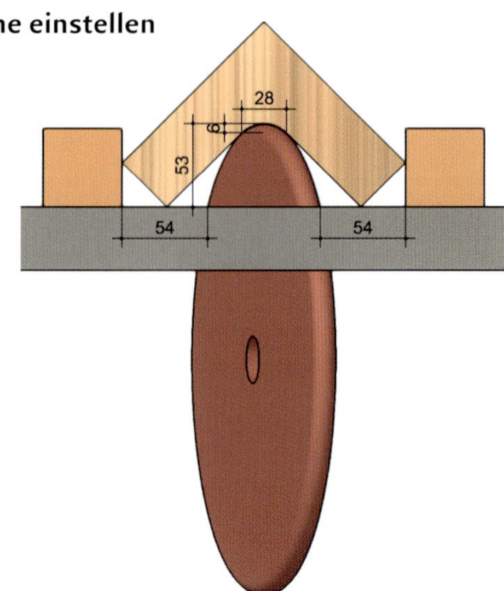

1
Ist die Schräge der Führungsleisten ermittelt, müssen die auch noch so positioniert und festgespannt werden, dass sich die Hohlkehle später exakt mittig im Werkstückeck befindet.

2
Auch hier sollten Sie auf gar keinen Fall ohne eine Andruckfeder arbeiten. Die muss sich über dem Eckwinkel befinden, damit das Werkstück sicher auf dem Sägetisch gehalten wird.

3
Messen Sie den Abstand zwischen Sägetisch und Quadratleiste und stellen Sie die Fräserhöhe so ein, dass Sie erst mal nur knapp 10 mm Material dort rausfräsen.

Schritt 3: Hohlkehle schrittweise herausfräsen

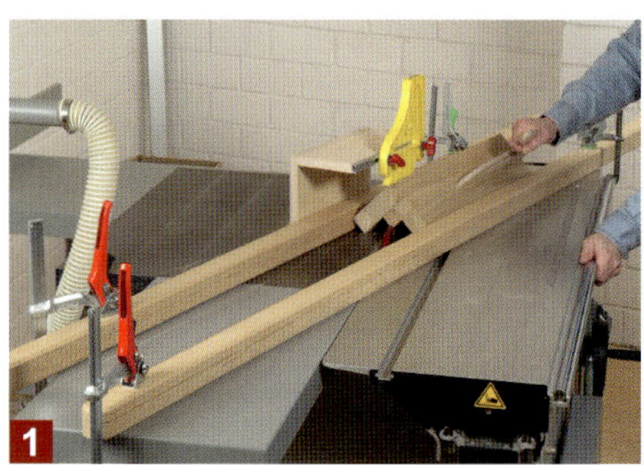
1
Fräsen Sie jetzt erst mal diese 10 mm von der Quadratleiste ab. Sie können anschließend schon sehr gut erkennen, ob sich die spätere Hohlkehle auch einigermaßen mittig in der Ecke befindet.

2
Drehen Sie den Fräser für den nächsten Schritt nur noch maximal 5 mm weiter heraus. So können Sie Schritt für Schritt überprüfen, wie sich die Hohlkehle im Eckwinkel abzeichnet und, falls nötig, …

3
…. die Führungsleisten etwas nachjustieren bzw. nachschwenken. Am Ende nur noch „einen Hauch“ Material abnehmen und das Werkstück von beiden Seiten über den Fräser schieben.

Schritt 4: Außenrundung anhobeln

Die Außenrundung hat einen Durchmesser von 120 mm. Diese Viertelrundung unbedingt auf beide Werkstückenden anzeichnen.

Mit dem Winkelbrett und einem um 45° geneigten Sägeblatt schon mal eine große Fase vom Werkstück absägen. Das spart viel Zeit beim Hobeln.

Die Fase bzw. Schräge reicht dabei bis knapp an die aufgezeichnete Rundung heran und wird vorher mit einem Gehrmaß aufgezeichnet.

Den Rest bearbeiten Sie jetzt mit einem Putzhobel. Werfen Sie dabei immer mal einen Blick auf die Bleistiftmarkierung an den Enden des Werkstücks.

Mit einem Exzenterschleifer, den Sie bei der Vorwärtsbewegung langsam und gleichmäßig nach links und rechts über die Rundung schwenken, …

… erledigen Sie die Feinarbeit. Die Innenrundung bearbeiten Sie zunächst mit einer Schwanenhalsziehklinge. Das spart sehr viel Zeit beim Schleifen.

Ein optisch ansprechendes Ergebnis sowohl innen als auch außen. Aus zwei solcher 450 mm langen Werkstücke lassen sich am Ende alle vier benötigten Bettpfosten auf eine Länge von 200 mm zuschneiden.

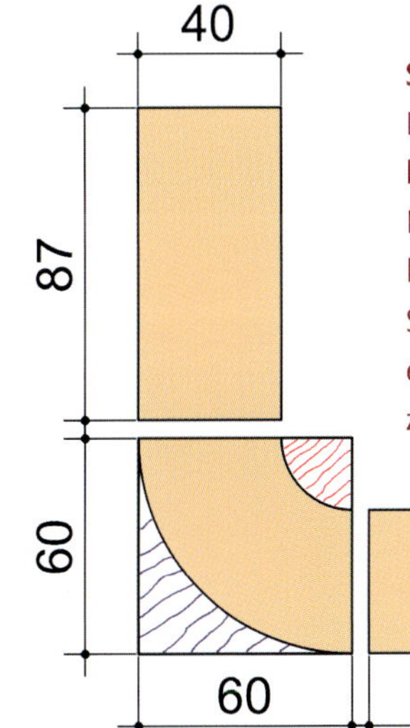

So gehts auch ohne Kehlfrässcheibe:
Erstens Kantholz 60 x 60 mm mit einer Hohlkehle (R = 20 mm) versehen (rot schraffierter Bereich). Anschließend die beiden Schenkelbretter an das Kantholz anleimen. Und zum Schluss, wie gezeigt, die Außenrundung (blauer Bereich) mit Formatsäge, Putzhobel und Exzenterschleifer herstellen (s. Schritt 4 oben).

A

B

C

D

E

F

G

H

J

K

L

M

N

P

Q

R

S

Selbstbau von Vorrichtungen und Hilfsmitteln

Alle Arbeitsregeln und Sicherheitshinweise im Überblick

Herstellernachweise und Bezugsquellen

1. **Steilzahn-, Dachhohlzahn- und Diamantsägeblätter, konischer Vorritzer und Diamant-Vorritzer**
   Hersteller: AKE Knebel GmbH & Co. KG, Hölzlestraße 14 + 16, 72336 Balingen,
   Website: www.ake.de
   erhältlich: Im Maschinenfachhandel, Internetshops und bei Schärfdiensten

2. **Tischverlängerungen und Befestigungsadapter, Wechselschiebegriff Quickly, Andruckvorrichtung mit Rollen, Sägeboy (Winkelbrett) und Zinkenexakt**
   Hersteller: Georg Aigner Maschinenbau e.K., Tannenmais-Höfen 2, 94419 Reisbach
   erhältlich: Im Maschinenfachhandel und Internetshops

3. **SurfaceShield (Pflegeöl, Rostlöser, Korrosionsschutz etc.)**
   Produktinfos im offiziellen deutschen Shop: https://surfaceshield.shop
   Erhältlich auch in vielen anderen Internetshops und im Maschinenfachhandel

4. **Trend Tool and Bit Cleaner**
   Hersteller: Trend Machinery & Cutting Tools Ltd, United Kingdom,
   Website: www.trend-uk.com
   erhältlich: sauter GmbH, Neubruch 4, 82266 Inning,
   Website: www.sautershop.de

5. **Stegkanten für den Bau von „Fritz und Franz“ bei**
   Als Meterware erhältlich: sauter GmbH, Neubruch 4, 82266 Inning,
   Website: www.sautershop.de

6. **Werktischspanner (BenchClamp)**
   Hersteller: Milescraft, 1331 Davis Rd Elgin, Illinois 60123, USA,
   Website: www.milescraft.com
   erhältlich: sauter GmbH, Neubruch 4, 82266 Inning,
   Website: www.sautershop.de

7. **Tischklemme (FenceClamps)**
   Hersteller: Milescraft, 1331 Davis Rd Elgin, Illinois 60123, USA,
   Website: www.milescraft.com
   erhältlich: sauter GmbH, Neubruch 4, 82266 Inning,
   Website: www.sautershop.de

8. **Andruckrolle mit Rückschlagschutz (CLEAR-CUT TS™ STOCK GUIDES)**
   Hersteller: JessEm Tool Company, 61 Forest Plain Rd, Orillia, ON L3V 6H1, USA
   Website: www.jessem.com
   erhältlich: Dieter Schmid Werkzeuge GmbH, Wilhelm-von-Siemens-Str. 23, 12277 Berlin,
   Website: www.feinewerkzeuge.de

9. **Verstellnuter und Schlitzsägeblatt**
   Hersteller: Felder KG, KR-Felder-Straße 1, 6060 Hall in Tirol,Österreich
   erhältlich: In einer Felder Niederlassung oder im Felder-Shop:
   Website: http://de.feldershop.com

10. **Kehlfrässcheibe**
    Hersteller: GUHDO GMBH, Elbringhausen 10, 42929 Wermelskirchen,
    Website: www.guhdo.de
    erhältlich: Im Maschinenfachhandel und Internetshops

11. **Zapfen-, sowie Schlitz und Nuteneinstelllehre (Kerf Maker KM 1 und Tenon Maker TM-1)**
    Hersteller: Bridge City Tool Works,10830 Ada Ave., Montclair, CA 91763, USA,
    Website: www.bridgecitytools.com
    erhältlich: DICTUM GmbH – MEHR ALS WERKZEUG, Gottlieb-Daimler-Str. 3, 94447 Plattling
    Website: www.dictum.com

12. **Item Profile und Schrauben**
    Hersteller: item Industrietechnik GmbH, Friedenstraße 107-109, 42699 Solingen,
    Website: www.item24.de
    erhältlich: z. B.: SMT GmbH, Ernst-Abbe-Str. 3, 72770 Reutlingen,
    Website: www.smt-montagetechnik.de

13. **Incra I-Box Fingerzinkenvorrichtung**
    Hersteller: INCRA, PO Box 810262 Dallas, TX 75381, USA,
    Website: www.incra.com
    erhältlich: Dieter Schmid Werkzeuge GmbH, Wilhelm-von-Siemens-Str. 23, 12277 Berlin,
    Website: www.feinewerkzeuge.de

Impressum

„Stationärmaschinen – Formatkreissäge“
1. Auflage 2020

Fotos, Zeichnungen, Videos: Guido Henn
Kontakt zum Autor: www.hobbywood.de

Produziert von PrintMediaNetwork, Oldenburg
Printed in Europe

ISBN 978-3-7486-0245-3
Best.-Nr. 21257

HolzWerken
Ein Imprint von Vincentz Network GmbH & Co. KG
Plathnerstr. 4c
30175 Hannover
www.holzwerken.net

Das Arbeiten mit Holz, Metall und anderen Materialien bringt schon von der Sache her das Risiko von Verletzungen und Schäden mit sich. Autor und Verlag können nicht garantieren, dass die in diesem Buch beschriebenen Arbeitsvorhaben von jedermann sicher auszuführen sind. Vor Inangriffnahme der Projekte hat der Ausführende zu prüfen, ob er die Handhabung der notwendigen Werkzeuge und Maschinen beherrscht. Autor und Verlag übernehmen keine Verantwortung für eventuell entstehende Verletzungen, Schäden oder Verlust, seien sie direkt oder indirekt durch den Inhalt des Buches oder den Einsatz der darin zur Realisierung der Projekte genannten Werkzeuge entstanden.

Weitere Materialien kostenlos online verfügbar!

http://www.holzwerken.net/bonus

Ihr exklusiver Bonus an Informationen!
Ergänzend zu diesem Buch bietet Ihnen *HolzWerken* Bonus-Materialien zum Download an.
Scannen Sie den QR-Code oder geben Sie den Buch Code unter www.holzwerken.net/bonus ein und erhalten Sie kostenfreien Zugang zu Ihren persönlichen Bonus-Materialien!

Buch-Code: TE1073